曲線と曲面

― 微分幾何的アプローチ ―

改訂版

梅原雅顕
山田光太郎 共著

裳華房

Curves and Surfaces

2nd edition

by

Masaaki Umehara
Kotaro Yamada

SHOKABO
TOKYO

改 訂 版 序

「曲線と曲面」を出版してから，約 12 年の歳月が流れ，この間，多くの読者諸氏からご指摘やご意見をいただき，おかげさまで版を重ねるごとに，本の完成度を高めることができた．

しかし，出版当初から，曲面論の基本定理，測地的曲率や曲面の臍点(せいてん)など，紙数の都合などで，簡単な説明しかできなかった部分があったことを残念に思っていた．また，出版後に筆者自身が授業とセミナーで使用している間に，記述を改めたり，加筆をしたくなる箇所がいくつか見つかった．そんなわけで，この度，「曲線と曲面」の改訂版を出版する機会が得られたことを，大変ありがたく思っている．

改訂版の執筆にあたっては，教科書としての完成度を高めるという観点から，旧版の流れを損なうことなく，定義や証明，問題などに適宜，適切な改良と加筆を行う，という方針をとった．旧版の付録にあった「可展面の展開可能性」など削除した箇所もあるが，全体としては，記述の修正と加筆に重きをおき，旧版よりもページ数は増加している．とくに

- 曲面論の基本定理とその証明，
- 曲面の測地的曲率，
- 極小曲面の具体例，
- ガウス曲率が負で一定の回転面の分類，
- ポアンカレ－ホップの定理と曲面の臍点に関すること

などについて新たな加筆を行った．

ところで，太陽光がコップを通過してテーブルに描く模様など，ふと気づくと，世の中には特異点があふれている（巻末の参考文献 [42] 参照）．筆者は近年，特異点に関心を抱くようになり，本書では，曲線と曲面に現れる特異点とその判定法について，証明抜きではあるがコラムや付録の形で紹介す

ることにした．読者の方々が，将来，特異点に遭遇したときには是非，本書を利用していただきたい．とくに，直線に接する円を滑ることなく転がしたときの円周上の１点の軌跡は**サイクロイド**とよばれるが，これは特異点をもつ曲線の典型例である．サイクロイドは振り子時計に応用されたり，最速降下性という特別な物理的性質をもつ．本書では，節末問題や進んだ話題として，このようなサイクロイドのもつ多くの重要な性質を読者に紹介することを心がけた．

以上の改訂にもかかわらず，授業やセミナーにおける本書の使い方は，旧版とまったくかわらない．旧版を愛用された読者は改訂版を手にしたとき，それほど違和感はなく利用できると思う．

旧版の本の記述について，多くの読者諸氏から貴重なコメントをいただき，今回の改訂版を作成する際に，参考にさせていただいた．また，改訂版の作成段階で，東京工業大学卒業生の秋山友里さんと藤山俊文君には貴重な意見をいただいた．さらに，すでに退職をされた元 裳華房編集部の細木周治氏と，同編集部の小野達也氏，久米大郎氏にはたいへんお世話になった．この場を借りて厚く御礼を申し上げたい．

2015 年 1 月

著　　者

旧版刊行後，筆者らの授業やセミナーなどで，誤りや説明不足と思われるところの指摘があり，印刷の機会ごとにこれらに対する修正や改善を加えてきた．このため，印刷の版によって些細な変更があることをお許し願いたい．各版ごとの修正表は，筆者らのホームページ

http://www.is.titech.ac.jp/~umehara/

http://www.math.titech.ac.jp/~kotaro/

で公開している．随時更新しているので，参照されたい．

旧版 は じ め に

曲線・曲面は17世紀に微積分が発見されて以来研究されてきた伝統ある学問である．また，最近ではコンピュータ・グラフィクスなど，応用の面からも曲線・曲面への関心が広がっている．一方，数学の高度化に伴って，最近の大学の数理系学科のカリキュラムにおいては多様体論への入門として，ごく小さな取り扱いしかなされていないことが多いようであるが，教育的立場でいえば，曲線の曲率から曲面のガウス－ボンネの定理の紹介をする半年の講義が望まれる．この方面については，多くの良書がすでに刊行されている．中でも筆者が深く尊敬している小林昭七先生の「曲線と曲面の微分幾何」（裳華房）は筆者が学生時代から親しんできた良書である．すでにこれだけの書物が出ているなかで私たちが敢えて筆をとることにした理由の一つは，半年の講義を意図した教科書が今までなかったこと，もう一つは，私たちが研究者としてこの分野にたずさわり，あらためてその伝統と，奥の深さを知るようになって，この気持ちをぜひ読者に伝えたいと考えるようになったからである．

本書は，この分野の大学の半年分の講義テキスト，あるいはセミナーの教材を意図している．本書を執筆するにあたって，登山路にたとえるなら，この分野の概説として読者に山並みを案内する単なるガイドの立場にとどまらず，実際に読者が自ら歩み，足場をたしかめながら学べるような本を目指した．

本書の第Ⅰ章と第Ⅱ章で，半年分の講義の内容として，平面曲線の曲率とその性質，空間曲線の局所的理論，空間の曲面の局所的な理論を経て，ガウス－ボンネの定理の意味を無理なく理解できるような道筋を設定している．

それに加えて，平面曲線の大域的な性質，および曲面論に関するいくつかの話題が含まれている．各節の末尾には本文の理解を深めるために必要な事項を演習問題としておさめた．

講義で使われる場合には，＊印を付した節をとばして使用するとちょうど半年分の内容になるようにした．節だけでなく，歯ごたえのある問題や発展事項にも＊印がついている．セミナーのテキストや自習書として使用する場合にも，＊印の部分は興味に応じて取捨選択して読んでいただきたい．これらを省いても，それ以外の部分を理解するのには支障がないように配慮している．半年間の講義のテキストとして使う場合の参考として，学習順序の一例を目次の最後に図として示しておいた．

本書を読むための予備知識は，大学初年級の微積分および線形代数で学ぶ内容までであり，それを越える部分については適宜解説を加えてある．願わくば数理系の学生に限らず多くの方々に読んでいただきたい．

本書は第Ⅱ章までで完結している．しかし，曲面論はとくに奥が深く，多様体論を学んだあとで勉強できる事柄も少なくないので，第Ⅲ章ではすでに多様体を学んだ，あるいは勉強中の読者を対象として進んだ話題を紹介した．この部分はいわば，本書の番外篇といったものであるから，第Ⅱ章のあと一息いれて，縁あって読者が多様体論を学ぶことになった折りに，取り組んでみるとよいだろう．また，本文とは別に2つの付録を用意している．付録Aでは，本書を読むのに必要な微積分と線形代数の知識をまとめてある．付録Bでは，本文より少し進んだ話題をまとめておいた．興味に応じて参照して欲しい．

本書によって，曲線・曲面に関する読者の関心と造詣が深まれば，筆者にとって望外の幸せである．

先にも述べた小林昭七先生の「曲線と曲面の微分幾何」は，ぜひ本書とともに読まれることをお勧めしたい．また，長野 正 先生の「曲面の数学」（培風館）は，本書や上記の書物とは違った立場で書かれているが，曲面の幾何学を知るために良い書物である．さらに，もう少し古典的な内容については，ぜひ安達忠次先生の「微分幾何学概説」（培風館）を参照されたい．最近，剱持勝衛先生による「曲面論講義 — 平均曲率一定曲面入門」（培風館），および西川青季先生による「幾何学」（朝倉書店）が出版された．本書で曲線論・曲面論に興味をもたれた読者は，本書と併せてぜひ読んでいただきたい．

本書の執筆にあたって，東北大学の浦川 肇 先生には原稿を読んでいただき有益な助言をいただいた．また，神戸大学のウェイン・ラスマン（Wayne Rossman）氏には原稿の誤りを指摘していただいた．

広島大学卒業生の佐藤貴司君には，原稿に対して貴重な意見をいただいた．また，学生諸君には授業やセミナーなどでさまざまな意見をいただいた．最後になるが，裳華房編集部の細木周治氏にはたいへんにお世話になった．この場を借りて厚く御礼申し上げたい．

2002年4月

著　者

目　　次

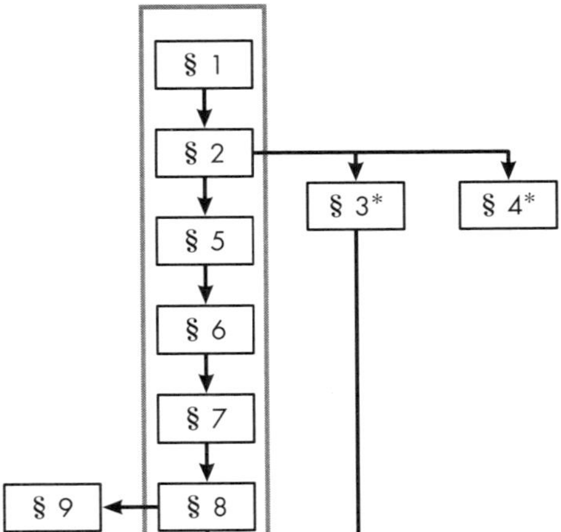
§ 1
§ 2
§ 3*
§ 4*
§ 5
§ 6
§ 7
§ 8
§ 9
§ 10
§ 11*

記号一覧

$\boldsymbol{R}$：実数全体の集合
$\boldsymbol{C}$：複素数全体の集合
$\mathrm{M}_n(\boldsymbol{R})$：$n$ 次実正方行列全体の集合
$\mathrm{GL}_n(\boldsymbol{R})$：$n$ 次実正則行列全体の集合
$\mathscr{L}(\gamma)$：曲線 γ の長さ
$C^\infty(S)$：可微分多様体 S 上の C^∞ 級関数全体の集合
$\mathfrak{X}^\infty(S)$：可微分多様体 S 上の C^∞ 級ベクトル場全体の集合
s：弧長パラメータ
$\boldsymbol{e}(s)$：単位接ベクトル
$\boldsymbol{n}(s)$：平面曲線の単位法線ベクトル，空間曲線の主法線ベクトル
$\boldsymbol{b}(s)$：従法線ベクトル
$\kappa(s)$：曲線の曲率
$\tau(s)$：捩率
T_γ：閉曲線の全曲率
i_γ：閉曲線の回転数
ν：（曲面の）単位法線ベクトル
dA：向きによらない面積要素
df：外微分
E, F, G：第一基本量
ds^2：第一基本形式
$\widehat{I}$：第一基本行列
II：第二基本形式
L, M, N：第二基本量
$\widehat{II}$：第二基本行列
A：ワインガルテン行列
λ_i：主曲率 $(i=1, 2)$
K：ガウス曲率
H：平均曲率
$\boldsymbol{\kappa}_n(s)$：法曲率ベクトル
$\boldsymbol{\kappa}_g(s)$：測地的曲率ベクトル
$\kappa_n(s)$：法曲率
$\kappa_g(s)$：測地的曲率
$\boldsymbol{n}_g(s)$：単位余法線ベクトル
Γ_{ij}^k：クリストッフェルの記号
$\chi(S)$：閉曲面 S のオイラー数
g：閉曲面の種数
$\alpha\wedge\beta$：外積（ウェッジ積）
$d\widehat{A}$：向きづけられた面積要素
$\{\boldsymbol{e}_1, \boldsymbol{e}_2\}$：正規直交基底の場
$\{\omega_1, \omega_2\}$：双対基底の場
μ：接続形式
$\nabla_X\boldsymbol{e}_i$：$\boldsymbol{e}_i\,(i=1, 2)$ の X 方向のレビ・チビタ共変微分
$\mathrm{ind}_{\mathrm{P}_j}X$：ベクトル場 X の点 P_j における回転指数
$*$：ホッジのスター作用素
Δ：ラプラシアン
Q：ホップ微分

第 I 章
曲　線

関数のグラフや助変数表示された曲線は，高等学校以来おなじみであろう．この章では，助変数表示を用いて，平面曲線や空間曲線の曲がり具合を表す曲率を定義し，その幾何学的な意味を説明する．応用として閉曲線の回転数や，うずまき線のもつ不思議な性質などを紹介する．空間曲線は第 II 章で述べる曲面の話と密接に関係するが，平面曲線の回転数も，第 III 章で紹介する 2 次元多様体のガウス - ボンネの定理の証明に応用される．

§1. 曲線とは何か

紙と鉛筆があれば，さまざまな曲線を描くことができる．

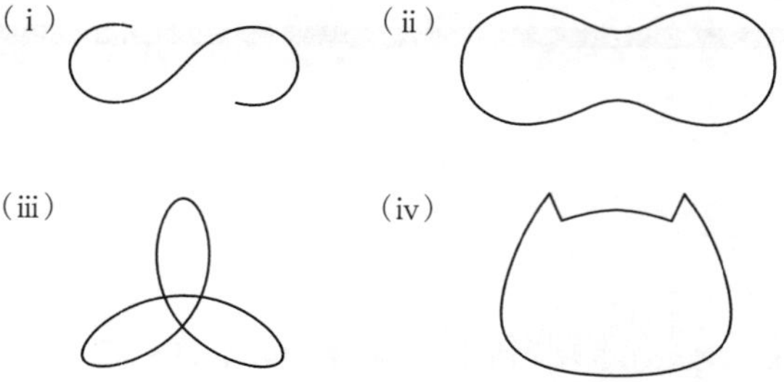

図 1.1 いろいろな曲線

図 1.1 の（i）は**なめらかな曲線**の例である．（ii）の図もなめらか[1]な曲線だが，端がなく，ひと回りして元に戻ってくる．このような曲線を**閉曲線**という．（iii）の図のように交差点のある曲線も**自己交叉**[2]のある，なめらかな閉曲線と思うことにする．（iv）の図は閉曲線であるが，ところどころに角（かど）があり，その点でなめらかではない．このような曲線を**区分的になめらかな曲線**とよぶ．この章では，主になめらかな曲線を扱うことにする．平面 $\boldsymbol{R}^2$ 上の曲線を数式で表す方法を紹介しよう．

関数のグラフ　微分可能な関数 $y = f(x)$ のグラフは座標平面上のなめらかな曲線を表す．一般の曲線は，必ずしも関数のグラフとして表すことができるとは限らない．たとえば，$y = \sqrt{1 - x^2}$ のグラフは原点を中心とする半径 1 の円の上半分を表すが，円全体を 1 つの関数のグラフで表すことはできない（$y = \pm\sqrt{1 - x^2}$ は 1 つの関数とはいわない）．

1）より厳密に本書では「なめらか」を「何回でも微分可能」という意味で用いる．

2）「交叉」は「こうさ」と読み，十字路のように交わっていることを表す．「交差」ともいう．

曲線の陰関数表示　方程式 $x^2 + y^2 = 1$ は平面上の原点 $(0, 0)$ を中心とする半径 1 の円を表す．このように 2 変数関数 $F(x, y)$ を用いて方程式 $F(x, y) = 0$ をみたす平面上の点の集まりとして曲線を表す方法を，曲線の**陰関数表示**という．関数 $f(x)$ に対して $F(x, y) = y - f(x)$ とおくと，$y = f(x)$ のグラフを陰関数で表示することができる．

例 1.1　以下は陰関数で表される曲線の例（a, b は正数）である（図 1.2）．

楕円：　$\dfrac{x^2}{a^2} + \dfrac{y^2}{b^2} - 1 = 0,$

双曲線：　$\dfrac{x^2}{a^2} - \dfrac{y^2}{b^2} - 1 = 0,$

レムニスケート[3)]：　$(x^2 + y^2)^2 - a^2(x^2 - y^2) = 0,$

アステロイド[4)]：　$(a^2 - x^2 - y^2)^3 - 27a^2x^2y^2 = 0.$　◇

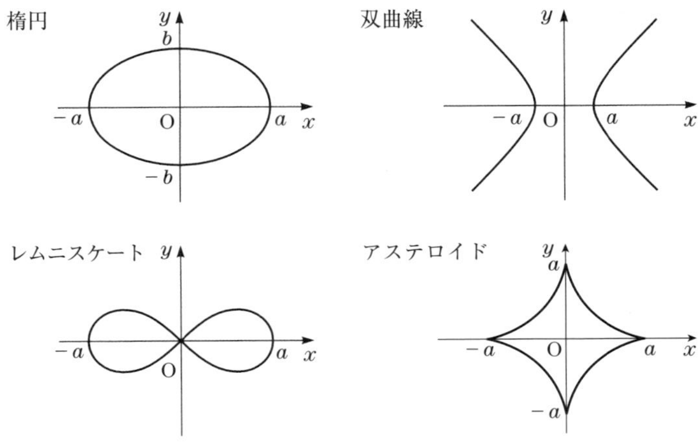

図 1.2

3)　2 点 $(\pm a/\sqrt{2}, 0)$ からの距離の積が $a^2/2$ で一定になるような点の軌跡として，ヤコブ・ベルヌーイ（Jacob Bernoulli, 1654 - 1705）によって研究された．

4)　**アステロイド**（astroid）は，固定された半径が a の円の内側を半径 $a/4$ の小円が滑ることなく転がったときに，その小円上の固定された 1 点が描く軌跡である．アステロイドの幾何学的な意味については付録 B-1 の問題 **1** を参照せよ．

なめらかな 2 変数関数を用いて $F(x, y) = 0$ と陰関数で表されている図形を考える．この図形上の点 (x_0, y_0) （$F(x_0, y_0) = 0$ をみたす点）において

$$F_y(x_0, y_0) = \frac{\partial F}{\partial y}(x_0, y_0) \neq 0$$

が成り立っているならば，この図形は (x_0, y_0) の近くで自己交叉をもたず $y = f(x)$ のグラフで表すことができる（付録 A の定理 A-1.6（陰関数定理）参照）．また $F_x(x_0, y_0) \neq 0$ ならば，x と y の役割を入れ替えることにより，この図形は $x = g(y)$ のグラフで表されることがわかる．

これに対して，

$$F_x(x_0, y_0) = F_y(x_0, y_0) = 0$$

となる点 (x_0, y_0) は**特異点**とよばれる特別な性質をもつ点である．たとえば，例 1.1 のアステロイドは平面上に 4 個の特異点をもち，この点で曲線はとがっている．一方，レムニスケートは特異点が原点にあり，そこで自己交叉をもつ．このように，特異点での曲線の形にはさまざまな場合がある．

曲線の助変数表示　平面上を動く点を考え，その時刻 t における点の位置（座標）を $(x(t), y(t))$ とすれば，この動点の軌跡は曲線を表していると考えられる．このような表示を曲線の**助変数表示**[5]という．本書では 2 つの関数 $x(t), y(t)$ の組

$$\gamma(t) = (x(t), y(t)) \tag{1.1}$$

で曲線を表すことにする．曲線が $y = f(x)$ とグラフ表示されているとき，

$$\gamma(t) = (t, f(t))$$

と表すことにより，これも助変数表示の特別な場合と考えることができる．

曲線の像を道に，動点 $\gamma(t)$ を車にたとえると，助変数の選び方は走行法に対応し，さまざまな可能性がある．

---

5) 助変数は，パラメータ，媒介変数，径数(けいすう)などともいう．

例 1.2　助変数 t を用いた表示

$$x(t) = \frac{1-t^2}{1+t^2}, \qquad y(t) = \frac{2t}{1+t^2} \qquad (t \in \boldsymbol{R}) \tag{1.2}$$

は，原点を中心とする半径 1 の円から点 $(-1, 0)$ を除いた曲線を表す[6)].

また，s を助変数とした表示

$$x(s) = \cos s, \qquad y(s) = \sin s \qquad (-\pi < s \leqq \pi) \tag{1.3}$$

において，助変数 s の変域を開区間 $(-\pi, \pi)$ に制限すれば，これは (1.2) と同じ曲線を表すことがわかる．点 $(x(t), y(t))$ と点 $(x(s), y(s))$ が一致するのは，助変数 s と t の間に $t = \tan(s/2)$ という関係が成り立つときである．◇

一般に，曲線が

$$\gamma(t) = (x(t), y(t)) \qquad (a \leqq t \leqq b)$$

と助変数を用いて表されているとする．区間 $[c, d]$ から $[a, b]$ の上への[7)]単調増加関数 $t = t(u)$ $(t(c) = a,\ t(d) = b)$ に対して，

$$\tilde{\gamma}(u) = \gamma(t(u)) \qquad (c \leqq u \leqq d)$$

は，図形としては $\gamma(t)$ が表すものと同じ曲線を与える．このとき $\tilde{\gamma}$ は，「γ から**パラメータ変換**によって得られる」という．とくに誤解の恐れがないときは，$\tilde{\gamma}(u)$ のことを $\gamma(u)$ と書く．

例 1.3　例 1.1 の曲線は，次のように助変数を用いて表すことができる．

楕円：$x(t) = a\cos t, \quad y(t) = b\sin t \quad (-\pi < t \leqq \pi)$,

双曲線[8)]：$x(t) = a\cosh t, \quad y(t) = b\sinh t \quad (t \in \boldsymbol{R})$,

レムニスケート：$x(t) = \dfrac{a\cos t}{1+\sin^2 t}, \quad y(t) = \dfrac{a\sin t\cos t}{1+\sin^2 t} \quad (-\pi < t \leqq \pi)$,

アステロイド：$x(t) = a\cos^3 t, \quad y(t) = a\sin^3 t \quad (-\pi < t \leqq \pi)$. ◇

---

6)　座標がともに有理数であるような平面上の点を**有理点**という．原点を中心とする半径 1 の円から点 $(-1, 0)$ を除いた曲線上の有理点は，(1.2) において t が有理数であるような点と一致している．

7)　全射（surjection）のことで，このことを「上への写像」ともいう．

8)　双曲線関数 $\cosh t$, $\sinh t$ の定義は，付録 A-1（198 ページ）を参照されたい．

助変数で表示された曲線 $\gamma(t) = (x(t), y(t))$ に対して，

$$\dot{\gamma}(t) := (\dot{x}(t), \dot{y}(t)) \qquad \left(\dot{x} = \frac{dx}{dt},\ \ \dot{y} = \frac{dy}{dt}\right)$$

は[9]，曲線を運動する点の軌跡と思ったとき，時刻 t における動点の**速度ベクトル**を表している．（本書では，助変数 t についての微分を"˙"（ドット）で表す．）速度ベクトル $\dot{\gamma}(c)$ が零となるパラメータの値 $t = c$，あるいはその像 $\gamma(c)$ を曲線の**特異点**という（図 1.3 参照，曲線に現れる代表的な特異点については，付録 B-8 を参照せよ）．

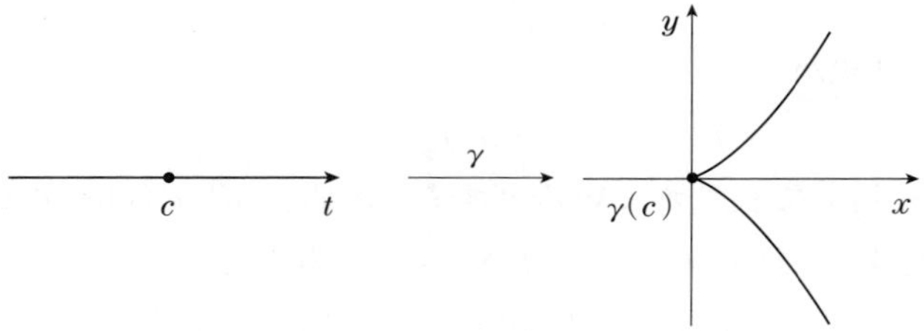

図 1.3　特異点とその像

たとえ同じ曲線でも，陰関数表示された場合と助変数表示された場合で，特異点の意味が異なる場合がある．たとえば，例 1.1 のレムニスケートの陰関数表示では原点が特異点であるが，例 1.3 のレムニスケートの助変数表示で原点に対応するのは $t = \pm\pi/2$ のときであり，曲線の助変数表示はこれらの t の値で特異点ではない．

反対に，特異点ではない点，つまり $\dot{\gamma}(t) \neq 0$ となる点を曲線 $\gamma(t)$ の**正則点**という．閉区間 $[a, b]$ で定義された曲線 $\gamma(t)$ について，すべての点が正則点であるとき，$\gamma(t)$ を**正則曲線**という．曲線 $\gamma(t)$ が正則曲線とすると，$\dot{\gamma}(t)$ は点 $\gamma(t)$ における曲線の接線方向のベクトルとなっている．とくに，$t = t_0$ において $\dot{x}(t_0) \neq 0$ ならば，逆関数定理（付録 A の定理 A-1.5）より，$x_0 := x(t_0)$ の近くで $x = x(t)$ の逆関数 $t = g(x)$ が存在し，$f(x) = y(g(x))$

9）　記号"$:=$"は「左辺を右辺のように定義する」という意味である．また，本書ではベクトルでも太字を用いないことが多いので，文脈で判断してほしい．

とおけば，曲線 $\gamma(t)$ は点 $(x(t_0), y(t_0))$ の近くで $y = f(x)$ のなめらかなグラフで表すことができる．また，x 軸と y 軸の役割を入れ替えて考えれば，$\dot{y}(t_0) \neq 0$ のとき，ある y の関数 $h(y)$ が存在し，曲線は $x = h(y)$ のなめらかなグラフで表されることがわかる．

一方，曲線 $\gamma(t) = (x(t), y(t))$ の速度ベクトルが零ベクトル，すなわち $\dot{x}(t) = \dot{y}(t) = 0$ となる点の近くでは曲線がなめらかに見えない可能性がある．たとえば，例 1.3 のアステロイドの助変数表示

$$\gamma(t) := a(\cos^3 t, \sin^3 t) \qquad (t \in \boldsymbol{R}, \quad a > 0) \tag{1.4}$$

を微分すると，ベクトル $(-\cos t, \sin t)$ はすべての t に関して $\mathbf{0}$ にならないので，t が $\pi/2$ の倍数のときが特異点であることがわかる（付録 B-8 の定理 B-8.1 を用いると，これらの点は 3/2-カスプとよばれる特異点であることがわかる）．

曲線の長さ　助変数で表示された曲線 $\gamma(t) = (x(t), y(t))$ $(a \leqq t \leqq b)$ について，助変数が t から微小な量 Δt だけ変化したとき，対応する曲線の微小部分の長さは $\gamma(t)$ と $\gamma(t + \Delta t)$ の距離

$$|\gamma(t + \Delta t) - \gamma(t)|$$

におよそ等しい．ここで $x(t), y(t)$ の変化量を

$$\Delta x := x(t + \Delta t) - x(t), \qquad \Delta y := y(t + \Delta t) - y(t)$$

とおくと

$$|\gamma(t + \Delta t) - \gamma(t)| = \sqrt{(\Delta x)^2 + (\Delta y)^2} = \sqrt{\left(\frac{\Delta x}{\Delta t}\right)^2 + \left(\frac{\Delta y}{\Delta t}\right)^2}\, \Delta t$$

となる．この区間全体での総和をとると，曲線の**長さ**（**弧長**）$\mathcal{L}(\gamma)$ は

$$\mathcal{L}(\gamma) = \int_a^b \sqrt{\left(\frac{dx}{dt}\right)^2 + \left(\frac{dy}{dt}\right)^2}\, dt = \int_a^b \sqrt{\dot{x}^2 + \dot{y}^2}\, dt \tag{1.5}$$

となることがわかる[10]．曲線の長さは曲線の助変数表示のとり方によらない（節末の問題 **2** 参照）．

---

10)　この公式の厳密な証明はここではしない．たとえば参考文献 [33] をみよ．

式 (1.5) の被積分関数は速度ベクトル $\dot{\gamma}$ の大きさ $|\dot{\gamma}|$ に等しいから，

$$\mathscr{L}(\gamma) = \int_a^b |\dot{\gamma}(t)|\, dt \tag{1.6}$$

と書ける．とくに $y = f(x)$ $(a \leqq x \leqq b)$ のグラフは $\gamma(t) = (t, f(t))$ と助変数で表示されるので，(1.6) は次のようになる：

$$\mathscr{L}(\gamma) = \int_a^b \sqrt{1 + \left(\frac{dy}{dx}\right)^2}\, dx\,.$$

一方，平面の極座標 (r, θ) において r が θ の関数として $r = r(\theta)$ と表されているとき，対応する点の軌跡は曲線を表す．これを曲線の**極座標表示**という．$r = r(\theta)$ $(a \leqq \theta \leqq b)$ で与えられる曲線は

$$\gamma(\theta) = (r(\theta)\cos\theta, r(\theta)\sin\theta)$$

と助変数で表示されるから，その曲線の長さは

$$\mathscr{L}(\gamma) = \int_a^b \sqrt{r^2 + \left(\frac{dr}{d\theta}\right)^2}\, d\theta \tag{1.7}$$

と表すことができる．

このように曲線の長さを積分で表すことができるが，その積分を簡単な関数で表せるとは限らない．たとえば $y = 1/x$ のグラフですら，指定された x の範囲での弧長を初等関数[11]で表現できないことが知られている．しかし，この公式を知っていれば，積分の近似公式によって（計算機などで）曲線の長さの近似値を計算できる．次は弧長が具体的に計算できる例である．

例 1.4　鎖の両端を天井にかけて吊り下げると，関数

$$y = \frac{1}{a}\cosh ax \quad (-c \leqq x \leqq c) \tag{1.8}$$

のグラフで表される曲線（**懸垂線**とよばれる）になる[12]（図 1.4）．ただし a は正の定数で，鎖の両端は $x = \pm c$ に対応する点に固定されているとする．(1.8) より $dy/dx = \sinh ax$ であるから，この曲線の長さ l は

---

11)　整式，有理式，べき乗根，指数関数，対数関数，三角関数，逆三角関数に加減乗除と合成を有限回ほどこして得られる関数を初等関数という．

12)　この事実の簡単な証明は参考文献 [44]，[36] にある．

$$(1.9)\qquad l = \int_{-c}^{c}\sqrt{1+\sinh^2 ax}\,dx = 2\int_0^c \cosh ax\,dx = \frac{2}{a}\sinh ac$$

となる．とくに鎖の長さ $l\ (>0)$ と鎖の両端の距離 $2c\ (<l)$ を与えると，(1.9) をみたす正の定数 a はただ一つに定まる．◇

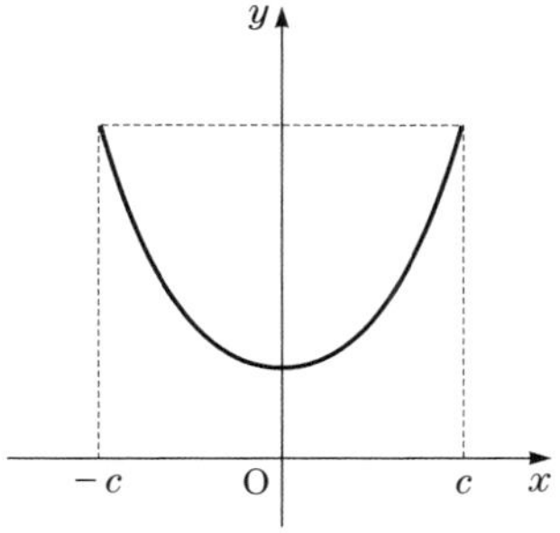

図 1.4　懸垂線

ところで，自分自身と交叉しない閉曲線は**単純閉曲線**とよばれる．平面の単純閉曲線は，平面をその内部と外部の2つの領域に分けることが知られている（ジョルダン[13]の曲線定理[14]）．単純閉曲線の長さ l を固定したとき，その単純閉曲線が囲む内部の面積 A は，不等式

$$4\pi A \leqq l^2$$

をみたす．これを**等周不等式**という．等号は曲線が円のときであり，そのときに限ることが知られている[15]．

問　　題

1.　放物線 $y = x^2\ (-1 \leqq x \leqq 1)$ の長さを求めよ．

2.　曲線の長さを与える式 (1.5) は助変数のとり方によらないことを示せ．

3.　(1)　$0 < b < a$ のとき，楕円 $(a\cos t, b\sin t)\ (0 \leqq t \leqq 2\pi)$ の長さは

$$a\int_0^{2\pi}\sqrt{1-\varepsilon^2\cos^2 t}\,dt \qquad \left(\varepsilon = \sqrt{\frac{a^2-b^2}{a^2}}\right)$$

---

13)　Jordan, Camille (1838 - 1922).

14)　ジョルダンの曲線定理は，折れ線（多角形）や，なめらかな曲線に対しては比較的容易に証明ができる（参考文献[5]）．一般の連続曲線の場合の証明は，位相幾何学の教科書（たとえば参考文献[25]の152ページ）をみよ．

15)　参考文献[7]を参照せよ．

と表されることを示せ．ここで ε $(0 \leqq \varepsilon < 1)$ は楕円の**離心率**とよばれる[16]．$\varepsilon \neq 0$ のときは，この積分を初等関数で表すことはできない．($\varepsilon = 0$ のときは円となり，$\varepsilon = 1$ のときは線分になる．)

（2） 地球の北極と南極を結ぶ直線（地軸）を含む平面による切り口は，赤道方向に長軸，極方向に短軸をもつ楕円となる．テイラーの定理（付録 A の (A-1.1)）より，x が十分小さいときに近似式

$$\sqrt{1-x} \approx 1 - \frac{x}{2}$$

が成り立つ[17]ことを用いて，この楕円の周の長さの近似値を求めよ．さらに，テイラーの定理の剰余項の形を用いて誤差の見積りをせよ．ただし，赤道方向の半径 a は 6377.397 km，極方向の半径 b は 6356.079 km とする．

4. 半径 a $(a > 0)$ の円が，与えられた直線上を滑ることなく転がるとき，この円上の定点が描く軌跡をサイクロイドという．（下図，サイクロイドの様々な性質については付録 B-1 と§18 をみよ．）定点が原点 $(0, 0)$ を出発して x 軸上を転がったときの円の回転角を t とすると，曲線は

$$\gamma(t) = (a(t - \sin t), a(1 - \cos t))$$

と表される．円が 1 回転すると t は 0 から 2π まで動くが，これをサイクロイドの 1 周期とよぶ．サイクロイドの 1 周期の長さは，円の半径の 8 倍になることを示せ．

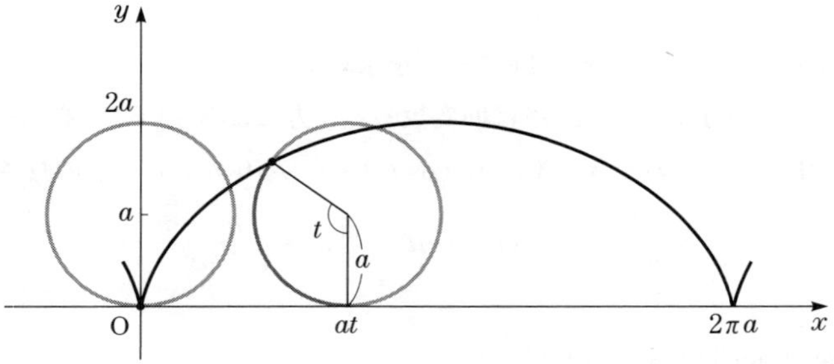

16） 離心率 (eccentricity) は通常 "e" で表すが，ここでは自然対数の底 e と区別するために "ε" を用いることにする．

17） 記号 "≈" は「およそ等しい」という意味である．もちろん厳密な意味ではない．

§2. 曲率とフルネの公式

ここでは曲線の「曲がり具合」を表す曲率とよばれる量を紹介する．今後，扱う曲線はすべて正則曲線と約束する．つまり，曲線の助変数表示は，**速度ベクトル $\dot{\gamma}$ が零ベクトルにはならない場合のみを考える**ことにする．まず，曲線のもっとも標準的な助変数表示である弧長パラメータを定義する．

弧長パラメータ　例 1.2 でみたように，与えられた曲線を助変数で表示する方法は 1 通りではない．そのうちで，もっとも自然な助変数は何だろうか．前節で定義した弧長を用いて，出発点からの曲線の長さを助変数とすれば，曲線の自然な助変数表示が得られるだろう．

助変数で表された曲線 $\gamma(t)\,(a \leqq t \leqq b)$ に対して，

$$s(t) = \int_a^t |\dot{\gamma}(u)|\,du \tag{2.1}$$

によって曲線 $\gamma(t)$ の区間 $[a, t]$ に対応する部分の長さが与えられる．この式を微分して正則曲線の条件 $\dot{\gamma} \neq 0$ に注意すれば，

$$\frac{ds}{dt} = |\dot{\gamma}(t)| > 0$$

となる．よって，閉区間 $[a, b]$ 間の曲線 $\gamma(t)$ の長さを l とすると，$s(t)$ は区間 $[a, b]$ から $[0, l]$ への単調増加関数であることを意味し，逆関数 $t = t(s) : [0, l] \longrightarrow [a, b]$ が存在する．逆関数定理（付録 A の定理 A-1.5）よりこの逆関数は微分可能である[1]から，これを用いて

$$\gamma(s) := \gamma(t(s)) \qquad (0 \leqq s \leqq l)$$

のように，曲線を新しい助変数 s で表示することができる．この s を曲線の

---

1)　本書では C^∞ 級のことを微分可能とよぶことにする．閉区間 $[a, b]$ で定義された関数 $f(x)$ が微分可能であるとは，$f(x)$ が $[a, b]$ を含む開区間上で定義された微分可能な関数に拡張されることである．

弧長パラメータという．

いままで“˙”（ドット）で助変数 t に関する微分を表したが，弧長パラメータ s に関する微分はこれと区別して“′”（プライム）で表すことにする．合成関数の微分公式より

$$\gamma'(s) = \frac{d\gamma}{ds} = \frac{d\gamma}{dt}\frac{dt}{ds} = \frac{\dot{\gamma}(t)}{|\dot{\gamma}(t)|} \tag{2.2}$$

だから，$|\gamma'(s)| = 1$ であること，すなわち弧長パラメータによる曲線の速さ（曲線の速度ベクトルの大きさ）は常に 1 であることがわかる．

逆に $\gamma(t)$ を曲線の速さ 1 の助変数表示，すなわち $|\dot{\gamma}| = 1$ をみたすものとする．このとき (2.1) より，出発点からの弧長は t と定数だけの差しかない．したがって，速さが 1 であるような助変数を弧長パラメータとよぶことにする．

曲線を道路にたとえて，道路に沿って走る車の時刻 t における位置が曲線の助変数表示を与えると考えれば，一般の助変数による表示は速さを変えて走る車を表し，弧長パラメータによる表示は常に速さ 1 で前進する車を表す．

弧長をパラメータとして曲線を $\gamma(s) = (x(s), y(s))$ と表すと，

$$\boldsymbol{e}(s) := \gamma'(s) = (x'(s), y'(s)) \tag{2.3}$$

は曲線の $\gamma(s)$ における進行方向の**単位接ベクトル**となる．さらに

$$\boldsymbol{n}(s) := (-y'(s), x'(s)) \tag{2.4}$$

は $\boldsymbol{e}(s)$ に直交し，$\boldsymbol{e}(s)$ の方向に対して左向きの単位ベクトルを与える（図 2.1）．これを，曲線上の点 $\gamma(s)$ における，進行方向に対して左向きの**単位法線ベクトル**とよぶ．

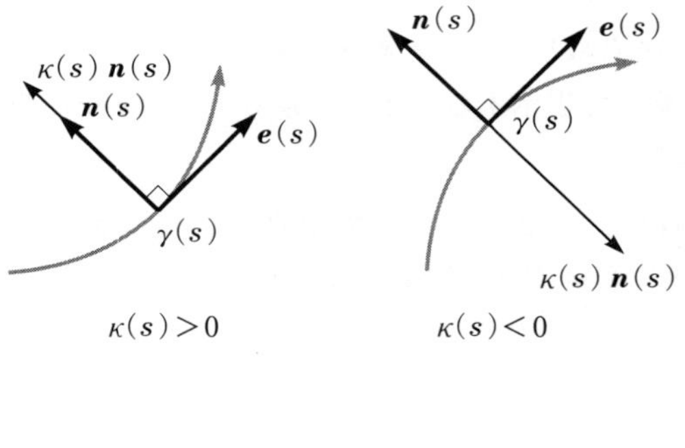

図 2.1 曲率の符号と曲線の曲がり具合

曲率の定義　いま，$\gamma(s)=(x(s),y(s))$ を弧長パラメータによる曲線の助変数表示とすると，速度ベクトルの大きさは1になる．すなわち，

$$\gamma'(s)\cdot\gamma'(s)=|\gamma'(s)|^2=1$$

である．“·”は平面ベクトルの内積を表す．この両辺を s で微分すると

$$2\gamma''(s)\cdot\gamma'(s)=0$$

となるから（付録 A-3 の系 A-3.6），加速度ベクトル $\gamma''(s)$ は $\gamma'(s)$ に直交する．このことは $\gamma''(s)$ が単位法線ベクトル $\boldsymbol{n}(s)$ に比例していることを意味する．この比例定数を $\kappa(s)$ と書き[2]，曲線 $\gamma(s)$ の**曲率**という．すなわち，

$$\boldsymbol{e}'(s)=\gamma''(s)=\kappa(s)\,\boldsymbol{n}(s) \tag{2.5}$$

である．曲率は助変数 s の値ごとに決まる値であるから，s の関数である．この意味で $\kappa(s)$ を**曲率関数**ということもある．曲率 $\kappa(s)$ が正であれば曲線は $\gamma(s)$ の近くで左曲がりであり，負であれば右曲がりである．車の運転にたとえるなら，ハンドルがまっすぐ向いた状態が曲率0，左に向いた状態が正，右に向いた状態が負となる（図2.1）．

$\boldsymbol{e},\boldsymbol{n}$ を列ベクトルとみなして，それを並べてできる2次正方行列 $(\boldsymbol{e},\boldsymbol{n})$ を考えると $\det(\boldsymbol{e},\boldsymbol{n})=1$（節末の問題 **2**-（3）参照）であるから

$$\kappa(s)=\det(\gamma',\gamma'') \tag{2.6}$$

と表すことができる．

例 2.1　（1）　直線は，その方向の単位ベクトルを $\boldsymbol{v}$，直線上の1点の位置ベクトルを $\boldsymbol{a}$ としたとき，$\gamma(s)=\boldsymbol{a}+s\boldsymbol{v}$ のように弧長パラメータ s で表せる．とくに $\gamma''(s)=0$ となるので，その曲率は恒等的に0，つまり $\kappa(s)\equiv 0$ となる．

（2）　円の曲率を計算してみよう．

$$\gamma(s)=\left(a\cos\frac{s}{a},\,a\sin\frac{s}{a}\right)\qquad(a>0)$$

は半径 a の反時計回りの円を表す．速度ベクトル $\gamma'(s)=(-\sin(s/a),\cos(s/a))$ の大きさは1なので，s は弧長パラメータである．(2.4) から

2)　ギリシア文字 κ は「カッパ」と読む．

$$\boldsymbol{n}(s) = \left(-\cos\frac{s}{a},\ -\sin\frac{s}{a}\right)$$

となるが，

$$\gamma''(s) = \frac{1}{a}\left(-\cos\frac{s}{a},\ -\sin\frac{s}{a}\right) = \frac{1}{a}\,\boldsymbol{n}(s)$$

だから，半径 a の反時計回りの円の曲率は $\kappa(s) = 1/a$ で一定になることがわかる．一方，半径 a (>0) の時計回りの円の曲率は $-1/a$ である． ◇

弧長とは限らない助変数で表された曲線の曲率は，弧長パラメータで曲線を表示し直してから求めた曲率のこととする．しかし，弧長パラメータは簡単に求められない場合が多いので，一般の助変数表示で曲率を求める公式が必要となる．弧長とは限らない助変数 t で表された曲線 $\gamma(t) = (x(t), y(t))$ の曲率 $\kappa(t)$ は次で与えられる：

$$\kappa(t) = \frac{\dot{x}\ddot{y} - \dot{y}\ddot{x}}{(\dot{x}^2 + \dot{y}^2)^{3/2}} = \frac{\det(\dot{\gamma},\ \ddot{\gamma})}{|\dot{\gamma}|^3}. \tag{2.7}$$

[式 (2.7) の証明] (2.2) と合成関数の微分公式を用いれば

$$\gamma' = \frac{\dot{\gamma}}{|\dot{\gamma}|}, \qquad \gamma'' = \frac{\ddot{\gamma}}{|\dot{\gamma}|^2} + \left(\frac{1}{|\dot{\gamma}|}\right)'\dot{\gamma}$$

である．これを (2.6) に代入して，行列式の性質に注意して整理すればよい． □

とくに $y = f(x)$ のグラフとして表される曲線の曲率は

$$\kappa(x) = \frac{\ddot{y}}{(1 + \dot{y}^2)^{3/2}} \qquad \left(\dot{y} = \frac{dy}{dx},\ \ \ddot{y} = \frac{d^2y}{dx^2}\right) \tag{2.8}$$

となる．

例 2.2 公式 (2.7) より，楕円 $\gamma(t) = (a\cos t, b\sin t)$ $(a, b > 0)$ の曲率は

$$\kappa(t) = \frac{ab}{(a^2\sin^2 t + b^2\cos^2 t)^{3/2}} \tag{2.9}$$

となる．もし $a > b$ なら，楕円の曲率は x 軸との交点 $(\pm a, 0)$ において最大値 a/b^2，y 軸との交点 $(0, \pm b)$ において最小値 b/a^2 をとる． ◇

曲率円　曲線上の与えられた点の近くで曲線を最もよく近似する直線は，その点における接線である．それでは，与えられた点の近くで曲線を最もよく近似する円は何であろうか．定理 2.4 で示すことであるが，実は，以下に定義する曲率円がその答となる．

曲線上の点 $\gamma(s)$ における曲線の曲率 $\kappa(s)$ が 0 でないとする．このとき，$\gamma(s)$ で曲線に接する半径 $1/|\kappa(s)|$ の円を曲線の進行方向に向かって左側と右側に 1 つずつおくことができる．$\kappa(s) > 0$ のときは曲線の進行方向に向かって左側の円を，$\kappa(s) < 0$ のときは右側の円を曲線の $\gamma(s)$ における**曲率円**という（図 2.2）．また，曲率円の半径 $1/|\kappa(s)|$ を**曲率半径**とよぶ．このとき，曲率円の中心を**曲率中心**とよび，その位置ベクトルは

$$\gamma(s) + \frac{1}{\kappa(s)}\boldsymbol{n}(s)$$

で与えられる．与えられた曲線の曲率円の中心の軌跡を**縮閉線**という（縮閉線の作図法と元の曲線との関係については付録 B-1 をみよ）．

点 $\gamma(s)$ における曲率が 0 のときは，その点における曲線の接線を（半径が無限大の円とみなして）曲率円とよぶ．

曲率円には曲線の向きと同調するような向きをつける．すると例 2.1 より，**曲率円と元の曲線はその接点で同じ曲率をもつ**ことがわかる[3]．

曲率円は各点において曲線を最もよく近似する円である（17 ページの定

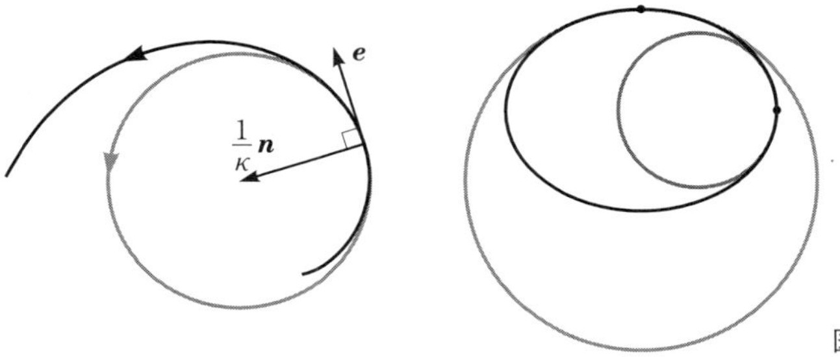

図 2.2　曲率円

3)　走っている車がある瞬間にハンドルを止めると，車は円運動をはじめる．この円が曲率円である．

理 2.4)．このことを示すために，まず「最もよく近似する」という言葉の意味をはっきりさせよう．

正則曲線（6 ページ参照）を考えているので，曲線 $\gamma(t) = (x(t), y(t))$ の $t = t_0$ における接ベクトル $\dot{\gamma}(t_0)$ は $\mathbf{0}$ ではない．そこで $\gamma(t_0)$ を原点として $\dot{\gamma}(t_0)$ の向きに x 軸をとり，$t = t_0$ における左向き法線ベクトルの方向に y 軸がくるように平面の座標軸を設定すると，接ベクトルは $\dot{\gamma}(t_0) = (a, 0)$ $(a = \dot{x}(t_0) > 0)$ の形になる（図 2.3）．したがって，§1（6〜7 ページ）で述べたことにより，原点すなわち $t = t_0$ の近くで曲線は $y = f(x)$ のグラフの形で表すことができる．

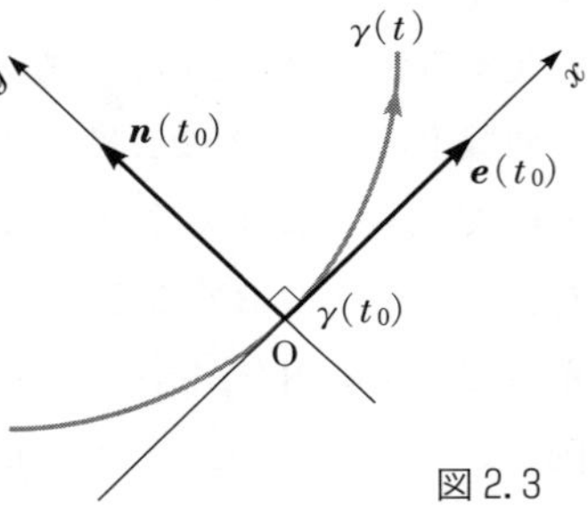

図 2.3

定義 2.3　2 つの曲線 $\gamma_1(t)$ と $\gamma_2(u)$ が点 P で **1 次の接触**をするとは，2 曲線がともに点 P を通り，その点における接線と進行方向を共有することである．このとき，点 P を原点とし，進行方向に x 軸，左向き法線方向に y 軸をとれば，上に述べたように $\gamma_1(t)$ および $\gamma_2(u)$ はそれぞれ関数 $y = f(x), y = g(x)$ のグラフとして表すことができ，

$$f(0) = g(0) = 0, \qquad \frac{df}{dx}(0) = \frac{dg}{dx}(0) = 0$$

が成り立つ．このとき，さらに，

$$\frac{d^2f}{dx^2}(0) = \frac{d^2g}{dx^2}(0)$$

が成り立つならば，2 つの曲線は点 P で **2 次の接触**をするという（図 2.4 左）．

同様にして，高次の接触の概念を定義することができる．定義 2.3 でさらに $f(x)$ と $g(x)$ の 0 における 3 階までの微分係数がすべて一致するとき，2 つの曲線は点 P で **3 次の接触**をするという．たとえば，放物線 $y = x^2/2$ と懸垂線 $y = \cosh x - 1$ は原点で 3 次の接触をしている（図 2.4 右）．

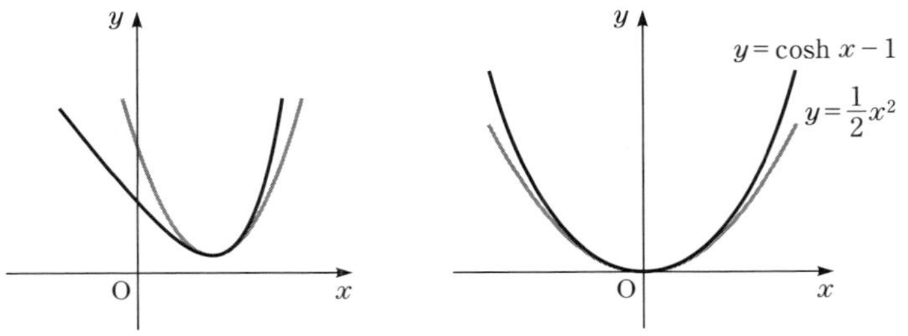

2次の接触をする曲線　　3次の接触をする放物線と懸垂線　　図2.4

曲線の接線は曲線と1次の接触をするので，曲線の**1次近似**であるという．同じ言葉づかいをするなら，以下の定理から曲率円は曲線の**2次近似**であるということができる．

定理2.4　曲線 $\gamma(t)$ 上の1点 $\gamma(t_0)$ における曲率円は，点 $\gamma(t_0)$ において，その曲線に2次の接触をする．逆に，点 $\gamma(t_0)$ で曲線に2次の接触をする円は曲率円に限る．

[証明]　$\gamma(t_0)$ において，接触の定義に用いた座標系 (x, y) により，曲線を関数のグラフ $y = f(x)$ で表すと，(2.8) より $x = 0$ でのテイラー展開は

$$f(x) = \frac{\kappa(t_0)}{2}x^2 + o(x^2) \tag{2.10}$$

となる．ただし，$o(\cdot)$ はランダウの記号（付録A-1参照）である．ここで $f(x)$ のグラフが x 軸と2次の接触をすることは，$\kappa(t_0) = 0$ であることと同値である．したがって，以下の議論では $\kappa(t_0) \neq 0$ の場合のみを考える．さらに，必要なら曲線を折り返すことにより $\kappa(t_0) > 0$ としてよい．ここで原点で x 軸に接する半径 a の反時計回りの円の下半分を，グラフとして $y = a - \sqrt{a^2 - x^2}$ と表すと，円の曲率は $1/a$ であるから (2.10) より

$$y = \frac{1}{2a}x^2 + o(x^2) \tag{2.11}$$

となる．(2.10) と (2.11) を見比べると，円が曲線と2次の接触をするための必要十分条件が $a = 1/\kappa(t_0)$ であることがわかる．　□

以下に述べる命題2.5，2.6は§4でのみ用いられるが，重要な性質なので，ここで紹介しておく.

定義にしたがって曲線が接触することを確かめるには，曲線をグラフで書き表さなければならない．しかし，次のような判定法がある.

命題 2.5 2つの曲線 $\gamma_1(t)$, $\gamma_2(u)$ が点Pにおいて1次(2次)の接触をするための必要十分条件は，γ_2 の助変数をうまく選べば $t=t_0$, $u=u_0$ において

$$(2.12)\qquad \gamma_1(t_0)=\gamma_2(u_0)=\mathrm{P},\qquad \frac{d\gamma_1}{dt}(t_0)=\frac{d\gamma_2}{du}(u_0),$$

$$\left(2\text{次の接触の場合はさらに}\ \frac{d^2\gamma_1}{dt^2}(t_0)=\frac{d^2\gamma_2}{du^2}(u_0)\right)$$

が成り立つようにできることである[4].

［証明］ グラフ表示も助変数表示の特別な場合であるから，必要性は明らか.

以下，十分性を示す．ここでは，助変数 t による微分を“ $\dot{}$ ”で，(u は弧長とは限らないが記号の区別のために) u に関する微分を“ $'$ ”で表すことにする．1次の接触については定義2.3から明らか．以下，2次の接触をしていることを示そう.

曲線を $\gamma_1(t)=(x(t),y(t))$, $\gamma_2(u)=(\tilde{x}(u),\tilde{y}(u))$ とおき，さらに，定義2.3のように2つの曲線をそれぞれ $y=f(x)$, $y=g(x)$ のグラフで表しておく．すると $y(t)=f(x(t))$, $\tilde{y}(u)=g(\tilde{x}(u))$ が成り立つから，合成関数の微分公式より，

$$\frac{df}{dx}=\frac{\dot{y}}{\dot{x}},\qquad \frac{dg}{dx}=\frac{\tilde{y}'}{\tilde{x}'},\qquad \frac{d^2f}{dx^2}=\frac{\ddot{y}\dot{x}-\dot{y}\ddot{x}}{\dot{x}^3},\qquad \frac{d^2g}{dx^2}=\frac{\tilde{y}''\tilde{x}'-\tilde{y}'\tilde{x}''}{\tilde{x}'^3}$$

となる．したがって，$\dot{\gamma}_1(t_0)=\gamma_2'(u_0)$ かつ $\ddot{\gamma}_1(t_0)=\gamma_2''(u_0)$ ならば

$$\frac{d^2f}{dx^2}(0)=\frac{d^2g}{dx^2}(0)$$

となり，2つの曲線は2次の接触をすることがわかる. □

4) 曲線 $\gamma_2(u)$ の助変数のとり方は無数にある．その中から，(2.12) を成り立たせる助変数 u を指定できるということである.

さらに高次の接触を調べるためには，適当な助変数表示をみつけて高階の微分係数を比較すればよい（節末の問題**9**-（1）参照）.

次に，接触の概念が（一般の）座標変換で不変であることを示す.

平面の領域 $D \subset \boldsymbol{R}^2$ から $\boldsymbol{R}^2$ への C^∞ 級写像 $\varphi : D \longrightarrow \boldsymbol{R}^2$ が $\varphi(x, y) = (\xi(x, y), \eta(x, y))$ で与えられているとする[5, 6]．この写像が**微分同相写像**あるいは**座標変換**であるとは，φ が単射であって逆写像 $\varphi^{-1} : \varphi(D) \longrightarrow D$ もまた C^∞ 級写像となることである．もしこの座標変換において，ヤコビ行列

$$\begin{pmatrix} \xi_x & \xi_y \\ \eta_x & \eta_y \end{pmatrix}$$

の行列式が正ならば，**向きを保つ座標変換**（または**正の座標変換**）であるという．このとき，xy 平面に描かれた曲線の左側の領域は，$\xi\eta$ 平面に写された曲線の左側の領域に対応する．一方，ヤコビ行列の行列式の値が負なら，**向きを反転する座標変換**（または**負の座標変換**）という.

いま，$r > 0$ と θ に対して

$$x = r\cos\theta, \qquad y = r\sin\theta$$

とおけば，(x, y) は**極座標** (r, θ) をもつ平面上の点を与える．これを $r\theta$ 平面から xy 平面への写像

$$\varphi : (r, \theta) \longmapsto (x, y) = (r\cos\theta, r\sin\theta)$$

とみなそう．たとえば $D := \{(r, \theta) \mid r > 0,\ -\pi < \theta < \pi\}$ を φ の定義域とすれば，$\varphi(D)$ は xy 平面から x 軸の負の部分と原点を除いた領域となり，φ は D から $\varphi(D)$ への全単射を与えるので，逆写像 $\psi : \varphi(D) \longrightarrow D$ が存在する．さらに，φ のヤコビ行列式は

$$\det\begin{pmatrix} x_r & x_\theta \\ y_r & y_\theta \end{pmatrix} = \det\begin{pmatrix} \cos\theta & -r\sin\theta \\ \sin\theta & r\cos\theta \end{pmatrix} = r > 0$$

---

5)　ギリシア文字 φ は「ファイ」あるいは「フィー」と読む.

6)　ギリシア文字 ξ, η はそれぞれ「クサイ，クシー，またはグザイ」,「エータまたはイータ」と読む．これらはローマ文字 x, y の対応物としてしばしば用いられる.

であるから，逆関数定理（付録Aの定理A-1.5）より ϕ は微分可能となる．したがって，$\varphi:(r,\theta)\longmapsto(x,y)$ は（向きを保つ）微分同相写像を与えている．

平面の領域 D から別の平面の領域 $\varphi(D)\subset\boldsymbol{R}^2$ への微分同相写像 φ が与えられたとき，領域 D 内の曲線 $\gamma(t)$ に対して $\tilde{\gamma}(t)=\varphi\circ\gamma(t)$ は $\varphi(D)$ 内の曲線となる[7]．この対応で曲線の接触が保たれることを示しているのが次の命題である（図2.5）．

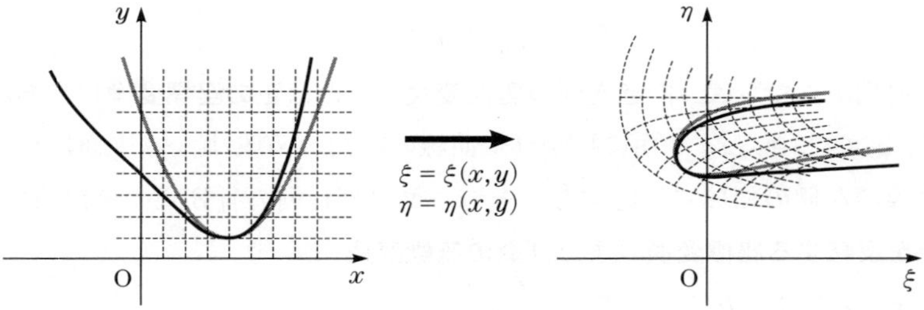

図2.5 微分同相と接触：微分同相写像 $(x,y)\longmapsto\varphi(x,y)=(\xi,\eta)$ によって，xy 平面上の2次の接触をする曲線は $\xi\eta$ 平面上の2次の接触をする曲線に写る．ここで，右図の点線は左図の点線で表される座標軸に平行な直線族の φ による像である．

命題 2.6 平面の領域 D から $\varphi(D)$ への微分同相写像 φ が与えられているとする．このとき2つの D 内の曲線 $\gamma_1(t)$ と $\gamma_2(u)$ が D の点Pで1次（2次）の接触をするならば，$\tilde{\gamma}_1(t)=\varphi\circ\gamma_1(t)$ と $\tilde{\gamma}_2(u)=\varphi\circ\gamma_2(u)$ は，点 $\varphi(\mathrm{P})$ で1次（2次）の接触をする．

［証明］ 写像 φ を $\varphi(x,y)=(\xi(x,y),\eta(x,y))$ と書いておく．領域 D 内の曲線 $\gamma(t)=(x(t),y(t))$ に対して

$$\tilde{\gamma}(t)=\varphi\circ\gamma(t)=(\xi(x(t),y(t)),\eta(x(t),y(t)))$$

とおくと，合成関数の微分公式より

7） $\varphi\circ\gamma$ は写像 φ と γ の合成を表す．すなわち $\varphi\circ\gamma(t)=\varphi(\gamma(t))$ である．

$$\frac{d\xi}{dt} = \xi_x\,\dot{x} + \xi_y\,\dot{y}, \qquad \frac{d\eta}{dt} = \eta_x\,\dot{x} + \eta_y\,\dot{y},$$

$$\frac{d^2\xi}{dt^2} = \xi_x\,\ddot{x} + \xi_y\,\ddot{y} + \xi_{xx}\,\dot{x}^2 + 2\,\xi_{xy}\,\dot{x}\dot{y} + \xi_{yy}\,\dot{y}^2,$$

$$\frac{d^2\eta}{dt^2} = \eta_x\,\ddot{x} + \eta_y\,\ddot{y} + \eta_{xx}\,\dot{x}^2 + 2\,\eta_{xy}\,\dot{x}\dot{y} + \eta_{yy}\,\dot{y}^2$$

となることを用いると，命題 2.5 より結論が得られる． □

同様のことが 3 次以上の接触でもいえる（節末の問題 **9** - (2) 参照）．

系 2.7 平面曲線の曲率は，回転と平行移動により変わらない[8)]．

[証明] 回転と平行移動により，時計回り（反時計回り）の円は時計回り（反時計回り）の円に写る．回転と平行移動はともに $\boldsymbol{R}^2$ 上の微分同相写像であるから，命題 2.6 より，円と曲線との間の接触の次数が保存される．したがって，定理 2.4 より，曲線に回転と平行移動をほどこすと，曲率円は曲率円に写ることがわかる．回転と平行移動によって円の半径は変わらないので，結論が得られる．

□

系 2.7 は直接計算によっても示すことができる（節末の問題 **6** 参照）．

フルネの公式　曲線が $\gamma(s) = (x(s), y(s))$ と弧長 s によりパラメータ表示されているとき，(2.5) を書き直すと次のようになる：

(2.13)　$x''(s) = -\kappa(s)\,y'(s), \qquad y''(s) = \kappa(s)\,x'(s)$.

これと (2.3)，(2.4) より $\boldsymbol{n}'(s) = -\kappa(s)\,\boldsymbol{e}(s)$ を得る．(2.5) と合わせて

(2.14)　$\boldsymbol{e}'(s) = \kappa(s)\,\boldsymbol{n}(s), \qquad \boldsymbol{n}'(s) = -\kappa(s)\,\boldsymbol{e}(s)$

が成り立つ．この 2 つの式を合わせて**フルネ**[9)]**の公式**という．

---

8) 回転と平行移動だけでなく，ある直線に関する「折り返し」も平面の合同変換である．折り返しによって曲率の絶対値は不変だが，符号が逆転する．節末の問題 **4** 参照．

9) Frenet, Jean Frédéric (1816 - 1900).

ある関数を与えたとき，その関数を曲率とする平面曲線はいつでも存在するだろうか．また，存在すれば一意的だろうか．その答えが次の定理である．

定理 2.8（平面曲線の基本定理） 区間 $[0, l]$ で定義されたなめらかな関数 $\kappa(s)$ に対して，s を弧長パラメータとし $\kappa(s)$ を曲率とする平面曲線 $\gamma : [0, l] \longrightarrow \boldsymbol{R}^2$ が存在する．さらに，このような曲線は回転と平行移動で写りあうものを除いてただ1つである．

[証明] 車の運転で考えれば，平面曲線 $\gamma(s)$ の存在は直観的には明らかである．実際，曲率を最初に与えることは運転者がハンドルをどのように操作するかという情報を与えることだから，そのままこの操作法にしたがい単位速さで車を走らせれば，その軌跡が求める曲線ということになる．

厳密には以下のようにして示される．まず，曲線 $\gamma(s)$ の単位接ベクトル $\boldsymbol{e}(s)$ と左向き単位法線ベクトル $\boldsymbol{n}(s)$ を列ベクトルとみなして得られる2次正方行列に値をとる関数 $\mathcal{F}(s) := (\boldsymbol{e}(s), \boldsymbol{n}(s))$ を考える[10]と，フルネの公式 (2.14) は

$$\mathcal{F}' = \mathcal{F}\Omega, \qquad \Omega := \begin{pmatrix} 0 & -\kappa \\ \kappa & 0 \end{pmatrix} \tag{2.15}$$

と書き直すことができる．すると，この式は，区間 $[0, l]$ 上にあらかじめ与えられた $\kappa(s)$ に対して $\mathcal{F}(s)$ を未知関数にもつ線形常微分方程式とみなすことができる（付録 A-2 を参照せよ）．初期値

$$\mathcal{F}(0) := (\boldsymbol{e}(0), \boldsymbol{n}(0)) = I, \qquad I := \begin{pmatrix} 1 & 0 \\ 0 & 1 \end{pmatrix}$$

に関して微分方程式 (2.15) の解 $\mathcal{F}(s)$ が区間 $[0, l]$ 上で一意的に存在する（付録 A-2 の定理 A-2.2）．すべての s に対して $\mathcal{F}(s)$ は行列式が1の直交行列（節末の問題**1**参照）である．実際 Ω は交代行列であるから，付録 A-3 の命題 A-3.5 から

$$(\mathcal{F}\,{}^t\mathcal{F})' = \mathcal{F}'\,{}^t\mathcal{F} + \mathcal{F}\,{}^t\mathcal{F}' = \mathcal{F}\,\Omega\,{}^t\mathcal{F} + \mathcal{F}\,{}^t\Omega\,{}^t\mathcal{F} = O \tag{2.16}$$

が成り立つ．ただし，${}^t\mathcal{F}$ は行列 $\mathcal{F}$ の転置行列を，O は2次の零行列を表す．したがって，$\mathcal{F}(s)\,{}^t\mathcal{F}(s)$ は s によらない定数行列であるから

$$\mathcal{F}(s)\,{}^t\mathcal{F}(s) = \mathcal{F}(0)\,{}^t\mathcal{F}(0) = I$$

10） $\mathcal{F}$（筆記体のF）はフレーム (frame) の頭文字である．

となり，$\mathcal{F}(s)$ は直交行列であることがわかる．このとき，$\mathcal{F}(s)$ の行列式の値は ± 1 となるが（節末の問題 **1**-(1) 参照），$\mathcal{F}(0)$ は単位行列であるから行列式の値は 1 であり，さらに $\mathcal{F}(s)$ の行列式の値は s に関して連続的に変化するので $\mathcal{F}(s)$ は行列式が 1 の直交行列であることがわかり，$\boldsymbol{n}(s)$ は $\boldsymbol{e}(s)$ に対して左側を向いていることになる（節末の問題 **2**-(3) 参照）．

いま

$$\gamma(s) := \int_0^s \boldsymbol{e}(t)\, dt$$

とおけば，$\gamma(0) = 0$ を満たす．この $\gamma(s)$ が求める曲線である．実際，$\gamma'(s) = \boldsymbol{e}(s)$ となるので，$\boldsymbol{e}(s)$ は曲線 $\gamma(s)$ の単位接ベクトルとなり，$\mathcal{F}(s)$ は行列式が 1 の直交行列であることから $\boldsymbol{n}(s)$ は左向き単位法線ベクトルであることがわかる．$\mathcal{F}(s) := (\boldsymbol{e}(s), \boldsymbol{n}(s))$ であるから，(2.15) は，$\gamma(s)$ に関するフルネの公式となり，$\kappa(s)$ は $\gamma(s)$ の曲率関数となる．よって，関数 $\kappa(s)$ が与えられると，それを曲率とする平面曲線 $\gamma(s)$ が存在することが示された．

次に一意性を示す．与えられた曲線 $\Gamma(s)\,(0 \leqq s \leqq l)$ が，$\gamma(s)$ と同じ曲率関数 $\kappa(s)$ をもつと仮定する．系 2.7 により，これらの曲線は，あらかじめ平行移動と回転によって，出発点 $(s = 0)$ と出発点での接ベクトルが一致するようにでき，

$$\gamma(0) = \Gamma(0) = \begin{pmatrix} 0 \\ 0 \end{pmatrix}, \quad \boldsymbol{e}(0) = \boldsymbol{E}(0) = \begin{pmatrix} 1 \\ 0 \end{pmatrix}, \quad \boldsymbol{n}(0) = \boldsymbol{N}(0) = \begin{pmatrix} 0 \\ 1 \end{pmatrix} \tag{2.17}$$

が成り立つ．ただし，$\boldsymbol{E}(s)$ と $\boldsymbol{N}(s)$ は $\Gamma(s)$ の単位接ベクトルと左向き単位法線ベクトルである．このとき $\mathcal{G} := (\boldsymbol{E}(s), \boldsymbol{N}(s))$ とおく[11]と，$\mathcal{G}$ も $\mathcal{F}$ と同じく微分方程式 (2.15) の解で $\mathcal{F}(s)$ と同じ初期値をもつので，解の一意性により $\mathcal{G}(s) = \mathcal{F}(s)$ がすべての s について成立し，とくに

$$\gamma(s) = \int_0^s \boldsymbol{e}(t)\, dt = \int_0^s \boldsymbol{E}(t)\, dt = \Gamma(s)$$

となり，2 つの曲線は一致する．

実は，曲率関数 $\kappa(s)$ が与えられたとき，求める平面曲線 $\gamma(s)$ は具体的に以下の式で与えることができる．

$$\gamma(s) = \int_0^s \left(\cos\left(\int_0^t \kappa(u)\, du\right), \sin\left(\int_0^t \kappa(u)\, du\right)\right) dt. \tag{2.18}$$

11）$\mathcal{G}$ は G の筆記体である．

実際，$d\gamma/ds$ を計算すると，

$$\left|\frac{d\gamma}{ds}\right| = 1$$

となることがわかる．よって，s はこの曲線の弧長であり，さらに $d^2\gamma/ds^2$ を計算すると $\kappa(s)$ が曲率であることがわかる（節末の問題 **7** 参照）．　□

この定理 2.8 を用いれば，例 2.1（13 ページ）の結果から次が成り立つことがわかる．

系 2.9　曲率が一定の平面曲線は直線か円であり，そのときに限る．

卵形線の 4 頂点定理　この節の最後に，フルネの公式の閉曲線への応用例を 1 つ紹介しよう．

§1 で，1 周して元に戻るなめらかな曲線を閉曲線と定めた．このことを正確に定義しておこう．実数 $\boldsymbol{R}$ 全体で定義された正則曲線 $\gamma(t)$ の周期が $l\,(>0)$ であるならば，つまり

$$\gamma(t+l) = \gamma(t) \qquad (t \in \boldsymbol{R}) \tag{2.19}$$

を満たすとき，γ は**閉曲線**であるという．このとき，曲率関数 $\kappa(t)$ も $\boldsymbol{R}$ 全体で定義された周期 l の関数となる．

§1 の最後で述べたが，自分自身と交叉しない閉曲線は**単純閉曲線**とよばれる．単純閉曲線上の任意の 2 点を結ぶ線分が曲線の外部の点を含まないとき，その曲線を**卵形線**（らんけいせん）という（図 2.6）．たとえば，円や楕円は卵形線である．曲率関数が符号を変えない単純閉曲線は卵形線であることが知られている．

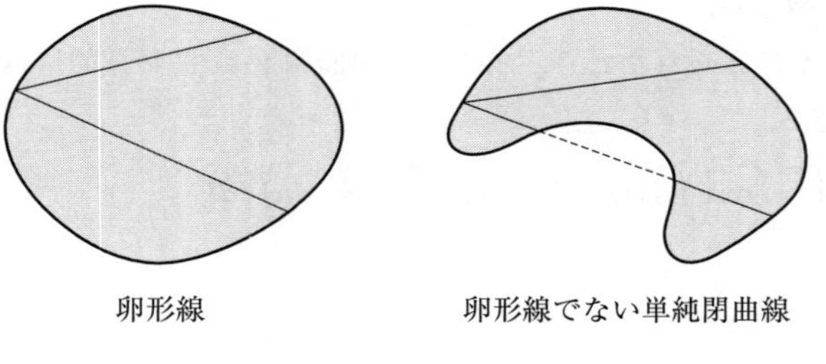

卵形線　　　卵形線でない単純閉曲線

図 2.6　卵形線

(卵形線の特徴づけ，および具体例の構成法については付録B-2の定理B-2.1を参照されたい.)

一般に曲線の曲率 $\kappa(s)$ が極大値または極小値をとるような点 $\gamma(s_0)$ を曲線の**頂点**という[12]．円ではない，なめらかな閉曲線の曲率関数は $\boldsymbol{R}$ 上の周期関数とみなせるが，その1周期のなかに少なくとも1つずつ最大値，最小値をとる点が存在する．すなわち，閉曲線は少なくとも2つの頂点をもつ．また，周期関数が1周期において極大値をとる点の個数と極小値をとる点の個数は，それらが有限個であれば等しいから，一般に閉曲線の頂点の個数は有限なら偶数になる（図2.7).

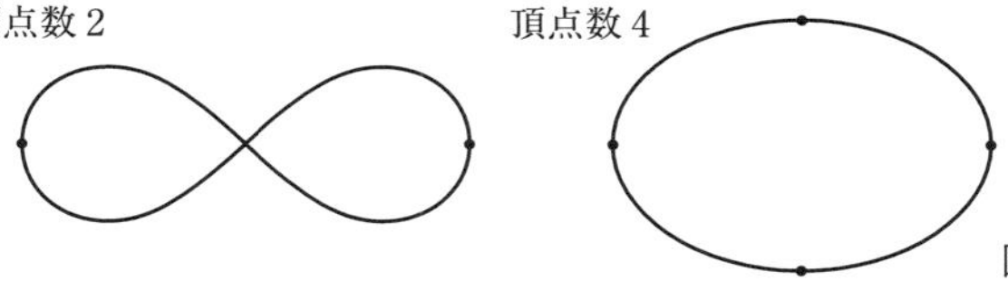

図2.7　閉曲線の頂点

卵形線の頂点について，次の定理が成り立つ.

定理 2.10　円ではない卵形線には少なくとも4つの頂点が存在する.

この定理は**4頂点定理**とよばれ，1909年にインドのムコパディヤァ[13]により発見された．その後，1912年にドイツのネーザー[14]により，卵形線とは限らない単純閉曲線にも少なくとも4つの頂点があることが示された．§4で，この一般の場合の証明を紹介する（定理4.4参照).

車の運転にたとえると，4頂点定理は「円でない立体交差のないサーキットを車で1周するには少なくとも4回ハンドルを回す方向を変えなければな

---

12)　本書では，関数 $\kappa(s)$ が $s=s_0$ で極大値（極小値）をとるとは，ある s_0 を内点に含む区間 $[a, b]$ があって，$\kappa(s_0)$ はこの区間における曲率関数の最大値（最小値）であり，かつ $\kappa(a), \kappa(b)$ は $\kappa(s_0)$ より真に小さく（大きく）なるときをいう.

13)　Mukhopadhyaya, Syamadas (1866 – 1937).

14)　Kneser, Adolf (1862 – 1930).

らない」ということになる．例2.2で計算したように楕円はちょうど4つの頂点をもつので，定理2.10の4という数は，これ以上下げられないぎりぎりの値であることがわかる．一方，自己交差を許せば，頂点数が2つの閉曲線が存在する，たとえばレムニスケート（§1の例1.3参照）はちょうど2つの頂点をもつ．図2.7左と§4の節末の問題**5**-（3）をみよ．

［定理2.10の証明］　背理法により証明する．頂点の数が4つより少ないと仮定する．すると頂点の数は偶数個なので2以下となる．ところが，曲率関数には最大値と最小値が存在するので，頂点の数はちょうど2つでなければならない．閉曲線が弧長をパラメータとして $\gamma(s)$ $(0 \leqq s \leqq l)$ と表されているとする．2つの頂点を $\gamma(0)$，$\gamma(v)$ $(0 < v < l)$ とし，さらに，曲率関数 $\kappa(s)$ は $s = 0$ で最大値，$s = v$ で最小値をとるとしても一般性を失わない．すると，区間 $(0, v)$ では $\kappa'(s) \leqq 0$，また区間 (v, l) では $\kappa'(s) \geqq 0$ となる．とくに $\kappa'(s)$ が恒等的に0ならば $\kappa(s)$ は定数である．すると γ は円となり（系2.9），定理の仮定に反する．したがって，$\kappa'(s)$ は恒等的に0ではない．

いま，2点 $\gamma(0)$ と $\gamma(v)$ を結ぶ直線の方程式を

$$ax + by + c = 0 \qquad (a, b, c \text{は定数}) \tag{2.20}$$

とおくと，この直線は $\gamma(0)$ と $\gamma(v)$ の間で卵形線の内部になければならないから，$\gamma(s) = (x(s), y(s))$ は (2.20) の直線で2分され，$0 \leqq s \leqq v$ で直線の一方の側，$v \leqq s \leqq l$ で反対側にあることがわかる．よって，$a\,x(s) + b\,y(s) + c$ は2つの区間 $[0, v]$ と $[v, l]$ では異なる符号をとる．以上より，$\kappa'(s)\,(a\,x(s) + b\,y(s) + c)$ は $0 \leqq s \leqq l$ で符号を変えず，また恒等的に0にはならないから，積分

$$J := \int_0^l \kappa'(s)\,(a\,x(s) + b\,y(s) + c)\,ds$$

は0にはならない．一方，部分積分と (2.13) から

$$\begin{aligned} J &= -\int_0^l \kappa(s)\,(a\,x'(s) + b\,y'(s))\,ds \\ &= \int_0^l (-a\,y''(s) + b\,x''(s))\,ds = \Big[-a\,y'(s) + b\,x'(s)\Big]_{s=0}^{s=l} = 0 \end{aligned}$$

となり矛盾が生じる（上式の最後の等号は曲線が閉曲線であることによる）．　□

問　題

1.　n 次の正方行列 A は，${}^tAA = A\,{}^tA = I$（I は n 次の単位行列）をみたすとき，すなわち ${}^tA$ が A の逆行列であるとき**直交行列**とよばれる．

（1）　直交行列の行列式の値は 1 か -1 になることを示せ．

（2）　2 次の直交行列は

$$\begin{pmatrix} \cos\alpha & -\sin\alpha \\ \sin\alpha & \cos\alpha \end{pmatrix} \quad (\text{行列式が } 1 \text{ のとき}),$$

$$\begin{pmatrix} \cos\alpha & \sin\alpha \\ \sin\alpha & -\cos\alpha \end{pmatrix} \quad (\text{行列式が } -1 \text{ のとき})$$

の形をしていることを示せ．ただし，α は実数である．

2.　（1）　平面の単位ベクトル $\boldsymbol{e}$ に直交する単位ベクトルを $\boldsymbol{n}$ とする．これらを列ベクトルとみなして横に並べて得られる 2 次の正方行列 $(\boldsymbol{e}, \boldsymbol{n})$ は直交行列になることを示せ．

（2）　逆に，任意に与えられた 2 次の直交行列 A を列ベクトルの組と思って $A = (\boldsymbol{e}, \boldsymbol{n})$ と表すと，$\{\boldsymbol{e}, \boldsymbol{n}\}$ は互いに直交する単位ベクトルの組，つまり $\boldsymbol{R}^2$ の**正規直交基底**になることを示せ．

（3）　前問（2）で，A の行列式の値が 1 であることと，$\boldsymbol{n}$ が $\boldsymbol{e}$ を反時計回りに 90 度回転させたベクトルとなることが同値であることを示せ．

3.　左右の車輪の距離が ε，前後の車軸の間の距離が Δ であるような自動車の前輪が正面から θ だけ傾いているとする（右図）．このとき車が描く軌跡の曲率を求めよ．

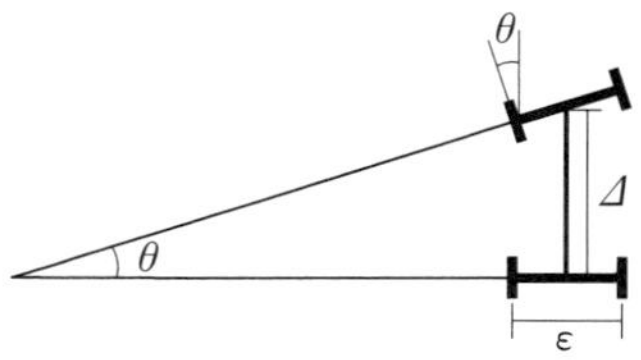

4.　曲線をある直線に関して折り返すと曲率の符号は逆転することを証明せよ．

5.　サイクロイド $\gamma(t) = (a(t - \sin t), a(1 - \cos t))$ $(0 < t < 2\pi)$（§1 の問題 **4**）について

（1）　公式 (2.7) を用いて，曲率関数を計算せよ．

（2）　区間 $[0, t]$ に対応する弧長 $s(t)$ とその逆関数 $t(s)$ を求めよ．

（3） $\gamma(t)$ の弧長パラメータによる表示 $\gamma(s)$ を求めて曲率を計算せよ．また，（1）で求めた結果と一致することを確かめよ．

6. 回転と平行移動で曲線の曲率が変わらないことを，直接計算で証明せよ．

7. 定理 2.8 の証明の中の式 (2.18) で与えられた曲線 $\gamma(s)$ について，s がその弧長で $\kappa(s)$ が曲率であることを確かめよ．

8. 弧長パラメータで表示された曲線 $\gamma(s)$ の単位接ベクトルを $\boldsymbol{e}(s)$，左向き単位法ベクトルを $\boldsymbol{n}(s)$，曲率を $\kappa(s)$ とすると，$s=0$ の近くで

$$\gamma(s) = \gamma(0) + s\,\boldsymbol{e}(0) + \frac{s^2}{2}\kappa(0)\,\boldsymbol{n}(0) + \frac{s^3}{6}\{-\kappa(0)^2\,\boldsymbol{e}(0) + \kappa'(0)\,\boldsymbol{n}(0)\} + o(s^3)$$

と表されることを示せ．ここで o はランダウの記号（付録 A-1 参照）である．

9*. （1） 2つの曲線 $\gamma_1(t)$，$\gamma_2(u)$ が点 P で 3 次の接触をするための必要十分条件は，γ_2 の助変数をうまく選べば $\gamma_1(t_0) = \gamma_2(u_0) = \mathrm{P}$ かつ

$$\frac{d\gamma_1}{dt}(t_0) = \frac{d\gamma_2}{du}(u_0), \qquad \frac{d^2\gamma_1}{dt^2}(t_0) = \frac{d^2\gamma_2}{du^2}(u_0), \qquad \frac{d^3\gamma_1}{dt^3}(t_0) = \frac{d^3\gamma_2}{du^3}(u_0)$$

が成り立つようにできることである．このことを示せ．

（2） 平面の領域 D から $\varphi(D)$ への微分同相写像 φ が与えられているとき，D 内の点 P で 3 次の接触をする 2 つの曲線 γ_1, γ_2 に対して，$\varphi\circ\gamma_1$ と $\varphi\circ\gamma_2$ は $\varphi(\mathrm{P})$ で 3 次の接触をすることを示せ．

（3） 曲線 $\gamma(t)$ が点 $\gamma(t_0)$ で曲率円と 3 次の接触をするための必要十分条件は，曲率の微分 $\dot{\kappa}(t_0)$ が 0 になることである．このことを示せ．

§ 3*. 閉 曲 線

連続的に変形しても変わらない閉曲線の性質を調べよう．

2つの閉曲線が「速度ベクトルが消えない」という性質（つまり，正則曲線であるという性質）を保ちながら，一方から他方になめらかに変形できるとき，互いに**同値**あるいは**正則ホモトピー同値**であるという．正確には次のようにいえばよいだろう．必要なら一方の曲線に助変数変換をほどこして，2つの閉曲線が $\gamma_1(s), \gamma_2(s)\ (0 \leqq s \leqq l)$ と同じ助変数 s で表されているとする[1)]．このとき，γ_1 と γ_2 が正則ホモトピー同値であるとは，次のような閉曲線の族 $\sigma_t : [0, l] \longrightarrow \boldsymbol{R}^2\ (0 \leqq t \leqq 1)$ が存在することである．

（i）　各 t に対して $\sigma_t(s)\ (0 \leqq s \leqq l)$ は，なめらかな閉曲線で速度ベクトルが $\dfrac{d\sigma_t}{ds}(s) \neq \boldsymbol{0}$ をみたしている．

（ii）　$\sigma_0(s) = \gamma_1(s)$ かつ $\sigma_1(s) = \gamma_2(s)$．すなわち，$t$ が0から1まで変化するのにしたがって，σ_t は曲線 γ_1 から γ_2 に変化する．

（iii）　$\sigma_t(s)$ は，2変数関数として t, s に関して連続である．

任意の閉曲線は，この同値関係により図3.1のような曲線のどれかと同値になる．これを確かめるために，閉曲線の回転数とよばれる量を導入する．

回転数　　弧長をパラメータとする閉曲線 $\gamma(s)\ (0 \leqq s \leqq l)$ の曲率を $\kappa(s)$ とするとき，その積分

$$T_\gamma := \int_0^l \kappa(s)\, ds, \qquad i_\gamma := \frac{T_\gamma}{2\pi}$$

をそれぞれ $\gamma(s)$ の**全曲率**，**回転数**[2)]とよぶ．

---

1)　ここでは s は弧長パラメータであるとは仮定しない．仮に γ_1 と γ_2 の弧長がともに s であったとしても，以下に述べる変形の途中において s は弧長になるとは限らない．

2)　記号 T_γ は全曲率 (total curvature) の“T”，i_γ は回転数 (rotation index) の“i”による．

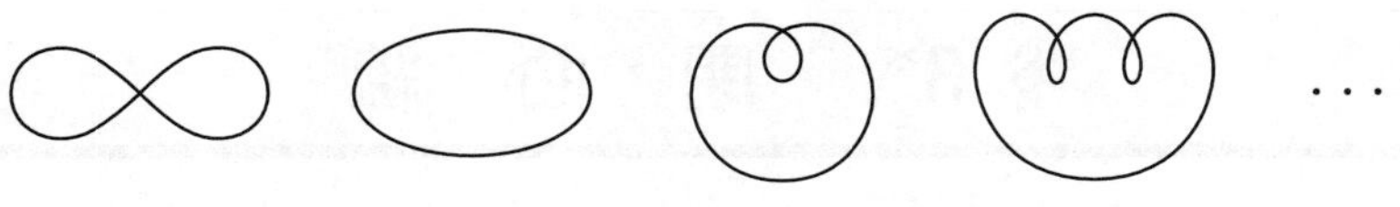

回転数0　　回転数±1　　回転数±2　　回転数±3　　…

図3.1　曲線の正則ホモトピー同値類の代表元

命題 3.1　閉曲線 γ の回転数 i_γ は整数である．

[証明]　弧長パラメータを用いて $\gamma(s)\,(0 \leqq s \leqq l)$ と助変数表示されている閉曲線は，(2.18)（23ページ）から，適当な回転と平行移動をほどこせば

$$\gamma(s) = \int_0^s \left(\cos\left(\int_0^t \kappa(u)\,du\right), \sin\left(\int_0^t \kappa(u)\,du\right)\right) dt$$

と表される．この式より

$$\gamma'(s) = \left(\cos\left(\int_0^s \kappa(u)\,du\right), \sin\left(\int_0^s \kappa(u)\,du\right)\right)$$

が成り立つから，

$$\theta(s) := \int_0^s \kappa(u)\,du \tag{3.1}$$

は，$\gamma'(s)$ と定ベクトル $\gamma'(0) = (1, 0)$ とのなす角を表していることがわかる．ここで，閉曲線の条件 (2.19) より $\gamma'(l) = \gamma'(0)$ であるから，$\theta(l) - \theta(0)$ は 2π の整数倍となる．したがって，i_γ は整数となる．　□

回転数は整数値をとるから，この節のはじめで述べたような曲線の連続的な変形でその値は変わらない．したがって，同値な曲線の回転数は一致する．しかし,変形の途中で曲線の速度ベクトルが消えるような点（つまり特異点）が存在すると，そこでは曲率が定義されないため，回転数が変化することがありうる．たとえば，図3.2のような変形では途中に速度ベクトルが消える曲線（カージオイド，図の（iii），付録B-8の問題**2**を参照）が含まれている．左端の曲線（i）は反時計回りの円で回転数1であるが，右端の曲線（v）の回転数は2となって，最初の曲線と異なる回転数をもつ．

平面上の原点を中心とする半径1の円（単位円）を S^1 で表す．弧長パラ

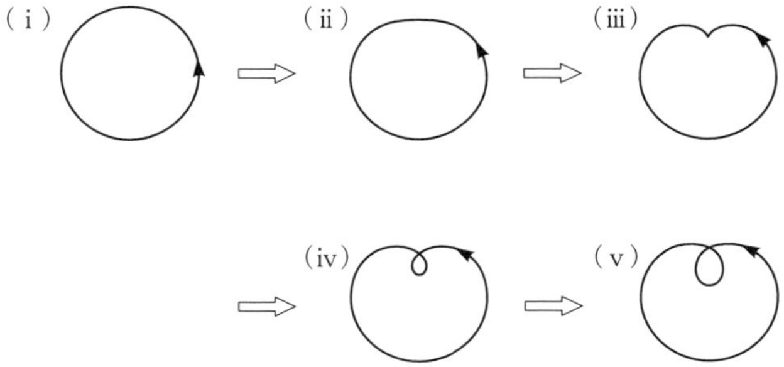

図 3.2 特異点を許す変形：
$\sigma_t(s) := (1-2t\sin s)(\cos s, \sin s) \qquad (0 \leqq s \leqq 2\pi, 0 \leqq t \leqq 1)$

メータで表示された曲線 $\gamma(s)$ に対して，その接ベクトル $\gamma'(s)$ は単位ベクトルであるから，接ベクトルの始点を原点に平行移動することによって，$\gamma'(s) \in S^1$ と思ってよい．このようにして得られる対応

$$[0, l] \ni s \longmapsto \gamma'(s) \in S^1$$

を曲線の**ガウス**[3)]**写像**という．命題 3.1 の証明により回転数は，閉曲線上を 1 周するとき，ガウス写像が単位円を回る回数である．ガウス写像は，閉曲線 $\gamma(t)$ を，その像を道路と思って，時刻 t における位置が $\gamma(t)$ であるような車と解釈したときに，時刻 t において，車が現在 xy 平面のどの方角を向いているかを指し示す計器のような役割を果たす．1 周して元の地点に戻ったとき，この計器の針は出発点と同じ方向を指し示しているが，再び出発点に戻る間に，針が何回転したかを表す量が「回転数」である．この値 i_γ が正なら，針は反時計回りに i_γ 回転したことになり，負ならば時計回りに $|i_\gamma|$ 回転したことになる．とくに単純閉曲線については，次の定理が成立する．

定理 3.2 単純閉曲線の回転数は 1 または -1 である．

単純閉曲線が円と同値であることは，この定理と定理 3.3 より従う．

[証明] x 軸に平行な直線をはるか下の方から上向きに平行移動し，曲線に最初

3) Gauss, Carl Friedrich (1777 - 1855).

に接するときを考える．その直線を d，直線と曲線の接点のうち1つをPとする（図3.3）．曲線は $\gamma(s)\,(0 \leqq s \leqq l)$ のように弧長パラメータ s で表示され，必要ならば，向きを逆転させて $\gamma'(0) = (1, 0)$ かつ $\gamma(0) = \gamma(l) = \mathrm{P}$ としてよい．st 平面の閉領域 $\overline{D} := \{(s, t) \in \boldsymbol{R}^2 \mid 0 \leqq s \leqq t \leqq l\}$ 上で定義されたベクトル値関数 w を

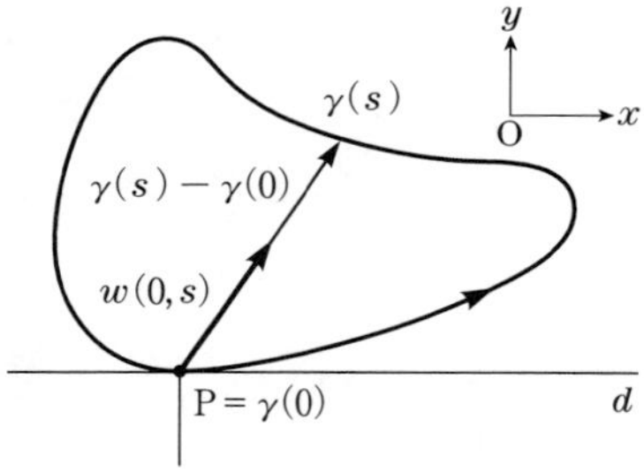

図3.3

$$w(s, t) := \begin{cases} \gamma'(s) & (s = t\text{ のとき}), \\ -\gamma'(0) & (s = 0,\ t = l\text{ のとき}), \\ \dfrac{\gamma(t) - \gamma(s)}{|\gamma(t) - \gamma(s)|} & (\text{その他の場合}) \end{cases}$$

と定めると，w は $\overline{D}$ から単位円 S^1 への連続写像となることがわかる．このとき $\overline{D}$ 上の実数値連続関数 Θ で

$$(3.2) \qquad w(s, t) = (\cos\Theta(s, t), \sin\Theta(s, t)), \qquad \Theta(0, 0) = 0$$

をみたすものがただ1つ存在する．角度関数 $\Theta(s, t)$ の選び方には，2π の整数倍の不定性があるので，一般には一意的に定まらないが，$\Theta(s, t)$ の値を 2π の範囲を超えて任意の実数値をとれるようにして，s, t の値の変化に対して連続的に動くように選べば，初期値 $\Theta(0, 0)$ の値を指定することで，(3.2) をみたすような連続関数 $\Theta(s, t)$ が一意的に定まるのである[4)]．

ここで閉曲線の条件 $\gamma(l) = \gamma(0)$ より $w(s, l) = -w(0, s)$ が成り立つから $\Theta(s, l) - \Theta(0, s) = \pi \times$（奇数）となるが，$s$ の関数 $\Theta(s, l) - \Theta(0, s)$ は連続なので，s に依存しないある整数 n が存在して，

$$(3.3) \qquad \Theta(s, l) - \Theta(0, s) = (2n + 1)\pi \qquad (0 \leqq s \leqq l)$$

---

4) 連続関数としての Θ の存在は，厳密には $\overline{D}$ の単連結性（140ページ参照）より，被覆空間の概念を用いて示す．参考文献[18]を参照せよ．しかし，$w(s, t)$ が C^1 級である（節末の問題**4**）ことに注意すれば，$w_1 := \partial w/\partial s$, $w_2 := \partial w/\partial t$ とおいて

$$\Theta(s, t) = \int_0^s \det(w(u, t), w_1(u, t))\, du + \int_0^t \det(w(0, v), w_2(0, v))\, dv$$

とすれば，これが求める Θ となることが，単連結性や被覆空間などの難しい概念を使わずにわかる．

と書ける．一方，$w(s, s) = \gamma'(s)$ であるから $\Theta(0, 0) = 0$（(3.2) 参照）に注意すれば

$$\Theta(s, s) = \int_0^s \kappa(u)\,du \tag{3.4}$$

が成り立つ（30ページの (3.1) 参照）．(3.4) と回転数の定義および (3.3) から，

$$\begin{aligned}
2\pi i_\gamma &= \Theta(l, l) - \Theta(0, 0) \\
&= (\Theta(0, l) + (2n+1)\pi) - \Theta(0, 0) \\
&= (\Theta(0, l) + (2n+1)\pi) \\
&\qquad + (\Theta(0, l) - \Theta(0, 0) - (2n+1)\pi) - \Theta(0, 0) \\
&= 2(\Theta(0, l) - \Theta(0, 0))
\end{aligned} \tag{3.5}$$

を得る．ところがPのとり方により，Pから y 軸に平行で下向きに延びる半直線と曲線は交わらないので，$w(0, s)$ は $(0, -1)$ にならない（図3.3）．したがって

$$\Theta(0, s) + \frac{\pi}{2} \neq 2\pi m \qquad (m = 0,\ \pm 1,\ \pm 2, \cdots)$$

となる．ここで $\Theta(0, 0) = 0$ であったから，s の関数 $\Theta(0, s)$ の連続性により

$$-\frac{\pi}{2} < \Theta(0, s) < \frac{3\pi}{2} \qquad (0 \leqq s \leqq l)$$

が成り立つ．さらに (3.3) より，$\Theta(0, l) - \Theta(0, 0) = \pi$ となり，(3.5) より $i_\gamma = 1$ であることが示された． □

定理 3.3（**ホイットニー**[5]**の定理**） 2つの閉曲線 $\gamma_1(s)$，$\gamma_2(s)$ が正則ホモトピー同値であるための必要十分条件は，それらの回転数が等しいことである．

[証明] 必要性は明らかである．十分性を示すために，閉曲線 γ_1 と γ_2 の回転数が等しく，

$$i_{\gamma_1} = i_{\gamma_2} = m$$

であるとしよう．目標は，正則ホモトピー同値の条件（i）〜（iii）をみたす曲線の族 $\sigma_t(s)$ を構成することにある．相似変換は回転数を変えないから，γ_1 と γ_2 の長さはともに1で，$\gamma_1(s), \gamma_2(s)$ $(0 \leqq s \leqq 1)$ と弧長によりパラメータ表示されて

---

5) Whitney, Hassler (1907 - 1989).

いるとして一般性を失わない．閉曲線 γ_1, γ_2 の曲率をそれぞれ $\kappa_1(s)$，$\kappa_2(s)$ とすると，平面曲線の基本定理 2.8 の証明の式 (2.18) から，$\gamma_j(0) = 0$ かつ

$$\gamma_j(s) = \int_0^s (\cos\theta_j(u), \sin\theta_j(u))\, du,$$

$$\theta_j(s) := \int_0^s \kappa_j(u)\, du \qquad (j = 1, 2)$$

としてよい．$\kappa_1(u), \kappa_2(u)$ は周期が 1 の関数だから，回転数の定義より

$$\theta_j(s+1) = \int_0^1 \kappa_j(u)\, du + \int_1^{s+1} \kappa_j(u)\, du = 2\pi m + \theta_j(s) \qquad (j = 1, 2) \tag{3.6}$$

となる．ここで $0 \leqq t \leqq 1$ をみたす t に対して

$$\varphi_t(s) := (1-t)\theta_1(s) + t\,\theta_2(s) \tag{3.7}$$

とおけば，(3.6) より $\varphi_t(s+1) = \varphi_t(s) + 2\pi m$ が成り立つ．これを用いて，いま

$$\boldsymbol{v}_t(s) := (\cos\varphi_t(s), \sin\varphi_t(s)),$$

$$\tilde{\boldsymbol{v}}_t(s) := \boldsymbol{v}_t(s) - \int_0^1 \boldsymbol{v}_t(u)\, du,$$

$$\sigma_t(s) := \int_0^s \tilde{\boldsymbol{v}}_t(u)\, du$$

とおいてみると，各 t に対して $\boldsymbol{v}_t(s), \tilde{\boldsymbol{v}}_t(s), \sigma_t(s)$ は周期 1 をもつことが順をおって確かめられるから，σ_t は閉曲線を与える．$\gamma_j(0) = 0$ より，$t = 0, 1$ のとき $\tilde{\boldsymbol{v}}_t = \boldsymbol{v}_t$ となるので，$\sigma_0 = \gamma_1, \sigma_1 = \gamma_2$ である．したがって，σ_t は γ_1 から γ_2 への変形を与えている．つまり，$\sigma_t(s)$ は正則ホモトピー同値の定義の条件（i）の前半と（ii）と（iii）をみたしている．あとは，条件（i）の後半，つまり $\tilde{\boldsymbol{v}}_t = d\sigma_t/ds$ が変形の途中で零ベクトルにならないことを示せばよい．定義より

$$\frac{d\sigma_t(s)}{ds} = \tilde{\boldsymbol{v}}_t(s) = \boldsymbol{v}_t(s) - \int_0^1 \boldsymbol{v}_t(u)\, du$$

であるが，積分の三角不等式（付録 A-1 の定理 A-1.4 参照）より

$$\left| \int_0^1 \boldsymbol{v}_t(u)\, du \right| \leqq \int_0^1 |\boldsymbol{v}_t(u)|\, du = 1 \tag{3.8}$$

となり，等号が成立するためには，不等式の等号条件により $\boldsymbol{v}_t(s)\,(0 \leqq s \leqq 1)$ が定ベクトルとならなければならない．（ここで $|\boldsymbol{v}_t| = 1$ であることを用いた．）

回転数 m が 0 でないときは，s が 0 から 1 まで変化するとき，(3.7) により φ_t が 0 から $2\pi m$ まで変化するので，$\boldsymbol{v}_t$ は定ベクトルではありえない．したがって

(3.8) で等号は成立せず

$$\left|\frac{d\sigma_t}{ds}\right| \geqq |\boldsymbol{v}_t| - \left|\int_0^1 \boldsymbol{v}_t(u)\,du\right| > |\boldsymbol{v}_t| - 1 = 0$$

となって，$d\sigma_t/ds$ が，すべての s に対して零ベクトルにならないことがわかる．

次に，回転数 m が 0 のときを考える．もし $\boldsymbol{v}_t$ が定ベクトルならば φ_t は恒等的に 0 でなければならない．このとき $\varphi_t(s) = (1-t)\theta_1(s) + t\,\theta_2(s)$ がすべての s に対して 0 にならなければならないから，θ_1 と θ_2 は関数として一方は他方の定数倍でなければならない．γ_1, γ_2 の曲率関数が恒等的に 0 であるならば，閉曲線にはなりえないので，θ_1, θ_2 は定数関数ではない．もしも θ_1 が θ_2 に比例しているなら，γ_2 の助変数表示において，$s=0$ となる点の位置をずらせば，θ_2 に定数を加えることができて θ_1 に比例しないようにできるので，t の変化に対して $\boldsymbol{v}_t$ は定ベクトルでないとしてよい．このとき，上と同様にして $d\sigma_t/ds \neq 0$ を示すことができる．

□

定理 3.3 から曲線の回転数の意味が明らかになった．とくに図 3.1 の曲線のうち，左端はレムニスケートなので，節末の問題 **1** より回転数は 0 である．また，それ以外の曲線は円を有限回まわる曲線と正則ホモトピー同値になるので，回転数が求められる．C^1 級の閉曲線 $\gamma(s)\,(0 \leqq s \leqq l)$ についても $\gamma'(s) = (\cos\theta(s), \sin\theta(s))$ をみたす連続関数 $\theta : [0, l] \longrightarrow \boldsymbol{R}$ の存在が示せるので，$2\pi i_\gamma := \theta(l) - \theta(0)$ で回転数 i_γ が定義できる．定理 3.2，3.3 の証明を少し変更すれば C^1 級の場合にも同じことがいえる．

発展　交点数と回転数（ホイットニーの公式）

一般に与えられた曲線の回転数を具体的に計算するのは難しいが，曲線の自己交叉を数え上げることによって回転数が得られる公式が知られている．それが，ここに紹介するホイットニーの公式（定理 3.4）である．

閉曲線が自分自身と交わる点を**自己交叉**または**自己交点**とよぶ．自己交叉が有限個で，各自己交叉において曲線の 2 つの断片が接することなく交わるとき，この曲線を**ジェネリック** (generic) であるという（図 3.4）．任意の

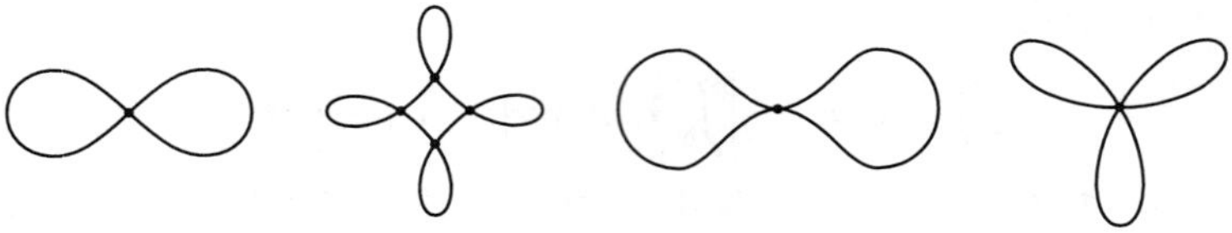

図 3.4

閉曲線は，少し変形させることによりジェネリックな曲線にできることが知られている[6].

向きのついた曲線上に1点Pをとり，Pから出発してはじめて自己交叉Qを通るとき，進む方向からみてもう1つの曲線の断片が左から右に横切るならば，その点Qを（Pを基点としたときの）**正交点**，右から左に横切るならば**負交点**という（図3.5）.

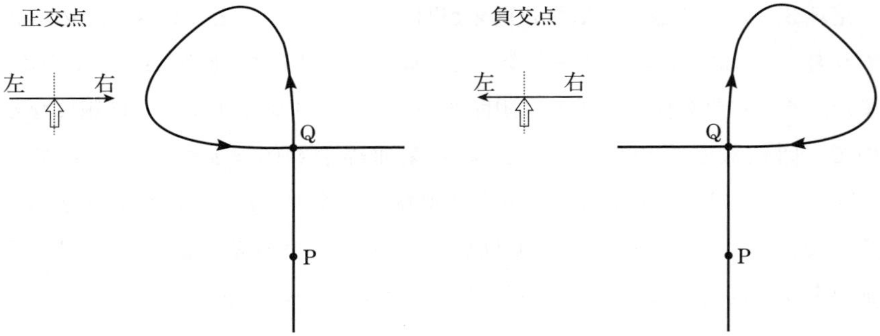

図 3.5

このように自己交叉Qに符号をつけたとき，

$$\mathrm{sgn}_\gamma(\mathrm{Q}) = \mathrm{sgn}_{\mathrm{P},\gamma}(\mathrm{Q})$$

$$:= \begin{cases} +1 & (\text{QがPを基点とした正交点であるとき}), \\ -1 & (\text{QがPを基点とした負交点であるとき}) \end{cases}$$

と書くことにする[7].

---

6) たとえば，参考文献[21]の48ページ.

交点の符号の定義は基点Pのとり方による．また，曲線の向きを変えると交点の符号が逆になることに注意しておく．

ジェネリックな閉曲線に関する回転数の数え上げ公式を紹介しよう．

定理 3.4（ホイットニーの公式）　ジェネリックな閉曲線 γ 上の点Pを，接線に対して曲線の点がすべて，進行方向に対して左側となるようにとる[8]．このとき，曲線 γ の回転数 i_γ は

$$i_\gamma = 1 + \sum \mathrm{sgn}_{\mathrm{P},\gamma}(\mathrm{Q})$$

で与えられる．ただし，$\sum$ は γ の自己交叉Qすべてにわたってとる．

定理を証明するために，次の補題を用意しておく．

補題 3.5　ジェネリックな閉曲線 γ と単純閉曲線 σ が有限個の点で接することなく交わっていて，σ 上には γ の自己交叉がないものとする．また，γ と σ には，それぞれ向きがついているものとする．両者の交点Qにおいて，σ の進行方向を基準として，γ が左側から右側へ交叉するとき $\mathrm{sgn}_{\gamma,\sigma}(\mathrm{Q}) = +1$，右側から左側へ交叉するとき，$\mathrm{sgn}_{\gamma,\sigma}(\mathrm{Q}) = -1$ とすると，次が成り立つ．

$$\sum_{\mathrm{Q}:\gamma\text{上の}\sigma\text{との交点}} \mathrm{sgn}_{\gamma,\sigma}(\mathrm{Q}) = 0.$$

［証明］　単純閉曲線 σ は，ジョルダンの曲線定理により，平面をその内部と外部に分ける．γ が σ の内部と外部を出入りするたびに，交点は符号を変え，かつ交点の数が偶数個であることから結論が得られる．　□

［定理 3.4 の証明］　γ が単純閉曲線の場合は，Pのとり方から曲線は内部を左側にみるように向きづけられているので $i_\gamma = 1$ となり，主張が得られる．

自己交叉が $n-1$ 個の曲線については定理が成立すると仮定し，自己交叉が n の場合を考える．自己交叉 Q_1 を1つ選び，Q_1 からそのまま進んでふたたび Q_1 に

---

7)　記号 “sgn” は符号 sign の略である．

8)　必要なら曲線の向きを逆転させれば，このような点をみつけることができる．

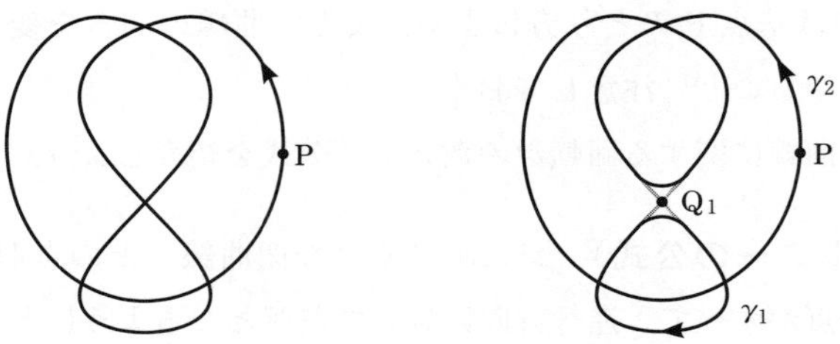

図 3.6

戻る曲線の部分の角(かど)を(C^∞ 級で)丸めて[9]できる閉曲線 γ_1 が単純閉曲線となるようにできる(図 3.6).そのような自己交叉のうち,基点 P を出発して最初に現れるものを Q_1 とすると,γ_1 は Q_1 より手前の交点を通過しない.もしもそのような点があれば,その交点も Q_1 と同じ性質をもち,Q_1 のとり方に矛盾する.また,γ_1 は基点 P を通過しない.なぜなら,P に戻るまでにすべての交点を 2 回ずつ通過するからである.

一方,γ_1 と反対側に角を丸めてできる閉曲線を γ_2 とする.丸めた部分の曲率の積分は,交点の丸めた部分の角度の変化に等しいので((3.1) 参照),γ_1 と γ_2 で打ち消し合い,$i_\gamma = i_{\gamma_1} + i_{\gamma_2}$ が成り立つ.一方,γ_1 は単純閉曲線で,その回転数は Q_1 における自己交叉の符号に等しいから,帰納法の仮定より,

$$\begin{aligned} i_\gamma = i_{\gamma_1} + i_{\gamma_2} &= \mathrm{sgn}_{\mathrm{P},\gamma}(\mathrm{Q}_1) + i_{\gamma_2} \\ &= \mathrm{sgn}_{\mathrm{P},\gamma}(\mathrm{Q}_1) + 1 + \sum_{\mathrm{Q}\,:\,\gamma_2\text{の自己交叉}} \mathrm{sgn}_{\mathrm{P},\gamma_2}(\mathrm{Q}) \end{aligned}$$

となる.また,補題 3.5 より γ_2 上の γ_1 との交点の符号の総和は 0 になるので

$$\sum_{\mathrm{R}\,:\,\gamma_2\text{上の}\gamma_1\text{との交点}} \mathrm{sgn}_{\gamma_2,\gamma_1}(\mathrm{R}) = 0$$

が成り立つ.ここで,γ_1 が P を基点として Q_1 より手前の交点を通過しないことから,R を γ_2 と γ_1 の交点とすると,$\mathrm{sgn}_{\mathrm{P},\gamma}(\mathrm{Q}) = \mathrm{sgn}_{\gamma_2,\gamma_1}(\mathrm{R})$ であることがわかる.したがって,

$$\begin{aligned} &\sum_{\mathrm{Q}\,:\,\gamma\text{の自己交叉}} \mathrm{sgn}_{\mathrm{P},\gamma}(\mathrm{Q}) \\ &= \mathrm{sgn}_{\mathrm{P},\gamma}(\mathrm{Q}_1) + \sum_{\mathrm{R}\,:\,\gamma_2\text{上の}\gamma_1\text{との交点}} \mathrm{sgn}_{\gamma_2,\gamma_1}(\mathrm{R}) + \sum_{\mathrm{S}\,:\,\gamma_2\text{の自己交叉}} \mathrm{sgn}_{\mathrm{P},\gamma_2}(\mathrm{S}) \\ &= \mathrm{sgn}_{\mathrm{P},\gamma}(\mathrm{Q}_1) + \sum_{\mathrm{S}\,:\,\gamma_2\text{の自己交叉}} \mathrm{sgn}_{\mathrm{P},\gamma_2}(\mathrm{S}) = i_\gamma - 1 \end{aligned}$$

9) 角の丸め方については付録 B-5 の命題 B-5.7 を参照せよ.

となり，定理が示された． □

例 3.6 具体例で回転数を計算してみよう．図3.7の左側の曲線はちょうど3つの自己交叉をもっているが，点Pを基点とするとき，交点の符号は順に $+$，$-$，$+$ である．したがって，定理3.4より回転数は $1+(1-1+1)=2$ である．一方，右側の曲線の自己交叉の符号は $+$ であるから，回転数は2である．ゆえに定理3.3よりこれらの2つの曲線は，この節のはじめに述べた意味で同値（正則ホモトピー同値）である（なめらかな変形を絵に描いて確かめてみよ）． ◇

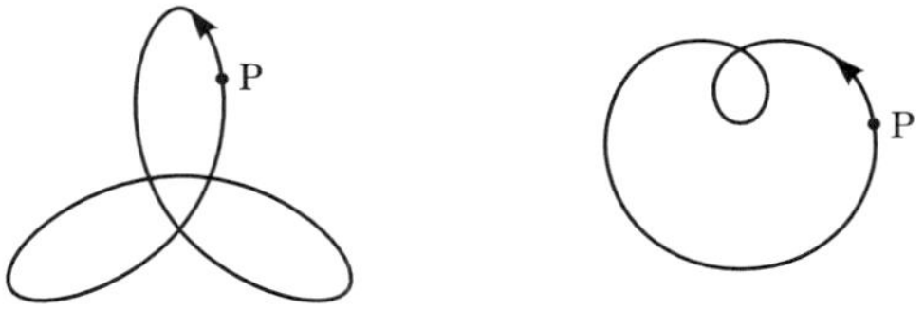

図 3.7

問　　　題

1. 楕円の回転数とレムニスケートの回転数を定義から直接求めよ．

2*. $\boldsymbol{R}$ 上で定義された C^∞ 級関数 $\varphi(t)$ が $\varphi(0)=0$ をみたすとき

$$\psi(t) := \begin{cases} \dfrac{\varphi(t)}{t} & (t \neq 0\text{ のとき}) \\ \dot{\varphi}(0) & (t = 0\text{ のとき}) \end{cases}$$

とおくと，$\psi(t)$ は C^∞ 級関数になることを示せ．ただし，$\dot{\varphi} := d\varphi/dt$ とする．

3*. （1） $\boldsymbol{R}$ 上で定義された C^∞ 級関数 $f(t)$ に対して

$$F(s,t) := \begin{cases} \dfrac{f(t)-f(s)}{t-s} & (s \neq t\text{ のとき}) \\ \dot{f}(s) & (s = t\text{ のとき}) \end{cases}$$

と $\boldsymbol{R}^2$ 上の関数 F を定義する．このとき，問題 **2** を用いて F が $\boldsymbol{R}^2$ 上で C^∞ 級であることを示せ．

（2） $\gamma(s)\,(0 \leqq s \leqq l)$ を弧長をパラメータとする C^∞ 級の単純閉曲線とし，

$\boldsymbol{R}$ 上で周期 l をもつように拡張しておく．このとき，

$$\widetilde{w}(s,t)=\begin{cases}\dfrac{\gamma(t)-\gamma(s)}{t-s}\dfrac{|t-s|}{|\gamma(t)-\gamma(s)|} & (s-l<t<s+l,\ s\neq t),\\[2mm] \gamma'(s)\left(=\dfrac{\gamma'(s)}{|\gamma'(s)|}\right) & (s=t),\\[2mm] -\dfrac{\gamma(t)-\gamma(s)}{t-(s+l)}\dfrac{|t-(s+l)|}{|\gamma(t)-\gamma(s)|} & (s+l<t<s+2l,\ s\neq t),\\[2mm] -\gamma'(s) & (s+l=t)\end{cases}$$

と定めると，$\widetilde{w}$ は領域 $\{(s,t)\mid s-l<t<s+2l\}$ で C^∞ 級であり，$\widetilde{w}$ を $\overline{D}=\{(s,t)\mid 0\leqq s\leqq t\leqq l\}$ に制限すると，定理3.2の証明における w と一致することを示せ．

4*. 正の定数 l に対して st 平面の閉領域 $\overline{D}=\{(s,t)\mid 0\leqq s\leqq t\leqq l\}$ 上で定義された C^∞ 級写像 $w:\overline{D}\longrightarrow\boldsymbol{R}^2$ が $|w(s,t)|=1$，$w(0,0)=(1,0)$ をみたしているとき，$w(s,t)=(\cos\Theta(s,t),\sin\Theta(s,t))$ かつ $\Theta(0,0)=0$ をみたす $\overline{D}$ 上の連続関数 Θ が存在することを次のようにして示せ：

（1） 原点を含む区間 I から $\boldsymbol{R}^2$ への C^∞ 級写像 $\boldsymbol{e}:I\ni s\longmapsto\boldsymbol{e}(s)\in\boldsymbol{R}^2$ が $|\boldsymbol{e}(s)|=1$ を常にみたしているとする．さらに $\boldsymbol{e}(0)=(\cos\alpha,\sin\alpha)$ ならば，

$$\theta(s):=\int_0^s\det(\boldsymbol{e}(u),\boldsymbol{e}'(u))\,du+\alpha$$

とおけば，$\boldsymbol{e}(s)=(\cos\theta(s),\sin\theta(s))$ が成り立つことを示せ．

（2） $0\leqq t\leqq l$ に対して

$$\theta(t):=\int_0^t\det(w(0,v),w_2(0,v))\,dv\qquad\left(w_2=\frac{\partial w}{\partial t}\right)$$

と定めると，$w(0,t)=(\cos\theta(t),\sin\theta(t))$ が成り立つことを示せ．

（3） $(s,t)\in\overline{D}$ に対して

$$\Theta(s,t)=\int_0^s\det(w(u,t),w_1(u,t))\,du+\int_0^t\det(w(0,v),w_2(0,v))\,dv$$

$$\left(w_1=\frac{\partial w}{\partial s},\quad w_2=\frac{\partial w}{\partial t}\right)$$

と定めると，これが求めるものであることを示せ．

§4*. うずまき線の幾何

うずまき線の代表例として,「アルキメデスのうずまき線」と「対数うずまき線」を紹介しよう.

アルキメデスのうずまき線　平面の極座標 (r, θ) を用いて

$$r = a\theta \qquad (a > 0 \text{ は定数},\ \theta > 0)$$

と表される曲線を**アルキメデスのうずまき線**とよぶ（図4.1左）. ろくろで平らな粘土板を等速回転させて中心から一定の速さでまっすぐに釘を動かして線を描くと,このうずまき模様ができる.紀元前のギリシアにおいてアルキメデス[1]によって,このうずまき線の性質が調べられた(節末の問題**1**参照).

対数うずまき線　極座標 (r, θ) を用いて,

$$r = a^{\theta} \qquad (a > 1 \text{ は定数},\ \theta \in \boldsymbol{R})$$

と表されるうずまき線を**対数うずまき線**とよぶ. この曲線と中心から伸ばした半直線がなす角は一定である（図4.1右）.

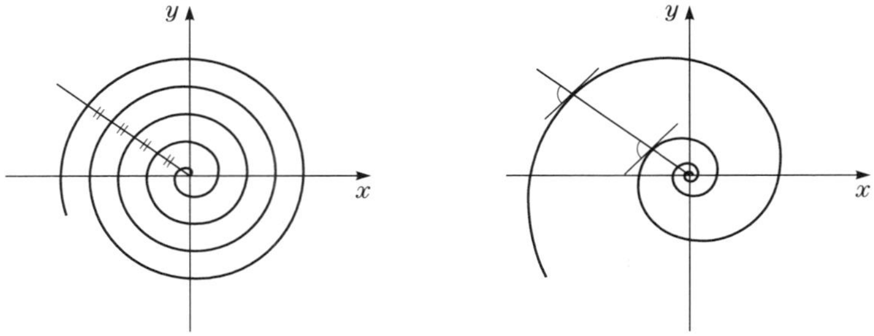

アルキメデスのうずまき線　　対数うずまき線

図4.1

1)　Archimedes (B.C. 287 - B.C. 212).

巻き貝の模様や星雲の形など，自然界でみることができるうずまき線の多くは対数うずまき線である．この曲線は，相似拡大・縮小を行っても元の曲線と合同になるという性質（自己相似性）をもつ（節末の問題**2**参照）．

本書では，曲率関数の微分が0にならないような曲線のことを**うずまき線**とよぶことにする．そのうち，曲率関数が単調増加であるような曲線を**正のうずまき線**，曲率関数が単調減少であるような曲線を**負のうずまき線**とよぶ(図4.2)．

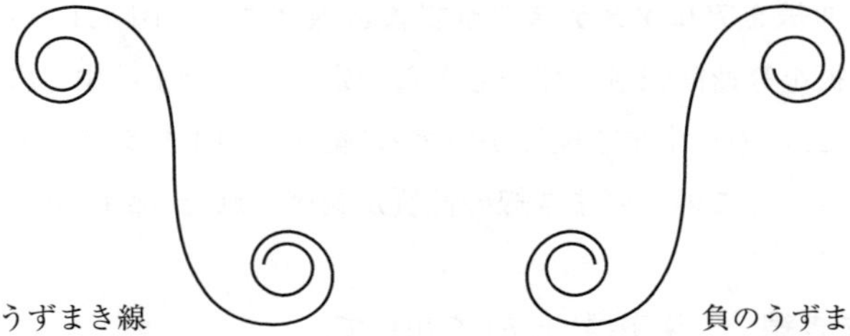

正のうずまき線　　負のうずまき線

図4.2

正のうずまき線を鏡に映すと負のうずまき線になるが，回転と平行移動で曲率は変わらない（§2の系2.7）ので，裏返さない限り，正のうずまき線は負のうずまき線に重ね合わせることはできない．

うずまき状の道路があったとして，その上を走る車の運転者の立場をとれば，標語的には

正のうずまき線 ＝ ハンドルを左に回し続ける，

負のうずまき線 ＝ ハンドルを右に回し続ける

ということができる．車のハンドルを止めると，車は直線運動か円運動をするので，うずまき道路に沿って車を走らせるにはハンドルを常に少しずつ回し続けなければならない．たとえば，正のうずまき線を例にとると，ハンドルが右を向いている状態から，ハンドルを少しずつ左に回すと，図4.2の左のうずまき線では最初は曲率は負から徐々に増加し，車のハンドルがまっす

ぐになるとき，うずまき線の変曲点，つまり曲率関数が 0 となる点に到達する．そのあと，さらにハンドルを左に少しずつ回すと，今度は曲線の曲率は正になる．

うずまき線の正負は進行方向に関係ないことに注意しよう（図 4.2）．実際，$\gamma(s)\,(0 \leqq s \leqq l)$ を弧長パラメータで表された正のうずまき線とすると，この曲線の曲率関数 $\kappa(s)$ は単調増加である．ここで $\gamma(s)$ の向きを反対にした曲線 $\sigma(s) := \gamma(l-s)\,(0 \leqq s \leqq l)$ を考えると（このとき $\kappa(l-s)$ は単調減少），この曲線の曲率関数 $\tilde{\kappa}(s)$ は，式 (2.6)（13 ページ参照）より

$$
\begin{aligned}
\tilde{\kappa}(s) &= \det(\sigma'(s), \sigma''(s)) \\
&= -\det(\gamma'(l-s), \gamma''(l-s)) = -\kappa(l-s)
\end{aligned}
$$

となって，また単調増加になる．すなわち，正のうずまき線の進行方向を逆にした曲線も正のうずまき線である（節末の問題 **3** 参照）．

うずまき線について，次の定理を示そう（図 4.3）．

定理 4.1　正の（負の）うずまき線 $\gamma(s)$ の各点の曲率円に，曲線の向きに同調するような向きをつける．このとき $\gamma(s)$ は曲率円に右から左へ（左から右へ）接するように交わる．

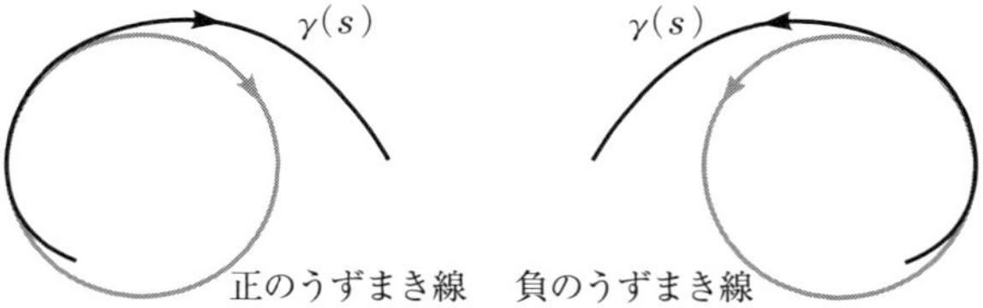

図 4.3　うずまき線と曲率円

[証明]　正の（負の）うずまき道路を走る車の運転者は，いつもハンドルを左に（右に）回し続けている．途中でハンドルを止めると，車は円運動をしてその点における曲率円を描く．したがって，車はこの円に右から左へ（左から右へ）接するように交わることは直観的に理解できるだろう．

厳密な証明を行う．正のうずまき線 $\gamma(s)$ 上の点 $\gamma(s_0)$ を原点，単位接線ベクトル

$\boldsymbol{e}(s_0) := \gamma'(s_0)$ を x 軸の方向，単位法線ベクトル $\boldsymbol{n}(s_0)$ を y 軸の方向になるように座標軸をとると，この曲線は，関数 $y = f(x)$ のグラフで表すことができる (16 ページ参照)．とくに $f(0) = 0$，$\dot{f}(0) = \dfrac{df}{dx}(0) = 0$ であるから，この曲線の原点における曲率とその微分は (2.8) より

$$\kappa(0) = \frac{\ddot{f}(0)}{(1 + \dot{f}(0)^2)^{3/2}} = \ddot{f}(0), \qquad \dot{\kappa}(0) = \dddot{f}(0)$$

となるので，テイラーの定理（付録 A の定理 A-1.1）より

$$f(x) = \frac{1}{2}\kappa(0)x^2 + \frac{1}{6}\dot{\kappa}(0)x^3 + o(x^3) \tag{4.1}$$

と表すことができる．ただし，$o(x^3)$ はランダウの記号である．一方，曲線 $y = f(x)$ の原点における曲率円を $y = g(x)$ のグラフで表すと，円の曲率は定数だから，$\dot{\kappa}(0) = 0$ に注意して，(4.1) の f を g にとり換えれば

$$g(x) = \frac{1}{2}\kappa(0)x^2 + o(x^3)$$

となる．したがって，

$$f(x) - g(x) = \frac{1}{6}\dot{\kappa}(0)x^3 + o(x^3)$$

となるが，正のうずまき線であることから $\dot{\kappa}(0) > 0$ なので，x が増加するとき $f(x) - g(x)$ は原点を境に負から正に符号を変えることがわかる．これは $\gamma(s)$ が曲率円の右から左へ接するように交わることを意味している． □

うずまき線をうずまき線に写す変換　以下のような対応

$$\boldsymbol{R}^2 \ni (x, y) \longleftrightarrow x + iy \in \boldsymbol{C} \qquad (i := \sqrt{-1})$$

によって，座標平面 $\boldsymbol{R}^2$ を複素平面 $\boldsymbol{C}$ と同一視する．$ad - bc \neq 0$ をみたす複素数 a, b, c, d を用いて平面上の点 $z \in \boldsymbol{C}$ を

$$z \longmapsto w = T(z) = \frac{az + b}{cz + d} \tag{4.2}$$

で与えられる点 $w \in \boldsymbol{C}$ に写す変換 T を**メビウス**[2]**変換**または**1 次分数変換**という．$c \neq 0$ のとき，メビウス変換 (4.2) は $z = -d/c$ で定義されないが，

2) Möbius, August Ferdinand (1790 - 1868).

その点を除いた領域から $\boldsymbol{C}$ への微分同相写像を与えている．メビウス変換の合成，メビウス変換の逆写像は，またメビウス変換になる．

メビウス変換は，次の4つの基本的な変換の合成で表される（節末問題**6**）．

$$(4.3)\quad \begin{cases} \text{平行移動} & z \longmapsto z+d \qquad (\,d \in \boldsymbol{C}\,), \\ \text{回転} & z \longmapsto e^{i\theta}z \qquad (\,\theta \in \boldsymbol{R}\,), \\ \text{拡大・縮小} & z \longmapsto rz \qquad (\,r \in \boldsymbol{R}\backslash\{0\}\,), \\ \text{共役と反転}^{3)}\text{の合成} & z \longmapsto 1/z. \end{cases}$$

定理 4.2　メビウス変換によって，正のうずまき線は正のうずまき線に，負のうずまき線は負のうずまき線に写される．さらに，この対応で，元の曲線の曲率円は，写った先の曲線の対応する点における曲率円に写される．

たとえば，対数うずまき線を変換 $z \longmapsto 1/z$ によって写すと，元の対数うずまき線と合同な曲線になる．定理4.2を示すために，まず，次の補題を用意する．

補題 4.3　メビウス変換によって円は円に写される．さらに，円の左側の領域は，写った先の円の左側の領域に写される[4]．ただし，直線は半径無限大の円と解釈する．

[証明]　(4.3) の最初の3つの変換について補題の主張は明らかだから，変換 $z \longmapsto 1/z$ が補題に述べた性質をもつことを示す．xy 平面上の円は一般に

$$(4.4)\qquad a(x^2+y^2)+2bx+2cy+d=0$$
$$(\,a, b, c, d \in \boldsymbol{R},\quad b^2+c^2-ad>0\,)$$

---

3)　平面上のOを中心とする半径 r の円 C を考える．Oでない平面上の点Pに対して，Oを始点としてPを通る半直線上の点QでOP・OQ $= r^2$ となるようなものを対応させる写像を，円 C に関する**反転**という．複素数平面の，原点を中心とする半径1の円に関する反転は写像 $z \longmapsto 1/\bar{z}$（$\bar{z}$ は z の共役複素数）で与えられる．

4)　メビウス変換は，与えられた円の内部の領域を，写された円の外部に写すこともあるので，この節ではあえて，円の内部・外部という言葉を用いず，円の右側・左側という言葉を用いている．

という形にできる．とくに $a=0$ のときは直線を表す．これが変換 $z \longmapsto 1/z$ で円に写されることを示せばよい．(4.4) を $z=x+iy$ として書き換えると

$$a\,|z|^2+(b-ic)z+(b+ic)\overline{z}+d=0 \qquad (\overline{z}=x-iy)$$

となるが，$w=1/z$ とおけば

$$A|w|^2+(B-iC)w+(B+iC)\overline{w}+D=0$$
$$(A=d,\ \ B=b,\ \ C=-c,\ \ D=a)$$

と書ける．とくに $B^2+C^2-AD=b^2+c^2-ad>0$ であるから，写った先の曲線も円であることがわかった．ただし，元の円の中心は写った先の円の中心に写るとは限らないことに注意する．

後半の主張を示そう．与えられたメビウス変換 T により，平面上の点 P が Q に写されるとき，写像 T の点 P におけるヤコビ行列の行列式（19 ページ参照）が正であることを示せば，T は点 P の近傍から点 Q の近傍への正の座標変換であることがわかり，与えられた円の左側の領域が，写った先の円の左側の領域に写されることになる．平行移動と回転，相似拡大・縮小は明らかにこの性質をもつので，変換 $z \longmapsto 1/z$ に対してのみこの性質を調べればよい[5]． □

[定理 4.2 の証明] 弧長をパラメータとする曲線 $\gamma(s)$ が正のうずまき線であったとすると，曲率関数は $\kappa'(s)>0$ をみたしている．いま，$z \longmapsto T(z)$ をメビウス変換とする．このとき，曲線 γ 上の点 $\gamma(s)$ における曲率円 C_s を考えると，補題 4.3 により，$T(C_s)$ は円である．

定理 2.4 により，C_s は曲線 $\gamma(s)$ と 2 次の接触をしている．T はその点の近くでの微分同相であり，命題 2.6 より接触の次数は微分同相写像で保たれるから，円 $T(C_s)$ は変換 T と曲線 γ の合成写像として得られる曲線 $T\circ\gamma(s)$ と 2 次の接触をしていることがわかる．

$\kappa'(s)=0$ となる点は，C_s と γ が 3 次の接触をする点である（§2 の問題 **9**-(3)参照)．1 次，2 次の接触の場合と同様に，3 次の接触をするという性質はメビウス変換によって保存される（§2 の問題 **9**-(2) 参照)．したがって，もしも $T\circ\gamma$ 上に曲率関数の微分が消える点が存在したとすると，円 $T(C_s)$ は曲線 $T\circ\gamma$

---

5) 座標変換 $z \longmapsto 1/z$ つまり $\xi(x,y)=x/(x^2+y^2)$, $\eta(x,y)=-y/(x^2+y^2)$ のヤコビ行列の行列式が正であることを確かめればよい．

と s において3次の接触をすることになり，T の逆変換をほどこすことにより，円 C_s は曲線 γ と s において3次の接触をするので $\kappa'(s)=0$ となる．これはうずまき線の定義 $\kappa'(s)\neq 0$ に反する．よって，$T\circ\gamma$ の曲率関数は単調増加か単調減少になるから，$T\circ\gamma$ はうずまき線である．

さらに，$\gamma(s)$ は正のうずまき線であったから，定理4.1により $\gamma(s)$ は s において C_s の右から左に接するように交わる．このことは，$T\circ\gamma$ も正のうずまき線であることを意味している． □

これらのうずまき線の性質を利用すると，（卵形線とは限らない）単純閉曲線について，4頂点定理が成り立つことを証明することができる．

定理 4.4 円でない単純閉曲線上には，少なくとも4つの頂点が存在する．

［証明］ 閉曲線の弧長によるパラメータ表示を $\gamma(s)$ とする．§2の定理2.10の証明と同様に，頂点の個数が2であると仮定して矛盾を導けばよい．

いま，2つの頂点をP，Qとする．曲線上をPからQへ向かう経路を γ_1，QからPへ向かう経路を γ_2 とすれば，γ_1，γ_2 の曲率関数は一方が単調非減少（つまり $\kappa'(s)\geqq 0$）で，他方が単調非増加（$\kappa'(s)\leqq 0$）である．いまPにおける γ の曲率円を C とする．仮定より γ は円ではないので，C 上の点で γ 上にない点Oをとることができる．さらに，このOが原点であったとして一般性を失わない．ここで C にメビウス変換 $T(z)=1/z$ をほどこすと $T(C)$ は無限遠点を通る円となるから，これは直線である．一方，$T(C)$ は $T(\mathrm{P})$ における $T\circ\gamma$ の曲率円のはずだから，$T\circ\gamma$ は $T(\mathrm{P})$ で曲率が0になることがわかる．

一方，曲率が一定の区間で，曲線は円または直線の一部（§2の系2.9）なので，メビウス変換によって，曲率が一定の曲線に写される．この事実と定理4.2により，曲率関数が単調非減少あるいは単調非増加であることはメビウス変換によって変わらない性質であることがわかる．とくに $T\circ\gamma_1$ 上では曲率は単調非減少なので，$T\circ\gamma_1$ 上で曲率は0以上，また，$T\circ\gamma_2$ 上では曲率が単調非増加になるので，$T\circ\gamma_2$ 上でも曲率は0以上である．よって，$T\circ\gamma$ 上で曲率は負にならない．すると，$T\circ\gamma$ は卵形線となる（付録B-2の定理B-2.1の（1））が，これは卵形線の4頂点定理（§2の定理2.10）に反する． □

頂点の性質のより進んだ話題については参考文献[38],[39]を参照されたい.

うずまき線の大域的性質 正のうずまき道路を走る車を考えよう. もしも運転者が途中でハンドルを回すのを止めてしまうと, 車は円運動をする. その円が曲率円であるから, ハンドルを左に回し続けることで, 車はさらにこの円の内側に突入していくわけである. すると, さらに先に進んだときの曲率円は, 現在の曲率円の中にすっぽり入っていることが直観的に予測できるだろう. このことを述べたのが以下の定理である.

定理 4.5 $\gamma(s)$ $(a \leqq s \leqq b)$ を正の (負の) うずまき線とする. 各点 s における曲線 γ の曲率円 $C(s)$ は $\gamma(s)$ で曲線に接するが, この曲率円 $C(s)$ に, $\gamma(s)$ で曲線の進行方向と同じになるような向きをつける. このとき $C(s)$ の左側 (右側) にある開領域を D_s とすると[6], $t < s$ $(t > s)$ のとき,

$$\overline{D}_s \subset D_t$$

が成り立つ. ただし, $\overline{D}_s$ は D_s の閉包である[7].

[証明] $\gamma(s)\,(a \leqq s \leqq b)$ が正のうずまき線の場合に定理を証明する. (曲線をある直線に関して折り返すと, 負のうずまき線に関する結論が得られる.) また, $t = a$, $s = b$ としてよい. パラメータは弧長とし, $\kappa(a) > 0$ として一般性を失わない. 実際, $\kappa(a) \leqq 0$ のとき $\gamma(s)$ の $s = a$ における曲率円 C_a は時計回りの円であるが, C_a の右側の領域から C_a 上にない点 O をとり, それを原点としてメビウス変換 $T(z) = 1/z$ をほどこすと, $T(C_a)$ は反時計回りの円になり, $T \circ \gamma(s)$ の $s = a$ における曲率は正となる.

以下 $\kappa(a) > 0$ とし, 正のうずまき線の場合を証明する. $\gamma(s)$ の曲率円の中心の

---

6) 曲率円が反時計回りならば, 円の内部が左側の領域であり, 曲率円が時計回りならば, 円の外部が左側の領域となる. とくに γ が正曲率ならば, D_s は点 $\gamma(s)$ における曲線 γ の曲率円の内部にある.

7) $\overline{D}_s$ は D_s とその境界点全体 ∂D_s の和集合である.

軌跡[8)]を

$$\sigma(s) := \gamma(s) + \frac{1}{\kappa(s)}\boldsymbol{n}(s)$$

で表す（付録B-1の定理B-1.1参照）．この式の両辺を微分すると，フルネの公式(2.14)を用いれば $\sigma'(s) = (1/\kappa(s))'\boldsymbol{n}(s)$ となる．また，$s = a$, $s = b$ における曲率円 C_a, C_b の半径をそれぞれ r_a, r_b とすると，積分の三角不等式（付録A-1の定理A-1.4）より

$$\begin{aligned}
|\sigma(b) - \sigma(a)| &= \left|\int_a^b \sigma'(s)\,ds\right| = \left|\int_a^b \left(\frac{1}{\kappa(s)}\right)'\boldsymbol{n}(s)\,ds\right| \\
&\leqq \int_a^b \left|\left(\frac{1}{\kappa(s)}\right)'\boldsymbol{n}(s)\right| ds = \int_a^b \left\{-\left(\frac{1}{\kappa(s)}\right)'\right\} ds \\
&= \frac{1}{\kappa(a)} - \frac{1}{\kappa(b)} = r_a - r_b
\end{aligned}$$

を得る．ここで $|\sigma(b) - \sigma(a)| = r_a - r_b$ とすると，この不等式の等号条件より $\boldsymbol{n}(s)$ が定ベクトルであることがわかるが，これは $\gamma(s)$ の曲率が単調増加であることに反する．よって，$|\sigma(b) - \sigma(a)| < r_a - r_b$ が成り立つが，これは2つの曲率円の中心の距離 $|\sigma(b) - \sigma(a)|$ より半径の差 $r_a - r_b$ の方が大きいことを意味し，C_b は C_a の中にすっぽり入るから $\overline{D}_b \subset D_a$ が示された． □

系 4.6 うずまき線は自己交叉をもたない．

[証明] うずまき線 $\gamma(s)$ $(a \leqq s \leqq b)$ は正としてよい．もしも自己交叉をもつとすると，$a \leqq t < s \leqq b$ をみたす t, s で $\gamma(s) = \gamma(t)$ となるものが存在する．このとき，定理4.5より $\gamma(s) \in \overline{D}_s \subset D_t$ となるが，これは $\gamma(t) \notin D_t$ に矛盾する．

問　　題

1. アルキメデスのうずまき線 $r = a\theta$ と $\theta = \alpha, \theta = \beta$ の半直線で囲まれる部分 $(0 < \beta - \alpha < 2\pi)$ の面積が $a^2(\beta^3 - \alpha^3)/6$ であることを証明せよ．この事実はアルキメデスによって発見された．

---

8) 曲率円の中心の軌跡を**縮閉線**という．その性質については付録B-1を参照されたい．

2. 対数うずまき線を原点を中心として相似拡大すると，元の対数うずまき線と原点を中心とする回転で重ね合わせることができることを示せ．とくに，原点からのばした半直線と対数うずまき線のなす角は，半直線によらず一定である．

3. うずまき線の正負が，曲線の向きによらないことを，車の運転の例を用いて説明せよ．

4. アルキメデスのうずまき線と対数うずまき線の曲率関数を求めよ．

5. （1） 双曲線 $x^2 - y^2 = 1/a^2$ の頂点の総数は 2 であることを示せ．ただし，a は正の定数である．

（2） 例 1.1，例 1.3 で紹介したレムニスケートにメビウス変換 $z \longmapsto 1/z$ $(z = x + iy)$ をほどこすと，双曲線 $x^2 - y^2 = 1/a^2$ が得られることを示せ（このとき，レムニスケートの原点は無限遠点に写るとみなせる）．

（3） レムニスケートはちょうど 2 つの頂点をもつことを示せ．

6. 任意のメビウス変換は (4.3) の 4 つの変換の合成で表されることを証明せよ．

7*. 対数うずまき線の曲率円の中心の軌跡（つまり縮閉線，付録 B-1 参照）は対数うずまき線であることを証明せよ．

§5. 空間曲線

この節では空間曲線について考えよう．予備知識として空間ベクトルのベクトル積（外積）の概念が必要となるので付録 A-3 を参照されたい．

空間曲線　空間の曲線を助変数 t を用いて，

$$\gamma(t) = (x(t), y(t), z(t))$$

と表すことにしよう．平面曲線の場合と同様に $\dot{\gamma}(t) \neq \mathbf{0}$ **が常に成り立つ**ような曲線を**正則曲線**という．この節では正則な空間曲線のみを扱う．

区間 $[a, t]$ に対応する部分の曲線の長さ（弧長）は，平面曲線の (2.1) を導出したときと同じ考え方をすると

$$s(t) = \int_a^t |\dot{\gamma}(u)|\, du = \int_a^t \sqrt{\dot{x}(u)^2 + \dot{y}(u)^2 + \dot{z}(u)^2}\, du$$

で与えられる．平面曲線の場合と同様に，空間曲線を弧長パラメータ s で表示することができる．

以下，曲線 $\gamma(s)$ は弧長パラメータ s で助変数表示されているとする．パラメータ s についての微分を "$'$"（プライム）で表すと，平面曲線のときの (2.2) とまったく同じ式が成り立ち

$$\boldsymbol{e}(s) := \gamma'(s) = \frac{\dot{\gamma}}{|\dot{\gamma}|}$$

は，大きさ 1 のベクトルである．これを曲線の**単位接ベクトル**とよぶ．式 $\boldsymbol{e}(s) \cdot \boldsymbol{e}(s) = 1$ の両辺を s で微分すると

$$\boldsymbol{e}'(s) \cdot \boldsymbol{e}(s) = 0,$$

すなわち $\boldsymbol{e}'(s)$ は速度ベクトル $\boldsymbol{e}(s)$ に直交することがわかる．

平面曲線の場合は曲線に直交する方向がただ 1 つに定められたが，空間曲線の場合はそうはいかない．いま $\boldsymbol{e}'(s) \neq \mathbf{0}$ のとき，

$$\boldsymbol{n}(s) := \frac{\boldsymbol{e}'(s)}{|\boldsymbol{e}'(s)|} \left(= \frac{\gamma''(s)}{|\gamma''(s)|} \right)$$

とおいて，これを曲線 $\gamma(s)$ の**主法線ベクトル**とよぶ．$\boldsymbol{n}(s)$ は $\boldsymbol{e}(s)$ に直交する単位ベクトルである．$\gamma''(s) = \boldsymbol{e}'(s) = \boldsymbol{0}$ となるような点では主法線ベクトルを定義することができないので，以下 $\gamma''(s)$ は常に $\boldsymbol{0}$ でないとしておく．いま $\kappa(s) = |\boldsymbol{e}'(s)|$ とおけば（$\boldsymbol{e}'(s) = \boldsymbol{0}$ ならば $\kappa(s) = 0$ とする），

$$(\gamma''(s) =)\, \boldsymbol{e}'(s) = \kappa(s)\, \boldsymbol{n}(s)$$

が成り立つ．この $\kappa(s)$ を空間曲線 $\gamma(s)$ の**曲率**とよぶ．

ここで，$\boldsymbol{e}, \boldsymbol{n}$ は互いに直交する単位ベクトルであるから，ベクトル積（付録 A-3（207 ページ）参照）を用いて

$$\boldsymbol{b}(s) := \boldsymbol{e}(s) \times \boldsymbol{n}(s)$$

とおけば，ベクトル積の性質から $\boldsymbol{b}(s)$ は $\boldsymbol{e}(s)$ と $\boldsymbol{n}(s)$ に直交する単位ベクトルである．これを**従法線ベクトル**とよぶ．

各 $s \in \boldsymbol{R}$ に対して

$$\{\boldsymbol{e}(s), \boldsymbol{n}(s), \boldsymbol{b}(s)\}$$

は $\boldsymbol{R}^3$ の正の正規直交基底を与えている．空間曲線 γ 上の点 $\gamma(s)$ を通り，$\boldsymbol{e}(s), \boldsymbol{n}(s)$ で張られる平面を，γ の s における**接触平面**という（図 5.1）．また，点 $\gamma(s)$ を通り $\boldsymbol{n}(s), \boldsymbol{b}(s)$ で張られる平面を，γ の s における**法平面**，$\gamma(s)$ を通り $\boldsymbol{e}(s), \boldsymbol{b}(s)$ で張られる平面を，γ の s における**展直平面**という（図 5.2 参照）．ここで

$$(5.1)\quad \tau(s) := -\boldsymbol{b}'(s) \cdot \boldsymbol{n}(s)$$

を曲線の s における**捩率**（れいりつ）とよぶ[1]．これは空間曲線の接触平面からの離れ具合を表す（節末の問題 **6** 参照）．

2 つの曲線が，向きを保つ合同変換（付録 A-3，205 ページ参照）で写り合うならば，それらの曲率と捩率は一致する（節末の問題 **1** 参照）．

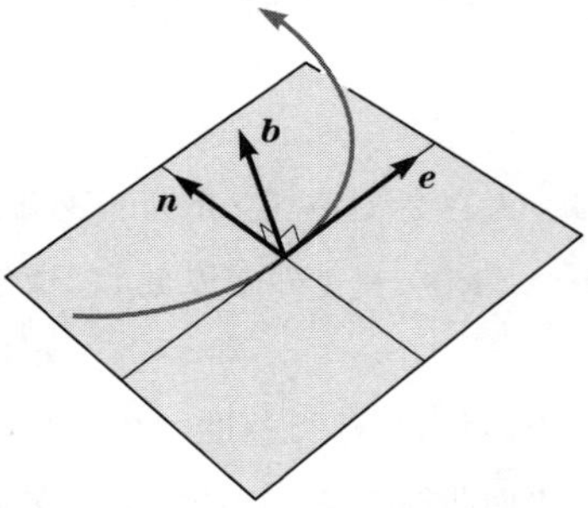

図 5.1　接触平面

1)　ギリシア文字 τ は「タウ」と読む．

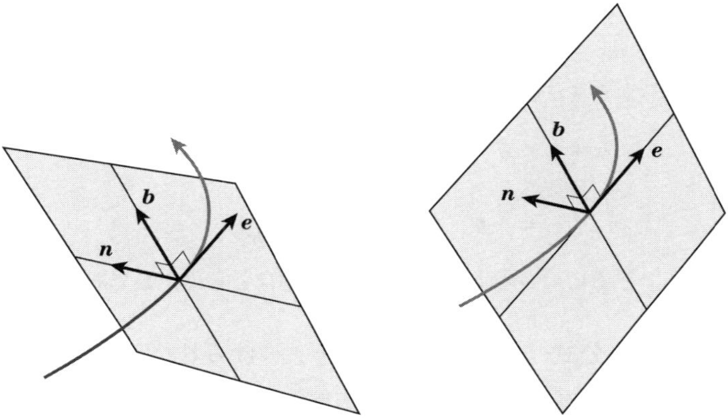

図 5.2　法平面と展直平面

例 5.1　助変数表示

$$\gamma(t) = (a\cos t, a\sin t, bt)$$

で与えられる曲線を**つるまき線** または **常螺旋**（じょうらせん）という（図 5.3）. ただし a, b は 0 でない定数である. $|\dot{\gamma}(t)| = \sqrt{a^2+b^2}$ となるので, この曲線の弧長 s は

$$s = t\sqrt{a^2+b^2}$$

で与えられる. これを用いて $\gamma(t)$ を弧長パラメータで表すと,

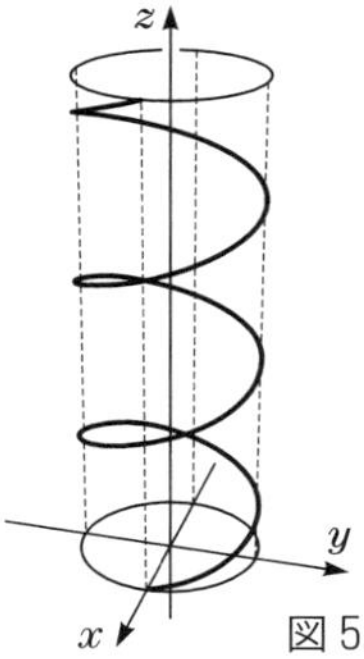

図 5.3
つるまき線

$$\gamma(s) = \left(a\cos\frac{s}{c}, a\sin\frac{s}{c}, \frac{bs}{c}\right) \qquad (c := \sqrt{a^2+b^2})$$

となる. このとき

$$\boldsymbol{e}(s) = \gamma'(s) = \frac{1}{c}\left(-a\sin\frac{s}{c}, a\cos\frac{s}{c}, b\right),$$

$$\boldsymbol{e}'(s) = \gamma''(s) = \frac{1}{c^2}\left(-a\cos\frac{s}{c}, -a\sin\frac{s}{c}, 0\right)$$

であるから，曲率 κ，主法線ベクトル $\boldsymbol{n}$ はそれぞれ，

$$\kappa = |\gamma''(s)| = \frac{|a|}{c^2} = \frac{|a|}{a^2+b^2}, \qquad \boldsymbol{n} = \frac{\boldsymbol{e}'(s)}{|\boldsymbol{e}'(s)|} = \frac{a}{|a|}\left(-\cos\frac{s}{c},\ -\sin\frac{s}{c}, 0\right)$$

となる．これらから従法線ベクトル $\boldsymbol{b}$ と捩率 τ は

$$\boldsymbol{b} = \boldsymbol{e} \times \boldsymbol{n} = \frac{a}{|a|}\frac{1}{c}\left(b\sin\frac{s}{c},\ -b\cos\frac{s}{c}, a\right),$$

$$\tau = -\boldsymbol{b}'\cdot\boldsymbol{n} = \frac{b}{c^2} = \frac{b}{a^2+b^2}$$

と求められる．とくに，つるまき線の曲率と捩率はともに定数である． ◇

フルネ－セレの公式 弧長でパラメータづけられた，$\kappa > 0$ となる空間曲線 $\gamma(s)$ の単位接ベクトル $\boldsymbol{e}(s)$，主法線ベクトル $\boldsymbol{n}(s)$，従法線ベクトル $\boldsymbol{b}(s)$ は $\boldsymbol{R}^3$ の正規直交基底をなすから，$\boldsymbol{R}^3$ の任意のベクトルは，$\boldsymbol{e}(s)$, $\boldsymbol{n}(s)$, $\boldsymbol{b}(s)$ の一次結合で表すことができる．したがって，$\boldsymbol{n}'(s)$, $\boldsymbol{b}'(s)$ は

$$\boldsymbol{n}' = \frac{d\boldsymbol{n}}{ds} = \alpha_1\boldsymbol{e} + \alpha_2\boldsymbol{n} + \alpha_3\boldsymbol{b}, \tag{5.2}$$

$$\boldsymbol{b}' = \frac{d\boldsymbol{b}}{ds} = \beta_1\boldsymbol{e} + \beta_2\boldsymbol{n} + \beta_3\boldsymbol{b} \tag{5.3}$$

という形に書き表すことができる．ここで，$\alpha_j, \beta_j\ (j = 1, 2, 3)$ は s の実数値関数である．

式 (5.2) の両辺に $\boldsymbol{e}, \boldsymbol{n}, \boldsymbol{b}$ をそれぞれ内積すると

$$\alpha_1 = \boldsymbol{n}'\cdot\boldsymbol{e} = (\boldsymbol{n}\cdot\boldsymbol{e})' - \boldsymbol{n}\cdot\boldsymbol{e}' = -\kappa\,\boldsymbol{n}\cdot\boldsymbol{n} = -\kappa,$$

$$\alpha_2 = \boldsymbol{n}'\cdot\boldsymbol{n} = \frac{1}{2}(\boldsymbol{n}\cdot\boldsymbol{n})' = 0,$$

$$\alpha_3 = \boldsymbol{n}'\cdot\boldsymbol{b} = (\boldsymbol{n}\cdot\boldsymbol{b})' - \boldsymbol{n}\cdot\boldsymbol{b}' = \tau.$$

また，(5.3) の両辺に $\boldsymbol{e}, \boldsymbol{n}, \boldsymbol{b}$ をそれぞれ内積すると

$$\beta_1 = \boldsymbol{b}'\cdot\boldsymbol{e} = (\boldsymbol{b}\cdot\boldsymbol{e})' - \boldsymbol{b}\cdot\boldsymbol{e}' = -\kappa\,\boldsymbol{b}\cdot\boldsymbol{n} = 0,$$

$$\beta_2 = \boldsymbol{b}'\cdot\boldsymbol{n} = -\tau,$$

$$\beta_3 = \boldsymbol{b}'\cdot\boldsymbol{b} = \frac{1}{2}(\boldsymbol{b}\cdot\boldsymbol{b})' = 0.$$

これらを (5.2)，(5.3) に代入して整理したものと $\boldsymbol{e}' = \kappa\,\boldsymbol{n}$ をまとめて

$$
(5.4)\qquad
\begin{cases}
\boldsymbol{e}'(s) = & \kappa(s)\,\boldsymbol{n}(s) \\
\boldsymbol{n}'(s) = -\kappa(s)\,\boldsymbol{e}(s) & \qquad\qquad + \tau(s)\,\boldsymbol{b}(s) \\
\boldsymbol{b}'(s) = & -\tau(s)\,\boldsymbol{n}(s)
\end{cases}
$$

が成り立つ．これを空間曲線に関する**フルネ - セレ**[2]**の公式**とよぶ．

3つのベクトル $\boldsymbol{e}(s), \boldsymbol{n}(s), \boldsymbol{b}(s)$ をそれぞれ列ベクトルとみなして横に並べてできる3次正方行列を

$$
\mathcal{F}(s) := (\boldsymbol{e}(s), \boldsymbol{n}(s), \boldsymbol{b}(s))
$$

とおく．各 s に対して $\{\boldsymbol{e}(s), \boldsymbol{n}(s), \boldsymbol{b}(s)\}$ は正の正規直交系（右手系，付録A-3を参照）をなすことから，$\mathcal{F}(s)$ は行列式の値が1であるような直交行列であることがわかる（§2の問題 **1** と204ページをみよ）．この表示を用いると，フルネ - セレの公式 (5.4) は

$$
(5.5)\qquad \frac{d\mathcal{F}}{ds} = \mathcal{F}\Omega, \qquad \Omega = \begin{pmatrix} 0 & -\kappa & 0 \\ \kappa & 0 & -\tau \\ 0 & \tau & 0 \end{pmatrix}
$$

と書き換えることができる．

ここまでの議論では弧長をパラメータとして，例5.1のようにつるまき線の曲率と捩率を計算したが，いろいろな具体例に対して曲率や捩率を計算するには，一般の助変数 t について，これらを表す式をつくっておくと便利である．（弧長とは限らない）助変数 t で表示された曲線 $\gamma(t)$ に対して，その単位接ベクトル $\boldsymbol{e}(t)$，主法線ベクトル $\boldsymbol{n}(t)$，従法線ベクトル $\boldsymbol{b}(t)$ は

$$
(5.6)\qquad \boldsymbol{e} = \frac{\dot{\gamma}}{|\dot{\gamma}|}, \qquad \boldsymbol{n} = \frac{(\dot{\gamma}\times\ddot{\gamma})\times\dot{\gamma}}{|(\dot{\gamma}\times\ddot{\gamma})\times\dot{\gamma}|}, \qquad \boldsymbol{b} = \frac{\dot{\gamma}\times\ddot{\gamma}}{|\dot{\gamma}\times\ddot{\gamma}|}
$$

で与えられる．さらに曲率と捩率は，

$$
(5.7)\qquad \kappa(t) = \frac{|\dot{\gamma}(t)\times\ddot{\gamma}(t)|}{|\dot{\gamma}(t)|^3}, \qquad \tau(t) = \frac{\det(\dot{\gamma}(t), \ddot{\gamma}(t), \dddot{\gamma}(t))}{|\dot{\gamma}(t)\times\ddot{\gamma}(t)|^2}
$$

となる（節末の問題 **2** 参照）．とくに，弧長パラメータ s で表されている場

---

2) Serret, Joseph Alfred (1819 - 1885)．フルネは21ページ参照．

合，(5.7) は次のように表される：

$$\kappa(s)=|\gamma''(s)|,\qquad \tau(s)=\frac{\det(\gamma'(s),\gamma''(s),\gamma'''(s))}{\kappa(s)^2}.$$

空間曲線の基本定理　§2の定理2.8でみたように，平面曲線はその曲率によって一意に決定できた．空間曲線についても同様のことがいえる．

定理 5.2（**空間曲線の基本定理**）　区間 $[a,b]$ 上で定義された2つの微分可能な関数 $\kappa(s)$, $\tau(s)$ が与えられ，さらに $[a,b]$ 上で $\kappa(s)>0$ が成り立っているとする．このとき弧長によってパラメータづけられた曲線 $\gamma(s)$ $(a\leqq s\leqq b)$ で曲率が $\kappa(s)$，捩率が $\tau(s)$ となるものが存在する．さらに，そのような曲線は向きを保つ合同変換を除いてただ1つである．

[証明]　この定理は，平面曲線の場合の定理2.8と同様に証明できる．3次正方行列に値をもつ $\mathcal{F}(s)$ を未知関数とした微分方程式の初期値問題

$$\mathcal{F}'=\mathcal{F}\Omega,\qquad \mathcal{F}(a)=I,\qquad \Omega=\begin{pmatrix}0&-\kappa&0\\ \kappa&0&-\tau\\ 0&\tau&0\end{pmatrix}\tag{5.8}$$

を考える．ただし，I は3次の単位行列である．これは $\mathcal{F}$ の各成分（9個ある）に関して線形な方程式であるから，線形常微分方程式の基本定理（付録Aの定理A-2.2）より，区間 $[a,b]$ で定義された (5.8) の解 $\mathcal{F}(s)$ がただ1つ存在する．ここで Ω は交代行列だから，平面曲線のとき（(2.16) 参照）と同様にして，$\mathcal{F}(s)$ は行列式の値が1の直交行列であることがわかる．そこで $\mathcal{F}(s)=(\boldsymbol{e}(s),\boldsymbol{n}(s),\boldsymbol{b}(s))$ と書き，

$$\gamma(s)=\int_{s_0}^{s}\boldsymbol{e}(u)\,du$$

とすれば，$\gamma(s)$ が求める曲線である．一意性の証明も含めて，最後の部分は読者の演習問題とする．

空間の単純閉曲線は**結び目**とよばれる．平面の単純閉曲線は，それを連続的に変形すれば円と重ね合わせることができるが，図 5.4 のような結び目は連続的に変形しても円と重ね合わせられない．結び目の性質を調べることは空間曲線に関する重要な問題の1つである．結び目と全曲率（平面曲線の場合と同様に定義される．29 ページ参照）との関係は参考文献 [4], [19] に解説がある．

図 5.4　三つ葉結び目

問　　題

1. 空間曲線の曲率と捩率は向きを保つ合同変換で不変である，すなわち，Φ を向きを保つ合同変換（付録 A-3（205 ページ）参照）とするとき，曲線 $\gamma(s)$ の曲率・捩率と，曲線 $\Phi\circ\gamma(s)$ の曲率・捩率は一致することを示せ．（なお，一般の合同変換でも曲率は不変であるが，捩率はその符号が変わる可能性がある．）

2. 一般の助変数で表示された曲線に対して，(5.6), (5.7) を示せ．

3. 弧長によってパラメータづけられた平面曲線 $\gamma(s) = (x(s), y(s))$ の曲率がいたるところ 0 でないとする．このとき，空間曲線 $\tilde{\gamma}(s) := (x(s), y(s), 0)$ の曲率は $\gamma(s)$ の曲率の絶対値に等しく，捩率は恒等的に 0 であることを示せ．

4. 弧長パラメータで表示された空間曲線 $\gamma(s)$ の曲率を $\kappa(s)$，捩率を $\tau(s)$ とすると，$s = 0$ の近くで

$$\gamma(s) = \gamma(0) + s\,\boldsymbol{e}(0) + \frac{s^2}{2}\kappa(0)\,\boldsymbol{n}(0) + \frac{s^3}{6}\{-\kappa(0)^2\,\boldsymbol{e}(0) + \kappa'(0)\,\boldsymbol{n}(0) + \kappa(0)\,\tau(0)\,\boldsymbol{b}(0)\} + o(s^3)$$

と表されることを示せ．ただし，$o(s^3)$ はランダウの記号（付録 A-1 参照）である．これを空間曲線に対する**ブーケ**[3]**の公式**という．§2 の問題 **8** を参照せよ．

5. 曲率が正で一定，かつ捩率が 0 でない一定の値をとる空間曲線は，向きを保

3)　Bouquet, Jean Claude (1819 - 1885).

つ合同変換で，つるまき線に重ね合わせられることを示せ．

6*. 捩率が恒等的に 0 であるような（曲率関数が正の）空間曲線は問題 **3** のようにして，平面曲線から得られる曲線に向きを保つ合同変換で重ね合わせられることを示せ．

7*. 球面上の曲率が一定な曲線は円の一部であることを示せ．

8*. 平面曲線 $\gamma_1(t)$ の曲率を $\kappa_1(t)$ とする．$\gamma_1(t)$ を平面上のある直線に関して折り返して得られる曲線を $\gamma_2(t)$ とすると，γ_2 の曲率は $-\kappa_1(t)$ となる（§2の問題 **4** 参照）．γ_1, γ_2 から問題 **3** のようにして得られる空間曲線を $\tilde{\gamma}_1(t), \tilde{\gamma}_2(t)$ とすると，これらの曲率は一致して $|\kappa_1|$ に等しく，捩率は恒等的に 0 である．

さて，平面曲線として γ_1 と γ_2 は異なる曲率をもつから，回転と平行移動によって重ね合わせることができないが，空間曲線 $\tilde{\gamma}_1$ と $\tilde{\gamma}_2$ は，曲率と捩率が一致しているので，空間曲線の基本定理 5.2 から，回転と平行移動（向きを保つ合同変換）で重ね合わせることができる．この違いが生じる理由を明らかにせよ．

第Ⅱ章
曲　面

曲線と同様に曲面を助変数で表示し，その表示に応じて第一基本量と第二基本量を定義する．さらに，これらを用いて，助変数表示に依存しない量として，曲面の曲がり具合を表すガウス曲率と平均曲率を定義し，それらの幾何学的意味を説明する．また，曲面を理解する上で重要な主方向と漸近方向を紹介する．応用として，曲面上の「まっすぐな線（測地線）」で曲面上の3点を結んでできる三角形の内角の和が，2直角とどれくらい異なるかを測るガウス－ボンネの定理を紹介する．

§ 6. 曲面とは何か

殻を割っていない卵の表面や自動車のボディなど，実生活において我々はさまざまな曲面を目にしている．このような曲面を数式で表現する方法を紹介しよう．

2 変数関数のグラフ　平面 $\boldsymbol{R}^2$ の領域 D で定義された関数（2 変数関数）$f(x, y)$ に対して，(x, y) が D を動くときの点 $(x, y, f(x, y))$ の軌跡は曲面を与える．これを $z = f(x, y)$ の**グラフ**という．

例 6.1（1）1 次関数 $f(x, y) = ax + by + c$ のグラフは平面を与える．

（2）関数

$$z = \frac{x^2}{a^2} + \frac{y^2}{b^2} \qquad (a, b \text{ は正の定数}) \tag{6.1}$$

のグラフを**楕円放物面**という（図 6.1 左）．楕円放物面を z 軸に平行な平面で切った切り口は放物線，上半空間 $(z > 0)$ において z 軸に垂直な平面で切った切り口は楕円となる．とくに $a = b$ のときは**回転放物面**，すなわち xz 平面上の放物線 $z = x^2/a^2$ を z 軸のまわりに回転させてできる回転面である．回転放物面が鏡のようになっていたとすると，z 軸に平行で z 軸の正の遠方から曲面に向かってくる光線は曲面上で反射して，焦点 $(0, 0, a^2/4)$ に集まる．パラボラ・アンテナはこの性

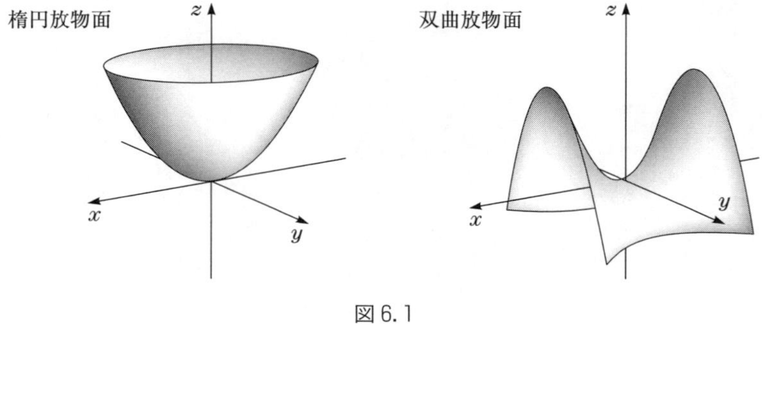

図 6.1

質を利用している．

（3）　関数

$$z = \frac{x^2}{a^2} - \frac{y^2}{b^2} \qquad (a,\ b \text{ は正の定数}) \tag{6.2}$$

のグラフを**双曲放物面**という（図 6.1 右）．曲面を z 軸に平行な平面で切った切り口は放物線（ただし，平面 $bx \pm ay + c = 0$（c は定数）の場合は直線になる），z 軸に垂直な平面で切った切り口は双曲線となる（ただし，xy 平面による切り口は交わる 2 本の直線である）．　◇

陰関数 $F(x, y, z) = 0$ で表される曲面

3 変数関数 $F(x, y, z)$ に対して，$F(x, y, z) = 0$ をみたす空間の点 (x, y, z) の集まりが曲面を表すことがある．たとえば $ax + by + cz + d = 0$（$(a, b, c) \neq \mathbf{0}$）は平面を表す．

例 6.2　（1）　方程式

$$\frac{x^2}{a^2} + \frac{y^2}{b^2} + \frac{z^2}{c^2} = 1 \qquad (a,\ b,\ c \text{ は正の定数}) \tag{6.3}$$

で表される曲面を**楕円面**という（図 6.2 左上）．とくに $a = b$ ならば，xz 平面上の楕円 $\dfrac{x^2}{a^2} + \dfrac{z^2}{c^2} = 1$ を z 軸のまわりに回転させてできる**回転楕円面**となる．さらに $a = b = c$ ならば，半径 a の球面となる．

（2）　方程式

$$\frac{x^2}{a^2} + \frac{y^2}{b^2} - \frac{z^2}{c^2} = 1 \qquad (a,\ b,\ c \text{ は正の定数}) \tag{6.4}$$

で表される曲面を**一葉双曲面**という（図 6.2 右上）．この曲面を z 軸に平行な平面で切った切り口は双曲線，z 軸に垂直な平面で切った切り口は楕円である．

また，

$$\frac{x^2}{a^2} + \frac{y^2}{b^2} - \frac{z^2}{c^2} = -1 \qquad (a,\ b,\ c \text{ は正の定数}) \tag{6.5}$$

は**二葉双曲面**を表す（図 6.2 左下）．一葉双曲面と同様に，この曲面の z 軸に平行な平面による切り口は双曲線，z 軸に垂直な平面 $z = d$ $(|d| > c)$ による切り口は楕円である．

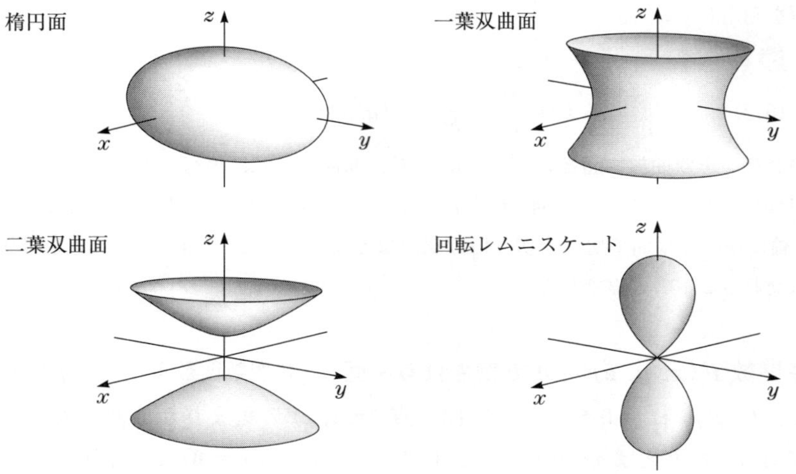

図 6.2　いろいろな曲面

（3）　方程式

(6.6)　$(x^2+y^2+z^2)^2+a^2(x^2+y^2-z^2)=0$　（a は正の定数）

をみたす点の集合は，図 6.2 右下のような，レムニスケート（§1 参照）を回転させた形をしており，原点ではなめらかな曲面とはならず，くびれた形をしている．

◇

なめらかな 3 変数関数 $F(x, y, z)$ を用いて，陰関数 $F(x, y, z)=0$ の形で曲面が表されているとき，

$$F_x(x_0, y_0, z_0)=F_y(x_0, y_0, z_0)=F_z(x_0, y_0, z_0)=0$$

$$\left(F_x := \frac{\partial F}{\partial x},\quad F_y := \frac{\partial F}{\partial y},\quad F_z := \frac{\partial F}{\partial z}\right)$$

となる曲面上の点 (x_0, y_0, z_0) は曲面の**特異点**とよばれる．特異点では曲面が（C^∞ 級の関数で表されているにもかかわらず）なめらかにみえない可能性がある．実際，(6.6) の回転レムニスケートでは原点が特異点である．一般に，特異点の近くでの曲面の形はさまざまである．

一方，特異点以外の点では曲面は**交叉のない**なめらかな形をしている．

たとえば $F_z(x_0, y_0, z_0) \neq 0$ ならば，(x_0, y_0, z_0) の近くで曲面は $z = f(x, y)$ のなめらかなグラフで表すことができる（陰関数定理（付録 A の定理 A-1.6）参照）.

助変数表示された曲面　曲線は 1 つの助変数で表すことができたが，曲面ではどうであろうか．3 つの 2 変数関数の組 $(x(u, v), y(u, v), z(u, v))$ は，各 (u, v) に対して空間 $\boldsymbol{R}^3$ の点を与える．変数 (u, v) が uv 平面上の領域 D を動くとき，この点の軌跡は曲面を描くだろう．これを曲面の助変数表示という．また，変数 (u, v) を**助変数**または**パラメータ**とよぶ．例 6.2 にあげた曲面の例は次のように表示することができる.

楕円面：

$$x = a\cos u\cos v, \quad y = b\cos u\sin v, \quad z = c\sin u\,;$$
$$D = \left\{(u, v)\,\middle|\,|u| < \frac{\pi}{2},\ \ 0 \leqq v < 2\pi\right\}.$$

一葉双曲面：

$$x = a\cosh u\cos v, \quad y = b\cosh u\sin v, \quad z = c\sinh u\,;$$
$$D = \{(u, v)\,|\,u \in \boldsymbol{R},\ \ 0 \leqq v < 2\pi\}.$$

二葉双曲面の上側：

$$x = a\sinh u\cos v, \quad y = b\sinh u\sin v, \quad z = c\cosh u\,;$$
$$D = \{(u, v)\,|\,u \in \boldsymbol{R},\ \ 0 \leqq v < 2\pi\}.$$

回転レムニスケート：

$$x = \frac{a\sin u\cos u\cos v}{1+\sin^2 u}, \quad y = \frac{a\sin u\cos u\sin v}{1+\sin^2 u},$$
$$z = \frac{a\cos u}{1+\sin^2 u}\,; \quad D = \{(u, v)\,|\,0 \leqq u \leqq \pi,\ \ 0 \leqq v < 2\pi\}.$$

ここでは 2 変数関数を 3 つひとまとめにして，曲面を位置ベクトルの形

$$p(u, v) = (x(u, v), y(u, v), z(u, v))$$

で表すことにする．このとき

$$p_u = \frac{\partial p}{\partial u} = (x_u, y_u, z_u), \qquad p_v = \frac{\partial p}{\partial v} = (x_v, y_v, z_v)$$

が一次独立となる点を**正則点**といい，反対に一次従属となる点を**特異点**という．陰関数 $F(x, y, z) = 0$ の特異点のときと同様に，助変数表示された曲面においても，特異点の近くでは $p(u, v)$ がなめらかな曲面を表さない場合がある．たとえば，回転レムニスケートにおいて $u = \pi/2$ となる点では $p_v = \mathbf{0}$ である．これらの点は図 6.2 のくびれた点に対応する．回転レムニスケートに現れた特異点は円錐的特異点とよばれるが，他にも曲面にはさまざまな特異点が現れる（詳しくは節末のコラム「曲面に現れる特異点」を参照せよ）．そこで，以下では (u, v) が uv 平面の領域 D を動くとき

(6.7)　　各 $(u, v) \in D$ で $p_u(u, v)$ と $p_v(u, v)$ は一次独立

であるような $p(u, v)$ を領域 D 上の**正則曲面**であるという．また，このとき D を，この**助変数表示が定める領域**とよぶことにする．

本書では，以後とくに断わらない限り曲面といえば，すべて正則曲面を表すものとする．2 変数関数 $f(x, y)$ に対して

$$p(u, v) = (u, v, f(u, v))$$

とおくと，$p(u, v)$ は関数 $z = f(x, y)$ のグラフを表す．このとき $p_u = (1, 0, f_u)$ と $p_v = (0, 1, f_v)$ は一次独立であるから，これは正則曲面の特別な場合とみなすことができる．

曲面の助変数表示 $p(u, v)$ において，v を 1 つ固定したときの対応 $u \longmapsto p(u, v)$ によって決まる曲面上の曲線を $\boldsymbol{u}$ **曲線**といい，u を 1 つ固定したときの対応 $v \longmapsto p(u, v)$ によって決まる曲線を $\boldsymbol{v}$ **曲線**という．これら 2 つの曲線の族は曲面を網のように覆う（図 6.3）．ベクトル $p_u(u, v)$ は，u 曲線の各点での速度ベクトルを表し，$p_v(u, v)$ は，v 曲線の各点での速度ベクトルを表している．

また，点 $p(u, v)$ で曲面に接するベクトルは，$p_u(u, v)$ と $p_v(u, v)$ の一次結合で表すことができる．したがって，点 $p(u, v)$ を通りこれらの接ベクトル $p_u(u, v)$, $p_v(u, v)$ に平行な平面

$$\{\, p(u, v) + s\,p_u(u, v) + t\,p_v(u, v) \mid s, t \in \boldsymbol{R} \,\}$$

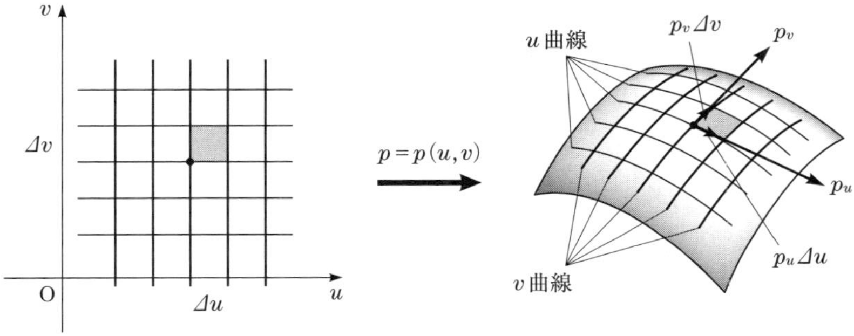

図 6.3　u 曲線と v 曲線；曲面上の微小平行四辺形

が曲面の接平面となる．p_u, p_v の両方に直交する単位ベクトルは ± の任意性があるが，ここでは

$$\nu := \frac{p_u \times p_v}{|p_u \times p_v|} \tag{6.8}$$

を曲面の**単位法線ベクトル**とする．ここで“×”はベクトル積を表す（付録 A-3 の 207 ページ参照）．たとえば，関数 $z = f(x, y)$ のグラフの単位法線ベクトルは

$$\nu = \frac{1}{\sqrt{1 + f_x^2 + f_y^2}}(-f_x, -f_y, 1)$$

で与えられる．

一般に，与えられた曲面全体を 1 組の助変数表示で表せない場合がある．たとえば 63 ページの楕円面の表示では，$u = \pm\pi/2$ となる点では $p_v = \mathbf{0}$ となり，条件 (6.7) をみたさない．すなわち，この表示では点 $(0, 0, \pm c)$ は除かれている．しかし，この楕円面を

$$z = \pm c\sqrt{1 - \frac{x^2}{a^2} - \frac{y^2}{b^2}} \tag{6.9}$$

により 2 組の関数のグラフで表せば，63 ページの表示で除かれた点 $(0, 0, \pm c)$ の近くでの曲面の助変数表示が得られる．

このように，曲面のすべての部分を助変数で表すためには，複数の助変数表示が必要な場合が多い．このとき，曲面の1つずつの表示 $p(u, v)$ の助変数の対(つい) (u, v) を曲面の**局所座標系**とよび，助変数を取り換える操作を曲面の**座標変換**とよぶことがある（節末の問題**4**と**7**参照）．式(6.8)で与えられる単位法線ベクトルは，曲面の接平面に直交する方向を与えているから，座標変換によって符号を除いて不変である（節末の問題**4**参照）．

曲面の面積　曲面 $p(u, v)$ に対して，この助変数表示が定める領域が有界閉領域 D を含むとする．このとき，D が覆う曲面の部分の面積を以下のように求めることができる．まず，uv 平面において u 方向，v 方向それぞれへの微小変化 $\Delta u, \Delta v$ を考えて，uv 平面の微小長方形領域 $[u, u+\Delta u]\times[v, v+\Delta v]$ に対応する曲面上の像の面積を近似的に求めよう（図6.3）．

テイラーの定理（付録A-1の定理A-1.2）より近似式

$$p(u+\Delta u, v)-p(u, v)\approx p_u(u, v)\Delta u,$$
$$p(u, v+\Delta v)-p(u, v)\approx p_v(u, v)\Delta v,$$
$$p(u+\Delta u, v+\Delta v)-p(u, v)\approx p_u(u, v)\Delta u+p_v(u, v)\Delta v$$

が成り立つから[1]，領域 $[u, u+\Delta u]\times[v, v+\Delta v]$ に対する曲面上の領域は

$$p(u, v),\qquad p(u, v)+p_u(u, v)\Delta u,$$
$$p(u, v)+p_v(u, v)\Delta v,\qquad p(u, v)+p_u(u, v)\Delta u+p_v(u, v)\Delta v$$

を頂点とする平行四辺形で近似される．この平行四辺形の面積は

$$|(p_u(u, v)\Delta u)\times(p_v(u, v)\Delta v)|=|p_u(u, v)\times p_v(u, v)|\,\Delta u\,\Delta v$$

であるから，曲面の面積は D 上でこの微小面積要素をすべて足し合わせて

$$\iint_D |p_u(u, v)\times p_v(u, v)|\,du\,dv \tag{6.10}$$

という式で与えられる[2]．式(6.10)の積分の「中身」

$$dA := |p_u(u, v)\times p_v(u, v)|\,du\,dv \tag{6.11}$$

を曲面の**面積要素**という．これが曲面の助変数表示のとり方によらないこと

1）記号 $\approx$ は，右辺と左辺が近似的に等しいことを意味する．

2）この公式の厳密な証明はここではしない．参考文献[33]第II巻（VII章§5）を参照．

は，重積分の変数変換の公式（付録 A の定理 A-1.7）から容易に確かめられる（節末の問題 **5** 参照）．とくに，グラフ $z = f(x, y)\,((x, y) \in D)$ で表される曲面の面積は次で与えられる（節末の問題 **3**）：

$$\iint_D \sqrt{1 + {f_x}^2 + {f_y}^2}\, dx\, dy\ . \tag{6.12}$$

《補注》 本書では自己交叉をもたない曲面を主に扱うが，曲線論で自己交叉をもつ曲線を扱ったように，定義の条件を緩めることによって，以下のような興味深い曲面も研究対象にすることができる．たとえば，図 6.4 の上のような曲面は**クライン**[3]**の壷**とよばれ，自己交叉をもつ表裏の区別のない閉曲面の例である．ここで，曲面が自己交叉をしている場合，曲面上を歩いている人がいたとして，自己交叉に遭遇したときは，遭遇したもう 1 つの曲面の断片は通り抜けられるが，乗りうつることができない壁と考える．また，普通のシャボン玉は球形をしているが，数学的には，図 6.4 の下のような形の「シャボン玉の方程式の解」[4]で球面以外にも閉じた曲面の存在が知られている．この曲面は，1986 年にウェンテ[5]によって発表され，自己交叉をもつが，位相的にはトーラス（輪環面，節末の問題 **1**

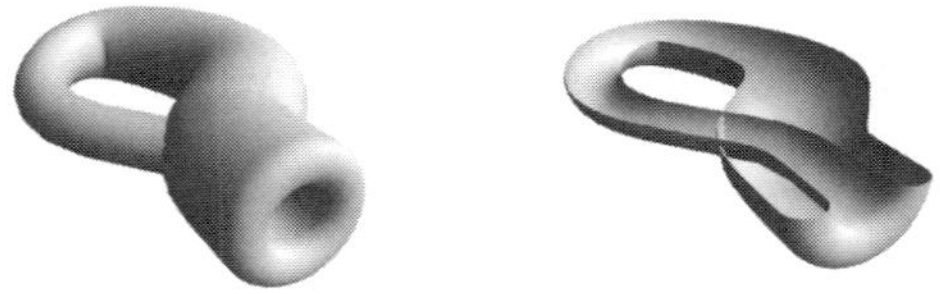

クラインの壷

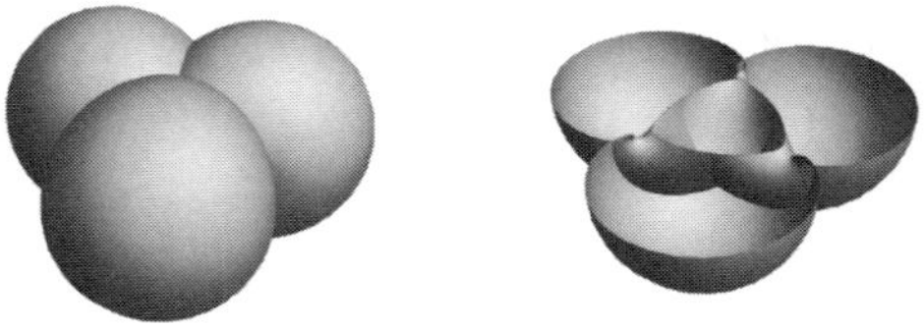

ウェンテ・トーラス

図 6.4　自己交叉をもつ曲面

3）　Klein, Felix C.（1849 - 1925）.

4）　§8 で定義する「平均曲率」が一定な曲面のことである．

5）　Wente, Henry C.

参照）に同相なので**ウェンテ・トーラス**とよばれる．曲面の自己交叉は，以下にみるように，特異点をもつ曲面に頻繁に現れる．

曲面に現れる特異点

本文中でも紹介したように，曲面にはさまざまな特異点が現れる．ここではいくつか典型的なものを紹介しよう（図 6.5）．

図 6.5 曲面に現れる特異点

曲面

(6.13) $$p_0(u, v) := (u^2, uv, v)$$

は $(u, v) = (0, 0)$ に特異点をもち，それ以外の点で正則である．この特異点は **交叉帽子** (cross cap) あるいは **ホイットニーの傘** (Whitney's umbrella) とよばれる．この特異点付近で曲面は自己交叉をもつ．

曲面

(6.14) $$p_1(u, v) := (u, v^2, v^3)$$

は，uv 平面上の u 軸に沿って特異点をもつ．p_1 の特異点はすべて**カスプ辺** (cuspidal edge) とよばれる．

一方

(6.15) $$p_2(u, v) := (3u^4 + u^2v,\ -4u^3 - 2uv,\ v)$$

は，uv 平面上の放物線 $6u^2 + v = 0$ に沿って特異点をもつが，とくにその原点に対応する特異点を**ツバメの尾** (swallowtail) とよぶ．原点以外の特異点はすべてカスプ辺である．ツバメの尾は，カスプ辺がそこで折れ曲がったような形状をしており，曲面は自己交叉をもつ．

また，曲面

$$p_3(u, v) := (u, v^2, uv^3)$$

については，uv 平面上の u 軸が特異点集合となるが，とくに，原点に対応する特異点が**カスプ状交叉帽子** (cuspidal cross cap) であり，カスプ辺と交叉帽子を合わせたような形である．原点以外の特異点はすべてカスプ辺である．

ここで紹介した 4 つの特異点のうち，交叉帽子，カスプ辺，ツバメの尾に関する便利な特異点の判定条件を付録 B-8 で紹介する．

問　　題

1.　点 $(a, 0, 0)$ を中心とする半径 b の xz 平面上の円を z 軸のまわりに回転させると，下図のような輪環面（トーラス）が得られる．ただし，$0 < b < a$ とする．この曲面の助変数表示を与えよ．

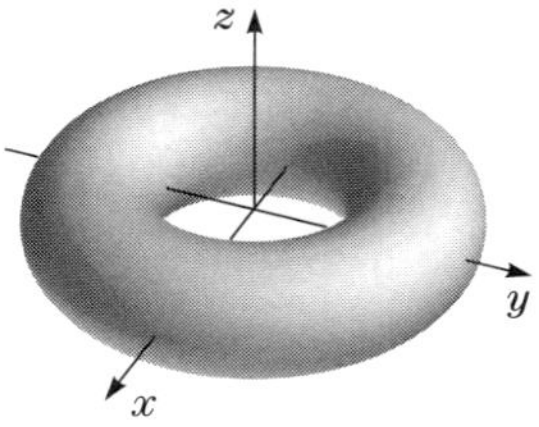

輪環面（トーラス）

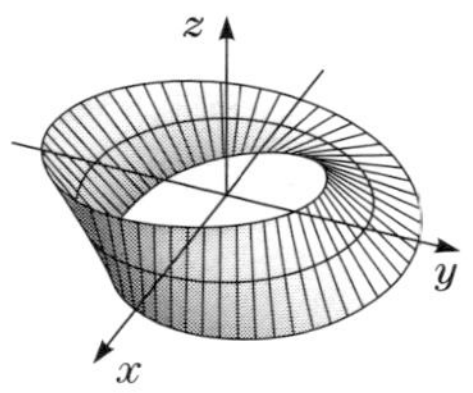

メビウスの帯

2.　xy 平面に原点を中心とする半径 2 の円を描く．この円を帯の中心線とするメビウスの帯（上図）の助変数表示を与えよ．

3.　式 (6.10) から (6.12) を導け．また，これを用いて，半径 R の球面の面積は $4\pi R^2$ であることを示せ．

4.　$\xi\eta$ 平面の領域 $\widetilde{D}$ から uv 平面の領域 D への微分同相写像（座標変換）$(\xi, \eta) \longmapsto (u(\xi, \eta), v(\xi, \eta))$ を考える．D 上で定義された曲面の助変数表示 $p(u, v)$ に対して，$\tilde{p}(\xi, \eta) = p(u(\xi, \eta), v(\xi, \eta))$ は p と同じ曲面のもう 1 つの助変数表示を与える．このように $\tilde{p}(\xi, \eta)$ が $p(u, v)$ から座標変換 $(\xi, \eta) \longmapsto (u, v)$ で得られるとき，本書では誤解の恐れがない限り $\tilde{p}(\xi, \eta)$ の代り

に $p(\xi, \eta)$ と書く．以上の状況で，

$$\frac{p_u \times p_v}{|p_u \times p_v|} = \pm \frac{p_\xi \times p_\eta}{|p_\xi \times p_\eta|}$$

（正負の符号は座標変換のヤコビ行列式の符号と一致する）が成り立つことを示せ．

5. 曲面の面積は助変数表示のとり方によらない．すなわち，問題 **4** のような座標変換を考えるとき，各々の表示で (6.10) によって求めた面積が一致することを，重積分の変数変換の公式を用いて示せ．

6. 曲面の面積は合同変換によって変わらない．すなわち，助変数表示 $p(u, v)$ で与えられる曲面の面積と，$T\,p(u, v) + \boldsymbol{q}$（$T$ は直交行列，$\boldsymbol{q}$ は定ベクトル）で与えられる曲面の面積は一致することを示せ．

7*. uv 平面上の領域 D 上で定義された助変数表示 $p(u, v)$ と $\xi\eta$ 平面の領域 $\widetilde{D}$ 上で定義された助変数表示 $\tilde{p}(\xi, \eta)$ が同じ曲面の像を与えているとする．このとき，$\widetilde{D}$ 上の点 (ξ, η) に対して $\tilde{p}(\xi, \eta) = p(u, v)$ となる (u, v) がただ1つ定まる．この対応 $\varphi : (\xi, \eta) \longmapsto (u(\xi, \eta), v(\xi, \eta))$ が $\widetilde{D}$ から D への微分同相写像になることを示せ．（ヒント：86ページの定理8.7の証明で述べるように，曲面は各点のまわりで $z = f(x, y)$ のグラフで表される．これを用いて，φ がなめらかになることを示せばよい．そうすれば φ^{-1} も同じ理由でなめらかになる．）

§7. 第一基本形式

この節では，曲面の微小部分での長さや角度の情報をもつ第一基本形式を紹介する．その準備として，関数の外微分の概念を述べよう．

関数の外微分　2 変数関数 $f(u, v)$ を考える．点 (u, v) が $(u+\Delta u, v+\Delta v)$ にわずかに動いたときの f の値の微小変化

$$\Delta f = f(u+\Delta u, v+\Delta v) - f(u, v)$$

を考えると，テイラーの定理（付録 A-1 の定理 A-1.2）から $\Delta u, \Delta v$ が十分に小さいときは，近似式として

$$\Delta f \approx f_u(u, v)\,\Delta u + f_v(u, v)\,\Delta v$$

が成り立つ．この近似式にならって記号的に

$$df(u, v) = f_u(u, v)\,du + f_v(u, v)\,dv \tag{7.1}$$

とおき，df を f の**外微分**あるいは**全微分**とよぶ．ここで du, dv は単なる記号と考えておくことにする．

このように外微分を定義すると，df は座標変換（§2（19 ページ）参照）によって不変であることが，以下のようにしてわかる．座標変換

$$u = u(\xi, \eta), \qquad v = v(\xi, \eta)$$

を考えると，u, v は ξ, η の関数であるから，(7.1) によって

$$du(\xi, \eta) = u_\xi(\xi, \eta)\,d\xi + u_\eta(\xi, \eta)\,d\eta,$$
$$dv(\xi, \eta) = v_\xi(\xi, \eta)\,d\xi + v_\eta(\xi, \eta)\,d\eta$$

となる．これを (7.1) に代入すると，偏微分の変数変換の公式より

$$\begin{aligned} df &= f_u\,du + f_v\,dv \\ &= f_u(u_\xi\,d\xi + u_\eta\,d\eta) + f_v(v_\xi\,d\xi + v_\eta\,d\eta) \\ &= (f_u\,u_\xi + f_v\,v_\xi)\,d\xi + (f_u\,u_\eta + f_v\,v_\eta)\,d\eta \\ &= f_\xi\,d\xi + f_\eta\,d\eta \end{aligned}$$

が成り立つ．したがって，$\xi\eta$ 平面上の f の外微分 $f_\xi\,d\xi + f_\eta\,d\eta$ が元の df と一致することが確かめられた．

外微分について 1 変数関数の微分の公式に類似な以下の公式が成り立つ(節末の問題 **3** 参照)．

$$d(f+g) = df + dg, \tag{7.2}$$

$$d(fg) = g\,df + f\,dg, \tag{7.3}$$

$$d(\varphi(f)) = \dot{\varphi}(f)\,df. \tag{7.4}$$

ただし，$\varphi = \varphi(t)$ は 1 変数 t の微分可能な関数で，$\dot{\varphi}(t)$ はその導関数である．具体的な計算では，これらの公式を組み合わせて使えばよい．

いま，例で具体的に外微分の座標変換による不変性を確かめてみよう．

例 7.1 u, v の関数 $f(u, v) = \sqrt{u^2+v^2}$ の外微分は，

$$df(u, v) = \frac{1}{2\sqrt{u^2+v^2}}\,d(u^2+v^2) = \frac{u\,du + v\,dv}{\sqrt{u^2+v^2}} \tag{7.5}$$

で与えられる．一方，

$$u = r\cos\theta, \qquad v = r\sin\theta \tag{7.6}$$

とおき，極座標 (r, θ) で関数 f を表すと $f(r, \theta) = r$ となるから，$df(r, \theta) = dr$ を得る．ここで (7.6) より

$$r = \sqrt{u^2+v^2}, \qquad \theta = \arctan\left(\frac{v}{u}\right). \tag{7.7}$$

この式の外微分をとれば

$$dr = \frac{u\,du + v\,dv}{\sqrt{u^2+v^2}}, \qquad d\theta = \frac{u\,dv - v\,du}{u^2+v^2}$$

となる．$df(r, \theta) = dr$ に上の式を代入して (7.5) が得られるから，この場合の df の座標不変性が直接確かめられた． ◇

第一基本形式 曲面 $p(u, v)$ 上の点 $p(u, v)$ と点 $p(u+\Delta u, v+\Delta v)$ の 2 点間の距離 Δs の 2 乗は，$\Delta u, \Delta v$ が十分小さいときはテイラーの定理（付録 A-1 の定理 A-1.2）より，次のように近似される．

$$
\begin{aligned}
(\Delta s)^2 &= |\,p(u+\Delta u, v+\Delta v) - p(u,v)|^2 \\
&\approx |\,p_u(u,v)\Delta u + p_v(u,v)\Delta v\,|^2 \\
&= (p_u(u,v)\cdot p_u(u,v))(\Delta u)^2 + 2(p_u(u,v)\cdot p_v(u,v))\Delta u\Delta v \\
&\qquad + (p_v(u,v)\cdot p_v(u,v))(\Delta v)^2.
\end{aligned}
$$

外微分のときと同様に，上の近似式を形式的に表現する方法として，以下のように第一基本形式を定義する．まず，接ベクトル $p_u(u,v)$ と $p_v(u,v)$ の内積で与えられる3つの (u,v) の関数

(7.8) $$E = p_u\cdot p_u, \qquad F = p_u\cdot p_v, \qquad G = p_v\cdot p_v$$

を**第一基本量**とよび，形式的な和

(7.9) $$ds^2 = E\,du^2 + 2F\,du\,dv + G\,dv^2$$

を**第一基本形式**とよぶ．この表現で du, dv を $\Delta u, \Delta v$ に置き換えれば，元の近似式が得られる．形式的だが，第一基本形式を

(7.10) $$ds^2 = (\,du \quad dv\,)\begin{pmatrix} E & F \\ F & G \end{pmatrix}\begin{pmatrix} du \\ dv \end{pmatrix}$$

と，行列の積の形に表すことができる．ここで行列

$$\widehat{I} = \begin{pmatrix} E & F \\ F & G \end{pmatrix}$$

は固有値が正の対称行列となる（節末の問題**2**参照）．とくに $\widehat{I}$ は正則行列である．本書では，この行列を**第一基本行列**とよぶ．

第一基本形式の座標不変性　曲面の助変数表示 $p(u,v)$ をベクトル値関数

$$p(u,v) = (\,x(u,v), y(u,v), z(u,v))$$

と思って（右辺は左辺の成分表示），その外微分を

$$dp := p_u\,du + p_v\,dv = (dx, dy, dz)$$

と定義する．これより，第一基本形式の別の表示

(7.11) $$ds^2 = dp\cdot dp$$

が得られる．ここで“$\cdot$”は $\boldsymbol{R}^3$ の内積である．71 ページで述べたように，外微分 $dp = (dx, dy, dz)$ は座標変換で変わらないから，その内積である**第一基本形式 ds^2 も座標変換で変わらない**．この性質を利用して，座標変換をしたときの第一基本量の変換公式を求めることができる．実際，助変数表示 $p = p(u, v)$ に座標変換 $u = u(\xi, \eta), v = v(\xi, \eta)$ をほどこして得られる助変数表示 $p = p(\xi, \eta)$ に関する第一基本量を求めてみよう．

u, v の外微分

$$du = u_\xi\, d\xi + u_\eta\, d\eta, \qquad dv = v_\xi\, d\xi + v_\eta\, d\eta$$

を ds^2 の定義式 (7.9) に代入して

$$\begin{aligned} ds^2 &= E(u_\xi\, d\xi + u_\eta\, d\eta)^2 + 2F(u_\xi\, d\xi + u_\eta\, d\eta)(v_\xi\, d\xi + v_\eta\, d\eta) \\ &\qquad + G(v_\xi\, d\xi + v_\eta\, d\eta)^2 \\ &= (E\, u_\xi^2 + 2F\, u_\xi\, v_\xi + G\, v_\xi^2)\, d\xi^2 \\ &\qquad + 2(E\, u_\xi\, u_\eta + F(u_\xi\, v_\eta + u_\eta\, v_\xi) + G\, v_\xi\, v_\eta)\, d\xi\, d\eta \\ &\qquad + (E\, u_\eta^2 + 2F\, u_\eta\, v_\eta + G\, v_\eta^2)\, d\eta^2 \end{aligned}$$

となるから，$p(\xi, \eta)$ の第一基本量を $\widetilde{E}, \widetilde{F}, \widetilde{G}$ とすれば

$$(7.12)\quad \begin{cases} \widetilde{E} = p_\xi \cdot p_\xi = E\, u_\xi^2 + 2F\, u_\xi\, v_\xi + G\, v_\xi^2, \\ \widetilde{F} = p_\xi \cdot p_\eta = E\, u_\xi\, u_\eta + F\,(u_\xi\, v_\eta + u_\eta\, v_\xi) + G\, v_\xi\, v_\eta, \\ \widetilde{G} = p_\eta \cdot p_\eta = E\, u_\eta^2 + 2F\, u_\eta\, v_\eta + G\, v_\eta^2 \end{cases}$$

と表せる．この関係式は行列を用いて

$$(7.13)\qquad \begin{pmatrix} \widetilde{E} & \widetilde{F} \\ \widetilde{F} & \widetilde{G} \end{pmatrix} = {}^t\!\begin{pmatrix} u_\xi & u_\eta \\ v_\xi & v_\eta \end{pmatrix} \begin{pmatrix} E & F \\ F & G \end{pmatrix} \begin{pmatrix} u_\xi & u_\eta \\ v_\xi & v_\eta \end{pmatrix}$$

と表しておく．ここで $\begin{pmatrix} u_\xi & u_\eta \\ v_\xi & v_\eta \end{pmatrix}$ は正則な行列で，座標変換のヤコビ行列になる（19 ページ参照）．関係式 (7.13) は，次節でガウス曲率と平均曲率の座標変換による不変性を示す際に使われる．

例 7.2　関数

$$f(x, y) = \sqrt{x^2 + y^2} \qquad ((x, y) \neq (0, 0))$$

のグラフで表される曲面を考えよう．これは，xz 平面の半直線 $z = x$ $(x > 0)$ を z 軸のまわりに回転させたもの，すなわち原点を頂点とする錐面となる（図 7.1）．極座標 (r, θ) を用いて

$$x = r\cos\theta, \qquad y = r\sin\theta$$

と表すと

$$p(r, \theta) = (r\cos\theta, r\sin\theta, r) \qquad (r > 0)$$

によって平方根を使わない錐面の助変数表示が得られる．このとき

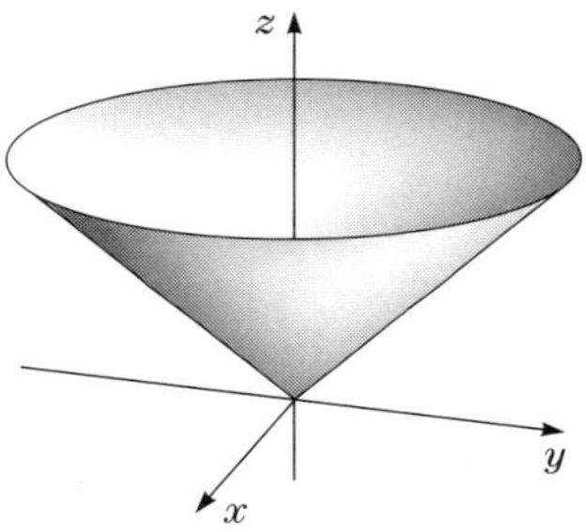

図 7.1　錐面

$$dp = (\cos\theta, \sin\theta, 1)\,dr + r(-\sin\theta, \cos\theta, 0)\,d\theta$$

となるので，

$$ds^2 = dp\cdot dp = 2\,dr^2 + r^2\,d\theta^2$$

となる．とくに極座標 (r, θ) で曲面を表したときの第一基本量は $E = 2$, $F = 0$, $G = r^2$ で与えられる．また，xy 座標に関する第一基本形式は

$$ds^2 = \left(1 + \frac{x^2}{x^2 + y^2}\right)dx^2 + \frac{2xy}{x^2 + y^2}dx\,dy + \left(1 + \frac{y^2}{x^2 + y^2}\right)dy^2$$

となる（各自確かめよ）．　◇

面積と第一基本形式　曲面の助変数表示 $p(u, v)$ が与えられたとき，ラグランジュの恒等式（付録 A-3，207 ページの（A-3.5））によって，

$$|p_u \times p_v|^2 = (p_u\cdot p_u)(p_v\cdot p_v) - (p_u\cdot p_v)^2 = EG - F^2$$

が成り立つから，前の節（66 ページの式 (6.11)）で定義した面積要素は，

$$dA = \sqrt{EG - F^2}\,du\,dv \tag{7.14}$$

と表すことができる．とくに，第一基本形式を求めることで曲面の面積が計算できる．

例 7.3　輪環面（トーラス，§6 の問題 **1** 参照）

$$p(u, v) = ((a + b\cos u)\cos v, (a + b\cos u)\sin v, b\sin u) \qquad (0 \leqq u, v < 2\pi)$$

の面積を計算しよう．ただし，$0 < b < a$ とする．直接，外微分することによって

$$dp = b\,(-\sin u \cos v,\ -\sin u \sin v,\ \cos u)\,du + (a + b\cos u)\,(-\sin v,\ \cos v,\ 0)\,dv$$

となるから，

$$ds^2 = b^2\,du^2 + (a + b\cos u)^2\,dv^2$$

となる．したがって，第一基本量は

$$E = b^2, \qquad F = 0, \qquad G = (a + b\cos u)^2$$

で与えられる．とくに面積要素は

$$dA = \sqrt{EG - F^2}\,du\,dv = b(a + b\cos u)\,du\,dv$$

となるから，曲面の面積は

$$\iint_{\{0 \leqq u,\, v < 2\pi\}} b(a + b\cos u)\,du\,dv = (2\pi)^2 ab$$

となる．これは半径 b，高さ $2\pi a$ の円柱の側面積に等しい． ◇

長さと角度

曲面の助変数表示 $p(u, v)$ によって曲面上の点を uv 平面上で表現することは，uv 平面上に曲面の地図を描くことと考えることができる．ここでは，曲面上で測る長さや角度を地図上で求める方法を紹介する．

助変数 (u, v) で表示された曲面 $p(u, v)$ 上の点 $\mathrm{P} = p(u_0, v_0)$ を固定する．このとき§6でみたように，P において曲面に接するベクトルは $p_u(u_0, v_0)$ と $p_v(u_0, v_0)$ の一次結合で表される．したがって点 $\mathrm{P} = p(u_0, v_0)$ で曲面に接するベクトル $\boldsymbol{a}$ は

$$\boldsymbol{a} = a_1\,p_u(u_0, v_0) + a_2\,p_v(u_0, v_0) \quad \longleftrightarrow \quad \tilde{\boldsymbol{a}} = (a_1, a_2)$$

という対応によって平面ベクトル $\tilde{\boldsymbol{a}}$ と同一視することができる．

同様に，$\boldsymbol{b} = b_1\,p_u(u_0, v_0) + b_2\,p_v(u_0, v_0)$ と $\tilde{\boldsymbol{b}} = (b_1, b_2)$ を同一視すれば，$\boldsymbol{a}$ と $\boldsymbol{b}$ の空間ベクトルとしての内積は

$$\boldsymbol{a}\cdot\boldsymbol{b} = a_1 b_1 E + (a_1 b_2 + a_2 b_1)F + a_2 b_2 G = (a_1, a_2)\ \widehat{I}\begin{pmatrix} b_1 \\ b_2 \end{pmatrix} \tag{7.15}$$

と第一基本量を用いて表すことができる．ただし，$E = E(u_0, v_0)$, $F = F(u_0, v_0)$, $G = G(u_0, v_0)$ である．とくに，ベクトルの大きさは

$$|\boldsymbol{a}| = \sqrt{E\,a_1^2 + 2F\,a_1 a_2 + G\,a_2^2} \tag{7.16}$$

となる．

一般に，uv 平面上に描かれた曲線 $(u(t), v(t))\,(a \leqq t \leqq b)$ に対して $\gamma(t) = p(u(t), v(t))$ は曲面上に描かれた空間曲線を与えるが，その速度ベクトルは

$$\dot{\gamma}(t) = \frac{d}{dt}p(u(t), v(t)) = p_u\,\dot{u} + p_v\,\dot{v}$$

となるので，(7.16) より空間曲線 γ の長さは

$$\text{(7.17)}\qquad \mathscr{L}(\gamma) := \int_a^b \left| \frac{d}{dt}p(u(t), v(t)) \right| dt = \int_a^b \sqrt{E\,\dot{u}^2 + 2F\,\dot{u}\dot{v} + G\,\dot{v}^2}\,dt$$

となり，やはり第一基本量を用いて表すことができる．さらに $t = t_0$ で交わる 2 つの uv 平面上の曲線 $(u_1(t), v_1(t))$ と $(u_2(t), v_2(t))$ に対応する曲面 $p(u, v)$ 上の曲線 $p(u_1(t), v_1(t))$ と $p(u_2(t), v_2(t))$ の $t = t_0$ での速度ベクトルはそれぞれ

$$p_u\,\dot{u}_1 + p_v\,\dot{v}_1, \qquad p_u\,\dot{u}_2 + p_v\,\dot{v}_2$$

と表されるから，これらのなす角 θ は (7.15), (7.16) より

$$\text{(7.18)}\qquad \cos\theta = \frac{E\,\dot{u}_1\,\dot{u}_2 + F(\dot{u}_1\,\dot{v}_2 + \dot{v}_1\,\dot{u}_2) + G\,\dot{v}_1\,\dot{v}_2}{\sqrt{E\,\dot{u}_1{}^2 + 2F\,\dot{u}_1\,\dot{v}_1 + G\,\dot{v}_1{}^2}\sqrt{E\,\dot{u}_2{}^2 + 2F\,\dot{u}_2\,\dot{v}_2 + G\,\dot{v}_2{}^2}}$$

と，第一基本量を用いて表すことができる．とくに $E = G$ かつ $F = 0$ ならば

$$\cos\theta = \frac{\dot{u}_1\,\dot{u}_2 + \dot{v}_1\,\dot{v}_2}{\sqrt{\dot{u}_1{}^2 + \dot{v}_1{}^2}\sqrt{\dot{u}_2{}^2 + \dot{v}_2{}^2}}$$

となり，uv 平面上で 2 つの曲線の速度ベクトルがなす角度と一致する．このように $E = G$ かつ $F = 0$ となる性質をもつ座標系を**等温座標系**という．すべての曲面について，局所的には等温座標系がとれることが知られている（§15 参照）．

曲面の座標系を地図と考えると，(7.17), (7.18), (7.14) により第一基本量は地図上の長さ，角度，面積に関する情報を与えている．ただし，uv 平面上で (7.17) によって求めた空間曲線としての曲面上の曲線の長さは，この平面上で (1.5) によって与えられる平面曲線としての長さと一致するとは限らない．このことに関して次が成り立つ．

命題 7.4　曲面の助変数表示 $p(u, v)$ が uv 平面上の領域 D で定義されているとする．D 内の任意の曲線 $(u(t), v(t))\,(a \leqq t \leqq b)$ の長さが，対応する曲面上の曲線 $\gamma(t) := p(u(t), v(t))$ の長さと一致するための必要十分条件は，$p(u, v)$ の第一基本量が

$$E = G = 1, \qquad F = 0$$

となることである.

[証明] まず$E = G = 1$かつ$F = 0$とすると，(7.17) より曲線γの長さは$\mathscr{L}(\gamma) = \int_a^b \sqrt{\dot{u}(t)^2 + \dot{v}(t)^2}\, dt$となり，これは平面曲線$(u(t), v(t))\,(a \leqq t \leqq b)$の長さ（§1の (1.5) 参照）に等しいので，十分性がわかる.

必要性を証明しよう．角度αを1つ固定し，D上の任意の点(u_0, v_0)を通りu軸方向と角度αをなす曲線$(u_0 + t\cos\alpha, v_0 + t\sin\alpha)\,(0 \leqq t \leqq c)$を考える．この曲線は$uv$平面では長さ$c$の線分であるが，対応する曲面上の曲線$p(u_0 + t\cos\alpha, v_0 + t\sin\alpha)\,(0 \leqq t \leqq c)$の長さがこれと等しいと仮定すると，(7.17) より

$$c = \int_0^c \sqrt{E\cos^2\alpha + 2F\cos\alpha\sin\alpha + G\sin^2\alpha}\, dt$$

が成り立つ．この両辺をcで微分して$c \longrightarrow 0$とすれば，(u_0, v_0)において

$$E\cos^2\alpha + 2F\cos\alpha\sin\alpha + G\sin^2\alpha = 1$$

となる．上の式は任意のαについて成り立つから，ここで$\alpha = 0$とすれば$E = 1$となり，$\alpha = \pi/2$とすれば$G = 1$となる．さらに，$F = 0$が得られる. □

この命題7.4の条件をみたす地図のことを**正確な地図**とよぶ．われわれの住む地球の地図については付録B-3を，また，どのような曲面に対して正確な地図をつくることができるかについては付録B-4，§15の補題15.2を参照されたい.

問　　題

1. 以下の手順で，2次の実対称行列$A = \begin{pmatrix} a & b \\ b & c \end{pmatrix}$の固有値は実数で，行列式が1の直交行列（§2の問題**1**参照）によって対角化できることを示せ.

（1） 2次方程式の判別式を用いて，Aの固有値が実数であることを示せ.

（2） Aの1つの固有値をλとし，対応する固有ベクトルを$\boldsymbol{e} := \begin{pmatrix} x \\ y \end{pmatrix}$とす

ると，このベクトルを 90 度反時計回りに回転させたベクトル $\boldsymbol{n} := \begin{pmatrix} -y \\ x \end{pmatrix}$ は，固有値 $\mu := a + c - \lambda$ に対応する固有ベクトルになることを示せ．

（3）　固有ベクトル $\boldsymbol{e}$ を定数倍することで $|\boldsymbol{e}| = 1$ としたとき，$\boldsymbol{e}, \boldsymbol{n}$ を列ベクトルと思ってできる 2 次正方行列 $P = (\boldsymbol{e}, \boldsymbol{n})$ が，行列式が 1 の直交行列になること，および

$$AP = P \begin{pmatrix} \lambda & 0 \\ 0 & \mu \end{pmatrix}$$

が成り立つことを示せ．この式から $P^{-1}AP$ が対角行列になることがわかる．

2.　実数を成分とする 2 次の対称行列 $A = \begin{pmatrix} a & b \\ b & c \end{pmatrix}$ の固有値がすべて正であることと $a > 0,\ ac - b^2 > 0$ をみたすことが同値であることを示せ．さらに，このことを用いて，曲面の第一基本行列 $\widehat{I}$ の固有値が正であることを示せ．

3.　外微分の公式 (7.2), (7.3), (7.4) を示せ．

4.　第一基本形式の座標不変性を用いずに，第一基本形式の座標変換式 (7.13) を直接導出せよ．

5.　関数 $z = f(x, y)$ のグラフで表される曲面の第一基本量を求めよ．

6.　§6 であげた楕円放物面，双曲放物面，楕円面，一葉双曲面，二葉双曲面の第一基本量を求めよ．

7.　xz 平面上の曲線 $(x(t), z(t))$ を z 軸のまわりに回転することによって得られる曲面（回転面）は

$$p(u, v) = (x(u)\cos v,\ x(u)\sin v,\ z(u)) \qquad (-\pi < v \leqq \pi)$$

と助変数表示される．この曲面の第一基本量を求めよ．とくに，曲線が弧長パラメータで表示されているときと，関数 $x = f(z)$ のグラフのときはそれぞれどうなるか．

§ 8. 第二基本形式

この節では曲面の第二基本形式を定義し，それを用いて曲面の曲がり具合を表すガウス曲率と平均曲率を定義する．

第二基本形式 曲面の助変数表示 $p(u, v)$ が与えられたとき，

$$II = -dp \cdot d\nu = -(p_u\,du + p_v\,dv) \cdot (\nu_u\,du + \nu_v\,dv)$$

を**第二基本形式**という．ただし，$\nu = \nu(u, v)$ は，式 (6.8) で定義された曲面 $p(u, v)$ の単位法線ベクトルである．上の式を展開すれば，

$$II = (-p_u \cdot \nu_u)\,du^2 + (-p_u \cdot \nu_v - p_v \cdot \nu_u)\,du\,dv + (-p_v \cdot \nu_v)\,dv^2$$

を得る．

ところで，接ベクトル p_u，p_v と単位法線ベクトル ν は直交するから，$p_u \cdot \nu = 0$，$p_v \cdot \nu = 0$ である．この両辺を偏微分すれば

$$\begin{cases} p_{uu} \cdot \nu = -p_u \cdot \nu_u, \qquad p_{vv} \cdot \nu = -p_v \cdot \nu_v, \\ p_{uv} \cdot \nu = -p_u \cdot \nu_v = -p_v \cdot \nu_u \end{cases}$$

となるので，第二基本形式は，

$$II = L\,du^2 + 2M\,du\,dv + N\,dv^2 \tag{8.1}$$

と表すことができる．ただし，L, M, N は

$$\begin{cases} L := -p_u \cdot \nu_u = p_{uu} \cdot \nu, \\ M := -p_u \cdot \nu_v = -p_v \cdot \nu_u = p_{uv} \cdot \nu, \\ N := -p_v \cdot \nu_v = p_{vv} \cdot \nu \end{cases} \tag{8.2}$$

で与えられる 2 変数関数である．この L, M, N を**第二基本量**とよぶ．

第一基本形式の場合と同様に，第二基本形式を，行列の積として

$$II = (du \quad dv)\begin{pmatrix} L & M \\ M & N \end{pmatrix}\begin{pmatrix} du \\ dv \end{pmatrix}$$

のように表すことができる．この対称行列

$$\widehat{II} := \begin{pmatrix} L & M \\ M & N \end{pmatrix}$$

を**第二基本行列**とよぶことにする.

式 (6.8) で ν を定めたとき，第二基本形式が座標変換でどのように変わるかを調べよう．座標変換によって単位法線ベクトル ν は正負の符号を除いて不変である (§6の問題**4**)．とくに，座標変換のヤコビ行列式が正の値をとるならば，単位法線ベクトルはその変換によって不変になる．§2 (19 ページ) で定義したように，このような座標変換を**正の座標変換**，ヤコビ行列式が負になる座標変換を**負の座標変換**とよぶ.

正の座標変換によって単位法線ベクトル ν は不変であるから，**第二基本形式は正の座標変換で不変**であることがわかる．また，負の座標変換をほどこすと ν の符号が変わるから，第二基本形式も符号を変える．以下では，主に正の座標変換のみを考えることにする．ただし，単位法線ベクトル ν を座標の正負と無関係に定めた場合には，第二基本形式は正負どちらの座標変換でも不変になる.

第二基本形式の座標不変性を利用して，座標変換のもとで第二基本量がどのように変化するかを簡単に調べることができる．実際 $p = p(u, v)$ に正の座標変換 $u = u(\xi, \eta), v = v(\xi, \eta)$ をほどこし，ξ, η による表示 $p = p(\xi, \eta)$ を考えると，第一基本形式の場合と同様にして，$p(\xi, \eta)$ の第二基本量を $\widetilde{L}$，$\widetilde{M}$，$\widetilde{N}$ とすれば

$$\begin{aligned}\widetilde{L} &= -\, p_\xi \cdot \nu_\xi = L\, u_\xi^2 + 2M\, u_\xi\, v_\xi + N\, v_\xi^2, \\ \widetilde{M} &= -\, p_\xi \cdot \nu_\eta = L\, u_\xi\, u_\eta + M(u_\xi\, v_\eta + u_\eta\, v_\xi) + N\, v_\xi\, v_\eta, \\ \widetilde{N} &= -\, p_\eta \cdot \nu_\eta = L\, u_\eta^2 + 2M\, u_\eta\, v_\eta + N\, v_\eta^2\end{aligned}$$

と求められる．この関係式を行列で表すと

$$\begin{pmatrix} \widetilde{L} & \widetilde{M} \\ \widetilde{M} & \widetilde{N} \end{pmatrix} = {}^t\!\begin{pmatrix} u_\xi & u_\eta \\ v_\xi & v_\eta \end{pmatrix} \begin{pmatrix} L & M \\ M & N \end{pmatrix} \begin{pmatrix} u_\xi & u_\eta \\ v_\xi & v_\eta \end{pmatrix} \tag{8.3}$$

となる．第一基本行列は正則行列だから (73 ページ参照)，ここで新しい行列

$$(8.4)\qquad A := \begin{pmatrix} E & F \\ F & G \end{pmatrix}^{-1} \begin{pmatrix} L & M \\ M & N \end{pmatrix} = \frac{1}{EG - F^2} \begin{pmatrix} GL - FM & GM - FN \\ -FL + EM & -FM + EN \end{pmatrix}$$

を考えると, (7.13), (8.3), (8.4) の第1式により, 行列 A の座標変換の公式

$$(8.5)\qquad \widetilde{A} = \begin{pmatrix} u_\xi & u_\eta \\ v_\xi & v_\eta \end{pmatrix}^{-1} A \begin{pmatrix} u_\xi & u_\eta \\ v_\xi & v_\eta \end{pmatrix}$$

が得られる. このことから, 行列 A の固有値 λ_1, λ_2 は正の座標変換で変わらない量であることがわかる. 本書では, この行列 A を**ワインガルテン**[1]**行列**とよぶ. A の固有値は実数になる (節末の問題**1**あるいは定理 8.7 参照). これら λ_1, λ_2 を曲面の**主曲率**とよぶ. 2つの主曲率の積と平均をそれぞれ

$$(8.6)\qquad \begin{aligned} K &:= \det A = \lambda_1\lambda_2 = \frac{LN - M^2}{EG - F^2}, \\ H &:= \frac{1}{2}\operatorname{tr} A = \frac{1}{2}(\lambda_1 + \lambda_2) = \frac{EN - 2FM + GL}{2(EG - F^2)} \end{aligned}$$

とおいて, K を曲面の**ガウス曲率**, H を**平均曲率**とよぶ. ただし, $\operatorname{tr} A$ は行列 A の対角成分の和 (**トレース**) を表す.

ガウス曲率, 平均曲率について次のことが知られている.

- ガウス曲率の正負は, 本節の定理 8.7 で述べるように, 曲面の形状と密接に関係している.
- K と H がすべての点で 0 なら, $L = M = N = 0$ となり, 曲面は平面の一部になる (節末の問題**6**参照).
- K がすべての点で 0 になる曲面は, 局所的に伸び縮みなしに平面上に正確な地図を描くことができる (付録 B-4 および §15 の補題 15.2 を参照せよ).

---

1) Weingarten, Julius (1836-1910).

- H がすべての点で 0 になる曲面は**極小曲面**とよばれる（節末の問題 **7** ～ **11** では，代表的な極小曲面の例を紹介している）．針金の枠を石鹸（せっけん）水につけたときにできる石鹸膜の形は，極小曲面であることが知られている[2)]．任意の区分的になめらかな空間単純閉曲線について，それを境界にもつ極小曲面の存在が知られている．ただし，一意性は必ずしも成立しない．

実際，K, H は，曲面の不変量というべき以下の性質をもつ．

命題 8.1　ガウス曲率 K および平均曲率 H は，曲面の定義域における正の座標変換で不変である．負の座標変換では，ν を (6.8) 式のようにとると，ガウス曲率は不変で，平均曲率はその符号を変える．

［証明］　正の座標変換で主曲率は不変であるから，主張の前半が成り立つ．負の座標変換 $u = u(\xi, \eta)$, $v = v(\xi, \eta)$ により第一基本形式は不変で，第二基本形式は符号を変えるから，ワインガルテン行列 A は (8.5) より

$$\widetilde{A} = -J^{-1}AJ \qquad \left(J := \begin{pmatrix} u_\xi & u_\eta \\ v_\xi & v_\eta \end{pmatrix}\right)$$

と変換されるので，後半の主張を得る．　□

曲面の各点におけるガウス曲率と平均曲率の値は，命題 8.1 より正の座標変換によらないので，計算するときは，できるだけ便利な助変数を選ぶとよい．ここで，ガウス曲率と平均曲率がともに一定となる曲面の例をあげよう．

例 8.2（**平面**）　曲面 $p = (u, v, 0)$ は $\boldsymbol{R}^3$ における xy 平面の助変数表示を与える．曲面の単位法線ベクトルとしては定数ベクトル $\nu := (0, 0, 1)$ をとることができるので，第一基本形式と第二基本形式はそれぞれ

$$ds^2 = dp \cdot dp = du^2 + dv^2, \qquad II = -dp \cdot d\nu = 0$$

---

2)　たとえば次を参照せよ：R. Osserman: *A Survey of Minimal Surfaces* (Dover Publications, 2002); H. B. Lawson, Jr.: *Lectures on Minimal Submanifolds* (Publish or Perish, 1980).

となる．第二基本形式が 0 なので，ワインガルテン行列 A も零行列となり，ガウス曲率も平均曲率もともに恒等的に 0 となる．逆に，ガウス曲率と平均曲率が同時に 0 になる曲面は平面の一部である（節末の問題 **6** を参照）． ◇

例 8.3（半径 1 の円柱面） 曲面 $p = (\cos u, \sin u, v)$ は $\boldsymbol{R}^3$ における半径 1 の円柱面の助変数表示を与える．曲面の単位法線ベクトルとして，$\nu = (\cos u, \sin u, 0)$ がとれる．すると第一基本形式と第二基本形式は，それぞれ

$$ds^2 = dp \cdot dp = du^2 + dv^2, \qquad II = -dp \cdot d\nu = -du^2$$

となることがわかる．とくに $E = G = 1, F = 0$ かつ $L = -1, M = N = 0$ であるから，ワインガルテン行列 A は $\begin{pmatrix} -1 & 0 \\ 0 & 0 \end{pmatrix}$ となり，ガウス曲率は 0 で平均曲率は $-1/2$ となる．この円柱面は，例 8.2 で与えた平面と同じ第一基本形式をもつ．このように，曲面の形は第一基本形式だけでは決まらない． ◇

例 8.4（球面） 正の定数 a に対して，曲面

$$p = a(\cos u \cos v, \cos u \sin v, \sin u) \qquad \left(|u| < \frac{\pi}{2}, \quad 0 \leqq v < 2\pi\right)$$

は，原点を中心とする半径 a の球面の助変数表示を与える．この曲面の単位法線ベクトルとして，$\nu = -(1/a)p$ がとれる．すると第二基本形式は，

$$II = -dp \cdot d\nu = \frac{1}{a}\, dp \cdot dp = \frac{1}{a}\, ds^2$$

と，第一基本形式 ds^2 に比例するため，ワインガルテン行列 A は，単位行列の $1/a$ 倍となり，ガウス曲率は $1/a^2$ で平均曲率は $1/a$ となる． ◇

実は，ガウス曲率と平均曲率がともに一定な曲面は，本質的にこれら 3 種類の曲面に限ることが知られている．つまり，ガウス曲率と平均曲率が共に一定な曲面は，平面，円柱面，球面，あるいはその一部である．

再び，一般論に戻る．式 (8.4) で定義されたワインガルテン行列 A は，以下のように，曲面の単位法線ベクトル ν の振る舞いと密接に関係する．

命題 8.5（**ワインガルテンの公式**）　助変数表示された曲面 $p(u, v)$ について，以下の等式が成り立つ．

$$(\nu_u, \nu_v) = -(p_u, p_v)A. \tag{8.7}$$

とくに，曲面上の点 p において ν_u, ν_v が一次従属であることと，ガウス曲率が 0 であることが同値である．

[証明]　$\boldsymbol{a}, \boldsymbol{b} \in \boldsymbol{R}^3$ を列ベクトルとみなすと，その内積 $\boldsymbol{a} \cdot \boldsymbol{b}$ は行列の積として $\boldsymbol{a} \cdot \boldsymbol{b} = {}^t\boldsymbol{a}\boldsymbol{b}$ と書ける（付録 A-3 の (A-3.1) 参照）．いま，p_u, p_v, ν を列ベクトルとみなしてできる 3 次正方行列 $P_1 := (p_u, p_v, \nu)$，$P_2 := (\nu_u, \nu_v, \nu)$ を考えると，第一，第二基本行列の定義から

$$ {}^tP_1P_1 = \begin{pmatrix} \widehat{I} & \mathbf{0} \\ \mathbf{0} & 1 \end{pmatrix}, \qquad -{}^tP_1P_2 = \begin{pmatrix} \widehat{II} & \mathbf{0} \\ \mathbf{0} & -1 \end{pmatrix} $$

が成り立つから，

$$ -P_1^{-1}P_2 = -({}^tP_1P_1)^{-1}({}^tP_1P_2) = \begin{pmatrix} \widehat{I}^{-1}\widehat{II} & \mathbf{0} \\ \mathbf{0} & -1 \end{pmatrix}, $$

すなわち

$$ (\nu_u, \nu_v, \nu) = P_2 = -P_1\begin{pmatrix} \widehat{I}^{-1}\widehat{II} & \mathbf{0} \\ \mathbf{0} & -1 \end{pmatrix} = -(p_u, p_v, \nu)\begin{pmatrix} A & \mathbf{0} \\ \mathbf{0} & -1 \end{pmatrix} $$

となり，結論を得る．□

命題 8.6　ガウス曲率 K および平均曲率 H は向きを保つ合同変換（回転と平行移動の合成，付録 A-3 参照）で不変である．さらに，ガウス曲率は一般の合同変換でも不変になる．

[証明]　曲面の助変数表示 p に対して合同変換を施したものを $\tilde{p} := Tp + \boldsymbol{c}$ とおく．ただし，T は直交行列，$\boldsymbol{c}$ は定ベクトルである．すると

$$\tilde{p}_u = Tp_u, \quad \tilde{p}_v = Tp_v, \quad \tilde{p}_{uu} = Tp_{uu}, \quad \tilde{p}_{uv} = Tp_{uv}, \quad \tilde{p}_{vv} = Tp_{vv}.$$

さらに，$\tilde{p}$ の単位法線ベクトルを $\tilde{\nu}$ とすると $\tilde{\nu} = (\det T)T\nu$ となるので，直接計算で p と $\tilde{p}$ の第一基本量と第二基本量を求め，(8.6) に代入すればよい．□

曲面上の，ガウス曲率 K が正となる点を**楕円点**，$K=0$ となる点を**放物点**，$K<0$ となる点を**双曲点**という．以下の定理では，主曲率が実数になることの証明と同時に，これらの点の幾何学的特徴を与える．

定理 8.7 曲面の各点における主曲率は実数である．また，ガウス曲率 K が正になる点（楕円点）の近くでは，曲面は凸（とつ）になり，負になる点（双曲点）の近くでは曲面は鞍（くら）状になる（図 8.1）．

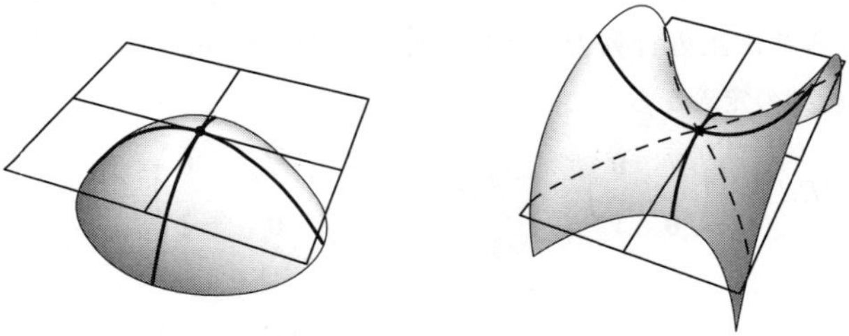

楕円点　　双曲点（点線は接平面と曲面の交わりを表す）

図 8.1

［証明］ 曲面上の点 P を固定する．適当に回転と平行移動を施して，P は原点で，P における曲面の接平面は xy 平面としてよい．曲面を $p(u,v)=(x(u,v),y(u,v),z(u,v))$ と成分表示し，uv 平面から xy 平面への写像 $\varphi:(u,v)\longmapsto(x(u,v),y(u,v))$ を考える．ここで $\mathrm{P}=(0,0,0)=p(u_0,v_0)$ とすると，

$$p_u(u_0,v_0)=(x_u(u_0,v_0),y_u(u_0,v_0),0)=(\varphi_u,0),$$
$$p_v(u_0,v_0)=(x_v(u_0,v_0),y_v(u_0,v_0),0)=(\varphi_v,0)$$

が一次独立だから，φ のヤコビ行列式は (u_0,v_0) において 0 ではない．したがって，逆関数定理（付録 A-1 の定理 A-1.5）より，xy 平面の原点の近傍で定義された φ の逆写像 ψ が存在する．このことから (x,y) を曲面の座標系としてとり直すことができ，曲面を P（原点）のまわりで $z=f(x,y)$ のグラフとして表せることがわかる．すると $f(0,0)=f_x(0,0)=f_y(0,0)=0$ となるので，とくに原点に

おいて第一基本量は$E = G = 1$, $F = 0$となる（§7の問題**5**）．したがって，式 (8.4) から行列Aは第二基本行列に一致するので，点Pつまり原点 (0, 0) において

$$A = \begin{pmatrix} L & M \\ M & N \end{pmatrix} \tag{8.8}$$

となる．とくにAは対称行列なので，その固有値である主曲率は実数となる（§7の問題**1**参照）．よって，定理の前半が示された．

また，$f(0,0) = f_x(0,0) = f_y(0,0) = 0$なので，テイラーの定理（付録Aの定理A-1.2）により

$$f(x, y) = \frac{1}{2}(f_{xx}(0,0)x^2 + 2f_{xy}(0,0)xy + f_{yy}(0,0)y^2) + o(x^2 + y^2)$$

となる．これは曲面が原点付近で2次曲面

$$z = \frac{1}{2}(ax^2 + 2bxy + cy^2) \tag{8.9}$$

$$(a = f_{xx}(0,0),\ b = f_{xy}(0,0),\ c = f_{yy}(0,0))$$

で近似されることを意味する．いま$a = c = 0$で$b \neq 0$のときは，(8.9) は$z = b\,xy$のグラフとなる．これは，$z = b(x^2 - y^2)/2$のグラフ（§6の例6.1の特別な場合）をz軸に関して45度回転させたものなので，双曲放物面である．また$a \neq 0$のときは，(8.9) は

$$z = \frac{1}{2}\left[a\left(x + \frac{b}{a}y\right)^2 + \frac{ac - b^2}{a}y^2\right]$$

と変形できる．とくに$ac - b^2 = f_{xx}f_{yy} - f_{xy}^2 > 0$のとき，$a > 0$ ($a < 0$) ならば$f(x, y)$のグラフは上半空間$\{z \geqq 0\}$（下半空間$\{z \leqq 0\}$）に含まれ，原点の近くで曲面はお椀状，つまり図8.1左のような形になる．また$ac - b^2 < 0$ならば，原点の近くで曲面は鞍状，つまり図8.1右のような形になる．一方，曲面のガウス曲率Kは

$$K = \frac{f_{xx}f_{yy} - f_{xy}^2}{(1 + f_x^2 + f_y^2)^2}$$

となる（節末の問題**3**参照）． □

ガウス曲率が一定の回転面

ガウス曲率 K が一定であるような回転面を考察しよう．すでに紹介したように，平面，円柱面，そして球面はガウス曲率が一定であるが，この他にもたくさん例をつくることができる．

曲面 $p(u, v)$ に対して，それを c 倍に拡大した曲面 $cp(u, v)$ のガウス曲率，平均曲率は，元の曲面のガウス曲率，平均曲率のそれぞれ $1/c^2$ 倍，$1/c$ 倍になる（節末の問題 **5** 参照）ので，ガウス曲率が 0，1，−1 の場合のみを考えればよいことに注意しよう．ここでは 0 と 1 の場合を分類し，−1 の場合は付録 B-7 で扱う．

まず xz 平面上の，弧長 s をパラメータとする曲線

$$\gamma(s) = (\, x(s), z(s)) \qquad (x(s) > 0) \tag{8.10}$$

を z 軸のまわりに回転してできる曲面

$$p(u, v) := (\, x(u) \cos v, x(u) \sin v, z(u)) \qquad (0 \leqq v < 2\pi)$$

のガウス曲率 K と平均曲率 H を求めよう．

弧長パラメータによる曲線の速度ベクトルは 1 なので，

$$(x')^2 + (z')^2 = 1 \tag{8.11}$$

である．ただし，“$'$”は u に関する微分を表す．この式の両辺を微分して，

$$x'x'' + z'z'' = 0 \tag{8.12}$$

を得る．第一基本形式は，(7.11) と (8.11) を用いて

$$\begin{aligned} ds^2 = dp \cdot dp &= \{(x')^2 + (z')^2\}\, du^2 + x^2\, dv^2 \\ &= du^2 + x^2\, dv^2 \end{aligned}$$

となるから，第一基本量は $E = 1, F = 0, G = x^2$ となる．

一方，曲面の単位法線ベクトルは

$$\nu(u, v) = (-z'(u) \cos v,\ -z'(u) \sin v, x'(u))$$

なので，これを外微分して

$$d\nu = (-z'' \cos v,\ -z'' \sin v, x'')\, du + (z' \sin v,\ -z' \cos v, 0)\, dv$$

であるから，第二基本形式を求めると

$$II = -dp \cdot d\nu = (x'z'' - z'x'')\, du^2 + xz'\, dv^2$$

となり，第二基本量は $L = x'z'' - z'x'', M = 0, N = xz'$ となる．ここで (8.11) と (8.12) から $x'z'' - z'x'' = -x''/z'$ となるから $L = -x''/z'$ を得る[3)]．した

がって，この曲面のガウス曲率 K と平均曲率 H は (8.6) より

$$K = \frac{LN}{EG} = -\frac{xx''}{x^2} = -\frac{x''}{x}, \tag{8.13}$$

$$H = \frac{EN + GL}{2EG} = \frac{xz' - (x^2x''/z')}{2x^2} = \frac{z'}{2x} - \frac{x''}{2z'} \tag{8.14}$$

となる．これを用いてガウス曲率が一定の回転面を決定しよう．

(i) $\boldsymbol{K=0}$ **のとき**： 式 (8.13) より $K=0$ ならば $x''=0$ となるから，これを解いて (8.11) と合わせて

$$x(u) = au + b, \qquad z(u) = u\sqrt{1-a^2} \qquad (a,\ b \text{ は定数で，} |a| \leqq 1)$$

なる表示が得られる．とくに $a=0$ のときは得られる回転面は**円柱面**，$0<|a|<1$ のときは**円錐面**，$|a|=1$ のときは**平面**となる．

(ii) $\boldsymbol{K=1}$ **のとき**： 式 (8.13) より $x''=-x$ となる．この微分方程式を解いて，x は

$$\begin{aligned} x(u) &= \alpha\cos u + \beta\sin u \\ &= a\cos(u-\delta) \qquad \left(a = \sqrt{\alpha^2+\beta^2},\ \delta = \arctan(\beta/\alpha)\right) \end{aligned}$$

と書けるが，これは周期関数なので $x(u) = a\cos u\ (a>0)$ として一般性を失わない．これと (8.11) より

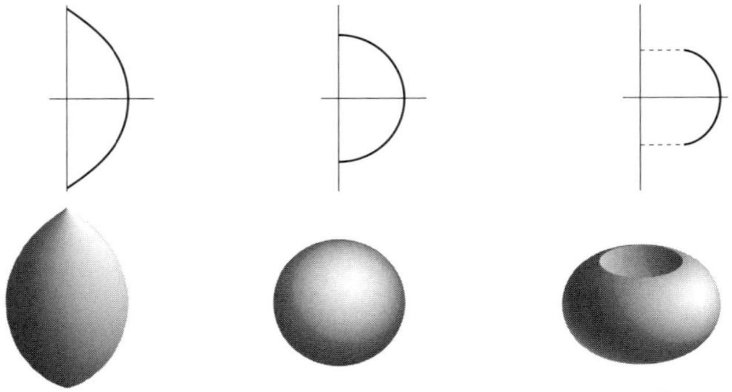

図 8.2 ガウス曲率 1 の回転面

3) §2 の (2.13) より，L は平面曲線 $(x(s), z(s))$ の曲率となる．

$$z(u) = \int_0^u \sqrt{1 - a^2 \sin^2 t}\, dt \tag{8.15}$$

となる．とくに，$a = 1$ のときは**球面**が得られる．また，$a < 1$ のときはラグビーボール形，$a > 1$ のときは樽(たる)形の回転面となる（図 8.2）．これらの曲面を可能な限りなめらかな写像として拡張したものが付録 B-6 の図 B-6.5 である．なお，この曲面と平均曲率一定の回転面との関係についても付録 B-6 を参照されたい．

同じ方法で平均曲率 H が 0 の回転面を決定することができる（節末の問題 **7**）．平均曲率が 0 でない定数の回転面については付録 B-6 で考察する．一方，ガウス曲率 K が -1 の回転面は付録 B-7 で分類を与える．

問　　題

1. 実数を成分とする 2 次の対称行列 A，B を考える．とくに A の固有値がすべて正のとき，AB の固有値は実数であることを証明せよ（§7 の問題 **1** 参照）．

2. 下図のような，xz 平面上の曲線を z 軸のまわりに回転させてできるひょうたん形の曲面のガウス曲率が正になる部分と負になる部分を直観的に指摘せよ．

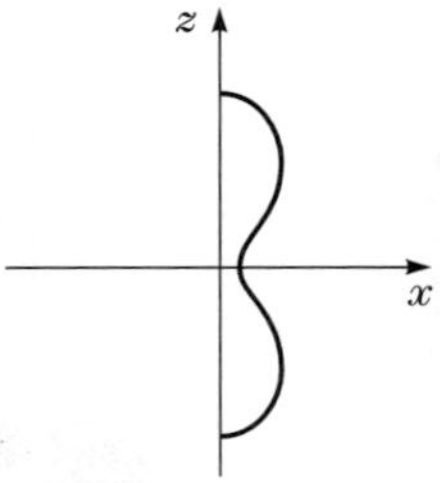

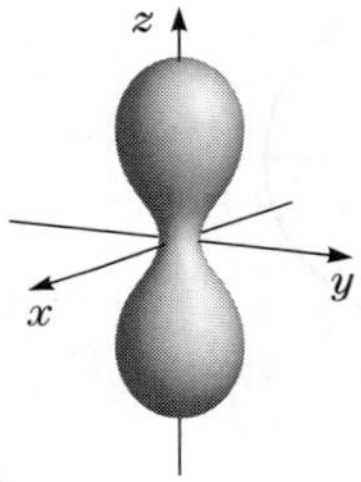

3. 関数 $z = f(x, y)$ のグラフの第二基本量，ガウス曲率と平均曲率を求めよ．

4. §6 であげた楕円放物面，双曲放物面，楕円面，一葉双曲面，二葉双曲面のガウス曲率と平均曲率を求めよ．

5. 曲面 $p(u, v)$ のガウス曲率，平均曲率をそれぞれ K，H とする．正の定数 c に対して，$p(u, v)$ を c 倍に相似拡大(縮小)してできる曲面 $c\,p(u, v)$ のガウス曲率，平均曲率は，それぞれ K/c^2，H/c となることを示せ．

6*.　曲面のガウス曲率と平均曲率が恒等的に 0 ならば，その第二基本量 L，M，N も恒等的に 0 となることを示せ．さらに，このような曲面は平面の一部になることを証明せよ．

7*.　回転面の中で極小曲面となるものを決定しよう．回転面の平均曲率の表示 (8.14) から，$H=0$ とすると

$$x(u)\,x''(u) = z'(u)^2 = 1 - x'(u)^2$$

となることを確認せよ．さらに $(xx')' = 1$ を示し，この式から $x(u)$ と $z(u)$ を求めて変数 u を消去すると，$z(u)$ が一定でなければ

$$x = a\cosh\left(\frac{z-b}{a}\right) \qquad (a,\ b\ は定数で\ a \neq 0)$$

となり，懸垂線（§1 の例 1.4）を z 軸のまわりに回転させた曲面が得られることを示せ．この曲面は**カテノイド**（**懸垂面**）とよばれる代表的な極小曲面である（下図）．

8*.　助変数表示 $p(u, v) = (u\cos v,\ u\sin v,\ v)$ $(u, v \in \boldsymbol{R})$ で与えられる曲面は，u 曲線がつるまき線（§5，例 5.1）で，v 曲線は xy 平面に平行な直線となっている．とくに，直線の族によって曲面が重複なく埋め尽くされている，つまり**線織面**（せんしょくめん）（付録 B-4 参照）の一種であり，**ヘリコイド**（**常螺旋面**（じょうらせん））とよばれる（下図）．ヘリコイドの平均曲率は 0 であること，つまり極小曲面であることを示せ．

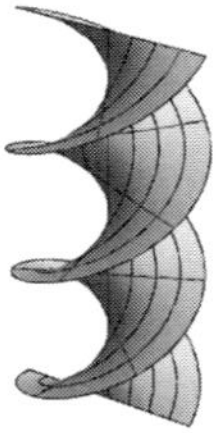

常螺旋面

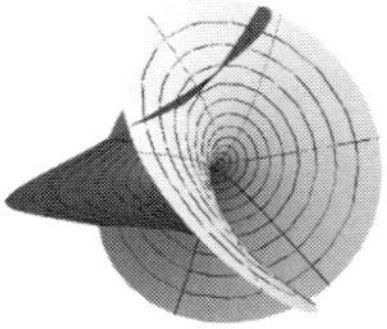

エンネパー曲面

9*. 助変数表示

$$p(u, v) = \left(u - \frac{u^3}{3} + uv^2,\ -v + \frac{v^3}{3} - u^2 v, u^2 - v^2\right) \qquad (u, v \in \boldsymbol{R})$$

で与えられる曲面は，極小曲面になることを示せ．この曲面は**エンネパー**[4]**曲面**とよばれる（前ページの図）．

10*. $\boldsymbol{R}^2$ の部分集合

$$\bigcup_{\substack{m,\, n \text{ は整数} \\ m+n \text{ は偶数}}} \left\{(x, y) \in \boldsymbol{R}^2 \,\middle|\, |x - m\pi| < \frac{\pi}{2}, |y - n\pi| < \frac{\pi}{2}\right\}$$

で定義されたなめらかな 2 変数関数

$$f(x, y) := \log\left(\frac{\cos y}{\cos x}\right)$$

のグラフは極小曲面であることを示せ．（本節の問題 **3** で求めた平均曲率の式を用いよ）．この曲面は**シャーク**[5]**曲面**とよばれる（下図）．

シャーク曲面

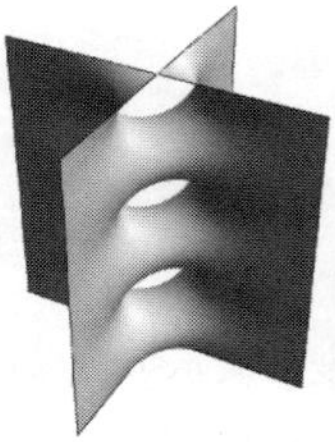

第二シャーク曲面

11*. 陰関数

$$(\sinh x)(\sinh y) = \sin z$$

で与えられる曲面は極小曲面であることを示せ（ヒント：sin の逆関数を用いて曲面を $z = f(x, y)$ のグラフの形にして，平均曲率を計算する）．この曲面は**第二シャーク曲面**とよばれる（上図）．

4） Enneper, Alfred (1830 - 1885).

5） Scherk, Heinrich Ferdinand (1798 - 1885).

§9.　主方向・漸近方向

この節では，§8で導入した曲面の主曲率の幾何的な意味を紹介する．

曲面上の曲線　助変数表示された曲面 $p(u, v)$ 上に横たわっている空間曲線 $\gamma(s)$ を考える．ただし，s は γ の弧長パラメータである．曲線 $\gamma(s)$ は曲面 $p(u, v)$ 上にあるから，

(9.1)
$$\gamma(s) = p(u(s), v(s))$$

をみたす uv 平面上の曲線 $(u(s), v(s))$ が存在する．この曲線の速度ベクトルは，合成関数の微分公式によって，

(9.2)
$$\gamma'(s) = p_u(u(s), v(s))\, u'(s) + p_v(u(s), v(s))\, v'(s)$$

となる．とくに s は $\gamma(s)$ の弧長パラメータであるから，

(9.3)
$$\gamma'\cdot\gamma' = E(u')^2 + 2F\, u'v' + G(v')^2 = 1$$

が成り立っている．

ここで $\boldsymbol{R}^3$ の任意のベクトルは，曲面に接するベクトルと法線方向のベクトルの和に一意的に分解できるから，曲線 γ の加速度ベクトルを

(9.4)
$$\gamma''(s) = \boldsymbol{\kappa}_g(s) + \boldsymbol{\kappa}_n(s) \qquad \left(\begin{array}{l} \boldsymbol{\kappa}_g(s)：\text{曲面に接するベクトル} \\ \boldsymbol{\kappa}_n(s)：\text{法線方向のベクトル} \end{array}\right)$$

と分解できる．この分解において，$\boldsymbol{\kappa}_n(s)$ を曲線 $\gamma(s)$ の**法曲率ベクトル**，$\boldsymbol{\kappa}_g(s)$ を**測地的曲率ベクトル**という[1)]．

法曲率　曲面の単位法線ベクトルを ν とすると，曲面上の曲線 $\gamma(s)$ の法曲率ベクトルは

$$\boldsymbol{\kappa}_n(s) = (\gamma''(s)\cdot\nu)\,\nu$$

1)　添字“n”は法曲率 (normal curvature)，“g”は測地的曲率 (geodesic curvature) をそれぞれ表している．なお，測地的曲率は，次節§10で定義する．

で与えられる．そこで，この係数を

$$\kappa_n(s) := \gamma''(s) \cdot \nu$$

とおき，曲線の**法曲率**とよぶ．

いま，uv 平面上の曲線 $(u(s), v(s))$ を用いて $\gamma(s)$ を (9.1) のように書いておけば，$\gamma' \cdot \nu = 0$ であることから法曲率は，

$$\begin{aligned} \kappa_n &= \gamma''(s) \cdot \nu = -\gamma'(s) \cdot \nu' \\ &= -(p_u u' + p_v v') \cdot (\nu_u u' + \nu_v v') \\ &= L(u')^2 + 2M u'v' + N(v')^2 \end{aligned} \tag{9.5}$$

と表すことができる．ここで L, M, N は，(8.2) で定義した曲面の第二基本量である．曲線 γ の $\gamma(s)$ における接ベクトルは，(9.2) のように u', v' から決まるから，(9.5) は κ_n が曲線の接ベクトルから定まるということを表している．さらに曲線を弧長パラメータで表しているので，**法曲率 κ_n は曲線の接ベクトルの向きのみによって定まる．**

法曲率の幾何学的な意味を考えよう．曲面の法線を含む平面による切り口は平面曲線になるが，この曲線を曲面の**直截口**（ちょくさいこう）という（図 9.1）．

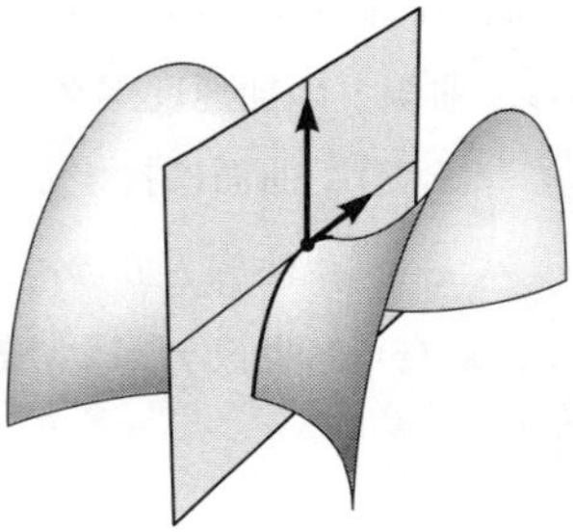

図 9.1　直截口

定理 9.1　弧長によってパラメータづけられた曲面上の曲線 $\gamma(s)$ の点 $\mathrm{P} = \gamma(s_0)$ における法曲率は，点 P において $\gamma'(s_0)$ と同じ接ベクトルをもつ直截口の平面曲線としての曲率に等しい．ただし，直截口を含む平面には $\gamma'(s_0)$ の方向を x 軸，ν の方向を y 軸とする向きが入っているものとする（図 9.1）．

[証明]　直截口の弧長パラメータによる表示を $\sigma(s)$ とする．γ の点 P における法曲率 κ_n は，曲線の接ベクトルの方向にしかよらないから，$\gamma''(s)\cdot\nu=\sigma''(s)\cdot\nu$ となり，とくに $\sigma''(s_0)\cdot\nu=\kappa_n$ となる．ところが，$\sigma''(s_0)$ は $\sigma'(s_0)=\gamma'(s_0)$ に直交し，$\sigma(s)$ は法線ベクトル ν と $\sigma'(s_0)=\gamma'(s_0)$ で張られる平面上の曲線だから，$\sigma''(s_0)$ は ν に比例する．よって，$\sigma''(s_0)=\kappa_n\nu$ となる．これは $\sigma(s)$ の $s=s_0$ における平面曲線としての曲率が κ_n であることを示している．　□

この定理によって，法曲率は，法線を含む各平面による曲面の切り口の曲率を表していることになり，各方向の曲面の曲がり具合を表していることがわかる．法曲率を具体的に計算するのに次の公式は便利である．

命題 9.2　uv 平面上の u 軸から角度 θ をなす方向 $(\alpha,\beta)\in\boldsymbol{R}^2\setminus\{(0,0)\}$ ($\beta=\alpha\tan\theta$) に対応する曲面上の法曲率 κ_n は次で与えられる[2]．

$$\kappa_n=\frac{L\alpha^2+2M\alpha\beta+N\beta^2}{E\alpha^2+2F\alpha\beta+G\beta^2}=\frac{L\cos^2\theta+2M\cos\theta\sin\theta+N\sin^2\theta}{E\cos^2\theta+2F\cos\theta\sin\theta+G\sin^2\theta}. \tag{9.6}$$

ただし，E,F,G は曲面の第一基本量，L,M,N は第二基本量である．

[証明]　$\gamma(s)=p(u(s),v(s))$ を曲面上の曲線とし，s は空間曲線としての γ の弧長パラメータとする．いま，uv 平面における曲線の初速度ベクトルを $(u'(0),v'(0))$ とし，u 軸から角度 θ をなすとすると，

$$(u'(0),v'(0))=\rho(\cos\theta,\sin\theta)$$

となる正の数 ρ が存在する．助変数 s は弧長であるから，(9.3) より，

$$\begin{aligned}1&=E\,u'(0)^2+2F\,u'(0)v'(0)+G\,v'(0)^2\\&=\rho^2(E\cos^2\theta+2F\cos\theta\sin\theta+G\sin^2\theta)\end{aligned}$$

2)　この公式の角度 θ は，あくまで uv 平面における角度であって，曲面上における実際の角度ではない．曲面上の角度を用いて法曲率を表す公式が後述のオイラーの公式（定理 9.7）である．

が成り立つ．この式と (9.5) より，次のように求める式を得る：

$$\begin{aligned}\kappa_n &= L\,u'(0)^2 + 2M\,u'(0)v'(0) + N\,v'(0)^2\\ &= \rho^2(L\cos^2\theta + 2M\cos\theta\sin\theta + N\sin^2\theta)\\ &= \frac{L\cos^2\theta + 2M\cos\theta\sin\theta + N\sin^2\theta}{E\cos^2\theta + 2F\cos\theta\sin\theta + G\sin^2\theta}.\end{aligned}$$ □

曲面上の点 $\mathrm{P} = p(u_0, v_0)$ を任意に固定したとき，P を通り弧長をパラメータとする曲面上の曲線 $\gamma(s) = p(u(s), v(s))$ の P における法曲率の最大値，最小値を求めよう．命題 9.2 より，κ_n は角度 θ について周期 π をもつ連続関数とみなせるから，最大値 λ_1, 最小値 λ_2 をもつ．それは (9.6) より α, β を変数とする関数

$$\lambda(\alpha, \beta) = \frac{L\,\alpha^2 + 2M\,\alpha\beta + N\,\beta^2}{E\,\alpha^2 + 2F\,\alpha\beta + G\,\beta^2} \tag{9.7}$$

の $\boldsymbol{R}^2 \setminus \{(0, 0)\}$ における最大値・最小値と一致する．そのような (α, β) では，$\partial\lambda/\partial\alpha = \partial\lambda/\partial\beta = 0$ となるから，

$$L\,\alpha^2 + 2M\,\alpha\beta + N\,\beta^2 - (E\,\alpha^2 + 2F\,\alpha\beta + G\,\beta^2)\lambda = 0$$

の両辺を α, β について偏微分することにより，最大値，最小値をとる (α, β) に対して

$$\begin{cases}(L - \lambda E)\alpha + (M - \lambda F)\beta = 0,\\ (M - \lambda F)\alpha + (N - \lambda G)\beta = 0\end{cases} \tag{9.8}$$

が成り立つことがわかる．この連立 1 次方程式に (0, 0) でない解 (α, β) が存在するためには

$$\det\begin{pmatrix} L - \lambda E & M - \lambda F \\ M - \lambda F & N - \lambda G\end{pmatrix} = 0$$

でなければならない．つまり，点 P における法曲率 κ_n の最大値と最小値はともに λ についての 2 次方程式

$$(EG - F^2)\lambda^2 - (EN + GL - 2FM)\lambda + (LN - M^2) = 0 \tag{9.9}$$

の解である．したがって，2 次方程式 (9.9) の解と係数の関係から，

$$
(9.10)\quad \begin{cases} \lambda_1 + \lambda_2 = \dfrac{EN + GL - 2FM}{EG - F^2} = 2H, \\[2ex] \lambda_1\lambda_2 = \dfrac{LN - M^2}{EG - F^2} = K \end{cases}
$$

が成り立つ．とくに λ_1, λ_2 は，ワインガルテン行列

$$
A = \begin{pmatrix} E & F \\ F & G \end{pmatrix}^{-1} \begin{pmatrix} L & M \\ M & N \end{pmatrix}
$$

の固有値，すなわち主曲率と一致する．以上より，次のことがわかった．

命題 9.3 曲面上の点 P における法曲率の最大値・最小値は，その点における主曲率に一致し，それらの積と平均がガウス曲率と平均曲率である．

曲面の点 P における主曲率 λ_1，λ_2 を与える接ベクトル $\boldsymbol{v}_1$，$\boldsymbol{v}_2$ の方向を点 P における**主方向**という．点 P における曲面の接ベクトルを

$$
\alpha p_u + \beta p_v
$$

と表すと，このベクトルが主方向であるための必要十分条件は，λ を主曲率として α, β が (9.8) をみたすこと，つまり ${}^t(\alpha, \beta)$ は行列 A の固有ベクトルとなることである．

主曲率 λ_1 と λ_2 が一致する点は，曲面の**臍点**（せいてん）とよばれる[3]．主曲率は (9.6) の最大値，最小値であったから，臍点においては，この式の値は (α, β) によらず一定で，すべての方向が主方向となる．つまり，臍点は「あらゆる方向に曲がり具合が同じ点」といえる．(9.10) より

$$
4(H^2 - K) = (\lambda_1 + \lambda_2)^2 - 4\lambda_1\lambda_2 = (\lambda_1 - \lambda_2)^2
$$

であるから，次の命題を得る．

命題 9.4 曲面上の点が臍点であることと，その点で $H^2 - K = 0$ となることは同値である．

---

3) 「臍」は「へそ」と読む．

また，次が成り立つ．

命題 9.5 曲面上の点が臍点であるための必要十分条件は，ワインガルテン行列 A が，その点で単位行列のスカラー倍になることである．

［証明］ 定理 8.7 の証明のような座標系をとれば，行列 A は対称行列となるので，直交行列 T によって対角化可能である（§7 の問題 **1** 参照）．とくに，2 つの主曲率がともに λ であること（つまり臍点）と，${}^tTAT = \lambda I$（I は 2 次の単位行列）となる直交行列 T が存在することは同値だが，${}^tTT = I$ なので $A = \lambda I$ でなければならない．この座標系を一般の座標系に変換するとき，関係式 $A = \lambda I$ は (8.5) により $\widetilde{A} = \lambda I$ となるので，これで命題の主張が得られたことになる． □

半径 a の球面のガウス曲率と平均曲率はそれぞれ $1/a^2$，$\pm 1/a$ であるから（例 8.4 参照），球面はすべての点が臍点となる曲面である．逆に，次のことが成り立つ．証明は演習問題とする（節末の問題 **3**）．

命題 9.6 すべての点が臍点である曲面は，平面または球面の一部である．

以下，臍点でない点の近くでの曲面の挙動を調べよう．

曲面上に臍点でない点 P をとり，その点での接平面が P を原点とする xy 座標平面となり，法線方向が z 軸となるように空間の座標軸を設定する．さらに，xy 平面を z 軸のまわりに回転させて x 軸の方向が主方向となるようにできる．これを用いて，法曲率を求める次の公式を得る．

定理 9.7（**オイラーの公式**） 曲面上の臍点でない点 P において，上に述べた x 軸が主方向となる座標系をとると，y 軸の方向がもう一方の主方向に一致する．とくに，$\boldsymbol{R}^3$ のベクトルとしての 2 つの主方向は互いに直交する．このとき，x 軸方向と y 軸方向に対する主曲率を，それぞれ λ_1, λ_2 とすると，接平面において x 軸から角度 φ をなす方向の法曲率 κ_n は

(9.11) $$\kappa_n = \lambda_1 \cos^2 \varphi + \lambda_2 \sin^2 \varphi$$

で与えられる．とくに 2 つの主方向は法曲率の最大・最小を与える．

［証明］ 定理8.7の証明でみたように，曲面は点Pの近くで$z=f(x,y)$のグラフで表されている．曲面はxy平面と接しているから$f_x(0,0)=f_y(0,0)=0$なので，第一基本行列は原点では単位行列となる．式(8.4)から行列Aは第二基本行列$\widehat{II}$に一致する（§8の問題**3**参照）．x軸の方向が主方向だから${}^t(1,0)$はAの固有ベクトルなのでAは対角行列となる．とくにy軸の方向がもう1つの主方向となる．このとき，$L=\lambda_1$, $N=\lambda_2$となる．命題9.2の(9.6)に$\theta=\varphi$, $E=G=1$, $F=0$, $L=\lambda_1$, $N=\lambda_2$, $M=0$を代入すると(9.11)を得る． □

命題9.2における角度θは，助変数のuv平面における角度で，必ずしも実際の曲面上での角度を表しているわけではない．一方，オイラーの公式(9.11)に現れる角度φは，曲面上で実測した主方向からの角度であり，命題9.2より普遍的な公式が得られたことになる．

曲面上の曲線は，その各点の速度ベクトルが主方向を向くとき**曲率線**とよばれる．曲面上の臍点でない点付近で，助変数をうまくとりかえることによってu曲線とv曲線がすべて主方向を向くようにできる．このような曲面の助変数表示を**曲率線座標**という．曲率線座標の存在については付録B-5，また，進んだ話題については参考文献[8]を参照せよ．

漸近方向　曲面上の点Pにおいて，法曲率が0となる接ベクトルの方向を**漸近方向**という．

命題 9.8 曲面上のガウス曲率Kが正となる点には漸近方向は存在しない．臍点でない$K=0$となる点にはただ1つの漸近方向が存在する．Kが負となる点には相異なる2つの漸近方向が存在する．

［証明］ 臍点でない点における主曲率をλ_1, λ_2とすると，定理9.7より，λ_1に対応する主方向から角度φをなす方向の法曲率は(9.11)で与えられている．もし$K(=\lambda_1\lambda_2)>0$ならλ_1とλ_2は同符号なので法曲率が0になることはない．一方，$K<0$，すなわちλ_1とλ_2が異符号ならば，φが0から$\pi/2$まで動く間と$\pi/2$からπまで動く間にそれぞれ法曲率が0となる方向がちょうど1つずつ存在することが

わかる．また $K=0$ で臍点でなければ，主曲率 λ_1，λ_2 のどちらか1つだけが0となる．このときは，その0となる主方向が唯一の漸近方向である． □

次の定理は，漸近方向の幾何学的な意味を与えている．

定理 9.9 曲面上で $K<0$ となる点Pにおける接平面による曲面の切り口は，P付近で交叉する2本の曲線となる．この2本の曲線のPにおける接線の方向は，ともに曲面の漸近方向に一致する（図8.1右参照）．

［証明］ 定理9.7のように，点Pにおける接平面上にPを原点とする xy 座標軸で x 軸，y 軸の方向がともに主方向になるようなものをとり，曲面をグラフ $z=f(x,y)$ で表すと，定理9.7の証明で示したように，Pにおいて第一基本行列は単位行列で

$$L=f_{xx}(0,0)=\lambda_1, \qquad M=f_{xy}(0,0)=0, \qquad N=f_{yy}(0,0)=\lambda_2$$

となる．したがって，テイラーの定理（付録Aの定理A-1.2）より

$$f(x,y)=\frac{1}{2}(Lx^2+Ny^2)+o(x^2+y^2) \qquad (o(\cdot)\text{はランダウの記号})$$

と表せる．仮定より $LN=\lambda_1\lambda_2=K<0$ であるから，必要なら x 軸と y 軸の役割を入れ替えることによって，$L=a^2, N=-b^2$ $(a,b>0)$ と書くことができる．このとき，$f(x,y)$ は原点の近くで

$$f(x,y)=\frac{1}{2}(ax+by)(ax-by)+o(x^2+y^2)$$

と書ける．接平面は xy 平面であるから，これと曲面との切り口は $f(x,y)=0$ で表される xy 平面上の曲線である．したがって，切り口の2本の曲線の接線は $ax\pm by=0$ であることがわかる．

一方，オイラーの公式 (9.11) から x 軸と角度 φ をなす方向の法曲率は

$$\kappa_n=\lambda_1\cos^2\varphi+\lambda_2\sin^2\varphi=L\cos^2\varphi+N\sin^2\varphi$$

となる．とくに κ_n が0，すなわち漸近方向になるような φ に対して

$$0=L\cos^2\varphi+N\sin^2\varphi=(a\cos\varphi+b\sin\varphi)(a\cos\varphi-b\sin\varphi)$$

が成り立つ．よって，$x=\cos\varphi, y=\sin\varphi$ とおくことにより接平面である xy 平面上における2直線 $ax\pm by=0$ の方向が漸近方向であることがわかり，この

2直線が接平面との切り口の接線と一致することが示された. □

ガウス曲率が負になる点で，2つの異なる漸近方向のなす角の意味が次で与えられる.

命題 9.10 曲面上で $K<0$ となる点における2つの漸近方向は，主方向によって2等分される．また，2つの漸近方向のなす角を μ $(0<\mu \leqq \pi/2)$ とすると，

$$\tan\frac{\mu}{2}=\sqrt{\frac{|\lambda_1|}{|\lambda_2|}} \tag{9.12}$$

が成り立つ．ただし，λ_1, λ_2 は主曲率で $|\lambda_1| \leqq |\lambda_2|$ とする.

これはオイラーの公式から簡単に示すことができるので，読者の演習問題としておこう（節末の問題 **4**）.

曲面上の曲線は，その各点の速度ベクトルが漸近方向を向くとき**漸近線**とよばれる．曲面上でガウス曲率が負となる点付近で，助変数をうまくとりかえることによって u 曲線と v 曲線がすべて漸近方向を向くようにできる．このような曲面の助変数表示を**漸近線座標**という．漸近線座標の存在については付録 B-5 を参照せよ.

問　　題

1. 曲面上の曲線 γ の点 P における法曲率を κ_n，γ の空間曲線としての曲率を κ とする．曲面の P における単位法線ベクトル ν と $\gamma(s)$ の P における主法線ベクトル $\boldsymbol{n}$ のなす角を θ とするとき，$\kappa_n=\kappa\cos\theta$ となることを示せ（**ムーニエ**[4]**の定理**）.

2. 回転面の主方向は母線方向と回転方向であることを示せ.

3. 命題 9.6 を以下のようにして証明せよ：uv 平面上の領域 D で定義された曲面

4) Meusnier, Jean-Baptiste Marie (1754 - 1793).

$p(u, v)$ の定義域上のすべての点が臍点とする．

（1）　曲面の単位法線ベクトルを ν とするとき，$\nu_u = -\lambda p_u$, $\nu_v = -\lambda p_v$ となることを示せ．

（2）　$\nu_{uv} = \nu_{vu}$ であることを用いて λ が定数であることを示せ．

（3）　$\lambda = 0$ のときは§8の問題**6**より曲面は平面の一部である．$\lambda \neq 0$ のとき，$p + (1/\lambda)\nu$ が定ベクトルであることから，曲面が球面の一部であることを示せ．

4.　命題 9.10 を証明せよ．

5.　曲面上の $K < 0$ かつ $H = 0$ となる点において 2 つの漸近方向は直交することを示せ．（とくに極小曲面は，接平面による切り口が互いに直交する曲線となるものとして特徴づけることができる．）

§ 10.　測地線とガウス－ボンネの定理

平面の三角形の内角の和は2直角（π ラジアン）である．曲面上の「三角形」の内角の和がどのようになるか調べよう．平面上の三角形は直線（線分）で囲まれる図形であるが，曲面上の「三角形」を定義するために，まず直線に相当する概念として測地線を考える．

測地線　平面上の線分は2点を結ぶ曲線のうち最も短いものである．それでは，曲面上において2点を結ぶ最短の曲線は何だろうか．図10.1は，楕円面上の2点を結ぶ最短線の例である．まず，このような最短線を弧長でパラメータ表示したものが，以下で定義する「測地線」になることを示す（定理10.5）．

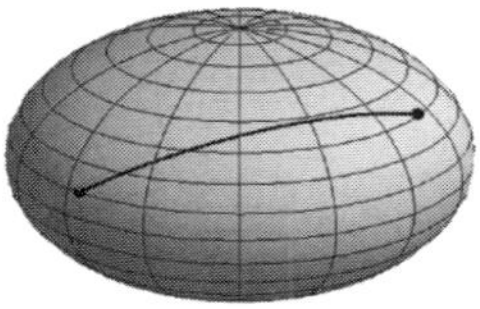

図10.1　楕円面の2点を結ぶ最短線

いま，助変数表示された曲面 $p(u, v)$ 上に横たわっている空間曲線 $\gamma(t)$ を考える．ただし，パラメータ t は γ の弧長とは限らない．曲線 $\gamma(t)$ は曲面 $p(u, v)$ 上にあるから，uv 平面上の曲線 $(u(t), v(t))$ が存在して $\gamma(t) = p(u(t), v(t))$ と書ける．ここで (9.4) のように $\boldsymbol{R}^3$ の任意のベクトルは，曲面に接する (tangent) ベクトルと法線 (normal) 方向のベクトルの和に一意的に分解できるから，曲線 $\gamma(t)$ の加速度ベクトル $\ddot{\gamma}$ を

$$(10.1)\quad \ddot{\gamma}(t) = [\,\ddot{\gamma}(t)\,]^{\mathrm{T}} + [\,\ddot{\gamma}(t)\,]^{\mathrm{N}} \quad \left(\begin{array}{l}[\,\ddot{\gamma}(t)\,]^{\mathrm{T}}：\text{曲面に接するベクトル}\\ [\,\ddot{\gamma}(t)\,]^{\mathrm{N}}：\text{法線方向のベクトル}\end{array}\right)$$

と分解できる[1)]．この分解において$[\ddot{\gamma}(t)]^{\mathrm{T}}=0$となるような曲面上の曲線$\gamma(t)$を**測地線**という．定義より，$\gamma(t)$が測地線ならば$\ddot{\gamma}(t)$と$\dot{\gamma}(t)$は直交する．このことから，$\dot{\gamma}\cdot\dot{\gamma}$の微分は恒等的に0となるので，次を得る．

命題 10.1　曲面上の曲線$\gamma(t)$が測地線ならば$|\dot{\gamma}(t)|$は一定である．すなわち，tは弧長パラメータに比例する．

定義から，曲面上の測地線に沿って一定の速さで車を運転したとすると，車に乗っている人は，曲面に垂直な方向には速度の変化（加速）を感じるが，真横の方向には加速を感じない．このことは，測地線が最も効率よく曲面を移動する経路であることを意味している．

例 10.2　平面上の直線は，直線上の1点Aの位置ベクトルを$\boldsymbol{a}$，直線に平行な零でないベクトル$\boldsymbol{v}$を用いて$\gamma(t)=\boldsymbol{a}+t\,\boldsymbol{v}$と助変数表示できる．このとき$\ddot{\gamma}(t)=0$となるから，これは測地線である．◇

例 10.3　円柱と同じ半径のつるまき線は，§5の例5.1（53ページ）のように助変数表示すれば測地線となる（節末の問題**2**参照）．◇

例 10.4　球面を，その中心を通る平面で切った切り口の曲線のことを**大円**という．原点を中心とする半径1の球面における大円は，それを含む平面の互いに直交する単位ベクトル$\{\boldsymbol{e}_1,\boldsymbol{e}_2\}$を用いて，

$$\gamma(s)=(\cos s)\,\boldsymbol{e}_1+(\sin s)\,\boldsymbol{e}_2$$

と助変数表示できる．とくにsは弧長パラメータで，$\gamma''(s)=-\gamma(s)$は接平面に直交することがわかるから，これは測地線になる．◇

測地線と最短線　曲面上の2点を結ぶ最短線について次が成り立つ．

定理 10.5　曲面上の2点P, Qを結ぶ曲面上のなめらかな最短線が存在

1)　前節§9の(9.4)で与えた分解は，tが弧長パラメータの場合に対応する．つまり，sをγの弧長パラメータとすると$\boldsymbol{\kappa}_g(s)=[\ddot{\gamma}(s)]^{\mathrm{T}}$, $\boldsymbol{\kappa}_n(s)=[\ddot{\gamma}(s)]^{\mathrm{N}}$となる．

すれば，その弧長パラメータによる表示は測地線である．

[証明] 曲面上の曲線 $\gamma(s)\,(0 \leqq s \leqq l)$ を 2 点 P, Q を結ぶ曲面上の最短線とする．この曲線を端点を固定したまま変形すると，その長さは短かくはならないはずである．このことを用いて定理を示す．

まず，「曲線を変形する」ということを定式化しよう．十分小さな正の数 ε をとって，次の性質をもつ曲線の族 $\{\gamma_w(s)\}_{|w|<\varepsilon}$ を考える（図 10.2）．

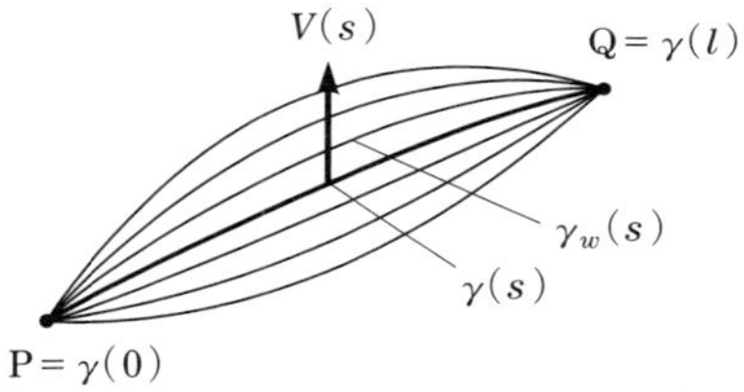

図 10.2 曲線の変分

- 各実数 w を定めるごとに $\gamma_w(s)$ は $0 \leqq s \leqq l$ で定義された曲面上の曲線で $\gamma_w(0) = \mathrm{P}, \gamma_w(l) = \mathrm{Q}$ が成り立つ．
- $\gamma_w(s)$ は，(w, s) の 2 変数関数としてなめらかな関数（C^∞ 級）である．
- $\gamma_0 = \gamma$ である．

このような曲線の族 $\{\gamma_w(s)\}_{|w|<\varepsilon}$ を，曲線 $\gamma(s)$ の**端点を固定する変分**という．曲線を変形する方法は無数に存在するから，このような変分は無数に存在する．

曲線 $\gamma(s)$ の端点を固定する変分 $\{\gamma_w(s)\}$ が与えられたとき，

$$V(s) := \left.\frac{\partial \gamma_w(s)}{\partial w}\right|_{w=0}$$

によって定義される $V(s)\,(0 \leqq s \leqq l)$ は $\gamma(s)$ を始点するベクトルとなっており，曲面の接ベクトルとなっている．このように $\gamma(s)$ の各点に曲面の接ベクトルが対応しているとき，これを曲面上の $\gamma(s)$ に**沿うベクトル場**という．とくに，この $V(s)$ を変分 $\{\gamma_w(s)\}$ の**変分ベクトル場**とよぶ．

いま，P，Q を結ぶ最短線 $\gamma(s)\,(0 \leqq s \leqq l)$ が弧長によって助変数表示されているとして，その端点を固定する変分 $\{\gamma_w(s)\}$ を考える．パラメータ s は $\gamma = \gamma_0$ の弧長パラメータであるが，一般に $\gamma_w(s)\,(w \neq 0)$ の弧長になっているとは限らない．

曲線 $\gamma(s)$ は 2 点を結ぶ曲線の中の最短線であるから，w を動かしたとき $\gamma_w(s)$ の長さ

$$\mathcal{L}(\gamma_w) = \int_0^l |\gamma_w'(s)|\, ds \qquad \left(' = \frac{d}{ds}\right)$$

は $w = 0$ で最小になり，とくに

$$\text{(10.2)} \qquad \left.\frac{d}{dw}\right|_{w=0} \mathcal{L}(\gamma_w) = 0$$

が成り立つ．一方，

$$\begin{aligned}
\text{(10.3)} \quad & \left.\frac{d}{dw}\right|_{w=0} \mathcal{L}(\gamma_w) \\
&= \left.\frac{d}{dw}\right|_{w=0} \int_0^l |\gamma_w'(s)|\, ds = \int_0^l \left.\frac{\partial}{\partial w}\right|_{w=0} \sqrt{\gamma_w'(s) \cdot \gamma_w'(s)}\, ds \\
&= \int_0^l \gamma_0'(s) \cdot \left(\left.\frac{\partial}{\partial w}\right|_{w=0} \gamma_w'(s) \right) \frac{ds}{|\gamma_0'(s)|} = \int_0^l \gamma_0'(s) \cdot \frac{\partial}{\partial s} \left(\left.\frac{\partial}{\partial w}\right|_{w=0} \gamma_w(s) \right) ds \\
&= \int_0^l \gamma'(s) \cdot V'(s)\, ds = \Big[\gamma'(s) \cdot V(s) \Big]_{s=0}^{s=l} - \int_0^l \gamma''(s) \cdot V(s)\, ds
\end{aligned}$$

となる．ただし，V は変分 $\{\gamma_w(s)\}$ の変分ベクトル場である．ここで，変分は端点を固定しているから $\gamma_w(0) = \gamma(0) = \mathrm{P}$，$\gamma_w(l) = \gamma(l) = \mathrm{Q}$ となるので

$$V(0) = \left.\frac{\partial \gamma_w(0)}{\partial w}\right|_{w=0} = 0, \qquad V(l) = 0$$

が成り立つから

$$\text{(10.4)} \qquad \left.\frac{d}{dw}\right|_{w=0} \mathcal{L}(\gamma_w) = -\int_0^l \gamma''(s) \cdot V(s)\, ds$$

を得る．式 (10.2) から，もし γ が最短線ならば，任意の変分 $\{\gamma_w(s)\}$ に対して (10.4) の値が 0 にならなければならない．このことを利用して結論を示す．

曲線 $\gamma(s)$ は曲面上にあるので，$\gamma(s) = p(u(s), v(s))$ と表すことができる．$\gamma'(s)$ に直交し，曲面に接する単位ベクトル（(10.15) 参照）を

$$\boldsymbol{n}_g(s) = \alpha(s)\, p_u(u(s), v(s)) + \beta(s)\, p_v(u(s), v(s))$$

と書くと，γ が測地線になるための必要十分条件は，

$$\kappa_g(s) := \gamma''(s) \cdot \boldsymbol{n}_g(s)$$

が恒等的に 0 となることである．ここで，$\kappa_g(s)$ は (10.13) で定義される測地的曲率に符号を除いて一致する．

いま，$\kappa_g(c) \neq 0$ となる c $(0 < c < l)$ が存在すると仮定して，(10.4) の値が 0 にならないような変分の存在を示したい．十分小さい正の数 δ を，区間 $(c - \delta, c + \delta)$ で $\kappa_g(s)$ が符号を変えないようにとっておく．この δ に対して，

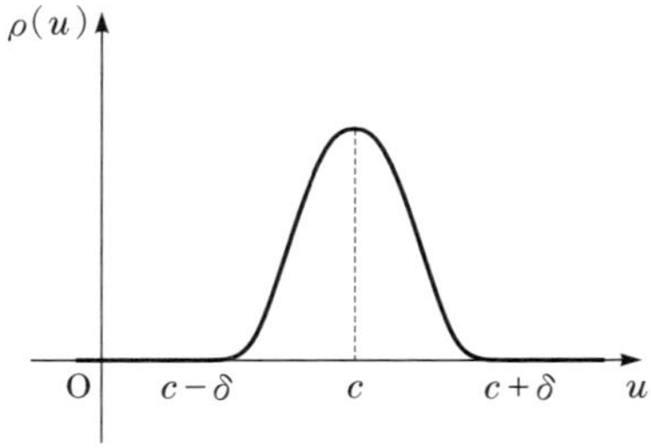

図 10.3　関数 ρ

$$\rho(u) = \begin{cases} \exp\left(\dfrac{1}{(u-c)^2-\delta^2}\right) & (|u-c|<\delta), \\ 0 & (|u-c| \geqq \delta) \end{cases} \tag{10.5}$$

で関数 ρ を定義する（図 10.3）．この関数は $|u-c|<\delta$ で正の値をとり，$|u-c| \geqq \delta$ で 0 となる，なめらかな関数である．

いま，$\gamma(s)$ の端点を固定する変分として

$$\gamma_w(s) = p(u(s) + w\,\rho(s)\alpha(s), v(s) + w\,\rho(s)\beta(s))$$

を考える．この変分の変分ベクトル場 $V(s)$ は

$$\begin{aligned} V(s) &= \left.\frac{\partial \gamma_w(s)}{\partial w}\right|_{w=0} \\ &= \rho(s)\{\alpha(s)\,p_u(u(s), v(s)) + \beta(s)\,p_v(u(s), v(s))\} \\ &= \rho(s)\,\boldsymbol{n}_g(s) \end{aligned}$$

となる．これを (10.4) に代入すると

$$\begin{aligned} \left.\frac{d\mathcal{L}(\gamma_w)}{dw}\right|_{w=0} &= -\int_0^l \gamma''(s)\cdot V(s)\,ds \\ &= -\int_0^l \rho(s)\,(\gamma''(s)\cdot \boldsymbol{n}_g(s))\,ds = -\int_0^l \rho(s)\kappa_g(s)\,ds \end{aligned}$$

である．区間 $(c-\delta, c+\delta)$ で関数 $\rho(s)$ は正の値をとるから，$\rho(s)\kappa_g(s)$ は符号を変えない．また，この区間の外側では $\rho(s)=0$ であるから

$$\left.\frac{d\mathcal{L}(\gamma_w)}{dw}\right|_{w=0} = -\int_{c-\delta}^{c+\delta} \rho(s)\kappa_g(s)\,ds \neq 0$$

となる．したがって，任意の変分に対して (10.2) が成り立つならば $\kappa_g = 0$，すなわち測地線でなければならない．　□

弧長に比例するパラメータをもつ最短線は測地線であるが，逆は一般に正しくない．たとえば，球面上の大円は測地線であるが，中心に関して点対称の位置にない 2 点を通る大円の一方の弧は，その 2 点を結ぶ最短線であり，もう一方は一般に最短線にならない．しかし，測地線上の 2 点が十分近ければ，その測地線は 2 点を結ぶ最短線になることが知られている（たとえば参考文献 [17] の 55 ページ参照）．

測地線の微分方程式　§7 で指摘したように，曲線の長さは第一基本量で決まる．とすれば，測地線も第一基本量だけからの情報で記述されるべきだろう．曲面 $p(u, v)$ の第一基本量 E，F，G を用いて天下り的に

$$
(10.6)\qquad
\begin{cases}
\Gamma^1_{11} := \dfrac{GE_u - 2FF_u + FE_v}{2(EG - F^2)}, \\[2ex]
\Gamma^2_{11} := \dfrac{2EF_u - EE_v - FE_u}{2(EG - F^2)}, \\[2ex]
\Gamma^1_{12} = \Gamma^1_{21} := \dfrac{GE_v - FG_u}{2(EG - F^2)}, \\[2ex]
\Gamma^2_{12} = \Gamma^2_{21} := \dfrac{EG_u - FE_v}{2(EG - F^2)}, \\[2ex]
\Gamma^1_{22} := \dfrac{2GF_v - GG_u - FG_v}{2(EG - F^2)}, \\[2ex]
\Gamma^2_{22} := \dfrac{EG_v - 2FF_v + FG_u}{2(EG - F^2)}
\end{cases}
$$

で定義される合計 8 個のなめらかな関数を**クリストッフェル**[2)]**の記号**という．定義から，これらの関数は第一基本量の 1 階微分までの情報で表されている．この記号を用いると，p の 2 階微分が

$$
(10.7)\qquad
\begin{cases}
p_{uu} = \Gamma^1_{11} p_u + \Gamma^2_{11} p_v + L\nu, \\
p_{uv} = \Gamma^1_{12} p_u + \Gamma^2_{12} p_v + M\nu, \\
p_{vv} = \Gamma^1_{22} p_u + \Gamma^2_{22} p_v + N\nu
\end{cases}
$$

2)　Christoffel, Erwin Bruno（1829 - 1900）.

と表される（§11 の命題 11.1）．ただし，L, M, N は考えている曲面 p の第二基本量，ν は単位法線ベクトルである．この事実を用いて，測地線の方程式が第一基本量だけの情報で書けていることを示そう．

曲面上の曲線 $\gamma(t) = p(u(t), v(t))$ の速度ベクトル，加速度ベクトルは，合成関数の微分公式から

$$
\begin{aligned}
\dot{\gamma} &= \dot{u}\, p_u + \dot{v}\, p_v,\\
\ddot{\gamma} &= \ddot{u}\, p_u + \ddot{v}\, p_v + \dot{u}^2 p_{uu} + 2\dot{u}\dot{v}\, p_{uv} + \dot{v}^2 p_{vv}\\
&= (\ddot{u} + \dot{u}^2\Gamma_{11}^1 + 2\dot{u}\dot{v}\,\Gamma_{12}^1 + \dot{v}^2\Gamma_{22}^1)\, p_u\\
&\quad + (\ddot{v} + \dot{u}^2\Gamma_{11}^2 + 2\dot{u}\dot{v}\,\Gamma_{12}^2 + \dot{v}^2\Gamma_{22}^2)\, p_v + (\dot{u}^2 L + 2\dot{u}\dot{v}\, M + \dot{v}^2 N)\nu
\end{aligned}
$$

となるから，(10.1) の記号を用いて

$$
\begin{aligned}
[\,\ddot{\gamma}\,]^{\mathrm{T}} = {} & (\ddot{u} + \dot{u}^2\Gamma_{11}^1 + 2\dot{u}\dot{v}\,\Gamma_{12}^1 + \dot{v}^2\Gamma_{22}^1)\, p_u\\
&+ (\ddot{v} + \dot{u}^2\Gamma_{11}^2 + 2\dot{u}\dot{v}\,\Gamma_{12}^2 + \dot{v}^2\Gamma_{22}^2)\, p_v
\end{aligned}
$$

を得る．ここで p_u と p_v とは一次独立だから，測地線の定義より $\gamma(t) = p(u(t), v(t))$ が測地線であるための必要十分条件は，$u(t), v(t)$ が次の微分方程式をみたすことである．

$$
(10.8)\qquad
\begin{cases}
\ddot{u} + \dot{u}^2\Gamma_{11}^1 + 2\dot{u}\dot{v}\,\Gamma_{12}^1 + \dot{v}^2\Gamma_{22}^1 = 0,\\
\ddot{v} + \dot{u}^2\Gamma_{11}^2 + 2\dot{u}\dot{v}\,\Gamma_{12}^2 + \dot{v}^2\Gamma_{22}^2 = 0.
\end{cases}
$$

これを**測地線の方程式**という．

新しい変数 $\tilde{u}, \tilde{v}$ を用いて (10.8) を 1 階の微分方程式

$$
(10.9)\qquad
\begin{cases}
\dfrac{du}{dt} = \tilde{u}, \qquad \dfrac{d\tilde{u}}{dt} = -\,\Gamma_{11}^1\,\tilde{u}^2 - 2\Gamma_{12}^1\,\tilde{u}\tilde{v} - \Gamma_{22}^1\,\tilde{v}^2,\\[2ex]
\dfrac{dv}{dt} = \tilde{v}, \qquad \dfrac{d\tilde{v}}{dt} = -\,\Gamma_{11}^2\,\tilde{u}^2 - 2\Gamma_{12}^2\,\tilde{u}\tilde{v} - \Gamma_{22}^2\,\tilde{v}^2
\end{cases}
$$

に書き換えると，常微分方程式の基本定理（付録 A の定理 A-2.1）が適用できる形になる．とくに，曲面上の点 $\mathrm{P} = p(u_0, v_0)$ と，P で曲面に接する零でないベクトル

$$
\boldsymbol{w} = \xi\, p_u(u_0, v_0) + \eta\, p_v(u_0, v_0)
$$

を与えると，微分方程式 (10.9) の初期条件

$$u(0) = u_0,\quad v(0) = v_0,\quad \tilde{u}(0) = \frac{du}{dt}(0) = \xi,\quad \tilde{v}(0) = \frac{dv}{dt}(0) = \eta$$

をみたす解が十分小さい t の範囲でただ 1 つ存在する．この解 $u(t), v(t)$ に対して，曲線 $\gamma(t) = p(u(t), v(t))$ は $\gamma(0) = \mathrm{P}$，$\dot{\gamma}(0) = \boldsymbol{w}$ をみたす曲面上の唯一の測地線である．

このように，測地線の微分方程式の解 $(u(t), v(t))$ を求めることによって uv 平面上に測地線を描くことができる．

ガウス－ボンネの定理　測地線は「まっすぐな」曲線と思うことができる．そこで，曲面上の異なる 3 点を結ぶ 3 本の測地線で囲まれた単連結[3]な有界閉領域を**測地三角形**，または単に**三角形**という．この 3 点を測地三角形の**頂点**といい，それらを結ぶ測地線分を**辺**という．測地三角形の 1 つの頂点における内角とは，その頂点における 2 本の辺の接ベクトルのなす角を，この領域の側から測ったものとする．

平面上の三角形の内角の和は π であったが，曲面上の測地三角形の内角の和について，次の定理が成り立つ．

定理 10.6（ガウス－ボンネ[4]の定理）　曲面上の測地三角形 $\triangle\mathrm{ABC}$ の内角を $\angle\mathrm{A}, \angle\mathrm{B}, \angle\mathrm{C}$ とすると次が成り立つ：

$$\angle\mathrm{A} + \angle\mathrm{B} + \angle\mathrm{C} = \pi + \iint_{\triangle\mathrm{ABC}} K\, dA$$

ここで dA は曲面の面積要素（§6 の (6.11) 参照），K はガウス曲率である．

ガウス－ボンネの定理より，とくにガウス曲率が正の曲面では三角形の内

---

3)　この場合，円板 $\{(x, y) \mid x^2 + y^2 \leqq 1\} \subset \boldsymbol{R}^2$ との間に位相同型が存在することと同値である．すなわち，穴が開いていない三角形領域である．単連結性の定義は，140 ページをみよ．

4)　Bonent, Pierre Ossian (1819－1892)．ガウスは31 ページ参照．

角の和は π より大きくなり（節末の問題 **6** 参照），ガウス曲率が負の曲面では内角の和は π より小さくなることがわかる． 定理 10.6 の証明は，次の §11 で行う[5)].

ところで，§7 で指摘したように，三角形の面積要素や内角は，いずれも第一基本量 E, F, G だけの情報で決まる（75, 76 ページ参照）．また，測地線の方程式 (10.8) も第一基本量だけで書かれている．一方，ガウス－ボンネの定理より，測地三角形を描き，その内角の和を測定すれば，その値によって三角形の内部のガウス曲率の平均が測定できることになる．このことから，(8.5) で定義したガウス曲率も第一基本量だけの式で書けることが予想される．実際，ガウス曲率 K は第一基本量 E, F, G を用いて

$$(10.10)\qquad K = \frac{E(E_v G_v - 2F_u G_v + G_u^2)}{4(EG-F^2)^2} + \frac{F(E_u G_v - E_v G_u - 2E_v F_v - 2F_u G_u + 4F_u F_v)}{4(EG-F^2)^2} + \frac{G(E_u G_u - 2E_u F_v + E_v^2)}{4(EG-F^2)^2} - \frac{E_{vv} - 2F_{uv} + G_{uu}}{2(EG-F^2)}$$

と表される（§11 の定理 11.2）．この式は，定義上は第一基本量と第二基本量を用いて表されるガウス曲率が，実は第一基本量 E, F, G の 2 階微分までの情報で表されることを意味している．この事実を発見したガウスは，これを**驚異の定理**（Theorema egregium）と名付けた．これに対して，平均曲率は第一基本形式だけから求めることはできない．実際，§8 の例 8.2 で与えた平面と例 8.3 で与えた円柱面は同じ第一基本形式をもつが，平均曲率が異なる．

《参考》 式 (10.10) の応用として，正確な地図をつくることはできないことを示そう．正確な地図とは，地球（球面）上のある領域が，平面の領域に**距離を保っ**

---

5) ガウス－ボンネの定理は，空間の曲面に限らず，一般の 2 次元リーマン多様体上で成り立つ定理である．また，辺が測地線でない三角形についても，少しの修正の上で同様の定理が成立する．このことの証明は §13 で与える．

たまま対応づけられているものである[6]．このような対応づけがあるとすると，命題 7.4 から球面上に第一基本量が $E = G = 1$，$F = 0$ をみたす座標系が存在することになり，球面のガウス曲率は 0 にならなければならず，矛盾が導かれた．

19 世紀にガウスがこれらの結果を見いだした少し後，歴史的には以下のようなことが考えられた：「曲面を空間からとり出すことはできないだろうか．この場合，曲面の外側の世界という概念は存在しなくなるから，第一基本形式のみが意味をもつ．そこには長さと角度ばかりか，曲面の曲がり具合まで情報として含まれているのだから十分に豊富な曲面の理論が展開できるだろう.」このことが，多様体の概念が生みだされる動機の 1 つであった[7]．

閉曲面への応用　球面や輪環面（§6 の問題 **1**）などは $\boldsymbol{R}^3$ の境界をもたない有界閉集合になっている．このような曲面を**閉曲面**という．閉曲面を小さな測地三角形に分割する[8]．以下の定理は，閉曲面のガウス曲率と，曲面の位相幾何学的な性質を結びつける重要な結果であるが，定理 10.6 の直接的な帰結として示されるため，やはりガウス－ボンネの定理とよばれている．

定理 10.7（閉曲面のガウス－ボンネの定理）　閉曲面 S を三角形[9]に分割したとき，その分割に対して，S の**オイラー数**を

(10.11)　$\chi(S) :=$（頂点の数）$-$（辺の数）$+$（面の数）

と定義する[10]と

$$\iint_S K\,dA = 2\pi\,\chi(S)$$

6）厳密な定義は，§7 の 78 ページを参照．

7）B. Riemann, "Über die Hypothesen, welche der Geometrie zu Grunde liegen", 1854. 日本語訳：ベルンハルト・リーマン（菅原正巳訳）「幾何学の基礎をなす仮説について」（ちくま学芸文庫，2013）

8）このような分割が可能であることは自明ではないが，それについては §17 で述べる．

9）三角形の定義は §17 参照．

10）ギリシア文字 "χ" は「カイ」と読み，ローマ文字 "x"（エックス）とは異なる．

が成り立つ．ただし，K は曲面のガウス曲率，dA は面積要素である．

［証明］ 曲面 S を測地三角形に分割する．分割において生じた n 個の頂点を $v_1, \cdots, v_n$ とし，各 v_j には，m_j 個の測地三角形 $T_{j,1}, \cdots, T_{j,m_j}$ が集まっているとする（図 10.4）．頂点 v_j に集まる三角形の内角の総和は 2π であるから，測地三角形に関するガウス - ボンネの定理 10.6 より，

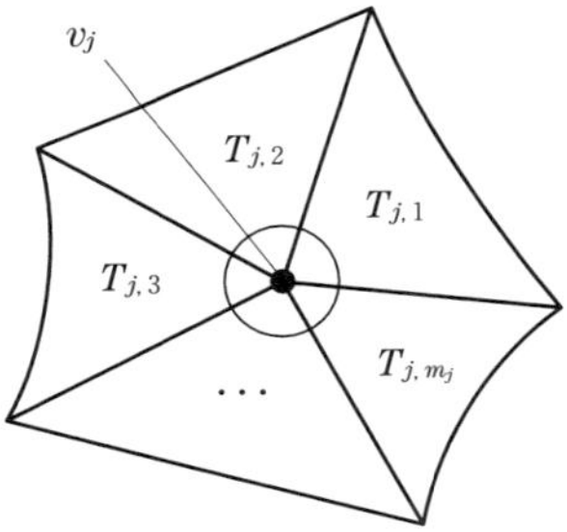

図 10.4

$$2\pi n = \sum_{i=1}^{n} \sum_{j=1}^{m_i} (T_{i,j} \text{ の } v_i \text{ での内角})$$
$$= (\text{すべての三角形の内角の和}) = \iint_S K\,dA + \pi \cdot (\text{三角形の数})$$

を得る．ところが，1 本の辺は 2 個の測地三角形に共有され，1 個の測地三角形は 3 本の辺に囲まれるから，$3 \cdot (\text{面の数}) = 2 \cdot (\text{辺の数})$ となるので，頂点の個数が n であることと合わせて

$$\iint_S K\,dA = 2\pi n - \pi \cdot (\text{面の数})$$
$$= 2\pi \cdot (\text{頂点の数}) - 2\pi \cdot (\text{辺の数}) + 2\pi \cdot (\text{面の数})$$
$$= 2\pi \chi(S)$$

となり，結論を得る． □

定理 10.7 の結論の式の左辺は，曲面の測地線による三角形分割の方法によらず一定である．さらに，辺が測地線であるとは限らない三角形分割に対しても，同じ値をとることが知られている．すなわち，$\chi(S)$ は曲面の三角形分割によらない量である[11]．

曲面の測地三角形による分割において，1 つの三角形に**向きをつける**とは，三角形の辺をひと回りする向きを 1 つ定めて，それを「正の向き」と指定することである．隣り合う 2 つの三角形で共有する辺の向きが逆になっているとき，2 つの三角形の向きは同調しているという（図 10.5）．

11） 参考文献 [25], [18] を参照．本書の §13，定理 13.5 の結論の式の左辺が三角形分割によらないことからも，このことがわかる．

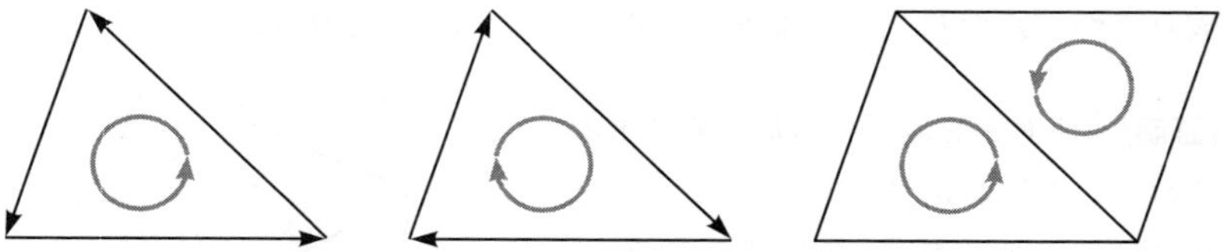

図 10.5　三角形の向き

三角形分割された曲面上の 1 つの三角形に向きをつけておき，隣の三角形には同調する向きをつけて，すべての三角形に順々に向きをつけていく．このようにして，すべての三角形の向きが矛盾なくつけられるとき，この曲面は**向きづけ可能**とよばれる[12]．たとえばメビウスの帯（§6 の問題 **2**）は向きづけ不可能であり，球面は向きづけ可能である．

本書で主に扱う閉曲面は，自己交叉をしない．このような曲面は向きづけ可能であることが知られている[13]．一方，§6（67 ページ）で紹介したクラインの壺は，自己交叉を許すが，向きづけ不可能な閉曲面の例である．向きづけ可能な閉曲面ばかりでなく，このような向きづけ不可能な曲面についても上述の定理 10.7 の証明は有効であることに注意されたい．

一般に（向きづけ可能な）閉曲面は，図 10.6 のような「g 人乗りの浮袋」のいずれかと同相[14]になる．この g を閉曲面の**種数**という．

たとえば図 10.7 は種数 1 の閉曲面である．種数が同じ 2 つの曲面は，$\boldsymbol{R}^3$ の曲面として一方から他方に連続的に変形できるとは限らないが，曲面を外の空間 $\boldsymbol{R}^3$ から切りはなして「多様体」とみなせば同じ構造をしている．

---

12)　与えられた曲面が向きづけ可能であることと，曲面全体で定義されたなめらかな単位法線ベクトル ν が存在することは同値である．§12 の多様体の向きづけ可能性の定義と §13 の (13.25)，および §17 の最初の部分を参照せよ．

13)　この事実の証明はやさしくない．

14)　すなわち，閉曲面から「g 人乗りの浮袋」への同相写像（全単射な連続写像で，その逆写像も連続であるもの）が存在する．

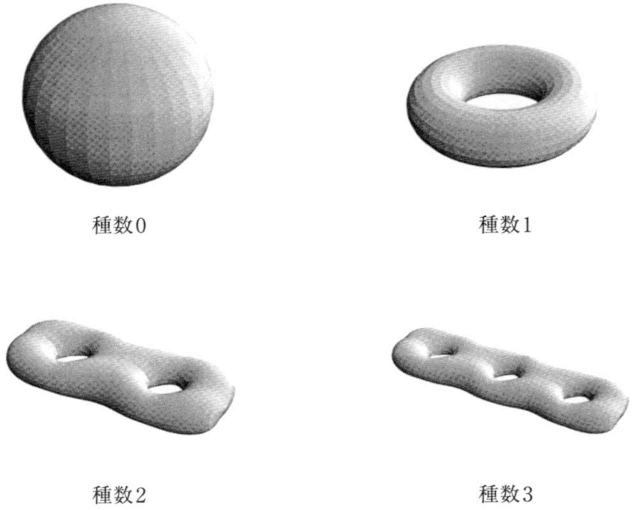

図 10.6　曲面の種数

さらに，曲面の種数とオイラー数について，

(10.12)　$$\chi(S) = 2 - 2g$$

という関係式が知られている．すなわち，曲率の積分を求めることで，このような曲面の「つながり具合」を表す不変量が求まるわけである．

図 10.7　種数 1 の曲面の例

測地的曲率　この節の最後に，曲面上における曲線の曲がり具合を表す測地的曲率について説明する．いま，$\gamma(s) = p(u(s), v(s))$ を，弧長をパラメータとする曲面上の曲線とし，$\nu(s) := \nu(u(s), v(s))$ を，曲面上の点 $\gamma(s)$ における曲面の単位法線ベクトルとする．このとき

$$\boldsymbol{n}_g(s) := \nu(s) \times \gamma'(s)$$

は，曲線上の点 $\gamma(s)$ において曲面に接し，しかも $\gamma'(s)$ に直交する単位ベ

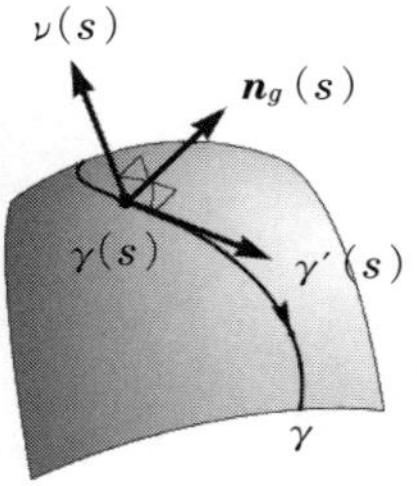

図 10.8 単位余法線ベクトル

クトルとなる．定義から s を固定するごとに，$\boldsymbol{R}^3$ の 3 つのベクトルの組 $\{\gamma'(s), \boldsymbol{n}_g(s), \nu(s)\}$ は，正の正規直交基底を与える（図 10.8）．

このの $\boldsymbol{n}_g(s)$ を曲面上の曲線 $\gamma(s)$ の**単位余法線ベクトル**という．

§9 の分解 (9.4) とスカラー三重積の公式（命題 A-3.1 参照）を用いて

(10.13) $\kappa_g(s) = \boldsymbol{\kappa}_g(s) \cdot \boldsymbol{n}_g(s) = \gamma''(s) \cdot \boldsymbol{n}_g(s) = \det(\nu(s), \gamma'(s), \gamma''(s))$

で定まる値 $\kappa_g(s)$ を曲面上の曲線 $\gamma(s)$ の**測地的曲率**という．定義から，測地的曲率の絶対値は，(9.4) で定義した測地的曲率ベクトルの大きさ $|\boldsymbol{\kappa}_g(s)|$ に等しい．一方，§9 の (9.4) において $|\boldsymbol{\kappa}_n(s)|$ は $\gamma'(s)$ の方向の曲面の法曲率 $\kappa_n(s)$ の絶対値に等しいので，

$$\kappa(s) = \sqrt{\kappa_g(s)^2 + \kappa_n(s)^2} \tag{10.14}$$

が成り立つ．ただし，$\kappa(s)$ は空間曲線としての $\gamma(s)$ の曲率を表す．

単位余法線ベクトル $\boldsymbol{n}_g(s)$ は，$\gamma(s)$ における曲面の単位法線ベクトル $\nu(s)$ に直交するので，t を曲線 γ の一般のパラメータとすると

$$\boldsymbol{n}_g(t) := \frac{\nu(t) \times \dot{\gamma}(t)}{|\nu(t) \times \dot{\gamma}(t)|} \tag{10.15}$$

で与えられる．また，測地的曲率は

$$\kappa_g(t) = \frac{\det(\nu(t), \dot{\gamma}(t), \ddot{\gamma}(t))}{|\dot{\gamma}(t)|^3} = \frac{\ddot{\gamma}(t) \cdot \boldsymbol{n}_g(t)}{|\dot{\gamma}(t)|^2} \tag{10.16}$$

で与えられる（節末の問題 **8** 参照）．

測地線の測地的曲率は恒等的に 0 である．逆に測地的曲率が恒等的に 0 となる曲線は，助変数を弧長パラメータにとりかえれば測地線となる（節末の

問題**9**参照）．曲面が平面のとき，$\kappa_g(t)$ は通常の平面曲線の曲率関数に一致する（節末の問題**10**参照）．したがって，測地的曲率は，曲面上の曲線への平面曲線の曲率関数の一般化と考えることができる．単位球面上で，小円（球面の平面による切り口）は測地的曲率が一定の曲線となる（節末の問題**11**参照）．

双曲幾何

曲面が $\boldsymbol{R}^3$ の部分集合として実現されていることを忘れても，曲面の助変数表示 $p(u, v)$ が定める領域上で第一基本形式がわかれば，長さ，角度，面積，そしてガウス曲率を知ることができる．このことから，uv 平面の領域上に第一基本形式を形式的に与えれば，そこでの幾何学を考えることができる．

［1］　ユークリッド幾何

uv 平面は $\boldsymbol{R}^3$ の曲面とみなすことができ，そのときの第一基本形式は§8の例8.2により $ds_{\mathrm{E}}{}^2 = du^2 + dv^2$ で与えられる．平面 $\boldsymbol{R}^2$ 上の2点 $\mathrm{P} = (u_1, v_1)$ および $\mathrm{Q} = (u_2, v_2)$ を結ぶ区分的になめらかな曲線の長さの下限 $d_{\mathrm{E}}(\mathrm{P}, \mathrm{Q})$ を2点間の距離とすると

$$d_{\mathrm{E}}(\mathrm{P}, \mathrm{Q}) := \sqrt{(u_1 - u_2)^2 + (v_1 - v_2)^2}.$$

この距離に関して平面図形を研究する幾何学を**ユークリッド幾何**という．この幾何学においては，2点を結ぶ最短線は線分である．平面のガウス曲率は0であるから，定理10.6のガウス－ボンネの定理の意味は「三角形の内角の和は π（2直角）である」ということになる．

ユークリッド幾何の命名は，ギリシアのユークリッド[15]が，有名な著作『原論』[16]で，平面幾何学の理論を展開したことに由来する．そこでは，5つの公準と5つの公理とよばれる命題を仮定して，それをもとに平面幾何学の理論が展開されている．公準と公理は，それ自体証明の必要がない大前提であったが，第5公準「1直線が他の2直線と交わるとき，この直線の同じ側にある内角の和が2直角よ

15）　Euclid（330？－275？, B.C.）．

16）　英訳は“*The Elements*”．訳書として，参考文献[23]がある．

り小さければ，はじめの 2 直線はこの側において交わる」は，次に紹介する双曲幾何の発見まで，他の公準・公理から導けるのではないかと考えられていた．

［2］ 双曲幾何

uv 平面の u 軸より上の領域 $D := \{(u, v) \in \boldsymbol{R}^2 \mid v > 0\}$ を**上半平面**という．上半平面上に

$$ds_{\mathrm{H}}{}^2 = \frac{du^2 + dv^2}{v^2}$$

で第一基本形式を与える[17)]と，これによって曲線の長さを測ることができる．上半平面に，第一基本形式 $ds_{\mathrm{H}}{}^2$ を与えたものを**双曲平面**という．D 上の異なる 2 点 P, Q を通り，u 軸上に中心をもつ円がただ 1 つ存在する．（ただし，ここでは v 軸に平行な直線も u 軸上に中心をもつ円とみなしている．）このような円を**直線**とよび，その円の円弧 $\widehat{\mathrm{PQ}}$ を P と Q を結ぶ**線分**とみなせば，これが P, Q を結ぶ最短線になる（図 10.9）．D 上の 2 点 $\mathrm{P} = (u_1, v_1)$, $\mathrm{Q} = (u_2, v_2)$ を結ぶ区分的になめらかな曲線の長さの下限を 2 点間の距離 $d_{\mathrm{H}}(\mathrm{P}, \mathrm{Q})$ とすると

$$d_{\mathrm{H}}(\mathrm{P}, \mathrm{Q}) := \log\left(\frac{\sqrt{(u_1 - u_2)^2 + (v_1 + v_2)^2} + \sqrt{(u_1 - u_2)^2 + (v_1 - v_2)^2}}{\sqrt{(u_1 - u_2)^2 + (v_1 + v_2)^2} - \sqrt{(u_1 - u_2)^2 + (v_1 - v_2)^2}}\right)$$

となり，2 点を結ぶ線分 $\widehat{\mathrm{PQ}}$ の長さに一致する（§ 15 の問題 **3** 参照）．

さらに，交わる 2 直線のなす**角度**は，2 つの円の接線のなす角度として定義される．すると，ユークリッドの第 5 公準（平行線公理）はみたされないが，それ以外のすべての公準はみたされる．

このような平行線公理をみたさない幾何（**双曲幾何**）はロバチェフスキー[18)]と

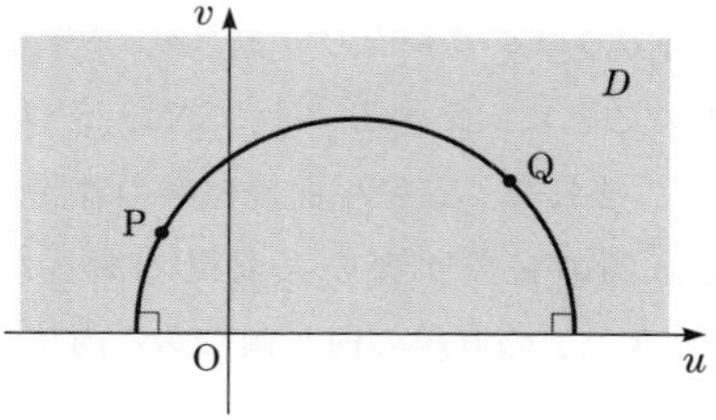

図 10.9　双曲平面

17）添字 H は双曲的（hyperbolic）の頭文字である．

18）Lobachevsky, Nikolai Ivanovich（1793 - 1856）.

ボーヤイ[19]により19世紀に発見された．第一基本形式 $ds_{\mathrm{H}}{}^2$ のガウス曲率を計算すると -1 になる（§15参照）ので，ガウス－ボンネの定理より三角形の内角の和は π（180度）より小さい．ユークリッド幾何のピタゴラスの定理に対応して，$\angle$C が直角であるような双曲平面上の直角三角形 $\triangle$ABC に対して，

$$\cosh \mathrm{AB} = \cosh \mathrm{BC} \cdot \cosh \mathrm{AC}$$

が成立する．

ここにあげた上半平面による双曲幾何の簡単なモデル[20]が発見されたのは20世紀初頭のことである．

問　　題

1.　曲面が直線を含むとき，その直線を弧長によってパラメータ表示すれば，それは測地線であることを示せ．

2.　円柱の測地線は，母線，母線に直交する円，または円柱と同じ半径のつるまき線を弧長に比例するパラメータで表示したものであることを示せ．この事実を円柱の展開図を用いて説明せよ．

3.　球面の測地線は弧長に比例するパラメータで表示した大円に限ることを示せ．

4.　回転面の母線は，弧長パラメータで表示すれば測地線になることを示せ．

5.　曲面が，ある平面に関する折り返しに関して対称であるとき，その平面による曲面の切り口は測地線になることを示せ．

6.　次の手順で，半径1の球面上の測地三角形に対して，ガウス－ボンネの定理を証明せよ（次ページの図）．

（1）　単位球面上の1点Aで角 $\angle$A をなす2つの大円は，Aと球面の中心に関して点対称な点（**対蹠点**（たいせきてん）[21]とよばれる）で交わる．このとき，この2つの半

---

19)　Bolyai, Janos (1802－1860).

20)　この上半平面 D 全体を第一基本形式が $ds_{\mathrm{H}}{}^2$ となるように $\boldsymbol{R}^3$ の曲面として実現することは不可能であることが知られている．（ヒルベルトの定理．参考文献［6］の第3章参照．）

21)「たいしょてん」と読むこともある．

円で囲まれた三日月形の部分の面積は $2\angle A$ であることを確かめよ.

（2） 球面上の測地三角形 $\triangle ABC$ の内角を $\angle A$, $\angle B$, $\angle C$ としておく. すると, A を頂点とする 2 本の辺を延長してできる 2 つの三日月形, B を頂点とする 2 本の辺を延長してできる 2 つの三日月形, C を頂点とする 2 本の辺を延長してできる 2 つの三日月形, 合わせて 6 つの領域は, 球面全体を覆う. このとき, $\triangle ABC$ と, その各頂点の対蹠点を頂点にもつ測地三角形の内部だけは 3 回, つまり 2 回余計に覆われることを確かめよ.

（3） 上で述べた 6 つの三日月形の面積の総和と, 球面の面積を比べることによって,

$$\angle A + \angle B + \angle C = \pi + (\triangle ABC \text{ の面積})$$

であることを示せ.

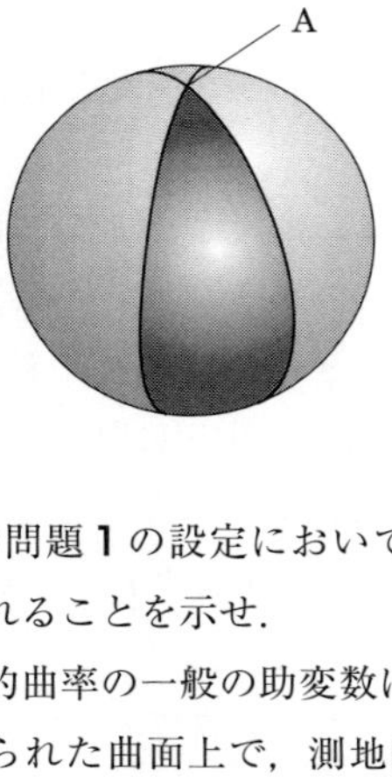

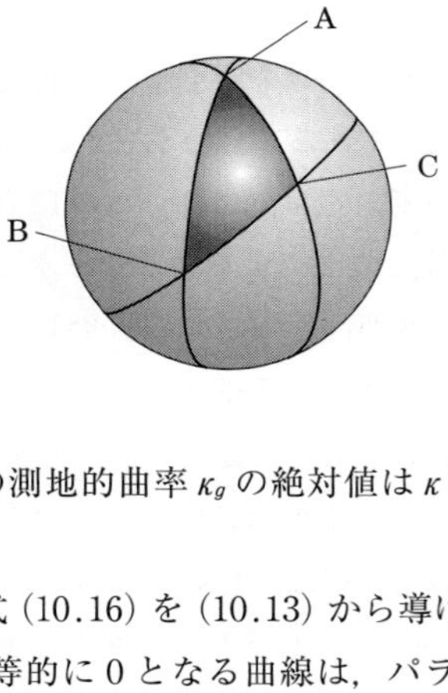

7. §9 の問題 **1** の設定において, 曲線 γ の測地的曲率 κ_g の絶対値は $\kappa\,|\sin\theta|$ で与えられることを示せ.

8. 測地的曲率の一般の助変数に関する公式 (10.16) を (10.13) から導け.

9. 与えられた曲面上で, 測地的曲率が恒等的に 0 となる曲線は, パラメータを弧長にとりかえれば測地線となることを示せ.

10. $\boldsymbol{R}^3$ 内の xy 平面の単位法線ベクトルを $\nu := (0, 0, 1)$ に選んだとき, xy 平面上の曲線 $\gamma(t) := (x(t), y(t), 0)$ の測地的曲率 κ_g が, 平面曲線 $(x(t), y(t))$ の曲率 κ に一致することを示せ.

11. 与えられた θ $(|\theta| < \pi/2)$ に対して空間曲線

$$\gamma_\theta(t) := (\cos\theta\cos t, \cos\theta\sin t, \sin\theta)$$

は単位球面 $S^2 = \{(x, y, z) \in \boldsymbol{R}^2 \mid x^2 + y^2 + z^2 = 1\}$ 上の曲線とみなすと, 小

円である．この小円の測地的曲率を計算せよ．ただし，S^2 の単位法線ベクトルは外向きとする．

12*.　弧長をパラメータとする空間曲線 $\gamma(s)$ の曲率関数 $\kappa(s)$ は正であるとする．いま $\boldsymbol{e}(s) := \gamma'(s)$ を単位球面 S^2 上の正則曲線とみなしたとき，その測地的曲率は $\tau(s)/\kappa(s)$ で与えられることを示せ．ただし，$\tau(s)$ は $\gamma(s)$ の曲率関数である．また，S^2 の単位法線ベクトルは外向きにとる．

13*.　弧長 s をパラメータとした空間曲線 $\gamma(t)$ が単位球面 S^2 上に横たわっているとき，その球面上の曲線としての測地的曲率 $\kappa_g(s)$ の絶対値は $\sqrt{\kappa(s)^2-1}$ であり，$\kappa_g'(s) = \kappa(s)^2\tau(s)$ で与えられることを示せ．ただし $\kappa(s)$，$\tau(s)$ はそれぞれ空間曲線 $\gamma(s)$ の曲率，捩率である．

§ 11*. ガウス - ボンネの定理の証明

本節では，§10 で紹介したガウス - ボンネの定理 10.6 に証明を与えるが，その証明は少しの修正で一般の 2 次元リーマン多様体に対しても通用する．一般の 2 次元多様体に対するガウス - ボンネの定理とその別証明については §13 を参照せよ．

ガウスの方程式　まず，準備としてガウス曲率を第一基本量のみで表せること（§10 の式 (10.10)）を示そう．

命題 11.1（式 (10.7)）助変数表示された曲面 $p(u, v)$ の第一基本量を E, F, G, 第二基本量を L, M, N とすると

$$\begin{cases} p_{uu} = \Gamma_{11}^1 p_u + \Gamma_{11}^2 p_v + L\nu, \\ p_{uv} = \Gamma_{12}^1 p_u + \Gamma_{12}^2 p_v + M\nu, \\ p_{vv} = \Gamma_{22}^1 p_u + \Gamma_{22}^2 p_v + N\nu \end{cases}$$

が成り立つ．ただし，Γ_{ij}^k $(i, j, k = 1, 2)$ は (10.6)（108 ページ）で定義されたクリストッフェルの記号，ν は曲面の単位法線ベクトルである．

[証明]　各 (u, v) に対して $p_u(u, v)$, $p_v(u, v)$, $\nu(u, v)$ は $\boldsymbol{R}^3$ の基底を与えるので

$$\begin{cases} p_{uu} = \overline{\Gamma}_{11}^1 p_u + \overline{\Gamma}_{11}^2 p_v + \overline{L}\nu, \\ p_{uv} = \overline{\Gamma}_{12}^1 p_u + \overline{\Gamma}_{12}^2 p_v + \overline{M}\nu, \\ p_{vv} = \overline{\Gamma}_{22}^1 p_u + \overline{\Gamma}_{22}^2 p_v + \overline{N}\nu \end{cases} \tag{11.1}$$

とおくことができる．ここで $\overline{\Gamma}_{ij}^k$, $\overline{L}$, $\overline{M}$, $\overline{N}$ は (u, v) のある関数である．この $\overline{\Gamma}_{ij}^k$ がクリストッフェル記号 Γ_{ij}^k に等しく，$\overline{L}$, $\overline{M}$, $\overline{N}$ が第二基本量に等しいことを示せばよい．

単位法線ベクトル ν は p_u, p_v に直交する単位ベクトルであるから，(11.1) の各式の両辺に ν を内積すると，第二基本量の定義から $L = \overline{L}, M = \overline{M}, N = \overline{N}$ であることがわかる．

次に，$\overline{\Gamma}{}_{ij}^{k} = \Gamma_{ij}^{k}$ を示す．(11.1) の第1式の両辺に p_u を内積して，積の微分公式 $(p_u \cdot p_u)_u = 2p_{uu} \cdot p_u$ を用いれば，

$$\frac{1}{2} E_u = p_{uu} \cdot p_u = \overline{\Gamma}{}_{11}^{1} E + \overline{\Gamma}{}_{11}^{2} F$$

を得る．また $p_{uu} \cdot p_v = (p_u \cdot p_v)_u - \frac{1}{2}(p_u \cdot p_u)_v$ となるので，(11.1) の第1式の両辺に p_v を内積すれば

$$F_u - \frac{1}{2} E_v = \overline{\Gamma}{}_{11}^{1} F + \overline{\Gamma}{}_{11}^{2} G$$

となる．同様に (11.1) の第2式，第3式に p_u，p_v を内積すれば，

$$\frac{1}{2} E_v = \overline{\Gamma}{}_{12}^{1} E + \overline{\Gamma}{}_{12}^{2} F, \qquad \frac{1}{2} G_u = \overline{\Gamma}{}_{12}^{1} F + \overline{\Gamma}{}_{12}^{2} G,$$

$$F_v - \frac{1}{2} G_u = \overline{\Gamma}{}_{22}^{1} E + \overline{\Gamma}{}_{22}^{2} F, \qquad \frac{1}{2} G_v = \overline{\Gamma}{}_{22}^{1} F + \overline{\Gamma}{}_{22}^{2} G$$

を得る．これらをまとめて行列の形で表せば，

$$(11.2) \qquad \begin{pmatrix} E & F \\ F & G \end{pmatrix} \begin{pmatrix} \overline{\Gamma}{}_{11}^{1} & \overline{\Gamma}{}_{12}^{1} & \overline{\Gamma}{}_{22}^{1} \\ \overline{\Gamma}{}_{11}^{2} & \overline{\Gamma}{}_{12}^{2} & \overline{\Gamma}{}_{22}^{2} \end{pmatrix} = \frac{1}{2} \begin{pmatrix} E_u & E_v & 2F_v - G_u \\ 2F_u - E_v & G_u & G_v \end{pmatrix}$$

となるが，§7でみたように第一基本行列は正則行列であるから，その逆行列

$$\widehat{I}^{-1} = \begin{pmatrix} E & F \\ F & G \end{pmatrix}^{-1} = \frac{1}{EG - F^2} \begin{pmatrix} G & -F \\ -F & E \end{pmatrix}$$

を (11.2) の左から掛ければ，$\overline{\Gamma}{}_{ij}^{k}$ が Γ_{ij}^{k} に一致することがわかる． □

定理 11.2（ガウスの方程式） 助変数表示された曲面 $p(u, v)$ の第一基本量を E，F，G とすると，ガウス曲率 K は

$$(11.3) \quad K = \frac{E(E_v G_v - 2F_u G_v + (G_u)^2)}{4(EG - F^2)^2} + \frac{F(E_u G_v - E_v G_u - 2E_v F_v - 2F_u G_u + 4F_u F_v)}{4(EG - F^2)^2} + \frac{G(E_u G_u - 2E_u F_v + (E_v)^2)}{4(EG - F^2)^2} - \frac{E_{vv} - 2F_{uv} + G_{uu}}{2(EG - F^2)}$$

のように，第一基本量とその2階までの偏導関数で表される．

[証明] 命題 11.1 の証明より，クリストッフェルの記号は，

$$\Gamma_{11}^{1}E + \Gamma_{11}^{2}F = \frac{1}{2}E_u, \qquad \Gamma_{11}^{1}F + \Gamma_{11}^{2}G = F_u - \frac{1}{2}E_v$$

をみたす．ここで $p_{uuv}\cdot p_v = (p_{uu}\cdot p_v)_v - p_{uu}\cdot p_{vv}$ だから，命題 11.1 を用いて，

$$\begin{aligned} p_{uuv}\cdot p_v &= \{(\Gamma_{11}^{1}p_u + \Gamma_{11}^{2}p_v + L\nu)\cdot p_v\}_v \\ &\qquad - (\Gamma_{11}^{1}p_u + \Gamma_{11}^{2}p_v + L\nu)\cdot(\Gamma_{22}^{1}p_u + \Gamma_{22}^{2}p_v + N\nu) \\ &= (\Gamma_{11}^{1}F + \Gamma_{11}^{2}G)_v \\ &\qquad - (\Gamma_{11}^{1}E + \Gamma_{11}^{2}F)\Gamma_{22}^{1} - (\Gamma_{11}^{1}F + \Gamma_{11}^{2}G)\Gamma_{22}^{2} - LN \\ &= \left(F_u - \frac{1}{2}E_v\right)_v - \frac{1}{2}E_u\Gamma_{22}^{1} - \left(F_u - \frac{1}{2}E_v\right)\Gamma_{22}^{2} - LN \end{aligned}$$

となる．この式に (10.6) を代入して整理すれば，

$$p_{uuv}\cdot p_v = F_{uv} - \frac{1}{2}E_{vv} + \frac{E(E_vG_v - 2F_uG_v)}{4(EG-F^2)} + \frac{G(E_uG_u - 2E_uF_v)}{4(EG-F^2)} + \frac{F(E_uG_v + E_vG_u - 2F_uG_u - 2E_vF_v + 4F_uF_v)}{4(EG-F^2)} - LN \tag{11.4}$$

を得る．同様に $p_{uvu}\cdot p_v = (p_{uv}\cdot p_v)_u - p_{uv}\cdot p_{uv}$ より，

$$p_{uvu}\cdot p_v = \frac{1}{2}G_{uu} - \frac{EG_u^2 - 2FE_vG_u + GE_v^2}{4(EG-F^2)} - M^2 \tag{11.5}$$

となるが，$p_{uuv} = p_{uvu}$ であるから，(11.4) と (11.5) の右辺は等しい．このことから，$LN - M^2$ を E, F, G で表す式が得られる．ここで (8.6) よりガウス曲率は $K = (LN - M^2)/(EG - F^2)$ なので，求めた $LN - M^2$ の両辺を $EG - F^2$ で割れば，結論が得られる． □

測地的極座標 ガウス－ボンネの定理の証明を行う際にガウス曲率を第一基本量で表現する公式 (11.3) が必要となるが，この式は非常に複雑な形をしている．そこで，まずガウス曲率が簡単な式で表されるような，曲面上の特別な座標を考えよう．

平面 $\boldsymbol{R}^2$ の極座標とは，2 つの実数の組 (r, θ) $(r > 0)$ に対して，原点からの距離が r，x 軸の正の部分から測った角が θ となる点を対応させるものである．これと同様に，曲面に 1 点 P を固定し，P で曲面に接し，互いに直交する単位ベクトル $\boldsymbol{e}_1, \boldsymbol{e}_2$ をとる．このとき，この点のまわりの曲面の

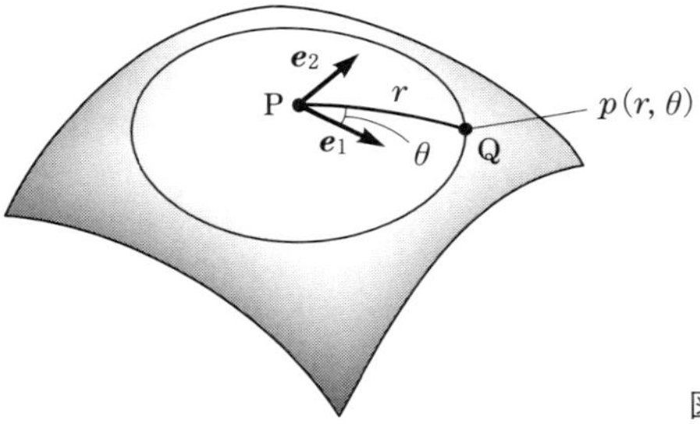

図 11.1　測地的極座標

測地的極座標とは，実数の組 $(r,\theta)\,(r>0)$ に対して，次のような曲面上の点Qを一意的に対応させるものである（図 11.1）.

- P から Q に長さ r の測地線を引くことができる.
- その測地線の，点 P における接ベクトルと $\boldsymbol{e}_1$ のなす角は θ である.

十分小さい r の範囲で，このような座標系が存在する（この事実の証明は，この節の最後に行う）.

曲面を点 P のまわりの測地的極座標で $p=p(r,\theta)$ と助変数表示する．このとき θ を1つ固定すると，$p(s,\theta)$ は $s=0$ で P を通り，s を弧長パラメータとする測地線になっている.

補題 11.3　測地的極座標による曲面の助変数表示 $p(r,\theta)$ に対して

$$p_r\cdot p_r=1,\quad p_r\cdot p_\theta=0,\quad \lim_{r\to+0}\frac{p_\theta\cdot p_\theta}{r^2}=1\qquad\left(p_r=\frac{\partial p}{\partial r},\quad p_\theta=\frac{\partial p}{\partial \theta}\right)$$

が成り立つ.

［証明］　角 θ を固定すれば，$r\longmapsto p(r,\theta)$ は r を弧長パラメータとする測地線であるから，第1式は明らか.

ここで $p(0,\theta)=\mathrm{P}$（一定），また $p_r(0,\theta)$ は測地線 $r\longmapsto p(r,\theta)$ の $r=0$ における接ベクトルであるから，

$$p_\theta(0,\theta)=0,\qquad p_r(0,\theta)=(\cos\theta)\,\boldsymbol{e}_1+(\sin\theta)\,\boldsymbol{e}_2$$

である（$\boldsymbol{e}_1,\boldsymbol{e}_2$ は測地的極座標の定義のときに用いた単位ベクトルとする）．このことを用いて第2式，第3式を示そう．いま，$p_r\cdot p_r=1$ であるから

$$(p_r\cdot p_\theta)_r = p_{rr}\cdot p_\theta + p_r\cdot p_{\theta r} = p_{rr}\cdot p_\theta + \frac{1}{2}(p_r\cdot p_r)_\theta = p_{rr}\cdot p_\theta$$

である．$r\longmapsto p(r,\theta)$ は測地線であるから，p_{rr} は曲面の法線ベクトルの方向を向いているので $p_{rr}\cdot p_\theta=0$ となり，θ を固定したとき $p_r\cdot p_\theta$ は r によらず一定となる．したがって

$$p_r(r,\theta)\cdot p_\theta(r,\theta) = p_r(0,\theta)\cdot p_\theta(0,\theta) = 0$$

となり，第2式が得られる．

さらに $p(r,\theta)$ は (r,θ) に関してなめらか（C^∞ 級）であるから，ロピタルの定理（付録Aの定理 A-1.3）を2回用いて

$$\begin{aligned}\lim_{r\to+0}\frac{p_\theta\cdot p_\theta}{r^2} &= \lim_{r\to+0}\frac{p_{r\theta}\cdot p_\theta}{r}\\ &= \lim_{r\to+0}(p_{rr\theta}\cdot p_\theta + p_{r\theta}\cdot p_{r\theta}) = \lim_{r\to+0} p_{r\theta}\cdot p_{r\theta}\\ &= (-\sin\theta\,\boldsymbol{e}_1 + \cos\theta\,\boldsymbol{e}_2)\cdot(-\sin\theta\,\boldsymbol{e}_1 + \cos\theta\,\boldsymbol{e}_2) = 1\end{aligned}$$

となり，第3式が得られる．ただし，ここで $\lim_{r\to+0} p_\theta(r,\theta)=0$ を用いた． □

測地的極座標 (r,θ) によって助変数表示されている曲面 $p=p(r,\theta)$ に対して，

$$h(r,\theta) := \sqrt{p_\theta(r,\theta)\cdot p_\theta(r,\theta)} \tag{11.6}$$

によって定義される関数 h は補題 11.3 より

$$\lim_{r\to+0}\frac{h}{r}=1 \qquad \text{したがって} \qquad \lim_{r\to+0} h_r = 1 \tag{11.7}$$

をみたす．この h を用いると，$p(r,\theta)$ の第一基本量は

$$E = p_r\cdot p_r = 1, \qquad F = p_r\cdot p_\theta = 0, \qquad G = p_\theta\cdot p_\theta = h^2 \tag{11.8}$$

となるので，第一基本形式は，

$$ds^2 = dr^2 + h^2\,d\theta^2 \tag{11.9}$$

と書ける．式 (11.8) を (11.3) に代入すると，ガウス曲率は

$$K = -\frac{h_{rr}}{h} \tag{11.10}$$

と表される．また，式 (7.14) を用いて，面積要素 dA は

$$dA = h\,dr\,d\theta \tag{11.11}$$

で与えられる.

式 (10.8) に (10.6), (11.8) を代入すると, 曲面 $p(r,\theta)$ 上の曲線 $\gamma(s) = p(r(s),\theta(s))$ が測地線であるための必要十分条件は,

$$
(11.12)\qquad \begin{cases} r'' - h\,h_r(\theta')^2 = 0\,, \\ \theta'' + 2\,\dfrac{h_r}{h}\,r'\theta' + \dfrac{h_\theta}{h}(\theta')^2 = 0 \end{cases} \qquad \left({}' = \frac{d}{ds}\right)
$$

をみたすことであることがわかる. これを用いて次の補題を示すことができる.

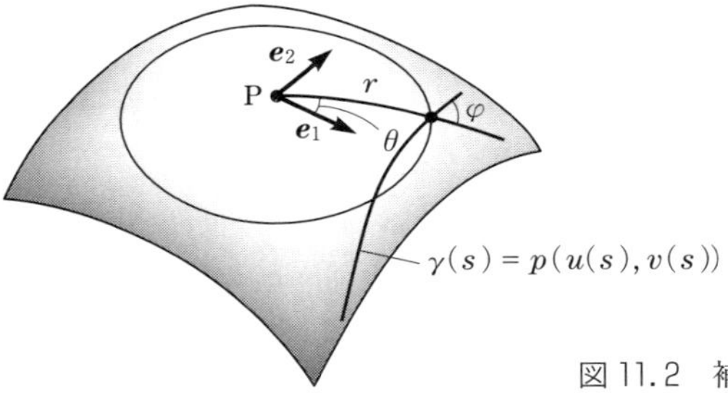

図 11.2　補題 11.4 の角 φ

補題 11.4　測地的極座標表示された曲面 $p(r,\theta)$ に対し, 弧長によりパラメータづけられた (必ずしも原点を通るとは限らない) 測地線 $\gamma(s)$ の速度ベクトル $\gamma'(s)$ とベクトル p_r が ($\boldsymbol{R}^3$ において) なす角を $\varphi(s)$ とすると $\varphi' = -\theta' h_r$ が成り立つ (図 11.2 参照). ただし, h は (11.6) で定義される関数である.

[証明]　式 (11.8) より $F=0$ なので, p_r と p_θ/h は曲面の接平面の正規直交基底をなすことがわかる. よって, 曲面に接する任意の単位ベクトルは

$$
(\cos\varphi)\,p_r + \left(\frac{\sin\varphi}{h}\right)p_\theta
$$

と書ける. 補題での「なす角」とは, この φ のことである (図 11.2).

ところで, $\gamma(s) = p(r(s),\theta(s))$ とおくと, $\gamma' = r'p_r + \theta' p_\theta$ だから角度 φ の定義より

$$r' = \cos\varphi, \qquad \theta' = \frac{1}{h}\sin\varphi \tag{11.13}$$

となる．測地線の方程式 (11.12) の第 1 式より

$$0 = (\cos\varphi)' - hh_r\frac{1}{h^2}\sin^2\varphi = -(\varphi' + h_r\theta')\sin\varphi$$

となるから，$\sin\varphi \neq 0$ ならば結論の式が成り立つことがわかる．$\sin\varphi(s) = 0$ となるような $s = s_0$ についても，s_0 が $\sin\varphi(s_n) \neq 0$ となるような数列 $\{s_n\}$ の極限となる場合には，関数 $\varphi(s)$ の連続性より結論の式が成り立つ．一方，s_0 を含む開区間で $\sin\varphi(s) = 0$ が成り立つ場合は，この区間で φ は定数なので $\varphi' = 0$．また，(11.13) より $\theta' = 0$ なので結論が成り立つ． □

ガウス - ボンネの定理の証明　以上の準備のもと，測地三角形に関するガウス - ボンネの定理（定理 10.6）の証明を行う．

必要ならば，測地三角形をさらに小さい測地三角形に分割して，各々の小三角形が，その 1 つの頂点を中心とする測地的極座標系に含まれるようにすることができる[1)]．このような小三角形に対して，ガウス - ボンネの定理が成り立つことを証明すれば，それらの総和をとることにより，一般の測地三角形に対しても，ガウス - ボンネの定理が成り立つことを示すことができる (図 11.3)．

そこで，以下，点 A のまわりの測地的極座標で曲面を $p(r, \theta)$ と助変数表示したとき，測地三角形 △ABC は，この助変数表示が定める領域の p による像に含まれているものとする．

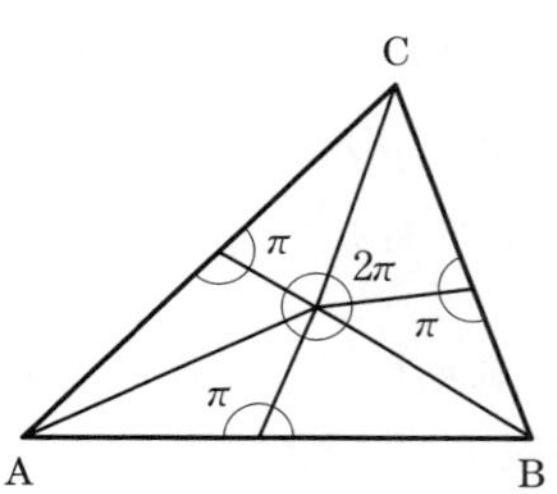

図 11.3

角 A の内角は ∠A であるから，B，C の座標は，それぞれ $(r_{\mathrm{B}}, 0)$，$(r_{\mathrm{C}}, \angle\mathrm{A})$ であるとして一般性を失わない．ただし，r_{B}，r_{C} は辺 AB，AC の長さである．測地的極座標の定義から，

1) このことは明らかのように思えるが，証明を必要とする事実である．§17 で証明を与える．

任意の θ を固定すれば，$s \longmapsto p(s,\theta)$ は点 A を通る測地線となる．とくに，$s \longmapsto p(s,0)$ は辺 AB，$s \longmapsto p(s,\angle\mathrm{A})$ は辺 AC を表す測地線である．

辺 BC は測地線であるが，それを

$$\gamma(s) = \gamma_{\mathrm{BC}}(s) = p(r(s),\theta(s)) \qquad (0 \leqq s \leqq l)$$

と弧長によってパラメータ表示しておく．ただし，l は辺 BC の長さで，$\gamma_{\mathrm{BC}}(0) = \mathrm{B}$，$\gamma_{\mathrm{BC}}(l) = \mathrm{C}$ とする．すると，以下の理由により各 s に対して $\theta'(s) \neq 0$ が成り立ち，θ は単調増加関数となる．

実際，もし $\theta'(s_0) = 0$ となる s_0 が存在するならば，この点で辺 BC は点 A を通る測地線 $s \longmapsto p(s,\theta(s_0))$ と接するが，測地線の一意性（109～110 ページ参照）より，これら 2 つの曲線は一致しなければならない．とくに測地線 γ_{BC} は A を通らなければならないが，これは不可能である．したがって $\theta(s)$ は単調関数であり，とくに，$\theta(0) = 0$，$\theta(l) = \angle\mathrm{A}$ であるから，単調増加である．

とくに逆関数定理（付録 A-1 の定理 A-1.5）より，$\theta = \theta(s)$ の逆関数 $s = s(\theta)$ が存在するから，辺 BC は $r\theta$ 平面上の $r = r(\theta)$ のグラフとして表すことができる．したがって，$\triangle\mathrm{ABC}$ は $r\theta$ 平面上の集合

$$\{(r,\theta) \mid 0 \leqq r \leqq r(\theta),\, 0 \leqq \theta \leqq \angle\mathrm{A}\}$$

の像になることがわかる．これを用いて (11.10)，(11.11) と (11.7) から

$$\begin{aligned}
\iint_{\triangle\mathrm{ABC}} K\,dA &= -\iint_{\triangle\mathrm{ABC}} h_{rr}\,dr\,d\theta = -\int_0^{\angle\mathrm{A}} d\theta \int_0^{r(\theta)} h_{rr}\,dr \\
&= -\int_0^{\angle\mathrm{A}} \Big[h_r\Big]_{r=0}^{r=r(\theta)} d\theta \\
&= -\int_0^{\angle\mathrm{A}} \{\, h_r(r(\theta),\theta) - h_r(0,\theta)\,\}\,d\theta \\
&= -\int_0^{\angle\mathrm{A}} \{\, h_r(r(\theta),\theta) - 1\,\}\,d\theta \\
&= \angle\mathrm{A} - \int_0^{\angle\mathrm{A}} h_r(r(\theta),\theta)\,d\theta
\end{aligned}$$

を得る．ここで，測地線 $\gamma = \gamma_{\mathrm{BC}}$ について，補題 11.4 のように φ をとると $h_r = -\varphi'/\theta'$ であるから，パラメータ変換 $s = s(\theta)$ により φ を θ の関数と

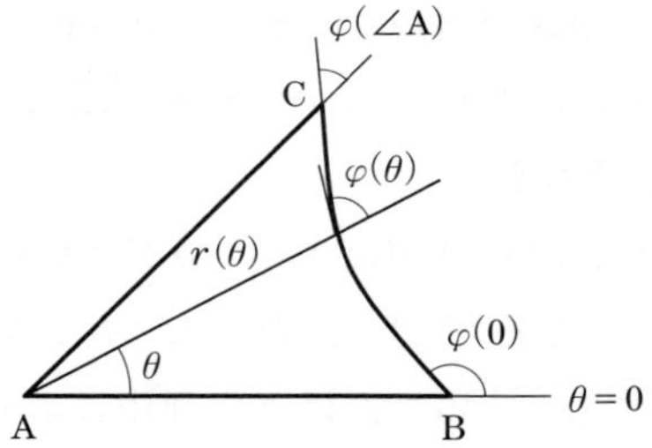

図 11.4

みなせば

$$\iint_{\triangle ABC} K\,dA = \angle A + \int_0^{\angle A} \frac{d\varphi}{d\theta}\,d\theta = \angle A + \varphi(\angle A) - \varphi(0)$$

である．ここで，頂点 B における内角 ∠B は $\pi - \varphi(0)$，頂点 C における内角 ∠C は $\varphi(\angle A)$ に等しい（図 11.4）．以上より

$$\begin{aligned}\iint_{\triangle ABC} K\,dA &= \angle A + \varphi(\angle A) - \varphi(0)\\ &= \angle A + \angle C - (\pi - \angle B) = \angle A + \angle B + \angle C - \pi\end{aligned}$$

となり，ガウス－ボンネの定理が得られた．

測地的極座標の存在　ここでは，125 ページに述べた，測地的極座標の存在を証明する．曲面上の点 P を 1 つ固定する．必要なら曲面に回転と平行移動をほどこして，点 P を原点，P における曲面の接平面が xy 平面であるとする．すると，§8 の定理 8.7 の証明でみたように，曲面は $p(u, v) = (u, v, f(u, v))$ と $z = f(x, y)$ のグラフで表され，第一基本量は

$$E(0, 0) = G(0, 0) = 1, \qquad F(0, 0) = 0$$

をみたす．

このとき $p_u(0, 0) = (1, 0, 0)$ と $p_v(0, 0) = (0, 1, 0)$ は点 P で曲面に接し，互いに直交する単位ベクトルであり，P で曲面に接するベクトル $\boldsymbol{w}$ は

$$\boldsymbol{w} = (\xi, \eta, 0) = \xi\, p_u(0, 0) + \eta\, p_v(0, 0) \qquad (\xi, \eta \in \boldsymbol{R}) \tag{11.14}$$

と，$p_u(0, 0), p_v(0, 0)$ の一次結合で一意的に表すことができる．いま，$t = 0$ で点 P を通り，速度ベクトルが $\boldsymbol{w}$ となるような曲面上の測地線を

$$\gamma(t\,;\boldsymbol{w}) = p(u(t\,;\xi,\eta),\, v(t\,;\xi,\eta))$$

と表すと，$u(t) = u(t\,;\xi,\eta)$, $v(t) = v(t\,;\xi,\eta)$ は測地線の微分方程式(10.9)の解で，初期条件

$$(11.15) \qquad (u(0),\, v(0),\, \dot{u}(0),\, \dot{v}(0)) = (0, 0, \xi, \eta)$$

をみたすものである．

補題 11.5 測地線が $\gamma(t\,;\boldsymbol{w}) = p(u(t\,;\xi,\eta),\, v(t\,;\xi,\eta))$ と与えられるとき，任意の定数 c に対して

$$u(ct\,;\xi,\eta) = u(t\,;c\xi, c\eta), \qquad v(ct\,;\xi,\eta) = v(t\,;c\xi, c\eta)$$

すなわち，$\gamma(ct\,;\boldsymbol{w}) = \gamma(t\,;c\boldsymbol{w})$ が成り立つ．

［証明］ $\hat{u}(t) := u(ct\,;\xi,\eta)$, $\hat{v}(t) := v(ct\,;\xi,\eta)$ とおくと

$$\frac{d\hat{u}}{dt}(t) = c\,\frac{du}{dt}(ct\,;\xi,\eta), \qquad \frac{d^2\hat{u}}{dt^2}(t) = c^2\,\frac{d^2u}{dt^2}(ct\,;\xi,\eta),$$

$$\frac{d\hat{v}}{dt}(t) = c\,\frac{dv}{dt}(ct\,;\xi,\eta), \qquad \frac{d^2\hat{v}}{dt^2}(t) = c^2\,\frac{d^2v}{dt^2}(ct\,;\xi,\eta)$$

となるから，$\hat{u}(t)$, $\hat{v}(t)$ もまた測地線の方程式 (10.8) の解である．また，$u(t) := u(t\,;c\xi, c\eta)$, $v(t) := v(t\,;c\xi, c\eta)$ も同じ初期条件 $(0, 0, c\xi, c\eta)$ をもつ (10.8) の解であるから，常微分方程式の解の一意性（付録 A-2 の定理 A-2.1）より $\hat{u}(t) = u(t\,;c\xi, c\eta)$, $\hat{v}(t) = v(t\,;c\xi, c\eta)$ を得る． □

補題 11.6 ある正の数 ε が存在して，$\xi^2 + \eta^2 < \varepsilon^2$ をみたす任意の $(\xi,\eta) \in \boldsymbol{R}^2$ に対して，測地線の微分方程式 (10.9) の初期条件 (11.15) をみたす解 $u(t\,;\xi,\eta)$, $v(t\,;\xi,\eta)$ は区間 $[0, 1]$ を含む t の範囲で定義できる．

［証明］ 常微分方程式の基本定理（付録 A-2 の定理 A-2.1）より，十分小さい正の数 $\tilde{\varepsilon}, \delta$ が存在して $\xi^2 + \eta^2 < \tilde{\varepsilon}^2$ ならば $u(t\,;\xi,\eta)$, $v(t\,;\xi,\eta)$ が $-\delta < t < \delta$ の範囲で定義されているようにできる．ここで $\tilde{\delta} := \delta/2$, $\varepsilon := \tilde{\varepsilon}\tilde{\delta}$ とおき，$\xi^2 + \eta^2 < \varepsilon^2$ をみたす (ξ,η) をとれば，$(\xi/\tilde{\delta})^2 + (\eta/\tilde{\delta})^2 < \tilde{\varepsilon}^2$ だから $u(t\,;\xi/\tilde{\delta}, \eta/\tilde{\delta})$, $v(t\,;\xi/\tilde{\delta}, \eta/\tilde{\delta})$ は $-\delta < t < \delta$ で定義されているので，とくに $0 \leqq t \leqq \tilde{\delta}$ の範囲で定義されている．一方，補題 11.5 より

$$u(t\,;\xi,\eta)=u\left(\tilde{\delta}t\,;\frac{\xi}{\tilde{\delta}},\frac{\eta}{\tilde{\delta}}\right),\qquad v(t\,;\xi,\eta)=v\left(\tilde{\delta}t\,;\frac{\xi}{\tilde{\delta}},\frac{\eta}{\tilde{\delta}}\right)$$

であるが，それぞれの右辺は $0\leqq\tilde{\delta}t\leqq\tilde{\delta}$ の範囲で定義されているので $u(t\,;\xi,\eta)$, $v(t\,;\xi,\eta)$ は $0\leqq t\leqq 1$ で定義される． □

補題 11.6 で得られた正の数 ε をとれば，$\xi\eta$ 平面の領域 $D_\varepsilon:=\{(\xi,\eta)\in\boldsymbol{R}^2\mid\xi^2+\eta^2<\varepsilon^2\}$ から uv 平面への写像

(11.16) $\varphi_{\mathrm{P}}:(\xi,\eta)\longmapsto\varphi_{\mathrm{P}}(\xi,\eta)=(u,v)=(u(1\,;\xi,\eta),v(1\,;\xi,\eta))$

が定まる．これは，(ξ,η) に対して $\xi\,p_u(0,0)+\eta\,p_v(0,0)$ を初速度にもつ測地線の $t=1$ での点を対応させる写像である[2)]．

命題 11.7 (11.16) で定義される写像 φ_{P} は，$\xi\eta$ 平面の原点の十分小さい近傍から uv 平面の原点の近傍への微分同相写像を与える．

[証明] 補題 11.5 と (11.15) より

$$\frac{\partial u}{\partial\xi}(0,0)=\left.\frac{d}{dt}\right|_{t=0}u(1\,;t,0)=\left.\frac{d}{dt}\right|_{t=0}u(t\,;1,0)=1,$$

$$\frac{\partial u}{\partial\eta}(0,0)=\left.\frac{d}{dt}\right|_{t=0}u(1\,;0,t)=\left.\frac{d}{dt}\right|_{t=0}u(t\,;0,1)=0.$$

同様に $v_\xi(0,0)=0$, $v_\eta(0,0)=1$ となるので，φ_{P} の $(0,0)$ におけるヤコビ行列は単位行列となり，逆関数定理（付録 A-1 の定理 A-1.5）から結論を得る． □

上の証明から，(ξ,η) は曲面の点 P のまわりでの座標系を与えている[3)]．これに対応する極座標 (r,θ) をとる．つまり

$$\xi=r\cos\theta,\qquad\eta=r\sin\theta$$

とおくと，(11.16) より

$$\varphi_{\mathrm{P}}(r\cos\theta,r\sin\theta)=(u(r\,;\cos\theta,\sin\theta),v(r\,;\cos\theta,\sin\theta))$$

なので，uv 平面上の曲線 $r\longmapsto\varphi_{\mathrm{P}}(r\cos\theta,r\sin\theta)$ は測地線で，曲面上の点

---

2) 写像 φ_P は**指数写像**とよばれ，“$\mathrm{Exp}_{\mathrm{P}}$” という記号で書かれることが多い．たとえば参考文献 [17] の第 II 章 § 2 を参照せよ．

3) この座標系を**正規座標系**という．

P において $p_u(0,0)$ と角度 θ をなす．したがって，(r,θ) はこの節のはじめで述べた測地的極座標になる．

ガウス曲率の幾何学的意味*

曲面上の 1 点 P を中心とする測地的極座標 (r,θ) を考える．十分小さい正の数 r に対して，P を中心とする半径 r の**測地円**とは，(r,θ) $(0 \leqq \theta < 2\pi)$ に対応する曲面上の曲線である．平面上の半径 r の円の周長は $2\pi r$，円で囲まれる領域の面積は πr^2 であるが，一般の曲面では次が成り立つ．

定理　曲面上の点 P を中心とする半径 r の測地円の長さを $\mathscr{L}(r)$，その測地円で囲まれる曲面上の領域の面積を $\mathscr{A}(r)$ と書くとき，

$$K(\mathrm{P}) = \lim_{r\to+0}\frac{3}{\pi}\left(\frac{2\pi r - \mathscr{L}(r)}{r^3}\right) = \lim_{r\to+0}\frac{12}{\pi}\left(\frac{\pi r^2 - \mathscr{A}(r)}{r^4}\right)$$

が成り立つ．ただし，$K(\mathrm{P})$ は点 P における曲面のガウス曲率である．

この定理から，曲面の測地円の長さや囲む面積を，同じ半径の平面上の円と比較することで，ガウス曲率を表す式が得られたことになる．

［証明］　測地的極座標 (r,θ) に関する第一基本形式を (11.9) のように表しておくと，

$$\mathscr{L}(r) = \int_0^{2\pi} h(r,\theta)\,d\theta$$

であるが，(11.7) より $\displaystyle\lim_{r\to+0} h(r,\theta) = 0$ だから，ロピタルの定理（付録 A-1 の定理 A-1.3）より

$$\begin{aligned}\lim_{r\to+0}\frac{2\pi r - \mathscr{L}(r)}{r^3} &= \lim_{r\to+0}\frac{1}{r^3}\left(2\pi r - \int_0^{2\pi} h(r,\theta)\,d\theta\right)\\ &= \lim_{r\to+0}\frac{1}{3r^2}\left(2\pi - \int_0^{2\pi} h_r(r,\theta)\,d\theta\right)\end{aligned}$$

である．これも不定形の極限であるから，再びロピタルの定理を用いれば (11.10) より

$$\lim_{r\to+0}\frac{2\pi r - \mathscr{L}(r)}{r^3} = \lim_{r\to+0}\frac{1}{6r}\left(-\int_0^{2\pi} h_{rr}(r,\theta)\,d\theta\right)$$

$$= \lim_{r \to +0} \frac{1}{6} \left(\int_0^{2\pi} K(r, \theta) \, \frac{h(r, \theta)}{r} \, d\theta \right)$$

となる．ここで (11.7) を用いれば結論が得られる．第 2 の等式は

$$\mathscr{A}(r) = \int_0^r dr \int_0^{2\pi} h(r, \theta) \, d\theta$$

にロピタルの定理を 3 回適用すれば同様にして得られる． □

問　題

1. 弧長をパラメータとする空間曲線 $\gamma(s)$ $(a \leqq s \leqq b)$ の曲率関数 $\kappa(s)$ は正であるとする．いま，$\boldsymbol{e}(s)$, $\boldsymbol{n}(s)$, $\boldsymbol{b}(s)$ をそれぞれ γ の単位接ベクトル，主法線ベクトル，従法線ベクトルとする（§5 参照）．

（1） $\tau(s)$ を γ の捩率関数とし，$\boldsymbol{d}(s) := (\tau(s)/\kappa(s))\boldsymbol{e}(s) + \boldsymbol{b}(s)$ とおくと，

$$f(s, t) = \gamma(s) + t\,\boldsymbol{d}(s) \qquad (a \leqq s \leqq b, \ \ |t| \leqq \varepsilon)$$

で与えられる写像は，十分小さな $\varepsilon > 0$ に対して正則曲面 S を定め，さらにそのガウス曲率が 0 であることを示せ．（比 τ/κ の幾何学的意味については § 10 の問題 **12** を参照せよ.）

（2） $\gamma(s)$ は，曲面 S の測地線になっていることを示せ．

第III章*
多様体論的立場からの曲面論

いままでの章で，曲線・曲面の話題を紹介してきたが，多様体論的な立場から曲面を眺めると，さらに広い視野が開けてくる．この章では，平均曲率一定曲面に関するホップの定理（定理16.4）を目標に，今後，多様体の勉強を志す読者と，多様体論をすでに学んだ読者のために，曲面論の進んだ話題を紹介する．

まず，§12では微分形式の復習をし，§13でそれを利用して，2次元多様体上のガウス－ボンネの定理を証明する．その応用として§14では，コンパクトで向きづけられた2次元多様体上のベクトル場の指数公式を証明し，曲面の臍点の指数について触れる．§15では曲面上の等温座標の存在を示す．また§16で（付録B－9で証明する）曲面論の基本定理に必要なガウス方程式とコダッチ方程式を紹介する．§17では，曲面の測地三角形分割の存在証明を与える．最後に§18では，サイクロイドの最速降下性の証明を行う．

この章では，読者に対して，多様体上のベクトル場，微分形式，外積，外微分についての知識を仮定するが，これらについては，巻末に挙げた参考文献を参照されたい．

§ 12.　微分形式

2次元可微分多様体 S 上の実数値0次，1次，2次微分形式の全体をそれぞれ $\mathscr{A}^0(S)$, $\mathscr{A}^1(S)$, $\mathscr{A}^2(S)$ と書く．とくに，$\mathscr{A}^0(S)$ は，S 上の C^∞ 級関数全体の集合 $C^\infty(S)$ と一致する．これらの間に，外微分作用素とよばれる以下の線形写像が定義されている：

$$d = d_0:\quad \mathscr{A}^0(S) \longrightarrow \mathscr{A}^1(S), \qquad d = d_1:\quad \mathscr{A}^1(S) \longrightarrow \mathscr{A}^2(S).$$

とくに，d_0 は，§7で定義した外微分 d と同じものである．

多様体 S 上のなめらかなベクトル場全体の集合を $\mathfrak{X}^\infty(S)$ と書く．すると，1次微分形式とは

$$\alpha(fX) = f\,\alpha(X) \qquad (f \in C^\infty(s),\ \ X \in \mathfrak{X}^\infty(S))$$

をみたす線形写像 $\alpha : \mathfrak{X}^\infty(S) \longrightarrow C^\infty(S)$ のことであり，2次微分形式は

$$\beta(X, Y) = -\beta(Y, X),$$
$$\beta(fX, Y) = \beta(X, fY) = f\beta(X, Y) \qquad (f \in C^\infty(S),\ \ X, Y \in \mathfrak{X}^\infty(S))$$

をみたす双線形写像 $\beta : \mathfrak{X}^\infty(S) \times \mathfrak{X}^\infty(S) \longrightarrow C^\infty(S)$ のことである．このことを用いて1次微分形式 α, β の**外積**（**ウェッジ積**ともいう）$\alpha \wedge \beta$ を次で定義する[1)]：

$$(12.1)\quad (\alpha \wedge \beta)(X, Y) := \alpha(X)\beta(Y) - \alpha(Y)\beta(X) \quad (X, Y \in \mathfrak{X}^\infty(S)).$$

すると，1次微分形式 $\alpha \in \mathscr{A}^1(S)$ の外微分は

$$(12.2)\quad d\alpha(X, Y) = X\,\alpha(Y) - Y\,\alpha(X) - \alpha([X, Y]) \quad (X, Y \in \mathfrak{X}^\infty(S))$$

をみたす線形写像 $d : \mathscr{A}^1(S) \longrightarrow \mathscr{A}^2(S)$ として特徴づけられ[2)]，外微分の公式

$$(12.3)\qquad d(f\alpha) = df \wedge \alpha + f\,d\alpha \qquad (f \in C^\infty(S))$$

を示すことができる（節末の問題**1**）．ただし，$[X, Y]$ はベクトル場 X, Y

---

1)　外積を，この全体に1/2を掛けたものとして定義する流儀もあるので，他の書物を参照するときは注意されたい．

2)　外積の定義として脚注1)に述べたような流儀を採用すると，(12.2)の右辺全体に1/2が掛かる．

の交換子積（かっこ積ともいう．参考文献[13]の第5章参照）を表す．

2次元多様体Sが**向きづけ可能**であるとは，S上で定義された2次微分形式ωで，零点をもたないものが存在するときをいう．このようなωを1つ固定することを，Sに**向きを指定する**という．Sの局所座標系$(U;(u,v))$が**正に向きづけられている**とは，U上で

$$\omega = \lambda\, du \wedge dv \tag{12.4}$$

と表したとき$\lambda > 0$となるときをいい，$\lambda < 0$のとき，**負に向きづけられている**という．座標(u, v)の順番を入れ替えれば，座標の正負が逆転する．正の局所座標系同士の座標変換のヤコビ行列式は正となる（節末の問題**5**参照）．

さて，多様体Sが向きづけられており，さらにリーマン計量[3] ds^2が与えられているとき，(S, ds^2)を**向きづけられたリーマン多様体**という[4]．$(U;(u,v))$をSの正に向きづけられた局所座標系とし，$\{\boldsymbol{e}_1, \boldsymbol{e}_2\}$を$U$上で定義された正の向き[5]の正規直交基底の場とする[6]（節末の問題**3**参照）．さらに，$\{\omega_1, \omega_2\}$をU上の2つの1次微分形式の組で，$\omega_j(\boldsymbol{e}_k) = \delta_{jk}$（クロネッカーのデルタ）をみたすもの，すなわち，$\{\boldsymbol{e}_1, \boldsymbol{e}_2\}$の双対（そうつい）基底の場とする（節末の問題**4**）．これらの外積を

$$d\widehat{A} := \omega_1 \wedge \omega_2 \tag{12.5}$$

とおくと，これは，正規直交基底の場のとり方によらない．このことは，$\{\tilde{\boldsymbol{e}}_1, \tilde{\boldsymbol{e}}_2\}$をもう1組の正の向きの正規直交基底の場，$\{\widetilde{\omega}_1, \widetilde{\omega}_2\}$をその双対基底の場とすると，各点ごとに実数$\theta \in [0, 2\pi)$が存在して

$$\begin{cases} (\tilde{\boldsymbol{e}}_1, \tilde{\boldsymbol{e}}_2) = (\boldsymbol{e}_1, \boldsymbol{e}_2)\begin{pmatrix} \cos\theta & -\sin\theta \\ \sin\theta & \cos\theta \end{pmatrix}, \\ \begin{pmatrix} \widetilde{\omega}_1 \\ \widetilde{\omega}_2 \end{pmatrix} = \begin{pmatrix} \cos\theta & \sin\theta \\ -\sin\theta & \cos\theta \end{pmatrix}\begin{pmatrix} \omega_1 \\ \omega_2 \end{pmatrix} \end{cases} \tag{12.6}$$

---

3) $\boldsymbol{R}^3$の曲面の場合は，第一基本形式がリーマン計量を与える．

4) リーマン多様体の基本的な事柄は参考文献[17]を参照せよ．

5) (12.4)で表されるωに対して$\omega(\boldsymbol{e}_1, \boldsymbol{e}_2) > 0$となるとき，$\{\boldsymbol{e}_1, \boldsymbol{e}_2\}$を**正の基底**という．

6) 各点で基底を与えるベクトルの組を**基底の場**という．

が成り立つことからわかる（節末の問題**6**）．この $d\widehat{A}$ をリーマン多様体 (S, ds^2) の（向きづけられた）**面積要素**という．局所座標系 (u, v) を用いれば，リーマン計量は

$$ds^2 = E\,du^2 + 2F\,du\,dv + G\,dv^2$$

という形に表すことができる[7]．このとき

$$d\widehat{A} = \sqrt{EG - F^2}\,du \wedge dv \tag{12.7}$$

と表される（節末の問題**7**）．第Ⅱ章の (7.14) では

$$dA = \sqrt{EG - F^2}\,du\,dv$$

のことを曲面の面積要素とよんだが，これは多様体でも意味をもち，（$d\widehat{A}$ と区別して）S 上の**向きによらない面積要素**とよぶ．

多様体 S がコンパクトであるとき，関数 $f \in C^\infty(S)$ に対して，積分

$$\int_S f\,dA$$

が定義される[8]．この定義は S が向きづけ可能でなくても有効である．S が向きづけられているときは，0 にならない 2 次微分形式 $d\widehat{A}$ が存在するから，任意の 2 次微分形式 Ω は，関数 f を用いて $\Omega = f\,d\widehat{A}$ と書くことができる．そこで Ω の S 上における積分を

$$\int_S \Omega := \int_S f\,dA \tag{12.8}$$

---

7) $du^2, dv^2, du\,dv$ は，1 次微分形式の対称積を表している．一般に 1 次微分形式 $\alpha, \beta \in \mathscr{A}^1(S)$ に対して対称積は $(\alpha\beta)(X, Y) := 1/2\{\alpha(X)\beta(Y) + \alpha(Y)\beta(X)\}$ で定義する．ただし，$X, Y \in \mathfrak{X}^\infty(S)$ である．

8) 正確には，コンパクト多様体 S の有限個の局所座標系 $(U_j; (u_j, v_j))$ $(j = 1, 2, \cdots, N)$ による被覆と，その上の 1 の分割 $\{\rho_j\}_{j=1}^N$ をとる．すなわち，各 ρ_j は S 上の非負値 C^∞ 関数で，U_j の外で 0 であり，$\sum_{j=1}^N \rho_j = 1$ をみたす．このとき

$$\int_S f\,dA := \sum_{j=1}^N \iint_{U_j} \rho_j f \sqrt{E_j G_j - F_j^2}\,du_j\,dv_j$$

と定義する．ただし，座標系 (u_j, v_j) に関して，リーマン計量は $ds^2 = E_j\,du_j^2 + 2F_j\,du_j\,dv_j + G_j\,dv_j^2$ と表されているものとする．

で定義する[9]．また，Sの局所座標系$(U; (u, v))$内のなめらかな曲線$\gamma(t) = (u(t), v(t))$ $(a \leqq t \leqq b)$ 上の 1 次微分形式$\alpha = f\,du + g\,dv$ $(f, g \in C^\infty(U))$の**線積分**とは，次で与えられる値である：

$$(12.9)\qquad \int_\gamma \alpha := \int_a^b \left\{ f(u(t), v(t))\frac{du}{dt} + g(u(t), v(t))\frac{dv}{dt} \right\} dt.$$

この定義は，γの助変数のとり方およびSの局所座標系のとり方によらない．したがって，γがS上の区分的になめらかな曲線の場合にも，γを分割して各部分がなめらかで1つの座標近傍に含まれるようにすると，それらの線積分の総和として，線積分$\int_\gamma \alpha$が定義される．このとき，次が成り立つ．

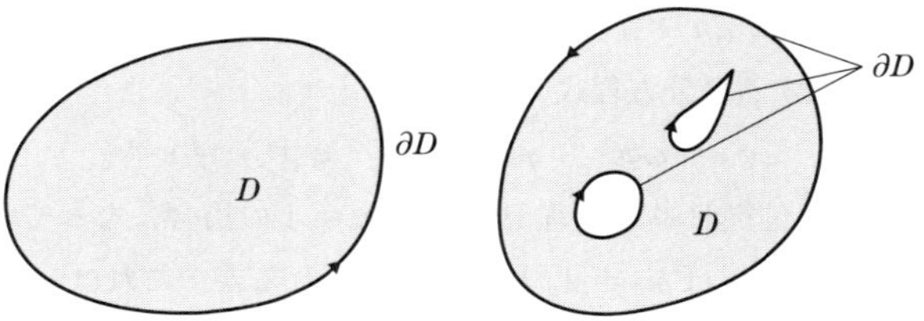

図 12.1　ストークスの定理

定理 12.1（**ストークス**[10]**の定理**（参考文献[28]，第 3 章定理 3.8））
向きづけられた 2 次元多様体S上の領域Dの境界∂Dは有限個の区分的になめらかな単純閉曲線から構成され，さらに$\overline{D} := D \cup \partial D$はコンパクトであるとする（図 12.1）．$\partial D$の各曲線に$D$を左側にみるように向きを与えれば，$\overline{D}$を含む領域で定義された 1 次微分形式$\alpha$に対して

$$\int_{\partial D} \alpha = \int_D d\alpha$$

が成り立つ．ただし，左辺は∂Dの各曲線上の線積分の総和である．

---

9)　Sが向きづけ不可能な場合には$d\widehat{A}$のように，いたるところ 0 にならないS上の 2 次微分形式は存在せず，このような形で 2 次微分形式の積分を定義することができない．

10)　Stokes, Sir George Gabriel (1819 - 1903).

図12.1左のように穴の開いていない領域を**単連結領域**[11]という．

多様体上の C^∞ 級関数 f は $d(df)=0$ をみたす（節末の問題**2**）が，逆に，ストークスの定理を用いると次を示すことができる．

定理 12.2（**ポアンカレ**[12]**の補題**） $\boldsymbol{R}^2$ 上の単連結領域 D 上で定義された1次微分形式 α が $d\alpha=0$ をみたすならば，$\alpha=df$ となる D 上の C^∞ 級関数 f が存在する．

証明は節末問題**8**とする．ここでは，定理B-9.4を用いた，ストークスの定理を用いない別証明を与えておく．

［証明］ $\alpha=\omega(u,v)\,du+\lambda(u,v)\,dv$ とおく．点 $P_0\in D$ を1つ固定して，未知関数 $\varphi(u,v)$ に関する微分方程式

$$\varphi_u=\omega\varphi,\qquad \varphi_v=\lambda\varphi,\qquad \varphi(P_0)=1 \tag{12.10}$$

を考えると，これは付録B-9の定理B-9.4の $n=1$ の場合になっている．このとき，可積分条件(B-9.2)は $\omega_v=\lambda_u$ と書き換えられるが，これは $d\alpha=(\lambda_u-\omega_v)\,du\wedge dv=0$ と同値である．したがって，定理B-9.4から(12.10)をみたす $\varphi:D\longrightarrow\boldsymbol{R}$ がただ1つ存在するが，これは D 上で0にならない．実際，初期値 $\varphi(P_0)=1$ は1次の正則行列とみなせるので，定理B-9.4より（12.10）の解は1次の正則行列に値をとる．とくに P_0 で $\varphi(P_0)>0$ だから，D 上で φ は正の値をとる．そこで $f:=\log\varphi$ とおくと，これが求めるものとなる． □

問　　題

1. 式(12.1)と(12.2)から(12.3)を導け．

2. 2次元多様体上の C^∞ 級関数 f について $d(df)=0$ を示せ．

3. 局所座標系 $(U;(u,v))$ 上で，リーマン計量が $ds^2=E\,du^2+2F\,du\,dv+G\,dv^2$ と表されているものとする．ベクトル場 $\{\partial/\partial u,\partial/\partial v\}$ にグラム・シュミット

11） 詳しくは，参考文献[25]の第3章，[18]の第3章を参照せよ．

12） Poincaré, Henri（1854 - 1912）．

の直交化をほどこして得られる U 上の正規直交基底の場 $\{\boldsymbol{e}_1, \boldsymbol{e}_2\}$ が,

$$\boldsymbol{e}_1 = \frac{1}{\sqrt{E}}\frac{\partial}{\partial u}, \qquad \boldsymbol{e}_2 = \frac{-1}{\sqrt{EG-F^2}}\left(\frac{F}{\sqrt{E}}\frac{\partial}{\partial u} - \sqrt{E}\frac{\partial}{\partial v}\right)$$

で表されることを示せ.

4. 問題 **3** において

$$\omega_1 = \sqrt{E}\left(du + \frac{F}{E}\,dv\right), \qquad \omega_2 = \sqrt{\frac{EG-F^2}{E}}\,dv$$

とおくと, $\{\omega_1, \omega_2\}$ は $\{\boldsymbol{e}_1, \boldsymbol{e}_2\}$ の**双対基底の場**となる. すなわち $\omega_j(\boldsymbol{e}_k) = \delta_{jk}$ (クロネッカーのデルタ) をみたすことを示し, さらに $ds^2 = {\omega_1}^2 + {\omega_2}^2$ が成り立つことを直接確かめよ.

5. 向きづけられた 2 次元多様体において, 正の局所座標系の間の座標変換が§2 で述べた向きを保つ座標変換になっていることを示せ.

6. 式 (12.6) を用いて, $d\hat{A}$ が正規直交基底のとり方によらないことを示せ.

7. 面積要素 $d\hat{A}$ は ds^2 の成分を用いて (12.7) で表されることを示せ.

8. ポアンカレの補題 (定理 12.2) を次のようにして証明せよ.

(1) D 上に定点 P_0 をとり, P_0 と $\mathrm{P} \in D$ を結ぶ曲線 γ に関する α の線積分は, 曲線 γ のとり方によらず P のみによって決まることを示せ.
(ヒント：下図左のように, P_0 と P を結ぶ 2 つの経路で囲まれる領域がある場合は, その領域に関してストークスの定理 12.1 を適用すればよい. 下図中央のような場合は, 下図右のように 2 つの経路を迂回して第 3 の経路をとり, ストークスの定理を適用する.)

(2) 上でとった線積分を

$$f(\mathrm{P}) := \int_\gamma \alpha = \int_{\mathrm{P}_0}^{\mathrm{P}} \alpha$$

とすると, f は P の微分可能な関数で, $df = \alpha$ をみたすことを示せ.

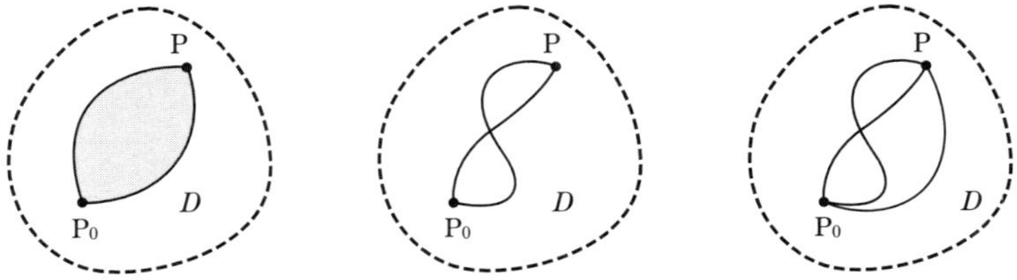

§ 13. ガウス - ボンネの定理（多様体の場合）

曲線論では，助変数を弧長にとることが重要な役割を果たした．曲面については，（ガウス曲率が恒等的に 0 でない限り，長さを保存する局所座標系をとることが不可能であるが，その代わりに）正規直交基底の場とその双対基底をとることによって，議論の見通しをよくすることができる．本節では，この立場から § 10 で述べたガウス - ボンネの定理 10.6 の別証明を与える．

2 次元リーマン多様体[1] (S, ds^2) の局所座標系 $(U\,;(u, v))$ 上に定義された正規直交基底の場 $\{\boldsymbol{e}_1, \boldsymbol{e}_2\}$ をとり，双対基底の場を $\{\omega_1, \omega_2\}$ とすると，リーマン計量（第一基本形式）は

(13.1) $$ds^2 = \omega_1^{\ 2} + \omega_2^{\ 2}$$

と表される（§ 12 の問題 **4**）．ω_1，ω_2 の外微分は 2 次微分形式であるから，$a, b \in C^\infty(U)$ が存在して

$$d\omega_1 = a(\omega_1 \wedge \omega_2), \qquad d\omega_2 = b(\omega_1 \wedge \omega_2)$$

と書けるので，これを用いて

(13.2) $$\mu := -a\,\omega_1 - b\,\omega_2$$

と定める．ここで $d\widehat{A}$ は，前節の (12.5) で定まる座標近傍 U 上の面積要素である．S が向きづけられている場合には，S 全体で定義された面積要素 $d\widehat{A}$ をとることができ，とくに $\{\boldsymbol{e}_1, \boldsymbol{e}_2\}$ を正の向きの正規直交基底にとると，$d\widehat{A} = \omega_1 \wedge \omega_2$ となる．

この U 上の 1 次微分形式 μ を，U の正規直交基底の場 $\{\boldsymbol{e}_1, \boldsymbol{e}_2\}$ に関する**接続形式**とよぶ[2]．

補題 13.1 2 次元リーマン多様体 (S, ds^2) の座標近傍 U 上の正規直交基底の場 $\{\boldsymbol{e}_1, \boldsymbol{e}_2\}$ に関する接続形式 μ は

(13.3) $$d\omega_1 = \omega_2 \wedge \mu, \qquad d\omega_2 = -\,\omega_1 \wedge \mu$$

1） 本節では S のコンパクト性は仮定しない．

をみたす．ただし，$\{\omega_1, \omega_2\}$ は $\{\boldsymbol{e}_1, \boldsymbol{e}_2\}$ の双対基底の場である．逆に，U 上の1次微分形式 μ が (13.3) をみたすならば，それは接続形式と一致する．

［証明］ 接続形式が上の関係式をみたすことは，定義からただちにしたがう．逆に，1次微分形式 μ が (13.3) をみたしているとすると，μ が ω_1, ω_2 の一次結合で表されることから，(13.2) がしたがう．□

接続形式 μ の定義は，正規直交基底の場 $\{\boldsymbol{e}_1, \boldsymbol{e}_2\}$ のとり方に依存する．いま，$\{\boldsymbol{e}_1, \boldsymbol{e}_2\}$ と同じ向きの，U 上で定義された別の正規直交基底の場 $\{\tilde{\boldsymbol{e}}_1, \tilde{\boldsymbol{e}}_2\}$ に対して，対応する双対基底の場を $\{\tilde{\omega}_1, \tilde{\omega}_2\}$ とすると，$\theta \in C^\infty(U)$ が存在して，各点ごとに§12の (12.6) が成り立つ．

補題 13.2　上の $\{\tilde{\boldsymbol{e}}_1, \tilde{\boldsymbol{e}}_2\}$ に関する接続形式 $\tilde{\mu}$ は，μ と上に述べた θ を用いて $\tilde{\mu} = \mu - d\theta$ と表される．

［証明］ 式 (12.5) より，(13.3) を用いて

$$
\begin{aligned}
d\tilde{\omega}_1 &= d(\cos\theta\,\omega_1 + \sin\theta\,\omega_2) \\
&= (-\sin\theta\, d\theta \wedge \omega_1 + \cos\theta\, d\omega_1) + (\cos\theta\, d\theta \wedge \omega_2 + \sin\theta\, d\omega_2) \\
&= -\sin\theta(d\theta \wedge \omega_1) + \cos\theta(\omega_2 \wedge \mu) + \cos\theta(d\theta \wedge \omega_2) + \sin\theta(-\omega_1 \wedge \mu) \\
&= d\theta \wedge (-\sin\theta\,\omega_1 + \cos\theta\,\omega_2) + (\cos\theta\,\omega_2 - \sin\theta\,\omega_1) \wedge \mu \\
&= d\theta \wedge \tilde{\omega}_2 + \tilde{\omega}_2 \wedge \mu = -\tilde{\omega}_2 \wedge d\theta + \tilde{\omega}_2 \wedge \mu = \tilde{\omega}_2 \wedge (-d\theta + \mu)
\end{aligned}
$$

を得る．同様の計算で $d\tilde{\omega}_2 = -\tilde{\omega}_1 \wedge (-d\theta + \mu)$ が成り立つことがわかるので，補題13.1により $\tilde{\mu} = -d\theta + \mu$ となる．□

---

2)　通常は，交代行列に値をもつ微分形式 $\begin{pmatrix} 0 & \mu \\ -\mu & 0 \end{pmatrix}$ を接続形式とよぶが，ここでは，μ そのものを接続形式とよぶことにする．接続形式は，各局所座標系上の正規直交基底の場に対して定まるため，別の座標系から定まるものとの間に，座標変換公式を求めておく必要がある．（補題13.2がこれに相当する．）このように，他の座標系との結びつきの重要性から「接続」という言葉が生まれたと思われる．一方，「接続」という言葉は，しばしば「共変微分」の同義語として用いられる．例えば参考文献 [29] をみよ．

正規直交基底の場 $\{\boldsymbol{e}_1, \boldsymbol{e}_2\}$ に関する接続形式を用いて

$$(13.4)\quad \nabla_X \boldsymbol{e}_1 = -\mu(X)\boldsymbol{e}_2, \qquad \nabla_X \boldsymbol{e}_2 = \mu(X)\boldsymbol{e}_1 \qquad (X \in \mathfrak{X}^\infty(U))$$

で定義される座標近傍 U 上のベクトル場 $\nabla_X \boldsymbol{e}_1, \nabla_X \boldsymbol{e}_2$ を，それぞれ $\boldsymbol{e}_1, \boldsymbol{e}_2$ の X 方向の**レビ・チビタ**[3]**共変微分**という．さらに，U 上の任意のベクトル場 Y を $Y = \eta_1 \boldsymbol{e}_1 + \eta_2 \boldsymbol{e}_2$ と表すとき，

$$(13.5)\quad \nabla_X Y = \eta_1 \nabla_X \boldsymbol{e}_1 + d\eta_1(X)\boldsymbol{e}_1 + \eta_2 \nabla_X \boldsymbol{e}_2 + d\eta_2(X)\boldsymbol{e}_2$$

によって定義されるベクトル場 $\nabla_X Y$ を，Y の X 方向のレビ・チビタ共変微分という．補題 13.2 により，これは，正規直交基底の場のとり方によらないことがわかる（節末の問題 **1**）．とくに，S 上の 2 つのベクトル場 X, Y に対して，レビ・チビタ共変微分 $\nabla_X Y$ を定義することができる．

さらに，任意のベクトル場 $X, Y, Z \in \mathfrak{X}^\infty(S)$ と関数 $f \in C^\infty(S)$ に対して

$$(13.6)\quad \nabla_X (Y + Z) = \nabla_X Y + \nabla_X Z,$$

$$(13.7)\quad \nabla_X fY = f \nabla_X Y + df(X) Y,$$

$$(13.8)\quad \nabla_{X+Y} Z = \nabla_X Z + \nabla_Y Z,$$

$$(13.9)\quad \nabla_{fX} Y = f \nabla_X Y$$

が成り立つ．一般に，$X, Y \in \mathfrak{X}^\infty(S)$ に対して $\nabla_X Y \in \mathfrak{X}^\infty(S)$ を対応させる写像 ∇ が，上の性質 (13.6)～(13.9) をみたすとき，∇ を S 上の**共変微分**または**線形接続**という．

定理 13.3　2 次元リーマン多様体 (S, ds^2) 上のレビ・チビタ共変微分 ∇ は，さらに次をみたす．

$$(13.10)\quad \nabla_X Y - \nabla_Y X = [X, Y],$$

$$(13.11)\quad X\langle Y, Z\rangle = \langle \nabla_X Y, Z\rangle + \langle Y, \nabla_X Z\rangle.$$

ここで $X, Y, Z \in \mathfrak{X}^\infty(S)$ であり，$\langle\ ,\ \rangle$ はリーマン計量 ds^2 から定まる接空間の内積である．逆に，これら 2 つの性質をもつ S 上の共変微分はレビ・チビタ共変微分 ∇ に一致する．

---

3)　Levi - Civita, Tullio (1873 - 1941).

［証明］　S の局所座標近傍 U を任意にとり，U 上のベクトル場 X, Y, Z に対して

$$T(X, Y) := \nabla_X Y - \nabla_Y X - [X, Y],$$

$$Q(X, Y, Z) := Z\langle X, Y\rangle - \langle \nabla_Z X, Y\rangle - \langle X, \nabla_Z Y\rangle$$

とおく．すると，関数 $f, g, h \in C^\infty(U)$ に対して

$$T(fX, gY) = fg\,T(X, Y), \qquad Q(fX, gY, hZ) = fgh\,Q(X, Y, Z)$$

が成り立つことがわかるので，X, Y が $\boldsymbol{e}_1, \boldsymbol{e}_2$ の場合に T, Q がともに 0 であることを確かめればよい．

まず，(13.4) より，$Q(\boldsymbol{e}_j, \boldsymbol{e}_k, Z) = 0$ $(j, k = 1, 2)$ を得るから $Q = 0$ となり，(13.11) が示せた．次に (13.4) から

$$\begin{aligned} T(\boldsymbol{e}_1, \boldsymbol{e}_2) &= \nabla_{\boldsymbol{e}_1} \boldsymbol{e}_2 - \nabla_{\boldsymbol{e}_2} \boldsymbol{e}_1 - [\boldsymbol{e}_1, \boldsymbol{e}_2] \\ &= \mu(\boldsymbol{e}_1)\boldsymbol{e}_1 + \mu(\boldsymbol{e}_2)\boldsymbol{e}_2 - [\boldsymbol{e}_1, \boldsymbol{e}_2] \end{aligned}$$

となるので，(12.2)，(12.1) と補題 13.1 より

$$\begin{aligned} \omega_1(T(\boldsymbol{e}_1, \boldsymbol{e}_2)) &= \omega_1(\mu(\boldsymbol{e}_1)\boldsymbol{e}_1 + \mu(\boldsymbol{e}_2)\boldsymbol{e}_2 - [\boldsymbol{e}_1, \boldsymbol{e}_2]) = \mu(\boldsymbol{e}_1) - \omega_1([\boldsymbol{e}_1, \boldsymbol{e}_2]) \\ &= \mu(\boldsymbol{e}_1) + d\omega_1(\boldsymbol{e}_1, \boldsymbol{e}_2) - \boldsymbol{e}_1(\omega_1(\boldsymbol{e}_2)) + \boldsymbol{e}_2(\omega_1(\boldsymbol{e}_1)) \\ &= \mu(\boldsymbol{e}_1) + d\omega_1(\boldsymbol{e}_1, \boldsymbol{e}_2) \\ &= \mu(\boldsymbol{e}_1) + \omega_2 \wedge \mu(\boldsymbol{e}_1, \boldsymbol{e}_2) = \mu(\boldsymbol{e}_1) - \omega_2(\boldsymbol{e}_2)\mu(\boldsymbol{e}_1) = 0 \end{aligned}$$

を得る．ここで，一般にベクトル場 $X \in \mathfrak{X}^\infty(S)$ と関数 $f \in C^\infty(S)$ に対して $Xf = df(X)$ は f の X 方向の微分を表す．したがって，たとえば $\boldsymbol{e}_1(\omega_1(\boldsymbol{e}_2)) = 0$ となる．同様に $\omega_2(T(\boldsymbol{e}_1, \boldsymbol{e}_2)) = 0$ もわかるので，$T(\boldsymbol{e}_1, \boldsymbol{e}_2) = 0$ となる．また，$T(\boldsymbol{e}_2, \boldsymbol{e}_1) = -T(\boldsymbol{e}_1, \boldsymbol{e}_2) = 0$ であるから，$T = 0$ となり (13.10) が成り立つ．

逆に，別の共変微分 D が (13.10)，(13.11) をみたすならば，D がレビ・チビタ共変微分 ∇ に一致することを示そう．U 上のベクトル場 X, Y に対して

$$A_X Y := D_X Y - \nabla_X Y$$

とおく．D, ∇ がともに共変微分であることから，$A_{fX}(gY) = fg\,A_X(Y)$ $(X, Y \in \mathfrak{X}^\infty(U), f, g \in C^\infty(U))$ であることがわかる．したがって，$A_{\boldsymbol{e}_i} \boldsymbol{e}_j = 0$ $(i, j = 1, 2)$ を示せば $D = \nabla$ が示される．いま，D, ∇ がともに (13.10) をみたすことから

$$A_X Y = A_Y X \tag{13.12}$$

が成り立つ．また，D, ∇ がともに (13.11) をみたすことから

$$\langle A_X \boldsymbol{e}_1, \boldsymbol{e}_1\rangle = \langle A_X \boldsymbol{e}_2, \boldsymbol{e}_2\rangle = 0, \tag{13.13}$$

(13.14) $$\langle A_X \boldsymbol{e}_1, \boldsymbol{e}_2\rangle = -\langle \boldsymbol{e}_1, A_X \boldsymbol{e}_2\rangle$$

となる．とくに (13.13) より

$$\langle A_{e_j} \boldsymbol{e}_1, \boldsymbol{e}_1\rangle = \langle A_{e_j} \boldsymbol{e}_2, \boldsymbol{e}_2\rangle = 0 \qquad (j = 1, 2)$$

が成り立つ．この式と (13.12) より $\langle A_{e_2} \boldsymbol{e}_1, \boldsymbol{e}_1\rangle = \langle A_{e_1} \boldsymbol{e}_2, \boldsymbol{e}_2\rangle = 0$, また (13.14) より

$$\langle A_{e_1} \boldsymbol{e}_1, \boldsymbol{e}_2\rangle = -\langle \boldsymbol{e}_1, A_{e_1} \boldsymbol{e}_2\rangle = -\langle \boldsymbol{e}_1, A_{e_2} \boldsymbol{e}_1\rangle = 0$$

となる．以上より，$\langle A_{e_1} \boldsymbol{e}_i, \boldsymbol{e}_j\rangle = 0\ (i, j = 1, 2)$ が示された．したがって，$A_{e_1} \boldsymbol{e}_i = 0\ (i = 1, 2)$．同様に $A_{e_2} \boldsymbol{e}_i = 0\ (i = 1, 2)$ がわかるので $A = 0$ となり，$D = \nabla$ が示された． □

次に，接続形式 μ の外微分を考え，

(13.15) $$d\mu = K\,\omega_1 \wedge \omega_2\ (= K\,d\widehat{A})$$

によって定まる座標近傍 U 上の関数 K を定める．この関数 K は，正規直交基底の場 $\{\boldsymbol{e}_1, \boldsymbol{e}_2\}$ のとり方によらない．このことは，別の同じ向きの正規直交基底の場をとったときは，補題 13.2 より容易に示せる．向きが異なる場合は節末の問題 **1** の（1）を用いればよい．したがって，S のすべての点 P で一意的に K の値 K_{P} が定まる．(13.15) から K は S 上の C^∞ 級関数になることもわかる．値 K_{P} を P における**ガウス曲率**という．とくに，S が $\boldsymbol{R}^3$ の曲面のときには，これは曲面のガウス曲率と同じものである（節末の問題 **4** 参照）．

リーマン多様体 (S, ds^2) 上のなめらかな曲線 $\gamma : [a, b] \longrightarrow S$ に対して，その速度ベクトル $\dot{\gamma}(t)$ は S の $\gamma(t)$ における接ベクトルである．さらに，この曲線の加速度ベクトルとして，レビ・チビタ共変微分 $\nabla_{\dot{\gamma}}\,\dot{\gamma}$ を考えることにする．正規直交基底の場 $\{\boldsymbol{e}_1, \boldsymbol{e}_2\}$ を用いて $\dot{\gamma} = \xi_1 \boldsymbol{e}_1 + \xi_2 \boldsymbol{e}_2$ と表されていると，(13.4)，(13.5) より

$$\begin{aligned}\nabla_{\dot{\gamma}}\,\dot{\gamma} &= \dot{\xi}_1 \boldsymbol{e}_1 + \dot{\xi}_2 \boldsymbol{e}_2 + \xi_1 \nabla_{\dot{\gamma}} \boldsymbol{e}_1 + \xi_2 \nabla_{\dot{\gamma}} \boldsymbol{e}_2 \\ &= (\dot{\xi}_1 + \mu(\dot{\gamma})\xi_2)\boldsymbol{e}_1 + (\dot{\xi}_2 - \mu(\dot{\gamma})\xi_1)\boldsymbol{e}_2\end{aligned}$$

である[4)]．

加速度ベクトル $\nabla_{\dot{\gamma}}\,\dot{\gamma}$ が恒等的に 0 となるような曲線 $\gamma(t)$ をリーマン多様体 (S, ds^2) 上の**測地線**という．いま

$$(13.16)\qquad \langle \nabla_{\dot\gamma}\dot\gamma, \dot\gamma\rangle = \xi_1(\xi_1+\mu(\dot\gamma)\xi_2)+\xi_2(\xi_2-\mu(\dot\gamma)\xi_1) = \frac{1}{2}\frac{d}{dt}(\xi_1^2+\xi_2^2) = \frac{1}{2}\frac{d}{dt}\langle\dot\gamma,\dot\gamma\rangle = \frac{1}{2}\frac{d}{dt}|\dot\gamma|^2$$

となるので，測地線の速度ベクトル $\dot\gamma$ の大きさ $|\dot\gamma| := \sqrt{\langle\dot\gamma,\dot\gamma\rangle}$ は一定である（命題10.1参照）．

測地線は，平面上の直線に対応するリーマン多様体上の概念である．平面上では直線は「曲率が0である曲線」として特徴づけられたが，多様体上でも曲率にあたる量を定義して，それによって測地線を特徴づけよう．

いま，S は向きづけられているとして，座標近傍 U 上の正の正規直交基底の場 $\{\boldsymbol{e}_1, \boldsymbol{e}_2\}$ をとる．ここで，弧長 s をパラメータとする正則曲線[5] $\gamma : [a, b] \longrightarrow U$ を考え，$\gamma'(s)$ と $\boldsymbol{e}_1(s)=\boldsymbol{e}_1(\gamma(s))$ とのなす角を $\varphi(s)$ とする[6]と，

$$(13.17)\qquad \gamma'(s) = \xi_1(s)\boldsymbol{e}_1(s)+\xi_2(s)\boldsymbol{e}_2(s)$$
$$(\boldsymbol{e}_2(s)=\boldsymbol{e}_2(\gamma(s))，\ \xi_1(s)=\cos\varphi(s)，\ \xi_2(s)=\sin\varphi(s))$$

と書ける．とくに，

$$(13.18)\qquad \xi_1\xi_2' - \xi_2\xi_1' = \cos\varphi\,(\sin\varphi)' - \sin\varphi\,(\cos\varphi)' = \varphi'$$

が成り立つことがわかる．この曲線 γ の左向き単位法線ベクトル $\boldsymbol{n}_g(s)$ は

$$(13.19)\qquad \boldsymbol{n}_g(s) = -\xi_2(s)\boldsymbol{e}_1(s)+\xi_1(s)\boldsymbol{e}_2(s)$$

と書くことができる．

一方，

$$(13.20)\qquad \boldsymbol{\kappa}_g := \nabla_{\gamma'}\gamma' = (\xi_1'+\mu(\gamma')\xi_2)\boldsymbol{e}_1+(\xi_2'-\mu(\gamma')\xi_1)\boldsymbol{e}_2$$

---

4) $\nabla_{\dot\gamma}\dot\gamma$ は，$\dot\gamma$ が多様体 S 上で定義されたベクトル場ではないので，このままでは意味をなさない．そこで曲線 γ 上に制限すると，$\dot\gamma$ と一致するようなベクトル場 X の共変微分 $\nabla_{\dot\gamma}X$ を $\nabla_{\dot\gamma}\dot\gamma$ と解釈する．このように解釈すると上の式が成り立つが，右辺は X のとり方によらないので，右辺によって $\nabla_{\dot\gamma}\dot\gamma$ が定義されていると考えてもよい．

5) $|d\gamma/ds| = 1$ となる曲線 $\gamma(s)$ のパラメータ s が弧長パラメータである．その存在は§2のときと同様に示すことができる．

6) 厳密には $\boldsymbol{e}_1$ から正の方向に測った γ' とのなす角．§3で平面曲線の回転角 θ を定義したように，φ は区間 $[0, 2\pi)$ を越えて s について連続になるようにしておく．

で定まるベクトル $\boldsymbol{\kappa}_g$ を γ の**測地的曲率ベクトル**という．(13.16) より，$\boldsymbol{\kappa}_g$ は γ' に直交するので，$\boldsymbol{n}_g$ のスカラー倍で $\boldsymbol{\kappa}_g = \kappa_g \boldsymbol{n}_g$ と書くことができる．この係数 κ_g を**測地的曲率**とよぶ．すなわち，

$$\kappa_g = \langle \boldsymbol{\kappa}_g, \boldsymbol{n}_g \rangle = \langle \gamma'', \boldsymbol{n}_g \rangle \tag{13.21}$$

である．ただし，$\gamma'' := \nabla_{\gamma'} \gamma'$ とする．一般に，弧長とは限らない助変数で表された曲線の測地的曲率は，助変数を弧長に取り直して求めた測地的曲率と定義する．すると，以下の式が成り立つ．

$$\kappa_g = \frac{\langle \ddot{\gamma}, \boldsymbol{n}_g \rangle}{\langle \dot{\gamma}, \dot{\gamma} \rangle} \qquad (\ddot{\gamma} := \nabla_{\dot{\gamma}} \dot{\gamma}). \tag{13.22}$$

この定義により，測地的曲率 κ_g は助変数のとり方によらない概念となる．また，多様体 S が $\boldsymbol{R}^3$ の曲面のときには，κ_g は§10 で定義した測地的曲率 (10.13) に一致する（節末の問題 **5** 参照）．$\boldsymbol{R}^3$ の曲面の場合と同様に，測地線の測地的曲率は 0 であり，逆に測地的曲率が 0 である曲線は，助変数を弧長に比例するようにとり直せば測地線となる（§10 の問題 **9** 参照）．式 (13.18)～(13.21) より，

$$\begin{aligned} \kappa_g \, ds &= \xi_1 \, d\xi_2 - \xi_2 \, d\xi_1 - \mu \\ &= d\varphi - \mu \end{aligned} \tag{13.23}$$

が γ 上で成り立つ．ただし，γ 上では $\mu = \mu(\gamma')ds$ である．これを用いて（測地三角形とは限らない）三角形に関する**ガウス－ボンネの定理**を示そう．

命題 13.4 向きづけられた 2 次元リーマン多様体 (S, ds^2) 上の局所座標系 $(U\,;(u, v))$ 上のなめらかな 3 つの曲線 γ_j $(j = 1, 2, 3)$ によって囲まれた単連結な三角形領域 D の内角を φ_{12}，φ_{23}，φ_{31} とする（図 13.1 左）と，

$$\int_{\partial D} \kappa_g(s) \, ds + \int_D K \, dA = -\pi + (\varphi_{12} + \varphi_{23} + \varphi_{31})$$

が成り立つ．ただし，s は三角形の辺の弧長パラメータである．ここで，左辺第 1 項の積分は，三角形の各辺の測地的曲率を，領域を左側にみるような向きで積分したものを表す．

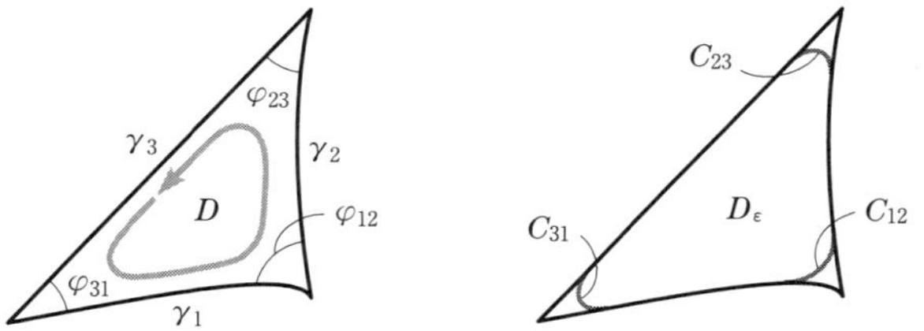

図 13.1

［証明］ 領域 D の角(かど)を（C^∞ 級の意味で）丸めた領域[7]を D_ε とし，$\varepsilon \to 0$ のとき，D_ε は D に一致するとする．D_ε の境界のうち，元の三角形の辺 γ_1，γ_2，γ_3 と一致する部分をそれぞれ $\gamma_{1,\varepsilon}, \gamma_{2,\varepsilon}, \gamma_{3,\varepsilon}$，角を丸めた部分の曲線を C_{12}, C_{23}, C_{31} としておく（図 13.1 右）．

ストークスの定理（定理 12.1）と (13.15)，(13.23)，および (12.8) の 2 次微分形式の積分の定義から，

$$\begin{aligned}\int_{\partial D_\varepsilon} \kappa_g(s)\,ds + \int_{D_\varepsilon} K\,dA &= \int_{\partial D_\varepsilon} \kappa_g(s)\,ds + \int_{D_\varepsilon} K\,\omega_1 \wedge \omega_2 \\ &= \int_{\partial D_\varepsilon} \kappa_g(s)\,ds + \int_{D_\varepsilon} d\mu = \int_{\partial D_\varepsilon} \kappa_g(s)\,ds + \int_{\partial D_\varepsilon} \mu = \int_{\partial D_\varepsilon} d\varphi\end{aligned}$$

であるが，∂D_ε は領域を左手にみるなめらかな閉曲線だから，$\int_{\partial D_\varepsilon} d\varphi$ は 2π の整数倍である．いま (u, v) を U 上の局所座標系とし，リーマン計量の変形

$$ds_t^2 := (1-t)\,ds^2 + t(du^2 + dv^2) \qquad (0 \leqq t \leqq 1)$$

を考えると，この計量の変形に関して積分 $\int_{\partial D_\varepsilon} d\varphi$ は整数値をとるので値を変えないが，とくに ds_1^2 は $\boldsymbol{R}^2$ の標準的な計量 $du^2 + dv^2$ であるから，この値は，単純閉曲線の回転数の 2π 倍にほかならない．とくに，∂D_ε を正の向きに 1 周すると回転数は 1 となる（§3 の定理 3.2 参照）ので，$\int_{\partial D_\varepsilon} d\varphi = 2\pi$ となることがわかり，

$$\int_{\partial D_\varepsilon} \kappa_g(s)\,ds + \int_{D_\varepsilon} K\,dA = 2\pi$$

が示せた．

いま，$(j, k) = (1, 2), (2, 3), (3, 1)$ に対して，(13.20) を用いて

---

7) 角の丸め方については付録 B-5 の命題 B-5.7 を参照せよ．

$$\lim_{\varepsilon\to 0}\int_{D_\varepsilon} K\,dA = \int_D K\,dA, \qquad \lim_{\varepsilon\to 0}\int_{\gamma_{j,\varepsilon}} \kappa_g(s)\,ds = \int_{\gamma_j} \kappa_g(s)\,ds,$$

$$\lim_{\varepsilon\to 0}\int_{C_{jk}} \kappa_g(s)\,ds = \lim_{\varepsilon\to 0}\int_{C_{jk}} d\varphi - \lim_{\varepsilon\to 0}\int_{C_{jk}} \mu = \lim_{\varepsilon\to 0}\int_{C_{jk}} d\varphi = \pi - \varphi_{jk}$$

なので主張を得る．C_{jk} は $\varepsilon\to 0$ のとき 1 点に近づくので，μ の積分も 0 に近づくことを用いた． □

この結果を用いれば，定理 10.7 の拡張としての**ガウス－ボンネの定理**が証明できる．

定理 13.5（**大域版ガウス－ボンネの定理**）　向きづけられた 2 次元リーマン多様体 (S, ds^2) 上の有界閉領域 D の境界 ∂D は空集合であるか，領域を左手にみるいくつかのなめらかな単純閉曲線で囲まれているとする．このとき，D の境界の測地的曲率を κ_g と書くと，

$$\int_{\partial D} \kappa_g(s)\,ds + \int_D K\,dA = 2\pi\,\chi(D)$$

が成り立つ．ただし，$\chi(D)$ は領域 D のオイラー数である．とくに S がコンパクトのときには

$$\int_S K\,dA = 2\pi\,\chi(S) \tag{13.24}$$

が成り立つ[8)]．

［証明］　D をなめらかな辺をもつ m 個の三角形に分割し，それらの三角形の頂点が ∂D 上に n_1 個，D の内部に n_2 個，また辺が ∂D 上に l_1 個，D の内部に l_2 個あるとする．各々の三角形に命題 13.4 を適用して総和をとると，隣り合う三角形で

---

8)　S が $\boldsymbol{R}^3$ の曲面の場合には，これは§10 で述べた定理 10.7 である．さらに，S がコンパクトで向きづけ不可能な場合にも (13.24) が成り立つ．実際，S の 2 重被覆 $\widehat{S}$ を考えると，射影 $p: \widehat{S} \longrightarrow S$ がはめ込みになる（参考文献 [14] の 236 ページ，問 5 参照）．そこで，S のリーマン計量の p による $\widehat{S}$ への引き戻しを考えると，$\widehat{S}$ もリーマン多様体となり，そのガウス曲率 $\widehat{K}$ について以下が成り立つ．

$$4\pi\,\chi(S) = 2\pi\,\chi(\widehat{S}) = \int_{\widehat{S}} \widehat{K}\,dA = 2\int_S K\,dA.$$

共有する辺の向きが反対なので，κ_g の積分は境界上のもののみが残る．また，∂D 上の頂点に集まる三角形の内角の和は π，D の内部の頂点に集まる内角の和は 2π であるから

$$\int_{\partial D}\kappa_g(s)\,ds + \int_D K\,dA = \pi n_1 + 2\pi n_2 - \pi m.$$

ここで，1つの三角形は3つの辺をもち，D の内部の辺は2つの三角形に共有されるので $l_1 + 2l_2 = 3m$，また $n_1 = l_1$ が成り立つから

$$\begin{aligned}\pi n_1 + 2\pi n_2 - \pi m &= 2\pi(n_1 + n_2) - \pi n_1 - 3\pi m + 2\pi m \\ &= 2\pi\{(n_1 + n_2) - (l_1 + l_2) + m\} = 2\pi\,\chi(D)\end{aligned}$$

となり，結論を得る．□

$\boldsymbol{R}^3$ の曲面のときの共変微分の解釈　一般に，多様体 S から多様体 M への C^∞ 級写像 p の微分写像 $(dp)_{\mathrm{P}} : T_{\mathrm{P}}S \longrightarrow T_{p(\mathrm{P})}M$ は，点Pにおける多様体 S の接空間 $T_{\mathrm{P}}S$ から，多様体 M の点 $p(\mathrm{P})$ における接空間 $T_{p(\mathrm{P})}M$ への線形写像となる[9)]が，その（線形写像としての）階数[10)]が，S の各点Pにおいて S の次元に等しいとき，p を S から M への**はめ込み**[11)]という．とくに $M = \boldsymbol{R}^3$，S を2次元多様体とするとき，S の局所座標系 (u, v) をとれば，この条件は $p_u \times p_v \neq 0$ となることと同値である．したがって，第II章で扱った正則曲面の助変数表示は，2次元多様体 S から $\boldsymbol{R}^3$ への（自己交叉をもたない）はめ込みを S の局所座標系 (u, v) で表したものにほかならない．

はめ込み $p : S \longrightarrow \boldsymbol{R}^3$ に対して，曲面全体で単位法線ベクトル ν をなめらかにとることができたとする．このとき，

$$d\widehat{A} := \det(p_u, p_v, \nu)\,du \wedge dv$$

によって S 上の2次微分形式で零点をもたないもの（つまり面積要素，(12.5) 参照）が定まるので，S は向きづけ可能である（§12参照）．逆に

9) 多様体の接空間（接ベクトル空間）と微分写像については，たとえば参考文献[13]の§8，§9参照．

10) 線形写像の階数については，例えば参考文献[31]第III章の§4参照．

11) はめ込みの定義と性質については，参考文献[13]の第4章参照．

S が向きづけ可能であるなら，正の局所座標系 $(U\,;(u,v))$ に対して

$$\nu := \frac{p_u \times p_v}{|p_u \times p_v|} \tag{13.25}$$

とおくと，ν は正の局所座標系のとり方によらないので（§6 の問題 **4** と §12 の問題 **5** 参照），S 上のなめらかな単位法線ベクトルを与える．

いま，2 次元多様体 S から $\boldsymbol{R}^3$ へのはめ込み $p = (x, y, z) : S \longrightarrow \boldsymbol{R}^3$ が与えられたとする[12]．このとき，S 上の点 P における接ベクトル V に対して

$$\widehat{V} := dp(V) = (dx(V), dy(V), dz(V)) \tag{13.26}$$

によって $\boldsymbol{R}^3$ のベクトルを定めると，これは曲面 $p(S)$ 上の点 $p(\mathrm{P})$ における接ベクトルである．p がはめ込みであることから，この対応 $V \longmapsto \widehat{V}$ は S の P における接ベクトル全体（接空間）と曲面 $p(S)$ の $p(\mathrm{P})$ における接ベクトル全体への 1 対 1 対応を与えている．そこで，いま X を多様体 S 上のベクトル場とすると，これからベクトル値関数

$$\widehat{X} : S \ni \mathrm{P} \longmapsto \widehat{X}_{\mathrm{P}} \in \boldsymbol{R}^3$$

が定まる．この $\widehat{X} = (\alpha, \beta, \gamma)$ を 3 つの関数の組と考えて，それぞれに外微分をほどこしたものを $d\widehat{X} = (d\alpha, d\beta, d\gamma)$ で表す．

はめ込み $p : S \longrightarrow \boldsymbol{R}^3$ による $\boldsymbol{R}^3$ の計量の引き戻し ds^2 は S 上のリーマン計量を与える（たとえば参考文献 [17] をみよ）．これを，p の**第一基本形式**とよぶ．これは第 II 章で与えた第一基本形式と一致する．実際，定義から，与えられた点における任意の接ベクトル V, W に対して

$$ds^2(V, W) = \langle V, W \rangle = \widehat{V} \cdot \widehat{W} = dp(V) \cdot dp(W) \tag{13.27}$$

が成り立つ．ここで "・" は $\boldsymbol{R}^3$ の内積，$\langle\ ,\ \rangle$ はリーマン計量 ds^2 から定まる S の接空間の内積を表す．すなわち $ds^2 = dp \cdot dp$ となるので，これは §7 の (7.11) と一致する．曲面上の接ベクトルの同一視 $V \leftrightarrow \widehat{V}$ を用いる

---

12)　p が定める第一基本形式は，S 上のリーマン計量を定める．逆に，もしも 2 次元実解析的多様体上に実解析的なリーマン計量 ds^2 が与えられると，多様体の任意の 1 点に対して，その点の近傍から $\boldsymbol{R}^3$ へのはめ込みが存在し，曲面としての第一基本形式を ds^2 に一致させることができる．詳しくは，参考文献 [43]（Chapter 11，216 ページ）参照．

と，以下のような共変微分の意味づけを与えることができる．

定理 13.6　S を 2 次元多様体，$p : S \longrightarrow \boldsymbol{R}^3$ をはめ込みとする．$X, Y \in \mathfrak{X}^\infty(S)$ に対して $\nabla_X Y \in \mathfrak{X}^\infty(S)$ を

$$\nabla_X Y := [d\widehat{Y}(X)]^{\mathrm{T}} = (\text{ベクトル}\, d\widehat{Y}(X)\, \text{の曲面}\, p(S)\, \text{に接する方向の成分})$$
$$= d\widehat{Y}(X) - (d\widehat{Y}(X)\cdot\nu)\nu \qquad (\nu\,\text{は単位法線ベクトル})$$

で定義すると，∇ は第一基本形式から定まるレビ・チビタ共変微分 (13.4) となる[13]．

［証明］　まず，$X, Y \in \mathfrak{X}^\infty(S)$ と $f \in C^\infty(S)$ に対して，$[\widehat{X}]^{\mathrm{T}} = \widehat{X}$，$[\widehat{Y}]^{\mathrm{T}} = \widehat{Y}$ に注意すると，

$$\nabla_{fX} Y = [d\widehat{Y}(fX)]^{\mathrm{T}} = [f\,d\widehat{Y}(X)]^{\mathrm{T}} = f[d\widehat{Y}(X)]^{\mathrm{T}} = f\nabla_X Y,$$
$$\nabla_X fY = [d(\widehat{fY})(X)]^{\mathrm{T}} = [d(f\widehat{Y})(X)]^{\mathrm{T}} = [df(X)\,\widehat{Y} + f\,d\widehat{Y}(X)]^{\mathrm{T}}$$
$$= df(X)\,\widehat{Y} + f[d\widehat{Y}(X)]^{\mathrm{T}} = df(X)\,Y + f\,\nabla_X Y$$

が成り立つので，∇ は (13.7)，(13.9) をみたし，さらに (13.6)，(13.8) も容易に確かめられるから，∇ は共変微分になることがわかる．また，第一基本形式の定義 (13.25) から

$$X\langle Y, Z\rangle = X(\widehat{Y}\cdot\widehat{Z}) = d(\widehat{Y}\cdot\widehat{Z})(X) = d\widehat{Y}(X)\cdot\widehat{Z} + \widehat{Y}\cdot d\widehat{Z}(X)$$
$$= [d\widehat{Y}(X)]^{\mathrm{T}}\cdot\widehat{Z} + \widehat{Y}\cdot[d\widehat{Z}(X)]^{\mathrm{T}} = \langle\nabla_X Y, Z\rangle + \langle Y, \nabla_X Z\rangle$$

が成り立つ．ここで $\widehat{Y}$，$\widehat{Z}$ が曲面に接するベクトルであることを用いた．したがって，∇ は (13.11) をみたすことがわかる．

以上より，∇ が (13.10) をみたすことが示されれば，定理 13.3 より，これがレビ・チビタ共変微分であることがわかる．実際，S の局所座標系 $(U\,;(u, v))$ に対して

$$\nabla_{\frac{\partial}{\partial u}}\frac{\partial}{\partial v} = \left[d\left(\widehat{\frac{\partial}{\partial v}}\right)\left(\frac{\partial}{\partial u}\right)\right]^{\mathrm{T}} = \left[d\left(\frac{\partial p}{\partial v}\right)\left(\frac{\partial}{\partial u}\right)\right]^{\mathrm{T}} = \left[\frac{\partial^2 p}{\partial u\,\partial v}\right]^{\mathrm{T}}$$

が成り立つから，定理 13.3 の証明で定義した T は

13)　右辺は $\boldsymbol{R}^3$ における曲面の接ベクトルなので，(13.26) の同一視によって多様体 S の接ベクトルとみなしている．また，ν は曲面上で大域的に定まっていると仮定できないが，考えている点のまわりの局所座標近傍で (13.25) で定まる ν をとれば，ν が 2 回現れているので，$\nabla_X Y$ の定義は $\pm\nu$ のとり方に依存しない．

$$T\left(\frac{\partial}{\partial u}, \frac{\partial}{\partial v}\right) = \left[\frac{\partial^2 p}{\partial u\,\partial v}\right]^{\mathrm{T}} - \left[\frac{\partial^2 p}{\partial v\,\partial u}\right]^{\mathrm{T}} - \left[\widehat{\frac{\partial}{\partial u}, \frac{\partial}{\partial v}}\right] = 0$$

をみたす．ここで，$p_{uv} = p_{vu}$ と，$[\partial/\partial u, \partial/\partial v] = 0$ を用いた．また，$T(fX, Y) = T(X, fY) = f\,T(X, Y)$ が成り立ち，さらに $T(Y, X) = -T(X, Y)$ であるから，T は 0 となり，(13.10) が成り立つ．□

問　　題

1.　次の（1）～（3）を示すことにより，レビ・チビタ共変微分 $\nabla_X Y$ の定義が正規直交基底の場のとり方によらないことを示せ．

（1）　正規直交基底の場 $\{\boldsymbol{e}_1, \boldsymbol{e}_2\}$ に関する接続形式を μ とするとき，$\{\boldsymbol{e}_1, -\boldsymbol{e}_2\}$ に関する接続形式は $-\mu$ であることを示せ．

（2）　$\{\boldsymbol{e}_1, \boldsymbol{e}_2\}$ と同じ向きの正規直交基底の場 $\{\tilde{\boldsymbol{e}}_1, \tilde{\boldsymbol{e}}_2\}$ に関する接続形式を $\tilde{\mu}$ とする．$\{\boldsymbol{e}_1, \boldsymbol{e}_2\}$ の接続形式 μ によって (13.4)，(13.5) のように $\nabla_X Y$ を定義するとき

$$(*)\qquad \nabla_X \tilde{\boldsymbol{e}}_1 = -\tilde{\mu}(X)\tilde{\boldsymbol{e}}_2, \qquad \nabla_X \tilde{\boldsymbol{e}}_2 = \tilde{\mu}(X)\,\tilde{\boldsymbol{e}}_1$$

が成り立つことを示せ．

（3）　$\{\tilde{\boldsymbol{e}}_1, \tilde{\boldsymbol{e}}_2\}$ が $\{\boldsymbol{e}_1, \boldsymbol{e}_2\}$ と異なる向きの正規直交基底の場のときも（＊）が成り立つことを，（1），（2）を用いて示せ．

2.　$\boldsymbol{R}^3$ にはめ込まれた曲面 S の第一基本形式を ds^2 とし，座標近傍 U 上で定義された正規直交基底の場 $\{\boldsymbol{e}_1, \boldsymbol{e}_2\}$ をとると，これに付随する接続形式 μ は

$$\mu(X) = d\hat{\boldsymbol{e}}_2(X)\cdot\hat{\boldsymbol{e}}_1 = -d\hat{\boldsymbol{e}}_1(X)\cdot\hat{\boldsymbol{e}}_2 \qquad (X \in \mathfrak{X}^\infty(U))$$

をみたすことを示せ．

3.　2 次元リーマン多様体 S のリーマン計量 ds^2 を，局所座標系 $(U; u, v)$ を用いて

$$ds^2 = E\,du^2 + 2F\,du\,dv + G\,dv^2$$

と表しておく．この E，F，G に対して§10 の式 (10.6) によって Γ_{jk}^m を定義して，これを**クリストッフェルの記号**とよぶことにする．このとき，S のレビ・チビタ共変微分を ∇ とすると

$$\nabla_{\frac{\partial}{\partial u}} \frac{\partial}{\partial u} = \Gamma^1_{11} \frac{\partial}{\partial u} + \Gamma^2_{11} \frac{\partial}{\partial v}, \qquad \nabla_{\frac{\partial}{\partial u}} \frac{\partial}{\partial v} = \Gamma^1_{12} \frac{\partial}{\partial u} + \Gamma^2_{12} \frac{\partial}{\partial v},$$

$$\nabla_{\frac{\partial}{\partial v}} \frac{\partial}{\partial u} = \Gamma^1_{21} \frac{\partial}{\partial u} + \Gamma^2_{21} \frac{\partial}{\partial v}, \qquad \nabla_{\frac{\partial}{\partial v}} \frac{\partial}{\partial v} = \Gamma^1_{22} \frac{\partial}{\partial u} + \Gamma^2_{22} \frac{\partial}{\partial v}$$

が成り立つことを示せ．

4.　2次元多様体 S 上のリーマン計量 ds^2 を測地的極座標 (r, θ) によって

$$ds^2 = dr^2 + h^2\, d\theta^2 \qquad (h = h(r, \theta))$$

と表しておく．ただし，$h(r, \theta)$ は正の値をとる関数である．このとき，本節 (13.15) で定義したガウス曲率は $K = -h_{rr}/h$ と表されることを示せ．とくに曲面のときは，§11 の (11.8) より，K は§8 で定義したガウス曲率に一致する．

5.　向きづけられた曲面 S 上に空間正則曲線 $\gamma(t)$ が横たわっているとし，S の向きに同調した単位法線ベクトル場（(13.25) 参照）を ν とする．このとき，§10 で定義した曲面上の曲線としての $\gamma(s)$ の測地的曲率は，(13.21)，(13.22) で与えられる測地的曲率と一致することを確かめよ．ただし，(13.21)，(13.22) における γ''，$\ddot{\gamma}$ はそれぞれ $\nabla_{\gamma'}\gamma'$，$\nabla_{\dot{\gamma}}\dot{\gamma}$ を表し，(10.2) の γ''，(10.4) の $\ddot{\gamma}$ とは異なる意味をもつことに注意せよ．

§ 14. ポアンカレ－ホップの指数定理

ガウス－ボンネの定理（命題 13.4）の 1 つの応用として，コンパクトで向きづけられた 2 次元多様体 S のベクトル場の指数公式を示そう．よく知られるように，多様体 S 上にはリーマン計量 ds^2 が存在する（例えば参考文献 [17] 参照）．本節では，この計量 ds^2 を 1 つ固定しておく．

多様体 S 上の有限個の点 $\mathrm{P}_1, \cdots, \mathrm{P}_n$ を除いた集合 $S \setminus \{\mathrm{P}_1, \cdots, \mathrm{P}_n\}$ で定義された，零点をもたないベクトル場 X が与えられているとする．このベクトル場 X は，各点 P_j ($j = 1, 2, \cdots, n$) で零になるか，あるいは，その点では定義されていないか，のどちらかであるとする．もしも X が P_j で零になるならば，P_j を X の**孤立零点**という[1]．一方，P_j で X が定義されていないならば，P_j をベクトル場 X の**孤立特異点**とよぶ．各 P_j ($j = 1, \cdots, n$) を含む正の座標近傍 $(U_j; (u_j, v_j))$ を十分小さくとると．他の $n-1$ 個の点 $\{\mathrm{P}_k \in S \mid k \neq j\}$ を含まないようにできる．さらに U_j は単連結，すなわち $\boldsymbol{R}^2$ の円板と微分同相な領域であるとしてよい．このとき $\boldsymbol{e}_1 := X/|X|$（ただし，$|X|$ はベクトル X の大きさ）は $U_j \setminus \{\mathrm{P}_j\}$ で定義された単位ベクトル場だから，これを正の向きに 90 度回転させて単位ベクトル場 $\boldsymbol{e}_2$ をとれば，$\{\boldsymbol{e}_1, \boldsymbol{e}_2\}$ は $U_j \setminus \{\mathrm{P}_j\}$ 上の正に向きづけられた正規直交基底の場となる．

いま，U_j 内の単純閉曲線 $\gamma(s)$ $(0 \leqq s \leqq l)$ で P_j を反時計回りに囲むものをとる．ただし，s は弧長パラメータとする．すなわち，$\gamma'(s)$ は単位ベクトルである．$\gamma'(s)$ から測った $\boldsymbol{e}_1$ とのなす角を $\phi_j(s)$ とおく[2]．すると $\gamma'(0) = \gamma'(l)$ であるから，$\phi_j(0)$ と $\phi_j(l)$ は 2π の整数倍でしか違わない．したがって，この差は曲線 γ を連続的に変形しても変化しない．そこで

1） 関数あるいはベクトル場の値が 0 になる点のことを**零点**という．

2） この ϕ_j は (13.17) で定義した φ の符号を逆にしたものである．φ の定義と同様に，$[0, 2\pi)$ を越えて $\phi_j(s)$ が連続になるように定義しておく．

$$\text{(14.1)} \qquad \mathrm{ind}_{\mathrm{P}_j} X := 1 + \frac{1}{2\pi}\{\,\psi_j(l) - \psi_j(0)\}$$

で定まる整数をベクトル場 X の P_j における**回転指数**という（ind は index（指数）の頭文字である）．これは，P_j のまわりを反時計回りに 1 周する道 γ に沿って単位ベクトル $X/|X|$ が「何回転したか」を表すものである．定義式 (14.1) で 1 を加えるのは，曲線 $\gamma(s)$ 自体が P_j のまわりを 1 回転するので，その分を補正するためである．次の命題が成り立つ．

命題 14.1　与えられた点におけるベクトル場の回転指数の定義は，多様体上のリーマン計量のとり方によらない．

［**証明**］　いま，$ds_i^2\,(i=0,1)$ を S の 2 つのリーマン計量とすると，

$$d\tilde{s}_t^2 := (1-t)ds_0^2 + t\,ds_1^2 \qquad (0 \leqq t \leqq 1)$$

は，ds_0^2 から ds_1^2 のリーマン計量の連続変形を与える．回転指数は整数値をとるため，計量の連続的な変形によって値を変えない．このことから結論が得られる．□

たとえば $\boldsymbol{R}^2$ 上のベクトル場

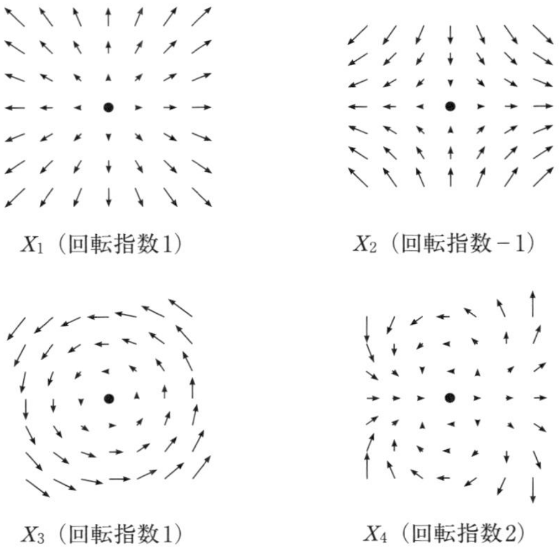

X_1（回転指数 1）　X_2（回転指数 −1）

X_3（回転指数 1）　X_4（回転指数 2）

図 14.1　ベクトル場の回転指数の例

$$X_1 = u\frac{\partial}{\partial u} + v\frac{\partial}{\partial v}, \qquad X_2 = u\frac{\partial}{\partial u} - v\frac{\partial}{\partial v}$$

$$X_3 = -v\frac{\partial}{\partial u} + u\frac{\partial}{\partial v}, \qquad X_4 = (u^2 - v^2)\frac{\partial}{\partial u} + 2uv\frac{\partial}{\partial v}$$

は，すべて原点に孤立零点をもつが，この点における回転指数は，それぞれ 1，−1，1，2 となる（図 14.1）．

ベクトル場の回転指数の総和について，次の公式が知られている．

定理 14.2（ポアンカレ-ホップ[3]の指数定理）　コンパクトで向きづけられた 2 次元多様体 S 上の有限個の点 $\mathrm{P}_1, \cdots, \mathrm{P}_n$ にのみ，孤立零点か孤立特異点をもつベクトル場 X に対して

$$\sum_{j=1}^{n} \mathrm{ind}_{\mathrm{P}_j} X = \chi(S)$$

が成り立つ．ただし，$\chi(S)$ は S のオイラー数である（§ 10 参照）．

［証明］　S にリーマン計量 ds^2 を 1 つとり，十分に小さい正の数 ε を 1 つ固定する．各点 P_j を左回りに囲む半径 ε の測地円 $C_j(\varepsilon)$ を描き，S から $C_j(\varepsilon)$ が囲む円板（$j = 1, \cdots, n$）を除いた領域を D_ε とする．いま ε_0 をこのような ε の 1 つとして固定する．各 $C_j(\varepsilon)$ は，P_j を原点とする S の正規座標系 $(U_j; (u_j, v_j))$（132 ページ参照）における原点を中心とする半径 ε の円になっている．S 上の新しいリーマン計量 $d\tilde{s}^2$ を S の各点 Q において以下のように定義する．

$$d\tilde{s}^2_{\mathrm{Q}} := \begin{cases} ds^2 & (\mathrm{Q} \in D_{\varepsilon_0}\text{のとき}), \\ \rho(|\mathrm{Q}|)ds^2 + (1 - \rho(|\mathrm{Q}|))(du_j^2 + dv_j^2) & (\mathrm{Q} \in U_j\text{のとき}). \end{cases}$$

ただし，$\mathrm{Q} \in U_j$（$j = 1, \cdots, n$）のとき $|\mathrm{Q}|$ は点 Q と点 P_j の間の ds^2 に関する距離とする．また，関数 $\rho : \boldsymbol{R} \longrightarrow [0, 1]$ は区間 $[-\varepsilon_0/3, \varepsilon_0/3]$ で 1 となり $\boldsymbol{R} \setminus [-2\varepsilon_0/3, 2\varepsilon_0/3]$ で 0 となる C^∞ 級関数である．証明したい式は S のリーマン計量のとり方に無関係なので（命題 14.1 参照），この証明では ds^2 の代わりに $d\tilde{s}^2$ を考える．

以下，ε は ε_0 より小さい正の数とする．このとき，各 P_j のまわりで回転指数の定義で述べた $C_j(\varepsilon)$ 上の関数 ψ_j がとれる．すると，曲線 $C_j(\varepsilon)$ に対して (13.17)

---

3)　Hopf, Heinz（1894 - 1971）. ポアンカレは 140 ページ参照.

において定義された φ は $-\psi_j$ に一致する．ここで，D_ε 上の単位ベクトル場 $X/|X|$ を反時計回りに $90°$ 回転させてできるベクトル場を $\boldsymbol{e}_2$ とすると，$\{\boldsymbol{e}_1, \boldsymbol{e}_2\}$ は D_ε 上の正規直交基底の場となるが，この基底に関する D_ε 上の接続形式を μ とすると，(13.23) より曲線の測地的曲率は $\kappa_g\, ds = -d\psi_j - \mu$ をみたす．いま $-C_j(\varepsilon)$ で $C_j(\varepsilon)$ の向きを反対にした測地円を表すことにすると，$-C_j(\varepsilon)$ は円の外側を左手にみるので，定理 13.5 とストークスの定理 12.1 より

$$
\begin{aligned}
2\pi\,\chi(S) &= \int_S K\,dA = \lim_{\varepsilon\to 0}\int_{D_\varepsilon} K\,dA = \lim_{\varepsilon\to 0}\int_{D_\varepsilon} d\mu = \lim_{\varepsilon\to 0}\int_{\partial D_\varepsilon}\mu \\
&= \lim_{\varepsilon\to 0}\sum_{j=1}^{n}\int_{-C_j(\varepsilon)}\mu = \lim_{\varepsilon\to 0}\sum_{j=1}^{n}\int_{C_j(\varepsilon)}(-\mu) \\
&= \lim_{\varepsilon\to 0}\sum_{j=1}^{n}\int_{C_j(\varepsilon)}(\kappa_g\,ds + d\psi_j) = 2\pi n + \lim_{\varepsilon\to 0}\sum_{j=1}^{n}\int_{C_j(\varepsilon)} d\psi_j
\end{aligned}
$$

となる．（ここで ε が小さいとき，$d\tilde{s}^2$ はユークリッド平面の標準的な平坦計量となり，§3 の定理 3.2 より $\int_{C_j(\varepsilon)}\kappa_g\,ds = 2\pi$ になる，という事実を途中で用いた．）右辺の各積分は，$C_j(\varepsilon)$ を左向きにひと回りしたときの角度 ψ_j の変化であるから (14.1) より $2\pi(\mathrm{ind}_{\mathrm{P}_j} X - 1)$ となる．以上より結論が示された．　□

ベクトル場は，「2 次元多様体（曲面）上の向きのついた曲線の流れ[4)]」を生成し，その流れの回転指数の総和に関する公式が定理 14.2 であるが，さらに必ずしも向きのついていない曲線の流れを考えると，整数値ではなく $\pm 1/2$，$\pm 3/2$，$\cdots$ など，半整数値をもつ回転指数が定義され，上の指数公式の一般化が得られる．

具体的には，図 14.2 のような曲線族を考える．これら 2 つの流れでは，図全体に矛盾なく流れの方向を定めることは不可能である．実際，曲線族に矢印をつけながら原点のまわりを 1 周すると，逆向きになる．これは以下に定義する「射影的ベクトル場」とよばれるものの具体例を与えている．

多様体 S 上の点 P における 2 つの $\mathbf{0}$ でない接ベクトル $V, W \in T_{\mathrm{P}}S$ が**射影的に同値**であるとは，実数 c が存在し，$W = cV$ と書けるときをいう．

---

4)　ベクトル場の積分曲線という．詳しくは参考文献 [13] の第 5 章参照．

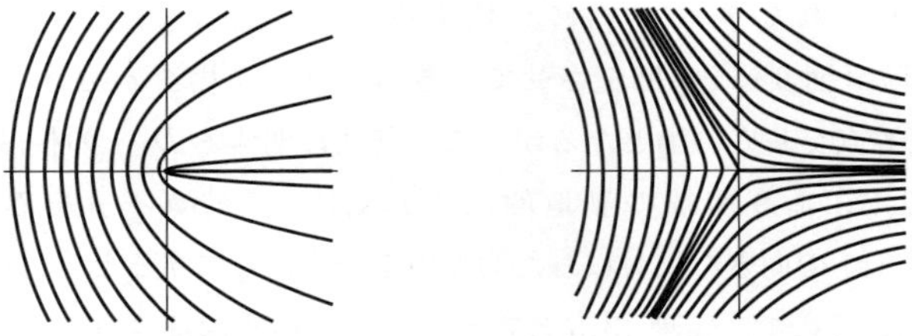

η ：回転指数 1/2　　　　　　　ζ ：回転指数 $-1/2$

図 14.2　向きをつけることのできない曲線族のつくる流れ（例 14.3 参照）

この同値関係を $V \sim W$ で表し，同値類を $[V]$ で表す．つまり，$V \sim W$ と $[V]=[W]$ は同じ意味である．同値類 $[V]$ は，接空間 $T_{\mathrm{P}}S$ の 1 次元部分空間を定める．

S 上の射影的ベクトル場は，S の各点 P に $T_{\mathrm{P}}S$ の 1 次元部分空間を定める写像として次のように定義される．2 次元多様体 S の開集合 U 上の C^∞ 級ベクトル場の全体を $\mathfrak{X}^\infty(U)$ で表す．U 上の 2 つの零点をもたない C^∞ 級ベクトル場 X, Y が**射影的に同値**であるとは，U 上で零点をもたない C^∞ 級関数 f が存在し，U 上で $Y = fX$ が成り立つときをいう．この同値関係を $X \underset{U}{\sim} Y$ で表す．もしも $X \underset{U}{\sim} Y$ であれば，U 上の各点 P で $X_{\mathrm{P}} \sim Y_{\mathrm{P}}$（接ベクトルとして射影的に同値）である．

S の開被覆 $\{U_j\}_{j=1,2,\cdots,N}$ と各 U_j 上で定義されたベクトル場 $X_j \in \mathfrak{X}^\infty(U_j)$ の対の集合 $\xi := \{(U_j, X_j)\}_{j=1,\cdots,N}$ を考える．ξ が**射影的ベクトル場**または**方向場**であるとは，任意の 2 つの番号 j, k $(1 \leqq j, k \leqq N)$ に対して

$$X_j \underset{U_j \cap U_k}{\sim} X_k \tag{14.2}$$

なる関係が成り立つときをいう．このとき，ξ は S の各点 P に，ベクトル空間 $T_{\mathrm{P}}S$ の 1 次元部分空間 $\xi_{\mathrm{P}} = [X_j(\mathrm{P})]$ を対応させる写像とみなすことができる．ただし，$\mathrm{P} \in U_j$ とし，$X_j(\mathrm{P})$ はベクトル場 X_j が P で定めるベクトルとする．実際，もしも $\mathrm{P} \in U_k$ とすると，(14.2) から $[X_j(\mathrm{P})] = [X_k(\mathrm{P})]$ となるので，写像としての ξ は添字 j の選び方に依存しない．

いま X を S 上の零点をもたない C^∞ 級ベクトル場とすると，上の定義で $N=1$ で $U_1=S$ と考えることで，X は射影的なベクトル場 $\xi=\{(S,X)\}$ を定める．ξ は各点 P で，$T_{\mathrm{P}}S$ の 1 次元部分空間 $[X(\mathrm{P})]$ を定めるので，この ξ を $[X]$ と記す．この方法で，通常のベクトル場 X から自然に 1 つの射影的なベクトル場 $[X]$ を定めることができる．以下，もう少し非自明な射影的ベクトル場の例を紹介する．

例 14.3　$\boldsymbol{R}^2\setminus\{(0,0)\}$ を 2 つの開集合

$$U_1:=\boldsymbol{R}^2\setminus\{(u,0)\in\boldsymbol{R}^2\mid u\geqq 0\},\qquad U_2:=\boldsymbol{R}^2\setminus\{(u,0)\in\boldsymbol{R}^2\mid u\leqq 0\}$$

の和集合と考える．U_1 上の 2 つのベクトル場を

$$\begin{aligned} Y_1&:=(u+\sqrt{u^2+v^2})\frac{\partial}{\partial u}+v\frac{\partial}{\partial v},\\ Z_1&:=(u+\sqrt{u^2+v^2})\frac{\partial}{\partial u}-v\frac{\partial}{\partial v} \end{aligned}\tag{14.3}$$

で定め，U_2 上の 2 つのベクトル場を

$$\begin{aligned} Y_2&=-v\frac{\partial}{\partial u}+(u-\sqrt{u^2+v^2})\frac{\partial}{\partial v},\\ Z_2&=v\frac{\partial}{\partial u}+(u-\sqrt{u^2+v^2})\frac{\partial}{\partial v}, \end{aligned}\tag{14.4}$$

と定める．いま，

$$\begin{aligned} Y_2&=-v\frac{\partial}{\partial u}-\frac{v^2}{u+\sqrt{u^2+v^2}}\frac{\partial}{\partial v}\\ &=-\frac{v}{u+\sqrt{u^2+v^2}}\left((u+\sqrt{u^2+v^2})\frac{\partial}{\partial u}+v\frac{\partial}{\partial v}\right)\\ &=-\frac{v}{u+\sqrt{u^2+v^2}}Y_1 \end{aligned}$$

であることに注意すると，$\eta:=\{(U_j,Y_j)\}_{j=1,2}$ は $\boldsymbol{R}^2\setminus\{(0,0)\}$ 上の射影的ベクトル場を定める．同様に $Z_2=\{v/(u+\sqrt{u^2+v^2})\}Z_1$ が $U_1\cap U_2$ 上で成り立つので，$\zeta:=\{(U_j,Z_j)\}_{j=1,2}$ も $\boldsymbol{R}^2\setminus\{(0,0)\}$ 上の射影的ベクトル場を定める．図 14.2 の左側は η が生成する流れを，右側は ζ が生成する流れを表したものである．　◇

多様体 S 上の，有限個の点 $\mathrm{P}_1, \cdots, \mathrm{P}_n$ を除いたところで定義された射影的ベクトル場 ξ に対して，通常のベクトル場と同様に P_j における回転指数 $\mathrm{ind}_{\mathrm{P}_j}\xi$ を定義することができる．実際，$\gamma_j : [0, l] \longrightarrow S$ を P_j のまわりを反時計回りに 1 周する単純閉曲線とすると，γ_j 上に沿って定義されたなめらかなベクトル場 $W_j(t)\,(0 \leqq t \leqq l)$ で $[\,W_j(t)\,] = \xi_{\gamma_j(t)}$ が $[0, l]$ 上で成り立つようなものをとることができる．この $W_j(t)$ が $t = 0$ から $t = l$ に変化するまでの回転数として $\mathrm{ind}_{\mathrm{P}_j}\xi$ を定義する．すなわち，$W_j(t)$ に対して，通常のベクトル場の回転指数の定義 (14.1) と同様に $\dot{\gamma}(t)$ から測った $W_j(t)$ との角を $\phi_j(t)$ とするとき，

$$\mathrm{ind}_{\mathrm{P}_j}\xi := 1 + \frac{1}{2\pi}\{\phi_j(l) - \phi_j(0)\}$$

である．射影的ベクトル場 ξ がベクトル場 X から $\xi = [\,X\,]$ のように定まる場合は $W_j(0) = W_j(l)$ が成り立ち，もとのベクトル場の回転指数に一致する．しかし，一般には $W_j(0) = -W_j(l)$ となる可能性がある．つまり，射影的ベクトル場の回転数は，一般には半整数値をとることになる．

たとえば，例 14.3 で与えた 2 つの射影的ベクトル場 η, ζ については，$\gamma(t) = (\cos t, \sin t)\,(0 \leqq t \leqq 2\pi)$ によって単位円の助変数表示を与えると

$$W := \begin{pmatrix} \cos\dfrac{t}{2} \\ \\ \sin\dfrac{t}{2} \end{pmatrix}, \qquad \widetilde{W} := \begin{pmatrix} -\cos\dfrac{t}{2} \\ \\ \sin\dfrac{t}{2} \end{pmatrix} \qquad (0 \leqq t \leqq 2\pi)$$

が，γ に沿うなめらかなベクトル場で，それぞれ $[\,W(t)\,] = \eta_{\gamma(t)}$ と $[\,\widetilde{W}(t)\,] = \zeta_{\gamma(t)}$ を満たす．$W(t)$ は $t = 0$ から $t = 2\pi$ まで反時計回りに半周するので，η の原点のまわりの回転指数は 1/2 となる（図 14.2 左）．一方，$\widetilde{W}(t)$ は $t = 0$ から $t = 2\pi$ まで時計回りに半周するので，ξ の原点のまわりの回転指数は $-1/2$ となる（図 14.2 右）．

ここで，射影的ベクトル場の典型的な例である，対称行列の固有方向（つまり固有ベクトルの方向）が定める射影的ベクトル場を紹介しよう．以下，$\boldsymbol{R}^2$ の原点 (0, 0) を含む領域 D 上で定義された，対称行列に値をもつ関数

(14.5)
$$A(u,v):=\begin{pmatrix} a(u,v) & b(u,v) \\ b(u,v) & c(u,v) \end{pmatrix}$$
を考える．いま，

(14.6)
$$d:=d(u,v)=\sqrt{(a(u,v)-c(u,v))^2+4b(u,v)^2}$$
とおくと，行列 A の固有値は
$$\lambda_1:=\frac{a+c+d}{2},\qquad \lambda_2:=\frac{a+c-d}{2}$$
となる．ここでは A は原点以外では，相異なる 2 つの固有値をもつと仮定する．これは $d>0$ という条件と同値である．(以下の議論には関係ないが，我々は原点 $(0,0)$ で $d(0,0)=0$ となる場合に興味をもっている．この場合，$A(0,0)$ は単位行列の定数倍となり，2 つの特別な固有方向を選ぶことができなくなる．) すると
$$X_1:=\begin{pmatrix} 2b \\ c-a+d \end{pmatrix},\qquad X_2:=\begin{pmatrix} 2b \\ c-a-d \end{pmatrix}$$
で定義されるベクトル場 $X_i(i=1,2)$ は，零ベクトルにならない点では A の λ_i に対応する固有方向を与えている．対称行列の相異なる固有値に対応する固有ベクトルは直交するので，X_1 と X_2 の内積は 0 である．X_1 と X_2 をそれぞれ 90 度だけ左に回転させたベクトル場を $X_1^{\perp}$，$X_2^{\perp}$ とする．つまり
$$X_1^{\perp}:=\begin{pmatrix} a-c-d \\ 2b \end{pmatrix},\qquad X_2^{\perp}:=\begin{pmatrix} a-c+d \\ 2b \end{pmatrix}$$
とおくと，X_1 と $X_2^{\perp}$（および X_2 と $X_1^{\perp}$）はそれぞれ互いに比例する．

いま，$D\setminus\{(0,0)\}$ の 2 つの開集合を
$$U_1:=\{\mathrm{P}\in D\setminus\{(0,0)\}\mid X_1(\mathrm{P})\neq\mathbf{0}\},$$
$$U_2:=\{\mathrm{P}\in D\setminus\{(0,0)\}\mid X_2(\mathrm{P})\neq\mathbf{0}\}$$
とおくと，2 つのベクトル場 X_1, X_2 は同時に $\mathbf{0}$ になることはないので $D\setminus\{(0,0)\}=U_1\cup U_2$ となる．つまり，$\{U_1, U_2\}$ は $D\setminus\{(0,0)\}$ の開被覆である．すると $U_1\cap U_2$ 上で X_1 と $X_2^{\perp}$，$X_1^{\perp}$ と X_2 は比例関係にあるので，

(14.7)
$$\xi_1:=\{(U_1,X_1),(U_2,X_2^{\perp})\},\qquad \xi_2:=\{(U_1,X_1^{\perp}),(U_2,X_2)\}$$

により，$D\setminus\{(0,0)\}$ 上で定義された 2 つのなめらかな射影的ベクトル場 ξ_1, ξ_2 が定まる．ξ_1 は固有値 λ_1 に対応し，ξ_2 は固有値 λ_2 に対応する A の固有空間を定める．いま，

$$V_A(u,v) := \begin{pmatrix} a(u,v) - c(u,v) \\ 2b(u,v) \end{pmatrix} \tag{14.8}$$

によって，対称行列 $A(u,v)$ の係数だけから決まる新たなベクトル場 $V_A(u,v)$ を定めると，次が成り立つ．

命題 14.4　式 (14.5) の形の対称行列 $A(u,v)$ が原点以外で相異なる固有値をもつとする．ξ_1, ξ_2 を (14.7) で定義された $A(u,v)$ の固有方向に関する射影的ベクトル場とするとき，

$$\mathrm{ind}_{\mathbf{0}}\,\xi_1 = \mathrm{ind}_{\mathbf{0}}\,\xi_2 = \frac{1}{2}\,\mathrm{ind}_{\mathbf{0}}\,V_A$$

が成り立つ．とくに，ξ_1, ξ_2 の原点における回転指数は等しい．

この命題により，行列の係数だけを調べることで，固有方向に対応する射影的ベクトル場の回転指数を計算することができる．実際 § 16 で，ホップの定理の証明に，この命題と，あとで述べる定理 14.6 を用いる．

［証明］　いま，ベクトル $\begin{pmatrix} \alpha \\ \beta \end{pmatrix}$ を複素数 $\alpha + i\beta$ と同一視すると

$$X_1 = 2b + i(c - a + d), \qquad X_2^{\perp} = i(2b + i(c - a - d))$$

となる．すると，X_1, $X_2^{\perp}$ の複素数としての 2 乗は直接計算で

$$(X_1)^2 = 2(c - a + d)\,V_A, \qquad (X_2^{\perp})^2 = 2(a - c + d)\,V_A$$

なる関係式が得られる．すなわち，$(X_1)^2$ と $(X_2^{\perp})^2$ は複素数としてともに V_A の実数倍になっている．しかも

$$(c - a + d)(a - c + d) = -(c - a)^2 + d^2 = 4b^2 \geqq 0$$

であるから，$(X_1)^2$ と $(X_2^{\perp})^2$ とは正の定数倍の違いを除いて一致する．そこで原点のまわりを 1 周したとき，一方が $\mathbf{0}$ になるときには，もう一方の複素数に較替えして，複素数としての偏角の連続的な変化を考えると，それは $\mathrm{ind}_{\mathbf{0}}\,V_A$ に等しいこ

とがわかる．$(X_1)^2$，$(X_2^{\perp})^2$ の偏角は X_1, $X_2^{\perp}$ の偏角の 2 倍であることに注意すると，結局

$$\mathrm{ind}_0\, V_A = 2\,\mathrm{ind}_0\, \xi_1$$

が得られる．同様にして，$\mathrm{ind}_0\, V_A = 2\,\mathrm{ind}_0\, \xi_2$ を示すことができる． □

例 14.5 具体例として，対称行列に値をもつ 2 つの関数

$$(14.9) \qquad A_1(u, v) = \begin{pmatrix} u & v \\ v & -u \end{pmatrix}, \qquad A_2(u, v) = \begin{pmatrix} u & -v \\ -v & -u \end{pmatrix}$$

を考える．例 14.3 で与えた Y_1, Y_2 は（Z_1, Z_2 は），A_1 の（A_2 の）点 $(r\cos\theta, r\sin\theta)$ における固有ベクトルであるから，η と ξ は，それぞれ対称行列 A_1, A_2 の固有方向がつくる射影的ベクトル場となる．例 14.3 では定義に基づく計算によって η, ξ の原点のまわりの回転指数が，それぞれ 1/2 と $-1/2$ であることを示したが，ここでは，もう一度，命題 14.4 の応用として回転指数を求めてみよう．

式 (14.8) のベクトルは

$$V_{A_1} = 2\begin{pmatrix} u \\ v \end{pmatrix}, \qquad V_{A_2} = 2\begin{pmatrix} u \\ -v \end{pmatrix}$$

であるが，写像 $(u, v) \longmapsto (u, v)$ は恒等写像なので，単位円を同じ向きの単位円に写し，写像 $(u, v) \longmapsto (u, -v)$ は，単位円を反対向きの単位円に写すので $\mathrm{ind}_0\, V_{A_1} = 1$, $\mathrm{ind}_0\, V_{A_2} = -1$ となる．命題 14.4 より，η, ξ の回転指数は，それぞれ半分の値 1/2 と $-1/2$ であることがわかる． ◇

射影的ベクトル場についても定理 14.2 の証明法が有効で，次が成り立つ．

定理 14.6（射影的ベクトル場に対するポアンカレ－ホップの指数定理）
コンパクトで向きづけ可能な 2 次元多様体 S から有限個の点 $\mathrm{P}_1, \cdots, \mathrm{P}_n$ を除いたところで定義された射影的ベクトル場 ξ に対して，次の公式が成り立つ．

$$\sum_{j=1}^{n} \mathrm{ind}_{\mathrm{P}_j}\, \xi = \chi(S)\,.$$

[証明]　定理 14.2 の証明とほぼ平行した形で示すことができる．各 P_j のまわりに局所座標系 $(U_j; u_j, v_j)$ をとり，その座標近傍において各 P_j を中心とする半径 $\varepsilon > 0$ の円板の内側を除いた S の領域を D_ε とする．D_ε の境界は，各 P_j を中心とする半径 ε の円 $C_j(\varepsilon)$ である．この円に P_j を左手にみる向きをつける．射影的ベクトル場の定義から，D_ε の各点の近傍 U 上の単位ベクトル場 $\boldsymbol{e}_1$ で $[\boldsymbol{e}_1] = \xi$ となるものが存在する．$\boldsymbol{e}_1$ を反時計回りに 90° 回転させてできるベクトル場を $\boldsymbol{e}_2$ とする．$\boldsymbol{e}_1$ を $-\boldsymbol{e}_1$ にとりかえると $\boldsymbol{e}_2$ も符号が変わるので，U 上の正規直交基底の場 $\{\boldsymbol{e}_1, \boldsymbol{e}_2\}$ から定まる U 上の接続形式 μ は ξ のみから決まり，D_ε 上の 1 次微分形式を定める．すると，定理 14.1 の証明とまったく同様に

$$2\pi\,\chi(S) = \int_S K\,dA = -\lim_{\varepsilon\to 0}\sum_{j=1}^{n}\int_{C_j(\varepsilon)}\mu$$

$$= \lim_{\varepsilon\to 0}\sum_{j=1}^{n}\int_{C_j(\varepsilon)}(\kappa_g\,ds + d\psi_j) = 2\pi n + \lim_{\varepsilon\to 0}\sum_{j=1}^{n}\int_{C_j(\varepsilon)}d\psi_j$$

となる．ここで ψ_j の定義から

$$\int_{C_j(\varepsilon)} d\psi_j = 2\pi(\mathrm{ind}_{\mathrm{P}_j}\xi - 1)$$

が成り立つので結論が示された．　□

ここで，いま証明した射影的ベクトル場に関するポアンカレ－ホップの指数定理の応用として，楕円面の臍点の回転指数を計算する．曲面上の臍点でない各点において主曲率方向（§9 参照）を定める射影的ベクトルを対応させることによって，臍点を除いた曲面上の射影的ベクトル場を定めることを考える．実際，主方向はワインガルテン行列 $A = \hat{I}^{-1}\widehat{II}$ の固有方向のつくる射影的ベクトル場とみなすことができる．とくに，臍点が孤立しているとき，このベクトル場の臍点における回転指数を孤立臍点の**回転指数**という．

すると，ポアンカレ－ホップの指数定理 14.6 から次が成り立つ．

系 14.7　閉曲面 S の臍点がすべて孤立しているとすると，各臍点の回転指数の総和は S のオイラー数に等しい．

例 14.8　たとえば，3 つの軸の長さが互いに異なるような楕円面の臍点のまわり

では，主曲率方向の場は図 14.3 左のようになり，臍点の回転指数は 1/2 である．実際に楕円面を

$$E := \left\{ (x,\, y,\, z) \in \boldsymbol{R}^3 \,\middle|\, \frac{x^2}{a^2} + \frac{y^2}{b^2} + \frac{z^2}{c^2} = 1 \right\} \qquad (a \geqq b \geqq c > 0)$$

と表示して，このことを確かめよう．$a = b = c$ のときに E は球面となるが，この場合にはすべての点が臍点になるので除外する．

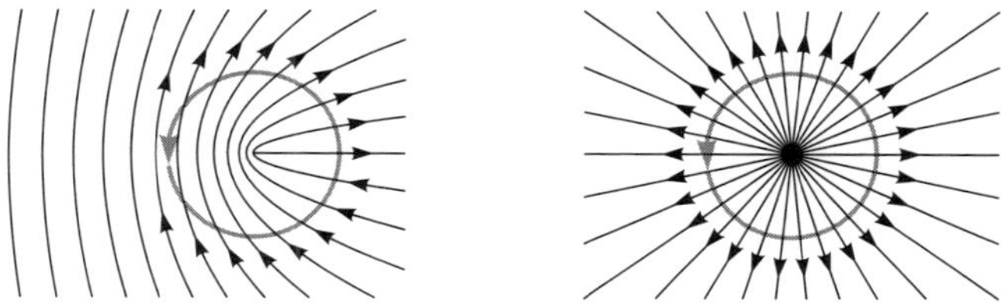

$a < b < c$ の場合（回転数1/2）　　$a = b < c$ の場合（回転数1）

図 14.3　楕円面 $\dfrac{x^2}{a^2} + \dfrac{y^2}{b^2} + \dfrac{z^2}{c^2} = 1$ の主曲率方向の場

楕円面は xy 平面について対称なので，xy 平面の上側だけ考えると，次のようなグラフ表示が得られる．

$$z = f(x,\, y) := c\sqrt{1 - \left(\frac{x}{a}\right)^2 - \left(\frac{y}{b}\right)^2}.$$

グラフ表示の第一基本量（§7 の問題 **5**），第二基本量（§8 の問題 **3**）を用いて，(8.4) で定義したワインガルテン行列 A を計算すると，

$$A = \frac{c^4}{a^4 b^4 \delta^3 f(x,\, y)^3} B$$

となる．ただし，$\delta := \sqrt{1 + f_x^2 + f_y^2}$ かつ

$$B := \begin{pmatrix} -a^2 b^4 - a^2(c^2 - b^2) y^2 & a^2(c^2 - b^2) xy \\ b^2(c^2 - a^2) xy & -a^4 b^2 - b^2(c^2 - a^2) x^2 \end{pmatrix}$$

とする．§9 の命題 9.5 から，$(x,\, y,\, f(x,\, y))$ が臍点であるための必要十分条件は，B が単位行列のスカラー倍になることである．ここで $a = b = c$ の場合を除外していることに注意すると，これは

$$xy = 0, \qquad a^2 b^4 + a^2(c^2 - b^2) y^2 = a^4 b^2 + b^2(c^2 - a^2) x^2$$

と同値である．したがって，$a \geqq b \geqq c$ に注意すれば，楕円面 E の xy 平面上にな

い臍点は

- $a > b > c$ のとき，$(x, y) = \left(\pm a\sqrt{\dfrac{a^2 - b^2}{a^2 - c^2}}, 0\right)$
- $a = b > c$ のとき，$(x, y) = (0, 0)$

をみたしている．同様にして $x = g(y, z)$, $y = h(z, x)$ のグラフを考えれば，xy 平面上に臍点が存在するのは $a > b = c$ のときに限り，その臍点は $(\pm a, 0, 0)$ となる．

以上をまとめて，楕円面 E の臍点は

- $a > b > c$ のとき，$\left(\pm a\sqrt{\dfrac{a^2 - b^2}{a^2 - c^2}}, 0, \pm c\sqrt{\dfrac{b^2 - c^2}{a^2 - c^2}}\right)$ の 4 点
- $a = b > c$ のとき，$(0, 0, \pm c)$ の 2 点
- $a > b = c$ のとき，$(\pm a, 0, 0)$ の 2 点

となる．楕円面は球面に同相なので，種数 g は 0 であるから，オイラー数は 2 に等しい（§10 の式 (10.12) 参照）．

よって 系 14.7 から，臍点の指数の総和は 2 になる．曲面の対称性より，臍点の指数は同じにならなければならないので，

- $a > b > c$ のとき，臍点の指数は 1/2
- $a = b > c$，$a > b = c$ のとき，臍点の指数は 1

であることがわかる． ◇

楕円面の臍点の回転指数は正であったが，指数が負となる臍点の例は §16 の問題 **3** にある．このほか本書では，以下の事実を証明している．

- 空間の反転，平行曲面をとる操作によって曲率線が保存される．とくに臍点の指数は保存される．（付録 B-5 の問題 **1** および付録 B-6 の定理 B-6.2 の別証明参照），
- 平均曲率一定曲面の臍点の指数は，常に負になる（§16 の補題 16.10 参照）．

ガウス曲率が非負となる閉曲面を**卵形面**（らんけいめん）という．「卵形面には少なくとも 2 つの臍点が存在するだろう」という未解決予想（カラテオドリ[5)]予想）が

ある．これに関連して，与えられた正則曲面上に孤立臍点Pがあるとき，「その臍点の回転指数は1以下であろう」という予想（ロウェナー[6]予想）がある．卵形面のオイラー数は2なので，ロウェナー予想が正しければカラテオドリ予想も正しいことになるが，現段階において，これら2つの予想はいずれも未解決である．

問　　題

1.　複素数 $z = u + iv \in \boldsymbol{C}$ と平面ベクトル $(u, v) \in \boldsymbol{R}^2$ を同一視しておく．正の整数 k に対して

（1）　写像 $\boldsymbol{C} \ni z \longmapsto z^k \in \boldsymbol{C}$ を点 (u, v) にベクトル $z^k \in \boldsymbol{R}^2$ を対応させるベクトル場とみなすと，これは原点に指数 k の孤立零点をもつことを示せ．

（2）　同様に，写像 $z \longmapsto \bar{z}^k$ をベクトル場とみなすと，原点に指数 $-k$ の孤立零点をもつことを示せ．ただし，$\bar{z} = u - iv$ は $z = u + iv$ の共役複素数である．

5)　Carathéodory, Constantin (1873 - 1950).

6)　Loewner, Charles (1893 - 1968).

§ 15. ラプラシアンと等温座標系

ラプラシアン　ここでは (S, ds^2) は向きづけられたコンパクト 2 次元リーマン多様体とする．S 上の局所的な正規直交基底の場 $\{\boldsymbol{e}_1, \boldsymbol{e}_2\}$ に対して，その双対基底の場 $\{\omega_1, \omega_2\}$ をとっておく（§12 の問題 **4** 参照）．§12 で述べた 1 次微分形式の空間 $\mathscr{A}^1(S)$ に対して，線形作用素 $*: \mathscr{A}^1(S) \longrightarrow \mathscr{A}^1(S)$ を，

$$*\,\omega_1 = \omega_2, \qquad *\,\omega_2 = -\,\omega_1$$

かつ $*(f\omega) = f * \omega$ $(\omega \in \mathscr{A}^1(S), f \in C^\infty(S))$ となるように定義する．基底変換の公式 (12.5) より，これは正規直交基底の場によらない．この写像を **$*$ 作用素**（ホッジ[1]のスター作用素）とよぶ．とくに $* \circ * = -1$ が成り立つ．

ここで $f \in C^\infty(S)$ に対して 2 次微分形式 $d * df$ を考えると，これは §12 の (12.5) で定義した面積要素 $d\widehat{A}$ に比例するから

$$d * df = (\Delta f)\, d\widehat{A} \tag{15.1}$$

によって関数 Δf が定まる．こうして定まる線形写像 $\Delta: C^\infty(S) \longrightarrow C^\infty(S)$ を**ラプラシアン**という．（$-\Delta$ をラプラシアンとする本もあるので注意されたい.）

定理 15.1　向きづけられたコンパクト かつ 連結なリーマン多様体 (S, ds^2) 上の関数 $f \in C^\infty(S)$ が

$$\int_S f\, dA = 0$$

をみたすならば，$f = \Delta g$ となる $g \in C^\infty(S)$ が存在する．

この定理を証明するにはホッジ－ド・ラム[2]の分解定理を用いる．たとえば参考文献 [20] の Chapter 6 を参照されたい．[28] の第 2 巻 第 4 章にはホッジ－ド・ラムの分解定理の証明の概略と応用についての解説がある．

---

1)　Hodge, Sir William Vallance Douglas (1903 – 1975).

2)　de Rham, Georges (1903 – 1990).

等温座標系 2次元リーマン多様体 (S, ds^2) の局所座標系 $(U; (u, v))$ によってリーマン計量が

$$ds^2 = e^{2\sigma}(du^2 + dv^2) \qquad (\sigma := \sigma(u, v) \in C^\infty(U))$$

と表されるとき，(u, v) を**等温座標系**とよぶ．

リーマン多様体 (S, ds^2) と，$\boldsymbol{R}$ の区間 I の直積 $I \times S$ 上で定義された関数 f に関する微分方程式

$$\frac{\partial f}{\partial t} = \Delta f$$

を，**熱伝導の方程式**という．ここで，Δ は S のリーマン計量に関するラプラシアンである．多様体上を熱が伝わっていく際に，時刻 t における点 P の温度を $f(t, \mathrm{P})$ とおけば，これが熱伝導の方程式をみたすと考えられる．とくに $\Delta f = 0$ みたす関数 f は**調和関数**とよばれ，温度の定常状態を表している．

等温座標は**等温直交網**ともよばれる．それは，等温座標系では座標関数 u, v はともに調和関数となり，したがって u, v を温度を表す関数とみなすと，u あるいは v が一定である曲線は，互いに直交する温度分布の等高線になることによる．

2次元リーマン多様体上の任意の点に対して，その点を含む等温座標系が存在する．この事実を，参考文献 [26] で紹介されている方法で示す．まず，2つの補題を用意する．

補題 15.2 ガウス曲率 K が恒等的に 0 である（一般には向きづけ可能とは限らない）2次元リーマン多様体 (S, ds^2) の各点に対して，その点を含む局所座標系 $(U; (u, v))$ で，リーマン計量が

$$ds^2 = du^2 + dv^2$$

と表されるものが存在する．

この補題は，平坦（ガウス曲率が 0）な2次元リーマン多様体は，局所的には距離を保つ写像で $\boldsymbol{R}^2$ の部分集合として実現できることを意味している．

［証明］ $\{\boldsymbol{e}_1, \boldsymbol{e}_2\}$ を S の単連結な座標近傍 U で定義された正規直交基底の場，$\{\omega_1, \omega_2\}$ をその双対基底の場とする．μ をこの基底に関する接続形式とすると，ガウス曲率が0であることから，$d\mu = 0$ が成り立つ．ここで，U は単連結なので，ポアンカレの補題（定理12.2）より，U 上の C^∞ 級関数 θ が存在して $\mu = d\theta$ と書ける．いま，

$$(\tilde{\boldsymbol{e}}_1, \tilde{\boldsymbol{e}}_2) = (\boldsymbol{e}_1, \boldsymbol{e}_2)\begin{pmatrix} \cos\theta & -\sin\theta \\ \sin\theta & \cos\theta \end{pmatrix}$$

とおいて，$\{\tilde{\boldsymbol{e}}_1, \tilde{\boldsymbol{e}}_2\}$ に関する接続形式を $\tilde{\mu}$ とすると，補題13.2より $\tilde{\mu} = \mu - d\theta = 0$ となる．このとき，$\{\tilde{\boldsymbol{e}}_1, \tilde{\boldsymbol{e}}_2\}$ の双対基底の場を $\{\tilde{\omega}_1, \tilde{\omega}_2\}$ とすると，(13.3) より $d\tilde{\omega}_1 = d\tilde{\omega}_2 = 0$ が成り立つ．したがって，ポアンカレの補題（定理12.2）より，U 上の C^∞ 級関数 u, v が存在して

$$\tilde{\omega}_1 = du, \qquad \tilde{\omega}_2 = dv$$

をみたす．すると (13.1) より

$$ds^2 = \tilde{\omega}_1{}^2 + \tilde{\omega}_2{}^2 = du^2 + dv^2$$

であり，(u, v) が求める座標系であることがわかる． □

補題 15.3 向きづけられた2次元リーマン多様体 (S, ds^2) のガウス曲率を K とする．いま，$\sigma \in C^\infty(S)$ によって S 上に新しいリーマン計量

$$d\tilde{s}^2 := e^{2\sigma}\, ds^2$$

を定義するとき，$d\tilde{s}^2$ のガウス曲率 $\widetilde{K}$ は

$$e^{2\sigma}\widetilde{K} = K - \Delta_{ds^2}\,\sigma$$

をみたす．ここで Δ_{ds^2} は ds^2 に関するラプラシアンである．

［証明］ $\{\boldsymbol{e}_1, \boldsymbol{e}_2\}$ を S の座標近傍 U で定義された正の正規直交基底の場とし，$\{\omega_1, \omega_2\}$ をその双対基底の場とする．また，μ をこの基底に関する接続形式とする．いま $\tilde{\boldsymbol{e}}_j := e^{-\sigma}\boldsymbol{e}_j$ $(j = 1, 2)$ とおくと，$\{\tilde{\boldsymbol{e}}_1, \tilde{\boldsymbol{e}}_2\}$ は計量 $d\tilde{s}^2$ に関する正の正規直交基底の場であり，その双対基底の場 $\{\tilde{\omega}_1, \tilde{\omega}_2\}$ は

$$\tilde{\omega}_1 = e^{\sigma}\omega_1, \qquad \tilde{\omega}_2 = e^{\sigma}\omega_2$$

で与えられる．1次微分形式 α について，一般に

$$\alpha = \alpha(\boldsymbol{e}_1)\,\omega_1 + \alpha(\boldsymbol{e}_2)\,\omega_2 \tag{15.2}$$

が成り立つことに注意すると，(12.3) と (13.3) より

$$
\begin{aligned}
d\widetilde{\omega}_1 &= d(e^\sigma) \wedge \omega_1 + e^\sigma\, d\omega_1 \\
&= (de^\sigma(\boldsymbol{e}_1)\, \omega_1 + de^\sigma(\boldsymbol{e}_2)\, \omega_2) \wedge \omega_1 + e^\sigma(\omega_2 \wedge \mu) \\
&= de^\sigma(\boldsymbol{e}_2)(\omega_2 \wedge \omega_1) + e^\sigma(\omega_2 \wedge \mu) \\
&= \frac{de^\sigma(\boldsymbol{e}_2)}{e^\sigma}(\widetilde{\omega}_2 \wedge \omega_1) + \widetilde{\omega}_2 \wedge \mu = \frac{e^\sigma\, d\sigma(\boldsymbol{e}_2)}{e^\sigma}(\widetilde{\omega}_2 \wedge \omega_1) + \widetilde{\omega}_2 \wedge \mu \\
&= d\sigma(\boldsymbol{e}_2)\, \widetilde{\omega}_2 \wedge \omega_1 + \widetilde{\omega}_2 \wedge \mu = \widetilde{\omega}_2 \wedge (d\sigma(\boldsymbol{e}_2)\, \omega_1 + \mu)
\end{aligned}
$$

となる．同様にして

$$
d\widetilde{\omega}_2 = -\widetilde{\omega}_1 \wedge (-d\sigma(\boldsymbol{e}_1)\, \omega_2 + \mu)
$$

が示せる．リーマン計量 $d\tilde{s}^2$ における正規直交基底の場 $\{\tilde{\boldsymbol{e}}_1, \tilde{\boldsymbol{e}}_2\}$ に関する接続形式を $\tilde{\mu}$ とおくと，(15.2) を用いれば，

$$
\tilde{\mu} = d\sigma(\boldsymbol{e}_2)\, \omega_1 - d\sigma(\boldsymbol{e}_1)\, \omega_2 + \mu = -(*\, d\sigma) + \mu
$$

が得られる．ただし，$*$ は計量 ds^2 に関する $*$ 作用素である．よって

$$
\begin{aligned}
e^{2\sigma}\widetilde{K}\, \omega_1 \wedge \omega_2 = \widetilde{K}\, \widetilde{\omega}_1 \wedge \widetilde{\omega}_2 = d\tilde{\mu} &= -d * d\sigma + d\mu \\
&= (-\Delta_{ds^2}\sigma + K)\omega_1 \wedge \omega_2
\end{aligned}
$$

となり，結論を得る．最後の等号は，(15.1) と (13.15) を用いた．□

定理 15.4　(一般には向きづけ可能とは限らない) 2 次元リーマン多様体 (S, ds^2) 上の各点のまわりに等温座標系が存在する．

[証明]　まず，多様体 S 上の 1 点 P を任意に固定し，点 P のまわりの座標近傍 $(U; (u, v))$ をとる (図 15.1 左)．U は uv 平面 $\boldsymbol{R}^2$ 上の原点を中心とする半径 2 の閉円板 $\overline{B_0(2)} \subset \boldsymbol{R}^2$ を含んでいるとしてよい (図 15.1 中央)．いま，$\rho : B_0(2) \longrightarrow [0, 1]$ を原点を中心とする半径 1/2 の円板 $B_0(1/2)$ の上で値が恒等的に 1 であり，$B_0(1)$ の外で値が 0 となるような C^∞ 級関数とすると，U 上のリーマン計量

$$
d\tilde{s}^2 = \rho\, ds^2 + (1 - \rho)(du^2 + dv^2)
$$

は，$B_0(1/2)$ 上ではもとの計量 ds^2 に一致し，$B_0(1)$ の外では，$\boldsymbol{R}^2$ の標準計量 $du^2 + dv^2$ に一致する．$B_0(2)$ の境界上に 4 つの頂点をもつ正方形の向かい合う辺を同一視して得られる 2 次元トーラス T^2 を考えると，この計量 $d\tilde{s}^2$ は T^2 上のリーマン計量とみなすことができる (図 15.1 右)．ここで，$K_{d\tilde{s}^2}$ を T^2 上の $d\tilde{s}^2$ に

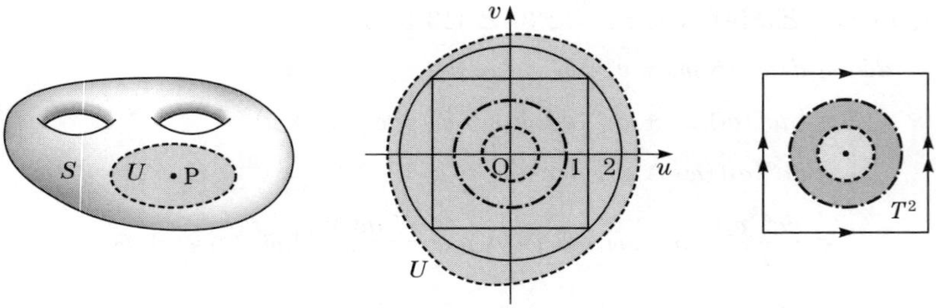

図 15.1

関するガウス曲率とすると，T^2 はコンパクトかつ向きづけ可能でそのオイラー数は 0 であるから（§10 の (10.14) 参照），ガウス－ボンネの定理 13.5 より

$$\int_{T^2} K_{d\hat{s}^2}\, dA_{d\hat{s}^2} = \chi(T^2) = 0$$

が成り立つ．ここで，$dA_{d\hat{s}^2}$ は $d\hat{s}^2$ の面積要素である．よって，$\Delta_{d\hat{s}^2}$ を計量 $d\hat{s}^2$ に関するラプラシアンとすると，定理 15.1 より $-K_{d\hat{s}^2} = \Delta_{d\hat{s}^2}\sigma$ となる関数 $\sigma \in C^\infty(T^2)$ が存在する．そこで $d\tau^2 = e^{-2\sigma}d\hat{s}^2$ によって T^2 上に新しい計量を定義すると，トーラスの向きづけ可能性と補題 15.3 により，$d\tau^2$ のガウス曲率は $K_{d\tau^2} = e^{2\sigma}(K_{d\hat{s}^2} + \Delta_{d\hat{s}^2}\sigma) = 0$ となる．したがって，原点の近傍 V で定義された座標系 $(\tilde{u}, \tilde{v})$ が存在して $d\tau^2 = d\tilde{u}^2 + d\tilde{v}^2$ と表される．すると $d\hat{s}^2 = e^{2\sigma}(d\tilde{u}^2 + d\tilde{v}^2)$ となるが，とくに，V と $B_0(1/2)$ の共通部分では $d\hat{s}^2 = ds^2$ なので，

$$ds^2 = d\hat{s}^2 = e^{2\sigma}(d\tilde{u}^2 + d\tilde{v}^2)$$

となり，等温座標系 $(\tilde{u}, \tilde{v})$ をとることができた．　□

さらに，S が向きづけ可能なとき，等温座標系の存在は S に複素多様体の構造を与える．すなわち，向きづけ可能な 2 次元のリーマン多様体は自然に 1 次元複素多様体（リーマン面）の構造をもつ．

定理 15.5　向きづけられた 2 次元リーマン多様体 S の各点のまわりで，向きに同調する等温座標系 $(U; (u, v))$ をとることができて，$z = u + iv$ $(i = \sqrt{-1})$ は S に複素多様体の構造を与える．

[証明] 定理 15.4 より，(S, ds^2) の各点の近傍で等温座標系 $(U\,;(u, v))$ をとることができる．必要なら，(u, v) を $(u, -v)$ に変更して，(u, v) は最初から向きに同調しているようにとり直すことができる．等温座標系の定義より，リーマン計量は $ds^2 = e^{2\sigma}(du^2 + dv^2)$ と表すことができる．ここで，$(V\,;(x, y))$ を正に向きづけられた別の等温座標系として，$U \cap V$ が空集合でないとする．(x, y) もまた等温座標系であるから，リーマン計量は $ds^2 = e^{2\tilde{\sigma}}(dx^2 + dy^2)$ とも表せる．

まず，2つの座標がともに正に向きづけられていることから

$$\det\begin{pmatrix} x_u & x_v \\ y_u & y_v \end{pmatrix} = x_u y_v - x_v y_u > 0 \tag{15.3}$$

とならなければならない．また，リーマン計量の座標不変性により，$U \cap V$ において

$$\begin{aligned} e^{2\sigma}(du^2 + dv^2) &= ds^2 = e^{2\tilde{\sigma}}(dx^2 + dy^2) \\ &= e^{2\tilde{\sigma}}\left((x_u\,du + x_v\,dv)^2 + (y_u\,du + y_v\,dv)^2\right) \\ &= e^{2\tilde{\sigma}}\left((x_u^2 + y_u^2)\,du^2 + 2(x_u x_v + y_u y_v)\,du\,dv + (x_v^2 + y_v^2)\,dv^2\right) \end{aligned}$$

となるが，この両辺を比較して

$$x_u^2 + y_u^2 = x_v^2 + y_v^2, \tag{15.4}$$

$$x_u x_v + y_u y_v = 0 \tag{15.5}$$

である．(15.5) より (x_u, y_u) と (x_v, y_v) は $\boldsymbol{R}^2$ のベクトルとして直交するが，これらは零ベクトルにはなり得ないから，

$$\begin{pmatrix} x_u \\ y_u \end{pmatrix} = \varphi \begin{pmatrix} y_v \\ -x_v \end{pmatrix}$$

をみたす関数 φ が存在する．これを (15.4) に代入すると $\varphi = \pm 1$ を得るが，とくに (15.3) によって，$\varphi = 1$ となる．したがって，コーシー－リーマンの方程式

$$x_u = y_v, \qquad x_v = -y_u \tag{15.6}$$

を得る．これは，座標変換 $u + iv \longmapsto x + iy$ が複素変数の正則関数であることを示している．これによって，S に複素多様体の構造を入れることができた． □

問　　題

1.　$\boldsymbol{R}^2$ のリーマン計量 $ds^2 = du^2 + dv^2$ について，ラプラシアンが

$$\Delta = \frac{\partial^2}{\partial u^2} + \frac{\partial^2}{\partial v^2}$$

で与えられることを確かめよ．

2.　2 次元リーマン多様体 (S, ds^2) の等温座標系 (u, v) によってリーマン計量が $ds^2 = e^{2\sigma}(du^2 + dv^2)$ と表されているとき，ラプラシアンは

$$\Delta = e^{-2\sigma}\left(\frac{\partial^2}{\partial u^2} + \frac{\partial^2}{\partial v^2}\right)$$

で与えられることを示せ．さらに，補題 15.3 を適用することにより，ガウス曲率 K は

$$K = -e^{-2\sigma}(\sigma_{uu} + \sigma_{vv})$$

をみたすことを示せ．

3.　上半平面 $D := \{(u, v) \in \boldsymbol{R}^2 \mid v > 0\}$ 上にリーマン計量

$$ds_{\mathrm{H}}{}^2 := \frac{1}{v^2}(du^2 + dv^2)$$

を定める（§10 のコラム（118 ページ）参照）．このとき，

（1）　$ds_{\mathrm{H}}{}^2$ のガウス曲率は恒等的に -1 となることを示せ．

（2）　D 上の v 軸に平行な直線は，弧長によりパラメータ表示すれば測地線になることを示せ．

（3）　$\boldsymbol{R}^2$ を複素平面と同一視して，$z = u + iv$ とおくとき，写像

$$f : D \ni z \longmapsto \frac{az + b}{cz + d} \in D \qquad (a, b, c, d \in \boldsymbol{R}\,;\, ad - bc = 1)$$

による計量 $ds_{\mathrm{H}}{}^2$ の引き戻しは，$ds_{\mathrm{H}}{}^2$ に一致することを示せ．（したがって，この写像は $(D, ds_{\mathrm{H}}{}^2)$ の等長変換を与えている．）

（4）　とくに $cd \neq 0$ のとき，上の変換により，v 軸に平行な直線は，u 軸に直角に交わる円に写ることを示せ．（したがって，u 軸に直交する円は，計量 $ds_{\mathrm{H}}{}^2$ に関する測地線を与えている．）

（5）　$z = u + iv$ とおくと，§10 のコラム（118 ページ）における距離の表

示式は

$$d_{\mathrm{H}}(z, w) = \log \frac{|z - \overline{w}| + |z - w|}{|z - \overline{w}| - |z - w|}$$

で与えられる．（3）の f に対して $d_{\mathrm{H}}(f(z), f(w)) = d_{\mathrm{H}}(z, w)$ が成り立つことを示せ．

（6） D 上の 2 点 z, w を結ぶ，計量 ds_{H}^2 に関する測地線の長さは $d_{\mathrm{H}}(z, w)$ となることを確かめよ．

4. 問題 **3** の計量の v^2 を v に置き換え，上半平面 $D = \{(u, v) \in \boldsymbol{R}^2 \mid v > 0\}$ にリーマン計量

$$ds^2 := \frac{1}{v}(du^2 + dv^2)$$

を定める[3)]．

（1） リーマン計量 ds^2 に関する測地線は uv 平面の u 軸を基線とするサイクロイド（§1 の問題 **4** 参照）または u 軸に垂直な半直線となることを示せ．とくに ds^2 に関する測地線は境界（u 軸）と直交する．

（2） D の境界 ∂D 上の点 P と D 内の点 Q に対して，直線 PQ は v 軸に平行でないとする．このとき，P, Q を結ぶサイクロイドで u 軸と直交するものがただ 1 つ存在することを示せ．

（3） D の異なる 2 点 P, Q に対して，P, Q を通る ds^2 に関する測地線がただ 1 つ存在することを示せ．

---

3) 上半平面上の曲線 $\gamma(t) = (u(t), v(t))$ $(a \leqq t \leqq b)$ の，この計量に関する長さは

$$\int_a^b \sqrt{\frac{\dot{u}^2 + \dot{v}^2}{v}}\, dt$$

で与えられる．このことと付録 B-1 の問題 **4**（1）から，曲線 γ の始点を P，終点を Q (Q は P より上側にある）とするとき，もしも P が u 軸上にあれば，PQ を結ぶ最短線を求める問題が最速降下線を求める問題と同値であることがわかる．$ds_{\mathrm{H}}{}^2$ と違い，この計量は D 上の完備な計量ではないので最短性は自明ではないが，§18 で示すようにサイクロイドは実際，2 点を結ぶ最短線になっており，最速降下線となる．

§ 16.　ガウス方程式とコダッチ方程式

曲面論の基本定理　2次元多様体 S の $\boldsymbol{R}^3$ へのはめ込み $p : S \longrightarrow \boldsymbol{R}^3$ を考える．すなわち，ここでは自己交叉を許す一般化された曲面を考察の対象にする．このとき式 (13.27) によって，S 上にリーマン計量（第一基本形式）ds^2 が誘導される．曲面の単位法線ベクトルを ν としておく．

S 上の局所座標系 $(U ; (u, v))$ に対して，第一基本形式，第二基本形式を

$$(16.1)\quad ds^2 = E\,du^2 + 2F\,du\,dv + G\,dv^2,\quad II = L\,du^2 + 2M\,du\,dv + N\,dv^2$$

と書き，(8.4) のワインガルテン行列 A を

$$(16.2)\qquad A = \begin{pmatrix} a_{11} & a_{12} \\ a_{21} & a_{22} \end{pmatrix} = \begin{pmatrix} E & F \\ F & G \end{pmatrix}^{-1} \begin{pmatrix} L & M \\ M & N \end{pmatrix}$$

とする．さらに，(10.6) のようにクリストッフェル記号 Γ_{ij}^k $(i, j, k = 1, 2)$ をとる．

定理 16.1　上の状況で，$p_u = \partial p/\partial u$, $p_v = \partial p/\partial v$ と単位法線ベクトル ν をそれぞれ列ベクトルと思って並べてできる3次正方行列 $\mathcal{F} := (p_u, p_v, \nu)$ は各 (u, v) に対して正則行列で，

$$(16.3)\qquad \frac{\partial}{\partial u}\mathcal{F} = \mathcal{F}\Omega, \qquad \frac{\partial}{\partial v}\mathcal{F} = \mathcal{F}\Lambda$$

をみたす．ただし，

$$(16.4)\quad \Omega = \begin{pmatrix} \Gamma_{11}^1 & \Gamma_{12}^1 & -a_{11} \\ \Gamma_{11}^2 & \Gamma_{12}^2 & -a_{21} \\ L & M & 0 \end{pmatrix}, \qquad \Lambda = \begin{pmatrix} \Gamma_{12}^1 & \Gamma_{22}^1 & -a_{12} \\ \Gamma_{12}^2 & \Gamma_{22}^2 & -a_{22} \\ M & N & 0 \end{pmatrix}$$

となる．

［証明］　正則な曲面を考えているので，$\{p_u, p_v, \nu\}$ は一次独立．したがって，$\mathcal{F}$ は正則行列である．

第II章§11の命題11.1より

$$\begin{cases} p_{uu} = \Gamma_{11}^1 p_u + \Gamma_{11}^2 p_v + L\nu \\ p_{uv} = \Gamma_{12}^1 p_u + \Gamma_{12}^2 p_v + M\nu \\ p_{vv} = \Gamma_{22}^1 p_u + \Gamma_{22}^2 p_v + N\nu \end{cases}$$

が成り立つ．一方，命題8.5（ワインガルテンの公式）より

$$\nu_u = -a_{11}p_u - a_{21}p_v, \qquad \nu_v = -a_{12}p_u - a_{22}p_v$$

が成り立つので，定理の主張が得られる．　□

公式(16.3)をさらに微分して $\mathcal{F}_{uv} = \mathcal{F}_{vu}$ に注意すると，

$$\mathcal{F}_{uv} = (\mathcal{F}\Omega)_v = \mathcal{F}_v\Omega + \mathcal{F}\Omega_v = \mathcal{F}(\Lambda\Omega + \Omega_v),$$

$$\mathcal{F}_{vu} = (\mathcal{F}\Lambda)_u = \mathcal{F}_u\Lambda + \mathcal{F}\Lambda_u = \mathcal{F}(\Omega\Lambda + \Lambda_u)$$

であるから，

$$\mathcal{F}(\Lambda\Omega + \Omega_v) = \mathcal{F}(\Omega\Lambda + \Lambda_u)$$

が成り立つことがわかる．$\mathcal{F}$ は正則行列だから，この両辺に $\mathcal{F}$ の逆行列を左から掛けて，

$$\Lambda\Omega + \Omega_v = \Omega\Lambda + \Lambda_u \tag{16.5}$$

を得る．この式は，実は(16.3)をみたす $\mathcal{F}$ の存在を保証する条件となっており，次が示せる．

定理 16.2（曲面論の基本定理）　uv 平面上の単連結領域（140ページ参照）D 上のなめらかな関数 E, F, G, L, M, N が与えられ，$ds^2 := E\,du^2 + 2F\,du\,dv + G\,dv^2$ が D 上のリーマン計量を与えているとする．これらの関数から(10.6)，(16.2)によって Γ_{ij}^k $(i, j, k = 1, 2)$ と a_{ij} $(i, j = 1, 2)$ を定める．さらに(16.4)により Ω, Λ を定めるとき，それらが(16.5)をみたすならば，第一基本形式，第二基本形式を(16.1)とするような，D 上で定義された曲面 $p(u, v)$ が，$\boldsymbol{R}^3$ の向きを保つ合同変換を除いて一意に存在する．

この事実を**曲面論の基本定理**という．この定理の証明は，付録B-9で与える．この定理のガウス曲率一定曲面への応用については，節末の問題**4**，**5**

を参照してほしい．

ここで，関係式 (16.5) をわかりやすくするため，局所座標系 $(U;(u,v))$ で，第一基本形式に関して等温座標系となるものをとる（定理 15.4 参照）．このとき，なめらかな関数 $\sigma=\sigma(u,v)$ を用いて

$$ds^2 = e^{2\sigma}(du^2+dv^2) \tag{16.6}$$

と表されるとしてよい．すると (16.4) を次のように簡単に表すことができる．

$$\Omega=\begin{pmatrix} \sigma_u & \sigma_v & -e^{-2\sigma}L \\ -\sigma_v & \sigma_u & -e^{-2\sigma}M \\ L & M & 0 \end{pmatrix},\quad \Lambda=\begin{pmatrix} \sigma_v & -\sigma_u & -e^{-2\sigma}M \\ \sigma_u & \sigma_v & -e^{-2\sigma}N \\ M & N & 0 \end{pmatrix}. \tag{16.7}$$

直接計算により次の定理が成り立つことがわかる．

定理 16.3　第一基本形式が等温座標系 $(U;(u,v))$ によって (16.6) と表されているとき，(16.5) は次の 3 つの式と同値である．

$$\sigma_{uu}+\sigma_{vv}+e^{-2\sigma}(LN-M^2)=0, \tag{16.8}$$

$$L_v-M_u=\sigma_v(L+N), \tag{16.9}$$

$$N_u-M_v=\sigma_u(L+N). \tag{16.10}$$

Δ_{ds^2} を ds^2 に関するラプラシアンとすると，§13 で定義したガウス曲率は，§15 の問題 **2** より

$$K=-\Delta_{ds^2}\sigma=-e^{-2\sigma}(\sigma_{uu}+\sigma_{vv})$$

で与えられる．これを用いると (16.8) は次のように書き直すことができる．

$$K=e^{-4\sigma}(LN-M^2). \tag{16.11}$$

式 (16.8) は**ガウス方程式**とよばれ，§11 で紹介した式（定理 11.2）と同値である．(16.9), (16.10) は**コダッチ**[1]**方程式**とよばれる[2]．ガウス方程式は，すでにガウス－ボンネの定理を導く際に用いられた．次の項では，平均曲率

1)　Codazzi, Delfino (1824－1873).

2)　この式は，第二基本形式の共変微分 ∇II が対称テンソルになることと同値である．例えば参考文献 [19] の第 9 章参照．

一定の曲面について，コダッチ方程式の応用を紹介する．

平均曲率による球面の特徴づけ　§8の例8.4でみたように，球面は $\boldsymbol{R}^3$ の中の平均曲率が一定な閉曲面を与えている．ここでは，球面を特徴づける次の定理を証明する．

定理 16.4（**ホップ**[3]**の定理**）　種数[4]が0，つまり球面と同相な2次元多様体 S のはめ込み $p: S \longrightarrow \boldsymbol{R}^3$ の平均曲率が一定ならば，$p(S)$ は球面と合同である．

この定理を証明するために，いくつかの準備をしておく．

向きづけられた2次元多様体 S から $\boldsymbol{R}^3$ へのはめ込み $p: S \longrightarrow \boldsymbol{R}^3$ を考える．定理15.5より，第一基本形式 ds^2 に関する向きに同調した等温座標系によって，S には複素多様体の構造が与えられているとしてよい．S の等温座標 (u, v) に関して，第一基本形式が(16.6)のように表されるとして，第二基本量を L，M，N としたとき，複素座標 $z = u + iv$ を用いて

$$Q := \frac{1}{4}((L - N) - 2iM)\,dz^2 \qquad (\,dz := du + i\,dv\,) \tag{16.12}$$

で定義される Q を p の**ホップ微分**とよぶ．

補題 16.5　ホップ微分 Q は複素座標のとり方によらない．

［証明］　別の複素座標 $w = \xi + i\eta$ をとり，この座標系に関する第二基本量を $\widetilde{L}$，$\widetilde{M}$，$\widetilde{N}$ とすると，§8の(8.3)により次が成り立つ．

$$\begin{pmatrix} \widetilde{L} & \widetilde{M} \\ \widetilde{M} & \widetilde{N} \end{pmatrix} = {}^t\begin{pmatrix} u_\xi & u_\eta \\ v_\xi & v_\eta \end{pmatrix}\begin{pmatrix} L & M \\ M & N \end{pmatrix}\begin{pmatrix} u_\xi & u_\eta \\ v_\xi & v_\eta \end{pmatrix}. \tag{16.13}$$

コーシー - リーマンの方程式 $u_\xi = v_\eta,\ u_\eta = -v_\xi$ を用いて，

$$(\widetilde{L} - \widetilde{N} - 2i\,\widetilde{M}\,)\,dw^2 = (L - N - 2i\,M\,)\,dz^2$$

---

3)　Hopf, Heinz (1894 - 1971).

4)　§10参照.

が成り立つことを示せばよい．実際，左辺において $\widetilde{L}$，$\widetilde{M}$，$\widetilde{N}$ を (16.14) を用いて L，M，N に置き換えた式が，右辺に

$$dz = d(u+iv) = (u_\xi + iv_\xi)\,d\xi + (u_\eta + iv_\eta)\,d\eta = (u_\xi - iu_\eta)\,dw$$

を代入した式に一致することが確かめられる． □

(16.6) から第一基本量は $E = G = e^{2\sigma}, F = 0$ となるので，平均曲率は (8.6) より

$$H = \frac{EN - 2FM + GL}{2(EG - F^2)} = \frac{1}{2}e^{-2\sigma}(L+N) \tag{16.14}$$

で与えられる．(16.11) と (16.14) により，$4\,e^{4\sigma}(H^2 - K)$ は $(L-N)^2 + 4M^2$ に等しいので，**ホップ微分 Q が点 z において 0 になることと，z に対応する曲面上の点が臍点であることは同値である**ことがわかる（§9 命題 9.4 参照）．すべての点が臍点であるような曲面を**全臍的**な曲面とよぶ．§9 の命題 9.6 でみたように，全臍的な曲面は，平面 または 球面の一部に限る．

複素座標とホップ微分を用いると，コダッチ方程式は次のように簡単な形で書き表すことができる．

補題 16.6 以上の状況で，(16.12) のホップ微分を $Q = q(z)\,dz^2$ とおくと，コダッチ方程式 (16.9), (16.10) は次と同値である．

$$\frac{1}{2}\frac{\partial H}{\partial z} = e^{-2\sigma}\frac{\partial q}{\partial \bar{z}} \qquad \left(q = \frac{1}{4}(L - N - 2iM)\right).$$

ただし，H は平均曲率で

$$\frac{\partial}{\partial z} = \frac{1}{2}\left(\frac{\partial}{\partial u} - i\frac{\partial}{\partial v}\right), \qquad \frac{\partial}{\partial \bar{z}} = \frac{1}{2}\left(\frac{\partial}{\partial u} + i\frac{\partial}{\partial v}\right) \tag{16.15}$$

である．

以下，2 次元多様体 S から $\boldsymbol{R}^3$ への平均曲率が 0 でない定数であるはめ込み p が与えられているとする．平均曲率が 0 でないので，曲面上に単位法線ベクトル場を矛盾なく定義することができて，S は自動的に向きづけ可能となる（節末の問題 **2** 参照）．とくに，S は複素多様体の構造をもつ．

命題 16.7　平均曲率が一定な曲面のホップ微分は正則である．すなわち，$Q(z) = q(z)\,dz^2$ と表したときに $q(z)$ は複素座標 z の正則関数である．

［**証明**］　平均曲率 H が一定であると仮定しているので $\partial H/\partial z = 0$ となり，補題 16.6 により $\partial q\,/\,\partial \bar{z} = 0$ が得られるが，$q = x(u, v) + i\,y(u, v)$ のように実部と虚部に分けると，(16.15) により

$$0 = \frac{\partial q}{\partial \bar{z}} = \frac{1}{2}\left(\frac{\partial(x+iy)}{\partial u} + i\,\frac{\partial(x+iy)}{\partial v}\right) = \frac{1}{2}\Big((x_u - y_v) + i\,(x_v + y_u)\Big)$$

となり，関係式 $x_u - y_v = x_v + y_u = 0$ を得るが，これはコーシー－リーマンの方程式 (15.4) に一致するので，q が z の正則関数であることがわかる．　□

上の命題の帰結として次の主張を示す．

系 16.8　全臍的でない，平均曲率が一定な曲面の臍点は孤立する．とくに，全臍的でない平均曲率が一定な閉曲面の臍点は有限個しかない．

［**証明**］　全臍的でない，という仮定から，ホップ微分 $Q = q(z)dz^2$ は恒等的に 0 ではない．命題 16.7 より，$q(z)$ は正則関数なので，零点は孤立する[5)]．とくに，曲面の臍点は孤立する．閉曲面の場合には，臍点が無限個あると，コンパクト性により集積点が生じ[6)]，孤立することに反する．　□

以下，コンパクト 2 次元多様体 S から $\boldsymbol{R}^3$ への平均曲率一定 かつ 全臍的ではないはめ込み $p : S \longrightarrow \boldsymbol{R}^3$ の臍点を $\{\mathrm{P}_1, \cdots, \mathrm{P}_n\}$ とする．これらの臍点以外の点では，その主曲率関数 λ_1, λ_2 には大小関係 $\lambda_1 < \lambda_2$ を与えることができる．いま，S から $\{\mathrm{P}_1, \cdots, \mathrm{P}_n\}$ を除いた集合 $S\setminus\{\mathrm{P}_1, \cdots, \mathrm{P}_n\}$ 上の点 P の近傍 U で複素座標 $z = u + iv$ をとると，(8.4) のワインガルテン行列は

---

5)　たとえば参考文献 [22], 第 4 章 , 3.2 節，[33] 第 II 巻の 262 ページ，定理 3.7（零点の孤立性）．

6)　たとえば参考文献 [37] 参照．

$$A := \hat{I}^{-1}\hat{II} = e^{-2\sigma}\begin{pmatrix} L & M \\ M & N \end{pmatrix} \tag{16.16}$$

のように対称行列になる．すると U 上において A の固有値 λ_1, λ_2 に対応する固有方向に対して，射影的ベクトル場の組 ξ_1, ξ_2 をとることができる．曲面の主方向は座標によらずに定まるので，ξ_1, ξ_2 は，それぞれ $S\setminus\{\mathrm{P}_1, \cdots, \mathrm{P}_n\}$ 上の射影的ベクトル場を与える．これに対して以下が成り立つ．

命題 16.9　主曲率方向から定まる射影的ベクトル場 ξ_1, ξ_2 はなめらかで，各臍点 P_j に対して

$$\mathrm{ind}_{\mathrm{P}_j}\xi_1 = \mathrm{ind}_{\mathrm{P}_j}\xi_2 = -\frac{1}{2}\,\mathrm{ord}_{\mathrm{P}_j} Q \qquad (j = 1, 2, \cdots, n) \tag{16.17}$$

が成り立つ．ここで，$\mathrm{ord}_{\mathrm{P}_j} Q$ は，複素座標 z を用いてホップ微分を $Q = q(z)dz^2$ と表したときの正則関数 $q(z)$ の P_j における零点の位数である．

［証明］　いま，P_j を原点とする局所座標系 $(U; z)$ 上でホップ微分を $Q = q(z)\,dz^2$ とおいたとき，ds^2 は (16.6) のように表されるので，ワインガルテン行列を (16.16) の形に記すことができる．すると

$$\begin{aligned} V_A &= e^{-2\sigma}\begin{pmatrix} L - N \\ 2M \end{pmatrix} = e^{-2\sigma}\,(L - N + 2iM) \\ &= e^{-2\sigma}\,\overline{(L - N - 2iM)} = e^{-2\sigma}\,\overline{q(z)} \end{aligned} \tag{16.18}$$

が (14.8) に与えた対称行列 A が定めるベクトル場である．命題 14.4 により，A から定まる射影的ベクトル場 ξ_1，ξ_2 は，各臍点 P_j に対して

$$\mathrm{ind}_{\mathrm{P}_j}\xi_1 = \mathrm{ind}_{\mathrm{P}_j}\xi_2 = \frac{1}{2}\,\mathrm{ind}_{\mathrm{P}_j} V_A \tag{16.19}$$

をみたす．(14.8) により，V_A は q の共役 $\bar{q}$ に比例するが，複素共役をとる写像 $z \longmapsto \bar{z}$ は $\boldsymbol{R}^2$ の向きを反転させる微分同相写像であるから，ベクトル場の回転指数の符号も反転させることに注意すると

$$\mathrm{ind}_{\mathrm{P}_j} V_A = -\,\mathrm{ind}_{\mathrm{P}_j}\, q(z)$$

となる．ただし，ここでは $\mathrm{ind}_{\mathrm{P}_j}\, q(z)$ は，$q(z)$ の $z = 0$ におけるベクトル場としての回転指数を意味するものとする．正則関数 $q(z)$ が $z = 0$ に k 位の零点をもつ

とき，原点の近傍で定義された正則関数 $h(z)$ が存在して $q(z) = z^k e^{h(z)}$ と書ける．このとき，写像

$$\psi_t : z \longmapsto z^k e^{(1-t)h(z)} \in \boldsymbol{C} = \boldsymbol{R}^2$$

は，各 $t \in [0, 1]$ を固定したとき，原点を孤立零点とするベクトル場とみなすことができる．ベクトル場の回転指数は整数値をとるので，このようなベクトル場のパラメータ t による連続変形で，原点のまわりの回転指数は変化しない．よって $q(z)(= \psi_0)$ のベクトル場としての回転指数は，ベクトル場 $z^k(= \psi_1)$ の回転指数 k に等しい（§14 の問題 **1** 参照）．つまり，$\mathrm{ind}_{\mathrm{P}_j}\, q(z)$ は $q(z)$ の零点の位数に一致し，(16.19) は (16.17) と同値な式となる．□

正則関数の零点の位数は 1 以上であるから，(16.17) により

$$\mathrm{ind}_{\mathrm{P}_j}\, \xi_1 = \mathrm{ind}_{\mathrm{P}_j}\, \xi_2 \leqq -\frac{1}{2}$$

となり，以下の主張を得る．

補題 16.10　平均曲率一定曲面の臍点の回転指数は常に負である．

以上の準備のもと，ホップの定理を証明しよう．

［ホップの定理 16.4 の証明］　球面 S^2 から $\boldsymbol{R}^3$ への平均曲率が一定なはめ込み $p : S \longrightarrow \boldsymbol{R}^3$ をとる．いま，仮に p が全臍的でないとする．系 16.8 から，臍点は有限個なので，それらを $\{\mathrm{P}_1, \cdots, \mathrm{P}_n\}$ とする．各 P_j での臍点の回転指数は主方向がつくる射影的ベクトル場 ξ_1 あるいは ξ_2 の P_j における回転指数であるから，どちらか 1 つの射影的ベクトル場に定理 14.6 を適用すると

$$\sum_{j=1}^{n} \mathrm{ind}_{\mathrm{P}_j}\, \xi_1 = \chi(S)$$

となる．（もし臍点が存在しない場合は $n = 0$ で，左辺の値は 0 である．）定理の仮定により S は球面に同相なので，種数は 0 となり $\chi(S) = 2$ となる．ところが，命題 16.9 により各 $\mathrm{ind}_{\mathrm{P}_j}\, \xi_1$ は負であるから，左辺は 0 以下となり，これは不可能である．よって，p が全臍的でなければならず，§9 の命題 9.6 より これは $\boldsymbol{R}^3$ 内の球面になる．□

アレクサンドロフ[7]は，種数の仮定なしに，平均曲率が一定な，自己交叉をもたない閉曲面は球面に限ることを示した．ホップの定理 16.4 は，自己交叉に関する仮定をもたないので，アレクサンドロフの結果とは独立な主張であることに注意しておく．

閉曲面という仮定を除けば，球面や円柱以外に付録B-6で紹介したデロネイ曲面のような非自明な例が存在するが，「自己交叉を許したとき，種数が1以上の平均曲率一定の閉曲面が存在するか」という問題は長い間，未解決であった．しかし，1986 年にウェンテが平均曲率一定のトーラス（図 6.4 下）を発見し，その後，種数が 2 以上の例がカプレアス[8]によって見いだされた．これらの発見によって平均曲率一定曲面の研究は大きな進歩をとげた．この分野に関する最近の研究については参考文献［2］を参照されたい．

問　　　題

1.　はめ込み $p: S \longrightarrow \boldsymbol{R}^3$ を S 上の 3 つのなめらかな関数の組とみなすとき，

$$\Delta p = 2H\nu$$

が成り立つことを示せ．ただし，Δ は S の第一基本形式 ds^2 に関するラプラシアン，H は平均曲率，ν は単位法線ベクトルである．

2.　平均曲率が決して 0 にならないはめ込み $p: S \longrightarrow \boldsymbol{R}^3$ が存在するならば，S は向きづけ可能であることを証明せよ．

3.　曲面

$$p(u, v) := \left(-\frac{u^5}{5} + 2u^3v^2 - uv^4 + u,\ -u^4v + 2u^2v^3 - \frac{v^5}{5} - v,\ \frac{2u^3}{3} - 2uv^2\right)$$

は，(u, v) を等温座標系とする極小はめ込みを定め，ホップ微分は $-2z\,dz^2$ となることを示せ．ただし，$z := u + iv$ である．とくに，原点 $(u, v) = (0, 0)$ は指数 $-1/2$ の臍点となる．

4.　以下の第一基本行列と第二基本行列は，条件 (16.5) をみたすことを確かめよ：

$$\widehat{I} = \begin{pmatrix} 1 & \cos\theta(u, v) \\ \cos\theta(u, v) & 1 \end{pmatrix}, \qquad \widehat{II} = \begin{pmatrix} 0 & \sin\theta(u, v) \\ \sin\theta(u, v) & 0 \end{pmatrix}.$$

ただし，関数 $\theta(u, v)$ は $\theta_{uv} - \sin\theta = 0$ かつ $0 < \theta < \pi$ をみたしているとする．

7）　Alexandrov, Alexandr Danilovich（1896 - 1982）.

8）　Kapouleas, Nikolaus.

さらに，これらから曲面論の基本定理によって定まる曲面のガウス曲率は -1 で一定になることを示せ.

5. 以下の第一基本行列と第二基本行列は，条件 (16.5) をみたすことを確かめよ：

$$\widehat{I} = \begin{pmatrix} 1+\cosh\theta(u,v) & 0 \\ 0 & -1+\cosh\theta(u,v) \end{pmatrix}, \quad \widehat{II} = \begin{pmatrix} \sinh\theta(u,v) & 0 \\ 0 & \sinh\theta(u,v) \end{pmatrix}.$$

ただし，関数 $\theta(u,v)$ は $\theta_{uu}+\theta_{vv}+4\sinh\theta=0$ かつ $\theta>0$ をみたしているとする．さらに，これらから曲面論の基本定理によって定まる曲面のガウス曲率は 1 で一定になることを示せ.

§ 17. 2次元多様体の向きづけと測地三角形分割

向きづけと三角形分割　与えられたコンパクト2次元リーマン多様体 (S, ds^2) 上の3点A，B，Cを3本のなめらかな正則曲線で結ぶ．この3つの曲線が単連結な領域を囲んでいるとき，その領域の閉包を $\triangle\mathrm{ABC}$ で表し，S 上の**三角形**とよぶ．さらに，この3本の曲線が測地線であるとき，この三角形を**測地三角形**という．S 上の有限個の三角形 $\{\triangle\mathrm{A}_i\mathrm{B}_i\mathrm{C}_i\}_{i=1,\cdots,n}$ が S の閉被覆を与え，さらにどの2つの三角形の内部同士もけっして重なり合うことがなく，各三角形の頂点がすべて別の三角形の頂点に対応するとき，$\{\triangle\mathrm{A}_i\mathrm{B}_i\mathrm{C}_i\}_{i=1,\cdots,n}$ を S の**三角形分割**という．これらのすべての三角形 $\triangle\mathrm{A}_i\mathrm{B}_i\mathrm{C}_i$ の境界に向きをつけたとき，この向きが，隣り合う三角形と同調する（§10の図10.5右参照）ようにできることと S が向きづけ可能であることが同値であることが知られている[1)]．

第II章で閉曲面のガウス－ボンネの定理10.7を示す際に用いた，測地三角形分割の可能性を証明しておこう．

測地三角形分割の可能性　2つの2次元多様体 S_1 と S_2 のそれぞれから円板と微分同相な領域 D_1，D_2 をとり去り，$S_1\backslash D_1$ と $S_2\backslash D_2$ を境界ではり合わせることによって得られる多様体を S_1 と S_2 の**連結和**とよんで，$S_1 \# S_2$ と表す．コンパクトで向きづけ可能な2次元多様体は，球面か有限個のトーラスの連結和をとったものと微分同相であることが知られている（たとえば参考文献[21]参照）．このとき，連結和をとるトーラスの個数が多様体の種数と一致する．また，向きづけ不可能なコンパクト2次元多様体は，実射影

---

1)　すべての隣り合う三角形が同調するように向きをつけることが可能なとき，S はホモロジー多様体として向きづけ可能であることを意味する（参考文献[35]）．実はホモロジー多様体としての向きづけ可能性と多様体としての向きづけ可能性は，ともに与えられた2次元多様体の2次のベッチ数が0でないことと同値なので，このことがしたがう．ベッチ数の定義などについては参考文献[25]，[35]参照．

平面 $\boldsymbol{RP}^2$ 同士の有限個の連結和と微分同相である[2)].

トーラスや射影平面は，容易に三角形分割することができる．したがって，任意のコンパクト2次元多様体は（測地線とは限らない一般の曲線を辺とする）三角形に分割できることがわかる．以下，このような三角形分割から2次元リーマン多様体の測地三角形分割を構成しよう．

一般にリーマン多様体 (S, ds^2) の開近傍 U で，U 内の任意の2点が U 内で最短測地線で結ばれているとき，U は**凸**（とつ）であるという．また，リーマン多様体の任意の点に対して，その点の単連結な開近傍で凸であるもの（**凸近傍**）が存在する（参考文献[17] 221ページ）．ここで，コンパクト性より S を有限個の凸近傍で覆うことができるから，ある正の数 $\varepsilon > 0$ が存在して，S 内の距離が ε 以下の任意の2点はどれかの凸近傍の内部にあるようにとれる（たとえば参考文献[37]の86ページ 定理11.3参照）．したがって，必要ならば与えられた三角形分割をさらに細かくして，各々の三角形が凸近傍に含まれるようにしておく．さらに，三角形分割の各辺上に有限個の点をとり，隣り合う点を最短測地線で結ぶ．各辺上に点を十分多くとれば，これらの測地線分は互いに交わることがないようにできる．

実際には，まず，各頂点を中心とする非常に小さい半径の円を描き，各頂点から出る各々の辺が初めてこの円と交わる点を考え，頂点とこの点を結ぶ最短測地線で辺の両端の部分を置き換える．いま，このように両端をとり除いた1つの辺 γ に注目する．管状近傍の存在定理（参考文献[15]）から S の局所座標 $(U\,;(u, v))$ が存在して，U は長方形領域 $[0, 1] \times (-\varepsilon, \varepsilon)$ $(\varepsilon > 0)$ を含み，区間 $0 \leqq u \leqq 1$ において曲線 $v = 0$ は γ に対応し，さらに v 曲線は γ に直交する測地線となる．この $(U\,;(u, v))$ を**管状近傍**という．

いま，γ 上に有限個の点をとり，隣り合う2点を結ぶ最短測地線が管状近傍内に入るようにすると，この測地線分は u 軸上のグラフで表される．（この測地線分の uv 平面上での傾きが垂直になったとすると，これは v 曲線に一致して矛盾が生じる．）γ はあらかじめ両端をとり除いているので，必要なら ε をさらに小さくとり，γ の管状近傍が，他の辺に対して同様につくった管状近傍と交わらないようにできるので，γ をこの折れ線で置き

2)　たとえば，参考文献[25] 79ページ，系4.2.9.

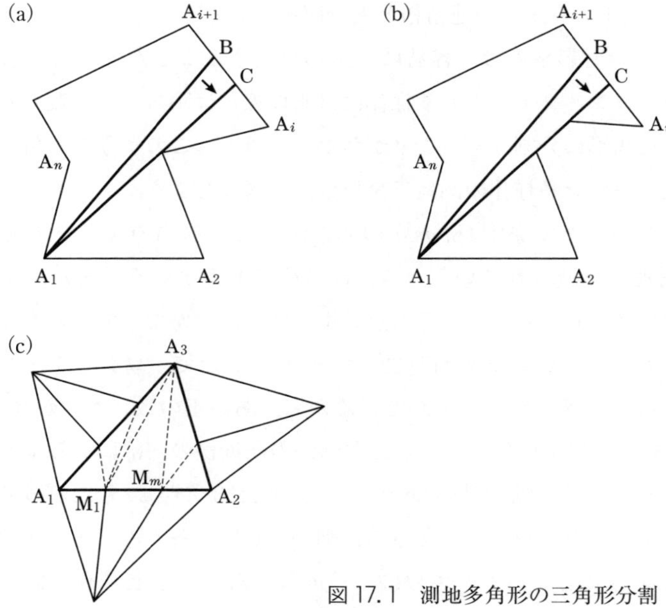

図 17.1　測地多角形の三角形分割

換えればよい．

このようにして，多様体を測地多角形に分割することができた．この測地多角形を分割して，測地三角形分割を構成しよう（図 17.1）．

1 つの測地多角形 Γ の頂点を $A_1, \cdots, A_n$ $(n \geqq 4)$ とする．Γ は 1 つの凸近傍に含まれているから $\boldsymbol{R}^2$ の区分的になめらかな単純閉曲線とみなすことができるので，ジョルダンの曲線定理（9 ページ）より Γ の内部を考えることができる．

1 つの頂点 A_1 から，Γ の内部に向かって測地線をのばす．この測地線が，最初に Γ と出会う点を B とする．もし，B が Γ の頂点であれば，この測地線によって，Γ は元の多角形より辺の数が少ない 2 つの測地多角形に分割できたことになる．そこで，B が Γ の辺上にあるとする．このとき，測地線分 A_1B は Γ の内部に向かっているから，B は辺 A_1A_2，A_1A_n 上にはない．

いま，Bが辺 A_iA_{i+1} $(i=2,\cdots,n-1)$ 上にあるとする（図17.1(a)）．点Bを辺 A_iA_{i+1} 上で A_i の方向に動かすと，しばらくは A_1B を結ぶ最短測地線は Γ の内部にとどまる．辺 A_iA_{i+1} 上でこのような性質が最初に破れる点をCとすると，A_1C を結ぶ最短測地線は，辺 A_1A_2 か辺 A_1A_n のいずれかを含むか，または γ の頂点 $A_3,\cdots,A_{n-1}$ のいずれかを含む（図17.1(b)）．もし測地線 A_1C が辺 A_1A_2 (A_1A_n) を含むならば，辺 A_1A_2 (A_1A_n) の代わりに辺 A_1C をとれば，Γ を，辺の数がより少ない2つの測地多角形に分割できる．また，A_1C が頂点 A_j $(j=3,\cdots,n-1)$ を含むならば，測地線 A_1A_j により Γ を分割すれば，辺の数がより少ない測地多角形に分割されたことになる．多角形の数は有限であるから，この操作を繰り返せば，各々の多角形が測地三角形に分割されたことになる．

この分割では，多角形の頂点を増やしているので，1つの三角形の頂点になっている点が他の三角形の辺上にある場合がある．そこで，1つの三角形 $A_1A_2A_3$ の辺 A_1A_2 上に他の三角形の頂点があったとしよう（図17.1(c)）．これらを順に $M_1,\cdots,M_m$ とするとき，A_3 と $M_1,\cdots,M_m$ を最短測地線で結んでさらに小さい測地三角形に分割する．このとき，三角形 $A_3A_1M_1$，$A_3A_2M_m$ の辺 A_3A_1，A_3A_2 上には，まだ他の三角形の頂点が存在する可能性があるので，同様にして，これらをさらに測地三角形に分割する．この操作により，考えている三角形分割に新たな頂点が加わることはないので，この操作をすべての三角形に対して行えば，測地三角形分割が完了したことになる．

§ 18. 最速降下線としてのサイクロイド

点Pを出発した物体が，重力のみによって地面に鉛直な平面内のある曲線上を滑りながら，点Pより低い位置にある点Qに到達するとき，その所要時間が最小になる経路を**最速降下線**という（付録B-1の図B-1.3（217ページ））．最速降下線は，点Pを通る水平線を底線とするサイクロイドになることが知られている．このことを示そう．なお，サイクロイドの性質については付録B-1を参照されたい．

上半平面 $D = \{(u, v) \in \boldsymbol{R}^2 \mid v > 0\}$ 上の計量

$$ds^2 = \frac{1}{v}(du^2 + dv^2) \tag{18.1}$$

を考える[1)]（§15の問題**4**参照）．このとき，ds^2 に関する D 上の曲線 $\gamma(t) = (u(t), v(t))\,(a \leqq t \leqq b)$ の長さは

$$\int_a^b \sqrt{\frac{\dot{u}^2 + \dot{v}^2}{v}}\,dt$$

で与えられる．このことと付録B-1の問題**4**（1）から，曲線 γ の始点をP，終点をQ（QはPより上側にある）とするとき，もしもPが u 軸上にあれば，P, Qを結ぶ ds^2 に関する最短線を求める問題が最速降下線を求める問題と同値であることがわかる．

そこで，まずPが u 軸の上側にある場合に，P, Qを結ぶ最短線は u 軸に直交し，P, Qを通るサイクロイドであることを示し，その極限として，Pが u 軸上にある場合にも，Pで u 軸に直交し，Qを通るサイクロイドが最短線であることを証明する．

---

1) この計量と，ガウス曲率が -1 で一定の上半平面上の計量（ポアンカレ計量）$(du^2 + dv^2)/v^2$ との類似に注意せよ．ポアンカレ計量の測地線は，u 軸に直交する円の上側だが，ここで与えた計量 ds^2 は u 軸に直交する上向きのサイクロイドが測地線となる．

最短線があるとしたら，それは u 軸に直交するサイクロイドであることは §15 の問題 **4** からすでにわかっているので，問題の本質は，そのサイクロイドが本当に最短線になっていることを示すことにある．このことは，以下の 2 つの定理からわかる．(ds^2 が完備[2])であれば，このことはリーマン多様体の一般論として知られている（参考文献 [17]）が，計量 (18.1) は完備ではないので，以下の議論が必要である．)

定理 18.1　P, Q $\in D$ とするとき，(18.1) の計量 ds^2 に関して P と Q を結ぶ最短線がただ 1 つ存在し，それは u 軸に直交し P, Q を通るサイクロイドである．

[証明]　d(P, Q) を，P と Q を結ぶ区分的になめらかな D 上のすべての曲線の長さの下限とする．この d は領域 D 上の距離になることがリーマン多様体の一般論として知られている（参考文献 [16], [17] 参照）．最短線とは，長さが d(P, Q) と等しい P, Q を結ぶ曲線のことである．（区分的になめらかな曲線の範囲での）最短線は，存在すれば弧長パラメータにとり直すことにより測地線に一致する（たとえば参考文献 [17], 第 II 章の命題 2.6 参照）．さらに，§15 の問題 **4** で示したように，そのような最短線は存在すれば一意であり，それは u 軸に直交するサイクロイドである．そこで，ここでは 2 点を結ぶ区分的になめらかな最短線の存在のみを示せばよい．

一般性を失うことなく，Q は P より上側にあるとしてよい．P $= (u_0, v_0)$ とし，P を通り，u 軸に平行な直線を m とする．まず，m より下を通る経路については，m に置き換えて得られる曲線の方が長さが短くなる．

実際，始点が P で終点 Q が m 上にあり，始点から終点までの間が m より下側にある曲線 $\gamma(t) = (u(t), v(t))\ (a \leqq t \leqq b)$ を考えると

$$\int_a^b \sqrt{\frac{\dot{u}^2 + \dot{v}^2}{v}}\,dt \ \geqq\ \int_a^b \frac{1}{\sqrt{v_0}}\,|\dot{u}|\,dt \ \geqq\ \left|\int_a^b \frac{1}{\sqrt{v_0}}\dot{u}\,dt\right| \ \geqq\ \frac{1}{\sqrt{v_0}}\,|u(b) - u(a)|$$

2)　リーマン多様体 (S, ds^2) が**完備**であるとは，任意の測地線 $\gamma(s)$ のパラメータ s が $\boldsymbol{R}$ 全体で定義されることである（参考文献 [17]）．コンパクトなリーマン多様体は完備，また，§15 の問題 **3** のリーマン計量は完備である．

となり，右辺は線分 PQ の長さだから上に述べたことがわかる．

よって，閉領域 $\{ v \geqq v_0 \}$ 内の P, Q を結ぶ区分的になめらかな曲線の全体の中に，$d(\mathrm{P}, \mathrm{Q})$ に収束する曲線列 $\{ \gamma_n \}$ をとることができる．γ_n の長さは n について単調減少であるとしてよい．ここで，γ_1 の長さを l_1 としよう．

$$C := \{ (u, v) \in \boldsymbol{R}^2 \mid v \geqq v_0 \} \cap \overline{B(\mathrm{Q}, l_1)}$$

$$（ただし，\overline{B(\mathrm{Q}, l_1)} := \{ \mathrm{R} \in D \mid d(\mathrm{Q}, \mathrm{R}) \leqq l_1 \}）$$

とすると，C の定義から，すべての γ_n はコンパクト集合 C の中に入る．

§17（189 ページ）で述べたことと C のコンパクト性から，ある正の数 $\varepsilon > 0$ が存在して，C 内の距離が ε 以下の任意の 2 点はどれかの凸近傍の内部にあるようにとれる（たとえば参考文献[37]の 86 ページ，定理 11.3 を参照）．一般性を失うことなく，すべての γ_n は区間 $[0, 1]$ 上で定義され，パラメータは弧長に比例するとしてよい．

自然数 N を $l_1/N < \varepsilon$ となるようにとり，

$$0 = t_0 < t_1 < \cdots < t_N = 1$$

を $[0, 1]$ の N 等分点とすると，隣り合う 2 点間の距離は，すべての曲線について ε より小さくなり，2 点間を最短線で置き換えることができる．このようにして得られる折れ測地線の族を $\{ \tilde{\gamma}_n \}$ とする．各 $\tilde{\gamma}_n$ の長さは γ_n より短くなるから，$\tilde{\gamma}_n$ の長さは $d(\mathrm{P}, \mathrm{Q})$ に収束する．C のコンパクト性から，必要なら部分列をとることにより各 $j = 1, \cdots, N$ に対して，点列 $\{ \gamma_n(t_j)\,;\, n = 1, 2, \cdots \}$ の極限 $\mathrm{A}_j = \lim_{n \to \infty} \gamma_n(t_j)$ $(j = 1, \cdots, N)$ が存在するとしてよい．$\tilde{\gamma}_n$ の長さは

$$\sum_{j=1}^{N} d(\gamma_n(t_j), \gamma_n(t_{j-1}))$$

で与えられる．この式で $n \to \infty$ とすると，$\mathrm{P} = \mathrm{A}_0, \mathrm{A}_1, \cdots, \mathrm{A}_N = \mathrm{Q}$ を結んでできる折れ線の長さに収束し，この折れ線は最短線であることがわかる．　□

定理 18.2　P を u 軸上の点，$\mathrm{Q} \in D$ とするとき，P と Q を結ぶ最短線がただ 1 つ存在し，それは u 軸に直交して P, Q を結ぶサイクロイドである．

［証明］　いま，P, Q を結ぶサイクロイドの長さを l_0 とする．γ を，l_0 より短い長さをもつ P, Q を結ぶ曲線としよう．$\{ \mathrm{P}_n \}$ を γ 上の点列で

$$\lim_{n\to\infty} \mathrm{P}_n = \mathrm{P}$$

をみたすものとする．定理 18.1 の証明より，γ は u 軸と始点以外で交わらないとしてよい．P_n と Q を結ぶ最短線を σ_n とすると，σ_n と γ の長さ $\mathcal{L}(\sigma_n)$，$\mathcal{L}(\gamma)$ について

$$\mathcal{L}(\sigma_n) < \mathcal{L}(\gamma) < l_0$$

の不等式が成り立ち，$n \to \infty$ として，定理 18.1 より σ_n がサイクロイドの弧であることに注意すれば

$$l_0 = \lim_{n\to\infty} \mathcal{L}(\sigma_n) \leqq \mathcal{L}(\gamma) < l_0$$

となり，矛盾である．

よって，P，Q を結ぶサイクロイドの最短性が導けた．サイクロイド以外の最短線の存在は，その最短線が局所的に（u 軸に直交する）サイクロイドであることから考えられない．したがって，最短経路の一意性も示された．　□

付録 A： 本文の補足

A-1　微分積分学からの準備

微分積分学で学んだ事項のうち，本書で必要となるものをまとめておく[1]．

テイラーの定理　曲線や曲面の局所的な振る舞いを調べるためには，次のテイラーの定理が有用である（§1 の問題 **3**，§4 の式 (4.1) など参照）．

定理 A-1.1（**1 変数関数に関するテイラーの定理**） 1 変数関数 $f(x)$ が a と $a+h\ (h \neq 0)$ を含む区間で $n+1$ 回連続微分可能[2]ならば，

$$(\text{A-1.1})\quad f(a+h) = f(a) + \dot{f}(a)h + \frac{\ddot{f}(a)}{2}h^2 + \cdots + \frac{f^{(n)}(a)}{n!}h^n + \frac{f^{(n+1)}(a+\theta h)}{(n+1)!}h^{n+1}$$

$$\left(\dot{f} = \frac{df}{dx}, \ddot{f} = \frac{d^2f}{dx^2}, f^{(k)} = \frac{d^kf}{dx^k}\right)$$

が成り立つ．ただし，θ は $0 < \theta < 1$ のある値をとる．

式 (A-1.1) の最後の項は**剰余項**とよばれる．一般に関数 $\varphi(x)$ と正の数 p に対して，

$$\lim_{x \to a} \frac{\varphi(x)}{(x-a)^p} = 0$$

が成り立つとき，

$$\varphi(x) = o((x-a)^p) \qquad (x \to a)$$

1)　これらについては，微分積分学の教科書 [27], [33] などを参照せよ．

2)　すなわち，$f^{(n+1)}$ が存在して連続であるということ．“C^{n+1} 級”ともいう．すべての n に対して C^n 級であるとき，C^∞ 級という．本書で扱う関数は，とくに断らない限り，すべて C^∞ 級とする．

と書く[3]．この記号 o を**ランダウ**[4]**の記号**とよぶ．これを用いると (A-1.1) の剰余項は "$o(h^n)$ $(h \to 0)$" と表すことができる．本文でこの記号を用いるときには $(h \to 0)$ を省略して，単に "$o(h^n)$" と表す．

次に，2 変数関数に関するテイラーの定理を紹介する（§6 の 66 ページ，§7 の 71, 73 ページ，§8 の定理 8.7 の証明，§9 の定理 9.9 の証明を参照）．

定理 A-1.2（2 変数関数に関するテイラーの定理） 2 変数関数 $f(x, y)$ が，点 (a, b) を含む領域[5] $\{(x, y) \mid (x-a)^2 + (y-b)^2 < \varepsilon^2\} \subset \boldsymbol{R}^2$ $(\varepsilon > 0)$ で C^∞ 級[6]ならば，$h^2 + k^2 < \varepsilon^2$ なる h, k に対して

$$f(a+h, b+k) = f(a, b) + \frac{\partial f}{\partial x}(a, b)h + \frac{\partial f}{\partial y}(a, b)k + \frac{1}{2}\left(\frac{\partial^2 f}{\partial x^2}(a, b)h^2 + 2\frac{\partial^2 f}{\partial x\,\partial y}(a, b)hk + \frac{\partial^2 f}{\partial y^2}(a, b)k^2\right) + R(h, k)$$

とおくと，$\displaystyle\lim_{(h, k)\to(0, 0)} \frac{R(h, k)}{h^2 + k^2} = 0$ が成り立つ．$R(h, k) = o(h^2 + k^2)$ とも書く．

ロピタルの定理

§11 で測地的極座標の性質を調べる際に（126 ページ，133 ページ），次の**ロピタル**[7]**の定理**を用いた．

---

3) 関数 $\varphi(x)$ は，x を a に近づけたとき $(x-a)^p$ より速いオーダーで 0 に近づく，という意味である．

4) Landau, Edmund Georg Hermann (1877 – 1938)．

5) 平面 $\boldsymbol{R}^2$ の部分集合 D の任意の 2 点を D 内の連続曲線で結ぶことができるとき，D は（弧状）**連結**であるといわれる．また，D 内の任意の点 (a, b) に対して (a, b) を中心とする十分小さい開円板が D に含まれるならば，D は開集合であるという．$\boldsymbol{R}^2$ の連結な開集合のことを**領域**または**開領域**という．

6) 領域 D 上で定義された 2 変数関数 $f(x, y)$ の r 階までの偏導関数が存在して，それらが連続であるとき，f は D 上で C^r 級であるという．任意の r に対して C^r 級であるような関数を C^∞ 級であるという．

7) Marquis de l'Hôpital, Guillaume Francois Antoine, (1661 – 1704)；l'Hospital とも書かれる．

定理 A-1.3（ロピタルの定理） 関数 $f(x)$，$g(x)$ が区間 $(a, a+\varepsilon)\,(\varepsilon > 0)$ で微分可能で，

$$\lim_{x \to a+0} f(x) = \lim_{x \to a+0} g(x) = 0$$

をみたしているとき，極限値 $\lim_{x \to a+0} \dot{f}(x)/\dot{g}(x)$ が存在するならば次が成り立つ.

$$\lim_{x \to a+0} \frac{f(x)}{g(x)} = \lim_{x \to a+0} \frac{\dot{f}(x)}{\dot{g}(x)}.$$

関数 $f(x)$, $g(x)$ が区間 $(a-\varepsilon, a)\,(\varepsilon > 0)$ で定義されているときも $x \longrightarrow a-0$ の極限に関して同様の結論が成り立つ.

双曲線関数　実数 t に対して

$$\cosh t := \frac{e^t + e^{-t}}{2}, \qquad \sinh t := \frac{e^t - e^{-t}}{2}, \qquad \tanh t := \frac{\sinh t}{\cosh t} = \frac{e^t - e^{-t}}{e^t + e^{-t}}$$

をそれぞれ t の**双曲的余弦**（ハイパボリック・コサイン），**双曲的正弦**（ハイパボリック・サイン），**双曲的正接**（ハイパボリック・タンジェント）とよぶ[8]. 恒等式

$$\cosh^2 t - \sinh^2 t = 1$$

が成り立つ.

積分の三角不等式　区間 $[a, b]$ で定義された連続関数 $f(t)$ に対して，不等式

$$\left| \int_a^b f(t)\, dt \right| \leqq \int_a^b |f(t)|\, dt \tag{A-1.2}$$

が成り立つことは，定積分の定義より容易に示すことができる．ここで，等号が成立するための条件は $f(t)$ が $[a, b]$ で符号を変えないことである．不等式 (A-1.2) を**積分の三角不等式**という.

これをベクトル値関数に拡張しよう．区間 $[a, b]$ で定義され，$\boldsymbol{R}^2$ に値をもつ連続関数 $f = (f_1, f_2) : [a, b] \to \boldsymbol{R}^2$ を考える．ここで $f_1(t)$, $f_2(t)$ は $[a, b]$ で定義された実数値連続関数である．関数 f の積分は

$$\int_a^b f(t)\, dt := \left(\int_a^b f_1(t)\, dt, \ \int_a^b f_2(t)\, dt \right) \in \boldsymbol{R}^2$$

で与えられるベクトルである．ベクトル値関数に対しても，以下の積分の三角不

8) "$\cosh t$"（ハイパボリック・コサイン）と "$\cos ht$"（t の h 倍のコサイン）とは異なるものである.

等式が成り立つ（§3の定理 3.3 の証明，§4の定理 4.5 の証明を参照）．

定理 A-1.4（**ベクトル値関数に対する積分の三角不等式**）　区間 $[a, b]$ で定義されたベクトル値連続関数 $f : [a, b] \to \boldsymbol{R}^2$ に対して，不等式

$$\left| \int_a^b f(t)\, dt \right| \leqq \int_a^b |f(t)|\, dt \tag{A-1.3}$$

が成り立つ．さらに (A-1.3) で等号が成立するための条件は，ある定ベクトル $\boldsymbol{a}$ が存在して $f(t) = |f(t)|\, \boldsymbol{a}$ となることである．

［証明］　$\boldsymbol{R}^2$ を $\boldsymbol{C}$ と同一視すると，$\displaystyle\int_a^b f(t)\, dt = re^{i\theta}$ $(r > 0, \theta \in \boldsymbol{R})$ と表すことができる．そこで，新しい関数を $\tilde{f}(t) := e^{-i\theta} f(t)$ で定義する．この関数を実部と虚部に分けて $\tilde{f}(t) = \tilde{f}_1(t) + i\tilde{f}_2(t)$ と表すと

$$\int_a^b \tilde{f}_1(t)\, dt + i\int_a^b \tilde{f}_2(t)\, dt = \int_a^b \tilde{f}(t)\, dt = e^{-i\theta}\int_a^b f(t)\, dt = e^{-i\theta}(\, re^{i\theta}\,) = r$$

となるので，$\displaystyle\int_a^b \tilde{f}_1(t)\, dt > 0$, $\displaystyle\int_a^b \tilde{f}_2(t)\, dt = 0$ を得る．すると，

$$\begin{aligned} \left| \int_a^b f(t)\, dt \right| &= \left| \int_a^b \tilde{f}(t)\, dt \right| = \left| \int_a^b \tilde{f}_1(t)\, dt \right| \\ &\leqq \int_a^b |\tilde{f}_1(t)|\, dt \leqq \int_a^b |\tilde{f}(t)|\, dt = \int_a^b |f(t)|\, dt \end{aligned}$$

が成り立つ．この等号が成り立つためには，$\tilde{f}_2(t)$ が恒等的に 0 であって，$\tilde{f}_1(t)$ が符号を変えないことが必要十分である．これは $f(t) = |f(t)|\, \boldsymbol{a}$（$\boldsymbol{a}$ は定ベクトル）であることを示している．□

逆関数定理・陰関数定理　曲線や曲面の陰関数表示や助変数表示が実際になめらかな曲線や曲面を表すことを示すためには，陰関数定理が必要である．ここでは，本文で必要な形で逆関数定理と陰関数定理を述べる（§1の 6 ページ，§2の 11, 16 ページ，§8の定理 8.7 の証明，§11の命題 11.7 の証明 を参照）．一般的な定理および証明は，たとえば参考文献 [14] の序論を参照されたい．

定理 A-1.5（**逆関数定理**）（1）　点 a を含む数直線の区間上で定義された C^∞ 級関数 $f(x)$ が $\dot{f}(a) \neq 0$ をみたすならば，$f(a)$ を含む区間で定義された C^∞ 級関数 $g(y)$ で $g(f(x)) = x$，$f(g(y)) = y$ をみたすものがただ 1 つ存在する．さら

に，g の導関数 $\dot{g}$ は

$$\dot{g}(y) = \frac{1}{\dot{f}(g(y))}$$

をみたす．

（2）　平面上の点 $\mathrm{P}=(u_0, v_0)\in \boldsymbol{R}^2$ を含む領域 $D\subset\boldsymbol{R}^2$ で定義された C^∞ 級写像

$$f : D \ni (u, v) \longmapsto f(u, v) = (x(u, v), y(u, v)) \in \boldsymbol{R}^2$$

の点 P におけるヤコビ行列式

$$\det\begin{pmatrix} \dfrac{\partial x}{\partial u}(u_0, v_0) & \dfrac{\partial x}{\partial v}(u_0, v_0) \\ \dfrac{\partial y}{\partial u}(u_0, v_0) & \dfrac{\partial y}{\partial v}(u_0, v_0) \end{pmatrix}$$

が 0 でなければ，$f(\mathrm{P})$ を含む $\boldsymbol{R}^2$ の十分小さい領域 D' で定義された C^∞ 級写像 $g : D' \longrightarrow \boldsymbol{R}^2$ で $g\circ f$ と $f\circ g$ がともに恒等写像になるもの，すなわち f の逆写像が存在する．

定理 A-1.6（陰関数定理）　$\boldsymbol{R}^n$ の点 $\mathrm{P} = (p_1, \cdots, p_n)$ を含む領域 D 上で定義された C^∞ 級関数 $F(x_1, \cdots, x_n)$ が

$$F(\mathrm{P}) = 0, \qquad \frac{\partial F}{\partial x_n}(\mathrm{P}) \neq 0$$

をみたしているならば，$\boldsymbol{R}^{n-1}$ の点 $p := (p_1, \cdots, p_{n-1})$ のある近傍[9] U で定義された関数 f が存在して，

$$F(x_1, \cdots, x_{n-1}, f(x_1, \cdots, x_{n-1})) = 0, \qquad (x_1, \cdots, x_{n-1}) \in U$$

をみたす．また，点 P の十分小さい近傍では，$F(\mathrm{Q}) = 0$ をみたす点 $\mathrm{Q} := (x_1, \cdots, x_n)$ は，$x_n = f(x_1, \cdots, x_{n-1})$ をみたすものに限る．さらに，

$$\frac{\partial f}{\partial x_k}(q) = -\frac{\partial F}{\partial x_k}(\mathrm{Q}) \Big/ \frac{\partial F}{\partial x_n}(\mathrm{Q}) \tag{A-1.4}$$

が各 $k = 1, \cdots, n-1$ に対して成り立つ．ただし，$q := (x_1, \cdots, x_{n-1})$ とする．

この定理は，§1 の 4 ページ，§6 の 62 ～ 63 ページにおいて，$F(x, y) = 0$ や $F(x, y, z) = 0$ をみたす点が，なめらかな曲線や曲面を与える条件として用いられる．

---

9)　点 p を含む $\boldsymbol{R}^{n-1}$ の領域を p の**近傍**という．

重積分の変数変換の公式　重積分の変数変換について次が成り立つ（§6 の問題 **5** 参照）.

定理 A-1.7（重積分の変数変換の公式）　$\xi\eta$ 平面の領域から uv 平面への C^1 級写像 $\varphi : (\xi, \eta) \mapsto (u(\xi, \eta), v(\xi, \eta))$ によって，$\xi\eta$ 平面の有界領域 $\widetilde{D}$ が uv 平面の有界領域 $D = \varphi(\widetilde{D})$ に 1 対 1 に写るとする．このとき，D 上で積分可能な関数 $f(u, v)$ に対して

$$\iint_D f(u, v)\, du\, dv = \iint_{\widetilde{D}} f(u(\xi, \eta), v(\xi, \eta))|\det J|\, d\xi\, d\eta$$

が成り立つ．ただし，J は変数変換 φ のヤコビ行列

$$J := \begin{pmatrix} u_\xi & u_\eta \\ v_\xi & v_\eta \end{pmatrix}$$

で，$|\det J|$ はその行列式（ヤコビアン）の絶対値である．

A-2　常微分方程式の基本定理

与えられた n 個の $n+1$ 変数関数

(A-2.1)　$$f_i = f_i(t\,;x_1, \cdots, x_n) \qquad (i = 1, \cdots, n)$$

に対して，

(A-2.2)　$$\begin{cases} \dfrac{d}{dt} y_i(t) = f_i(t\,; y_1(t), \cdots, y_n(t)) & (i = 1, \cdots, n), \\ y_i(t_0) = a_i & (i = 1, \cdots, n) \end{cases}$$

の形で与えられる未知関数 $y_1(t), \cdots, y_n(t)$ に関する微分方程式を考える．ただし，$t_0, a_1, \cdots, a_n$ は与えられた定数である．記号を簡単にするためにベクトルを用いて

$$\boldsymbol{y}(t) := (y_1(t), \cdots, y_n(t)), \qquad \boldsymbol{a} := (a_1, \cdots, a_n), \qquad \boldsymbol{f} := (f_1, \cdots, f_n)$$

とすれば，(A-2.2) は

(A-2.3)　$$\frac{d\boldsymbol{y}}{dt}(t) = \boldsymbol{f}(t, \boldsymbol{y}(t)), \qquad \boldsymbol{y}(t_0) = \boldsymbol{a}$$

と書き直すことができる．このとき，次が成り立つ．

定理 A-2.1（**常微分方程式の基本定理**[10]）　定数 $t_0 \in \boldsymbol{R}$ と $\boldsymbol{b} = (b_1, \cdots, b_n) \in \boldsymbol{R}^n$ を固定する．関数 $f_i(t\,; x_1, \cdots, x_n)$ $(i = 1, \cdots, n)$ が $\boldsymbol{R}^{n+1}$ $(= \boldsymbol{R} \times \boldsymbol{R}^n)$ の領域

$$\widetilde{D} := \{(t, \boldsymbol{x}) \in \boldsymbol{R}^{n+1} \,|\, |t - t_0| < \varepsilon, |x_i - b_i| < \rho \ (i = 1, \cdots, n)\}$$
$$(\varepsilon > 0,\ \rho > 0)$$

で定義された C^∞ 級関数とする．このとき，$\boldsymbol{b}$ の $\boldsymbol{R}^n$ における近傍 W と正の数 δ が存在して，任意の $\boldsymbol{a} \in W$ に対して開区間 $(t_0 - \delta, t_0 + \delta)$ で定義された $\boldsymbol{y}(t) = \boldsymbol{y}(t\,; \boldsymbol{a})$ で (A-2.3) をみたすものがただ1つ存在する．さらに $\boldsymbol{y}(t\,; \boldsymbol{a})$ は $(t_0 - \delta, t_0 + \delta) \times W$ 上で C^∞ 級である．

この定理は§10で測地線の存在，§11で測地線の性質（補題 11.5, 11.6）を示す際に用いる．

線形常微分方程式の基本定理　関数 f_i がとくに

$$f_i(t; y_1, \cdots, y_n) = b_{i1}(t)\, y_1 + \cdots + b_{in}(t)\, y_n \qquad (i = 1, \cdots, n)$$

の形で与えられているとき，(A-2.2) を**線形常微分方程式**という．ただし，$b_{ij}(t)$ $(i, j = 1, \cdots, n)$ は，ある区間 I 上で定義された n^2 個の関数である．このとき，(A-2.2) は

$$\text{(A-2.4)} \quad \dot{\boldsymbol{y}}(t) = \boldsymbol{y}(t)\, B(t), \qquad B(t) := \begin{pmatrix} b_{11}(t) & \cdots & b_{1n}(t) \\ \vdots & \ddots & \vdots \\ b_{n1}(t) & \cdots & b_{nn}(t) \end{pmatrix}$$

と書き直すことができる．ただし，$\boldsymbol{y}$ は行ベクトルとみなしている．

これが線形常微分方程式とよばれる理由は，(A-2.4) の解 $\boldsymbol{y}_1(t), \boldsymbol{y}_2(t)$ の一次結合 $\alpha\, \boldsymbol{y}_1(t) + \beta\, \boldsymbol{y}_2(t)$ もまた (A-2.4) の解となるからである．一般の存在定理 A-2.1 では，解 $\boldsymbol{y}(t)$ の定義域は t_0 を含む十分小さい範囲であったが，線形常微分方程式の解は，その係数 b_{ij} が定義されている区間 I にまで拡張される．

定理 A-2.2（**線形常微分方程式の基本定理**[11]）　点 $t_0 \in \boldsymbol{R}$ を含む開区間 I で定義された n^2 個の C^∞ 級関数 $b_{ij}(t)$ $(i, j = 1, \cdots, n)$ と任意の $\boldsymbol{a} = (a_1, \cdots, a_n)$ に対し

---

10)　たとえば参考文献 [34] の定理 6.1，7.3 をみよ．ただし，ここでは C^∞ 性の証明は与えられていない．これについては，たとえば参考文献 [32] の第 6 章を参照せよ．

て，開区間 I で定義された n 個の C^∞ 級関数の組 $\boldsymbol{y}(t) = (\,y_1(t), \cdots, y_n(t))$ で (A-2.4) と初期条件 $\boldsymbol{y}(t_0) = \boldsymbol{a}$ をみたすものがただ1つ存在する．

さらに，各関数 b_{ij} が r 個のパラメータ $u_1, \cdots, u_r$ を含み，これら r 個のパラメータを並べてできるベクトル $\boldsymbol{u} = (u_1, \cdots, u_r)$ は，$\boldsymbol{R}^r$ の領域 U を動くとする．つまり，

$$b_{ij} = b_{ij}(t\,;u_1, \cdots, u_r)$$

のように $I \times U$ 上の C^∞ 級関数となっているとする．このとき，(A-2.4) の初期条件 $\boldsymbol{y}(t_0) = \boldsymbol{a}$ をみたす解 $\boldsymbol{y}(t) = \boldsymbol{y}(t\,;\boldsymbol{a}, \boldsymbol{u})$ は $I \times \boldsymbol{R}^n \times U \subset \boldsymbol{R}^{n+r+1}$ 上の C^∞ 級関数である．

この定理は，曲線論の基本定理 2.8（§2），定理 5.2（§5）を証明する際に用いられる．また，解の存在に加えて，パラメータに関して C^∞ 級であることを，曲面論の基本定理の証明（付録 B-9）において用いる．

A-3 ユークリッド空間

ここでは，空間ベクトルの性質を紹介する．ベクトル $\boldsymbol{a} = (a_1, a_2, a_3)$，$\boldsymbol{b} = (b_1, b_2, b_3)$ に対して，和 $\boldsymbol{a} + \boldsymbol{b}$ とスカラー倍 $\lambda\boldsymbol{a}$ $(\lambda \in \boldsymbol{R})$ が定義される．この演算によって，$\boldsymbol{R}^3$ はベクトル空間（線形空間）とみなすことができる．

内積　ベクトル $\boldsymbol{a} = (a_1, a_2, a_3)$, $\boldsymbol{b} = (b_1, b_2, b_3)$ の**内積**とは

$$\boldsymbol{a} \cdot \boldsymbol{b} := a_1 b_1 + a_2 b_2 + a_3 b_3$$

で定まる値のことである．内積は，また，以下のように行ベクトルと列ベクトルの行列の積として

$$\boldsymbol{a} \cdot \boldsymbol{b} = (a_1, a_2, a_3)\begin{pmatrix} b_1 \\ b_2 \\ b_3 \end{pmatrix} \tag{A-3.1}$$

11）たとえば参考文献 [30]，§3 の定理 3 を参照せよ．解のパラメータに関する微分可能性は，参考文献 [34] の定理 6.1，7.3 による．ただし，ここでは C^∞ 性の証明は与えられていない．これについては，たとえば参考文献 [32] の第 6 章を参照せよ．

と表すことができる．ベクトル $\boldsymbol{a}, \boldsymbol{b}$ の大きさをそれぞれ $|\boldsymbol{a}|, |\boldsymbol{b}|$ とし，そのなす角を θ とすれば，次が成り立つ．

$$\boldsymbol{a} \cdot \boldsymbol{b} = |\boldsymbol{a}||\boldsymbol{b}| \cos\theta \qquad (0 \leqq \theta \leqq \pi).$$

基底の正負　$\boldsymbol{R}^3$ の 3 つの一次独立なベクトルの組 $\{\boldsymbol{a}, \boldsymbol{b}, \boldsymbol{c}\}$ はベクトル空間 $\boldsymbol{R}^3$ の基底をなす．これらが**正の基底**あるいは**右手系**であるとは，一次独立性を失わないように連続的に変形すると $\{\boldsymbol{e}_1, \boldsymbol{e}_2, \boldsymbol{e}_3\}$ にぴったり重ね合わせることができることをいう（図 A-3.1 左）．ただし，

$$\boldsymbol{e}_1 = \begin{pmatrix} 1 \\ 0 \\ 0 \end{pmatrix}, \quad \boldsymbol{e}_2 = \begin{pmatrix} 0 \\ 1 \\ 0 \end{pmatrix}, \quad \boldsymbol{e}_3 = \begin{pmatrix} 0 \\ 0 \\ 1 \end{pmatrix}$$

である．正でない基底を**負の基底**または**左手系**とよぶ（図 A-3.1 右）．3 つのベクトル $\boldsymbol{a} = (a_1, a_2, a_3)$, $\boldsymbol{b} = (b_1, b_2, b_3)$, $\boldsymbol{c} = (c_1, c_2, c_3)$ を列ベクトルと思って並べた行列の行列式

$$\begin{aligned}\det(\boldsymbol{a}, \boldsymbol{b}, \boldsymbol{c}) &= \begin{vmatrix} a_1 & b_1 & c_1 \\ a_2 & b_2 & c_2 \\ a_3 & b_3 & c_3 \end{vmatrix} \\ &= a_1 b_2 c_3 + b_1 c_2 a_3 + c_1 a_2 b_3 - a_1 c_2 b_3 - b_1 a_2 c_3 - c_1 b_2 a_3\end{aligned}$$

の符号が基底 $\{\boldsymbol{a}, \boldsymbol{b}, \boldsymbol{c}\}$ の正負である．

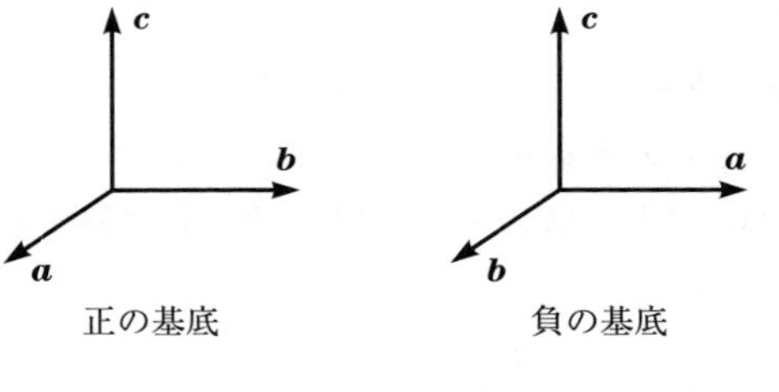

図 A-3.1　基底の正負

合同変換　長さと角度を保つ $\boldsymbol{R}^3$ の変換を**合同変換**という．合同変換は，以下のように平行移動と直交行列を用いて表される．

実数を成分とする 3 次正方行列 T が**直交行列**であるとは，

(A-3.2)　$${}^tT\,T = T\,{}^tT = I \qquad (I \text{ は 3 次の単位行列})$$

が成り立つことである．ただし，${}^tT$ は T の転置行列を表す．3 次正方行列 T を 3 つの列ベクトルの組として $T = (\boldsymbol{a}, \boldsymbol{b}, \boldsymbol{c})$ と表すと，T が直交行列であることは，$\{\boldsymbol{a}, \boldsymbol{b}, \boldsymbol{c}\}$ が正規直交基底であることと同値である．(A-3.2) の両辺の行列式をとることによって，直交行列 T の行列式の値は 1 または -1 であることがわかる（§2 の問題 **1**）．この行列式の正負は基底 $\{\boldsymbol{a}, \boldsymbol{b}, \boldsymbol{c}\}$ の正負と一致する．T が直交行列ならば，直交行列の定義と (A-3.1) より，任意のベクトル $\boldsymbol{a}, \boldsymbol{b} \in \boldsymbol{R}^3$ に対して

$$T\boldsymbol{a} \cdot T\boldsymbol{b} = \boldsymbol{a} \cdot \boldsymbol{b} \tag{A-3.3}$$

が成り立つ．

直交行列 T と，定ベクトル $\boldsymbol{a} = (a_1, a_2, a_3)$ に対して

$$\Phi(\mathrm{P}) = T\begin{pmatrix} p_1 \\ p_2 \\ p_3 \end{pmatrix} + \begin{pmatrix} a_1 \\ a_2 \\ a_3 \end{pmatrix}, \qquad \mathrm{P} = \begin{pmatrix} p_1 \\ p_2 \\ p_3 \end{pmatrix} \tag{A-3.4}$$

によって写像 $\Phi : \boldsymbol{R}^3 \to \boldsymbol{R}^3$ を定める[12)]．2 点 $\mathrm{P}, \mathrm{Q} \in \boldsymbol{R}^3$ の間の距離を $d(\mathrm{P}, \mathrm{Q})$ とすると，これは P を始点，Q を終点とするベクトル $\overrightarrow{\mathrm{PQ}}$ の大きさであるから，

$$d(\Phi(\mathrm{P}), \Phi(\mathrm{Q})) = d(\mathrm{P}, \mathrm{Q})$$

が成り立ち，写像 Φ は 2 点間の距離を保つことが容易にわかる．また (A-3.3) より，2 つのベクトルの成す角度も保たれる．したがって，Φ は合同変換である．逆に，$\boldsymbol{R}^3$ の任意の合同変換は (A-3.4) の形に表される．

合同変換 (A-3.4) で，とくに $\det T = 1$ となるものを，**向きを保つ合同変換**という．このとき T は空間の回転を表す[13)]ので，向きを保つ合同変換は「回転と平行移動の合成」ということができる．

行列式の幾何学的意味　　ここで，2 次と 3 次の行列式の幾何学的意味について説明しよう．

平面ベクトル $\boldsymbol{a} = (a_1, a_2)$, $\boldsymbol{b} = (b_1, b_2) \in \boldsymbol{R}^2$ を列ベクトルと思って横に並べてできる正方行列の行列式

---

12)　Φ はギリシア文字 φ（ファイ）の大文字である．

13)　実際，T は原点を通るある直線を軸とする回転を表す（たとえば，参考文献 [31] の第 IV 章 §6 を参照せよ）．

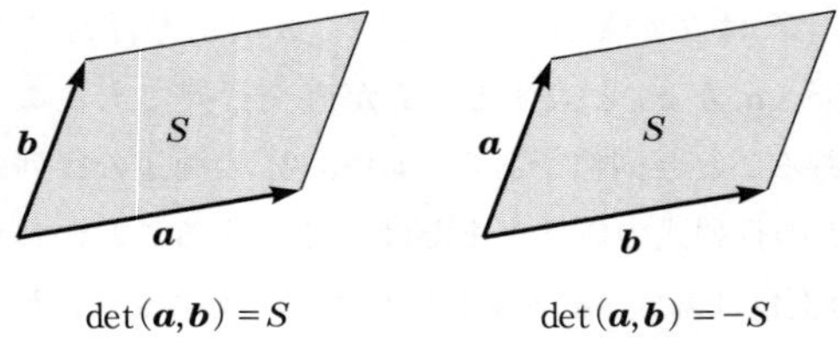

図 A-3.2　平行四辺形の面積

$$\det(\boldsymbol{a},\ \boldsymbol{b}) = \begin{vmatrix} a_1 & b_1 \\ a_2 & b_2 \end{vmatrix} = a_1 b_2 - b_1 a_2$$

は，$\boldsymbol{a}$, $\boldsymbol{b}$ のつくる平行四辺形の面積 S に正負の符号をつけた値に等しい (図 A-3.2)．ここで $\det(\boldsymbol{a},\ \boldsymbol{b}) > 0$ になるのは $\boldsymbol{b}$ が $\boldsymbol{a}$ の左側にある場合で，$\det(\boldsymbol{a},\ \boldsymbol{b}) < 0$ になるのは $\boldsymbol{b}$ が $\boldsymbol{a}$ の右側にある場合である．

同様に，空間ベクトル $\boldsymbol{a} = (a_1, a_2, a_3)$, $\boldsymbol{b} = (b_1, b_2, b_3)$, $\boldsymbol{c} = (c_1, c_2, c_3)$ に対して，行列式

$$\det(\boldsymbol{a},\ \boldsymbol{b},\ \boldsymbol{c}) = \begin{vmatrix} a_1 & b_1 & c_1 \\ a_2 & b_2 & c_2 \\ a_3 & b_3 & c_3 \end{vmatrix}$$

は $\{\boldsymbol{a},\ \boldsymbol{b},\ \boldsymbol{c}\}$ が一次従属ならば値は 0 であり，一次独立な場合には，その符号は基底 $\{\boldsymbol{a},\ \boldsymbol{b},\ \boldsymbol{c}\}$ の正負と一致する．また，その絶対値は $\boldsymbol{a}$, $\boldsymbol{b}$, $\boldsymbol{c}$ でつくられる平行六面体の体積 V に等しい (図 A-3.3)．

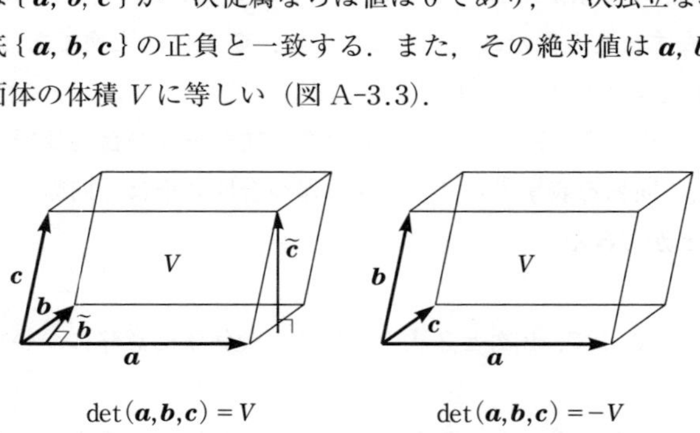

図 A-3.3　平行六面体の体積と行列式

実際，$\boldsymbol{a}$, $\boldsymbol{b}$ の張る平面において $\boldsymbol{b}$ から $\boldsymbol{a}$ へ下ろした垂線の足を始点とし，$\boldsymbol{b}$ を終点とするベクトルを $\tilde{\boldsymbol{b}}$ とすると，$\boldsymbol{b} - \tilde{\boldsymbol{b}}$ は $\boldsymbol{a}$ のスカラー倍だから，

$$\det(\boldsymbol{a},\ \boldsymbol{b},\ \boldsymbol{c}) = \det(\boldsymbol{a},\ \tilde{\boldsymbol{b}},\ \boldsymbol{c}).$$

さらに $\boldsymbol{c}$ から $\boldsymbol{a}, \boldsymbol{b}$ の張る平面に下ろした垂線の足を始点とし，$\boldsymbol{c}$ を終点とするベクトルを $\tilde{\boldsymbol{c}}$ とすると，$\boldsymbol{c}, \tilde{\boldsymbol{c}}$ はベクトル $\boldsymbol{a}, \boldsymbol{b}$ の一次結合の差でしか違わないから，

$$\det(\boldsymbol{a}, \tilde{\boldsymbol{b}}, \boldsymbol{c}) = \det(\boldsymbol{a}, \tilde{\boldsymbol{b}}, \tilde{\boldsymbol{c}}) = |\boldsymbol{a}||\tilde{\boldsymbol{b}}||\tilde{\boldsymbol{c}}| \det\left(\frac{\boldsymbol{a}}{|\boldsymbol{a}|}, \frac{\tilde{\boldsymbol{b}}}{|\tilde{\boldsymbol{b}}|}, \frac{\tilde{\boldsymbol{c}}}{|\tilde{\boldsymbol{c}}|}\right)$$

となるが $\{\boldsymbol{a}/|\boldsymbol{a}|, \tilde{\boldsymbol{b}}/|\tilde{\boldsymbol{b}}|, \tilde{\boldsymbol{c}}/|\tilde{\boldsymbol{c}}|\}$ は正規直交基底なので，205 ページで述べたことより，これらを並べた直交行列の行列式は ± 1 であり，つくり方から，その正負は基底 $\{\boldsymbol{a}, \boldsymbol{b}, \boldsymbol{c}\}$ の正負に一致する．ここで，積 $|\boldsymbol{a}||\tilde{\boldsymbol{b}}|$ は $\boldsymbol{a}, \boldsymbol{b}$ のつくる平行四辺形の面積で，$|\tilde{\boldsymbol{c}}|$ は $\boldsymbol{a}, \boldsymbol{b}$ を底面とする平行六面体の高さなので，$|\boldsymbol{a}||\tilde{\boldsymbol{b}}||\tilde{\boldsymbol{c}}|$ は，この平行六面体の体積を表す．

ベクトル積　2 つのベクトル $\boldsymbol{a}$ と $\boldsymbol{b}$ の**ベクトル積** $\boldsymbol{a} \times \boldsymbol{b}$ を定義する．ベクトル積は，§5 で空間曲線の従法線ベクトル，§6 で曲面の単位法線ベクトルを定めるのに用いられる．まず，$\boldsymbol{a} \times \boldsymbol{b}$ の大きさは $\boldsymbol{a}, \boldsymbol{b}$ を 2 辺にもつ平行四辺形の面積と約束する．すなわち $\boldsymbol{a}, \boldsymbol{b}$ のなす角を θ とすると，次が成り立つ．

$$|\boldsymbol{a} \times \boldsymbol{b}| = |\boldsymbol{a}||\boldsymbol{b}| \sin\theta \qquad (0 \leqq \theta \leqq \pi).$$

また，$\boldsymbol{a} \times \boldsymbol{b}$ の向きは $\boldsymbol{a}$ と $\boldsymbol{b}$ が張る平面に垂直であるとし，$\{\boldsymbol{a}, \boldsymbol{b}, \boldsymbol{a} \times \boldsymbol{b}\}$ が正の基底であるものと約束する（図 A-3.4）．ただし $\boldsymbol{a}$ と $\boldsymbol{b}$ が一次従属の場合には，$\boldsymbol{a} \times \boldsymbol{b} = \boldsymbol{0}$ と定める．

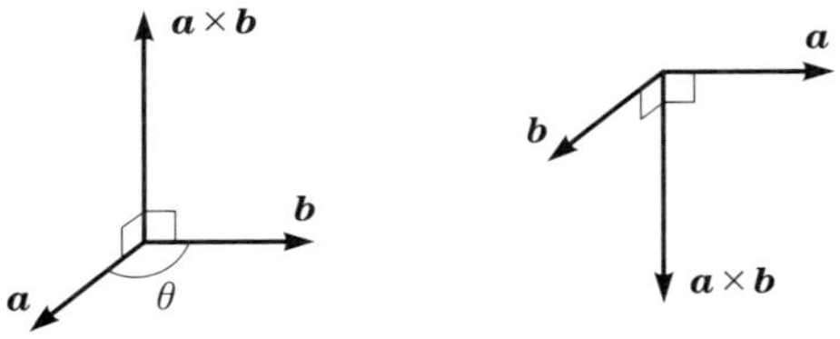

図 A-3.4　ベクトル積

2 つの $\boldsymbol{0}$ でないベクトル $\boldsymbol{a}$ と $\boldsymbol{b}$ が一次独立であることと $\boldsymbol{a} \times \boldsymbol{b} \neq \boldsymbol{0}$ は同値である．定義から

$$\boldsymbol{a} \times \boldsymbol{b} = -\boldsymbol{b} \times \boldsymbol{a}$$

が成り立つ．一方，ベクトル積の大きさの定義から次の式が成り立つ．

(A-3.5)　$$|\boldsymbol{a} \times \boldsymbol{b}|^2 = |\boldsymbol{a}|^2|\boldsymbol{b}|^2 - (\boldsymbol{a} \cdot \boldsymbol{b})^2.$$

これを**ラグランジュ**[14]**の恒等式**という（この恒等式は §7 の 75 ページで曲面の面積を第一基本量によって表すのに用いる）．

14)　Lagrange, Joseph-Louis (1736 - 1813).

成分が与えられたベクトル $\boldsymbol{a}=(a_1, a_2, a_3)$，$\boldsymbol{b}=(b_1, b_2, b_3)$ のベクトル積を定義から直接計算するのは難しいが，すぐあとで示すように次が成り立つ．

$$\boldsymbol{a}\times\boldsymbol{b}=\left(\begin{vmatrix} a_2 & b_2 \\ a_3 & b_3 \end{vmatrix}, -\begin{vmatrix} a_1 & b_1 \\ a_3 & b_3 \end{vmatrix}, \begin{vmatrix} a_1 & b_1 \\ a_2 & b_2 \end{vmatrix}\right). \tag{A-3.6}$$

次のスカラー三重積の公式は，空間曲線の振率の表示（5.7）や，曲面上の曲線の測地的曲率の表示（10.16）を示すのに用いられる．

命題 A-3.1（**スカラー三重積の公式**） 3つのベクトル $\boldsymbol{a}, \boldsymbol{b}, \boldsymbol{c}\in\boldsymbol{R}^3$ に対して

$$(\boldsymbol{a}\times\boldsymbol{b})\cdot\boldsymbol{c}=\det(\boldsymbol{a}, \boldsymbol{b}, \boldsymbol{c}) \tag{A-3.7}$$

が成り立つ．とくに，

$$(\boldsymbol{a}\times\boldsymbol{b})\cdot\boldsymbol{c}=(\boldsymbol{b}\times\boldsymbol{c})\cdot\boldsymbol{a}=(\boldsymbol{c}\times\boldsymbol{a})\cdot\boldsymbol{b}. \tag{A-3.8}$$

［証明］ ベクトル $\boldsymbol{a}, \boldsymbol{b}$ が一次従属である場合は，$\boldsymbol{a}\times\boldsymbol{b}=\boldsymbol{0}$ より，両辺はともに0であるから，等式が成り立つ．以下，$\boldsymbol{a}, \boldsymbol{b}$ は一次独立とする．このときには $\boldsymbol{a}, \boldsymbol{b}$ でつくられる平行四辺形に直交する単位ベクトル $\boldsymbol{n}$ で，$\{\boldsymbol{a}, \boldsymbol{b}, \boldsymbol{n}\}$ が右手系になるものがただ1つ存在する．内積の絶対値 $|\boldsymbol{n}\cdot\boldsymbol{c}|$ は，$\boldsymbol{a}, \boldsymbol{b}, \boldsymbol{c}$ からつくられる平行六面体の $\boldsymbol{a}, \boldsymbol{b}$ が張る平面を底面とするときの高さを表す．ここで，

$$(\boldsymbol{a}\times\boldsymbol{b})\cdot\boldsymbol{c}=|\boldsymbol{a}\times\boldsymbol{b}|(\boldsymbol{c}\cdot\boldsymbol{n})$$

であるから，$|(\boldsymbol{a}\times\boldsymbol{b})\cdot\boldsymbol{c}|$ は $\boldsymbol{a}, \boldsymbol{b}, \boldsymbol{c}$ からつくられる平行六面体の体積 V に等しい．したがって，

$$|(\boldsymbol{a}\times\boldsymbol{b})\cdot\boldsymbol{c}|=V=|\det(\boldsymbol{a}, \boldsymbol{b}, \boldsymbol{c})|$$

であることがわかる．一方，$\det(\boldsymbol{a}, \boldsymbol{b}, \boldsymbol{c})$ の正負は $\{\boldsymbol{a}, \boldsymbol{b}, \boldsymbol{c}\}$ が右手系か左手系かを意味するが，これは内積 $\boldsymbol{c}\cdot\boldsymbol{n}$ の正負に一致するので，符号を込めて等式が成立する． □

ベクトル積 $\boldsymbol{a}\times\boldsymbol{b}$ を正規直交基底 $\{\boldsymbol{e}_1, \boldsymbol{e}_2, \boldsymbol{e}_3\}$ の一次結合で表すと

$$\begin{aligned}\boldsymbol{a}\times\boldsymbol{b}&=(\boldsymbol{e}_1\cdot(\boldsymbol{a}\times\boldsymbol{b}))\boldsymbol{e}_1+(\boldsymbol{e}_2\cdot(\boldsymbol{a}\times\boldsymbol{b}))\boldsymbol{e}_2+(\boldsymbol{e}_3\cdot(\boldsymbol{a}\times\boldsymbol{b}))\boldsymbol{e}_3\\&=\begin{vmatrix} 1 & a_1 & b_1 \\ 0 & a_2 & b_2 \\ 0 & a_3 & b_3 \end{vmatrix}\boldsymbol{e}_1+\begin{vmatrix} 0 & a_1 & b_1 \\ 1 & a_2 & b_2 \\ 0 & a_3 & b_3 \end{vmatrix}\boldsymbol{e}_2+\begin{vmatrix} 0 & a_1 & b_1 \\ 0 & a_2 & b_2 \\ 1 & a_3 & b_3 \end{vmatrix}\boldsymbol{e}_3.\end{aligned}$$

このことから，ベクトル積の代数的な表示 (A-3.6) が成り立つことがわかる．式 (A-3.6) は，形式的に行列式を用いて

$$\boldsymbol{a}\times\boldsymbol{b}=\begin{vmatrix} a_2 & b_2 \\ a_3 & b_3 \end{vmatrix}\boldsymbol{e}_1-\begin{vmatrix} a_1 & b_1 \\ a_3 & b_3 \end{vmatrix}\boldsymbol{e}_2+\begin{vmatrix} a_1 & b_1 \\ a_2 & b_2 \end{vmatrix}\boldsymbol{e}_3$$

$$=\begin{vmatrix} \boldsymbol{e}_1 & a_1 & b_1 \\ \boldsymbol{e}_2 & a_2 & b_2 \\ \boldsymbol{e}_3 & a_3 & b_3 \end{vmatrix}=\begin{vmatrix} \boldsymbol{e}_1 & \boldsymbol{e}_2 & \boldsymbol{e}_3 \\ a_1 & a_2 & a_3 \\ b_1 & b_2 & b_3 \end{vmatrix}$$

と表されることに注意しておこう．

(A-3.6) から，ベクトル $\boldsymbol{a}, \boldsymbol{b}, \boldsymbol{c}\in\boldsymbol{R}^3$ と実数 $\alpha, \beta\in\boldsymbol{R}$ に対して次の分配法則が成り立つことがわかる：

(A-3.9) $$(\alpha\,\boldsymbol{a}+\beta\,\boldsymbol{b})\times\boldsymbol{c}=\alpha(\boldsymbol{a}\times\boldsymbol{c})+\beta(\boldsymbol{b}\times\boldsymbol{c}).$$

命題 A-3.1 から次を示すことができる．

系 A-3.2 任意のベクトル $\boldsymbol{a}, \boldsymbol{b}\in\boldsymbol{R}^3$ と直交行列 T に対して，

$$T\boldsymbol{a}\times T\boldsymbol{b}=(\det T)\,T\,(\boldsymbol{a}\times\boldsymbol{b})$$

が成り立つ．とくに $\det T=1$ ならば，$T\boldsymbol{a}\times T\boldsymbol{b}=T(\boldsymbol{a}\times\boldsymbol{b})$ が成り立つ．

［証明］ 任意のベクトル $\boldsymbol{c}\in\boldsymbol{R}^3$ に対して $\tilde{\boldsymbol{c}}=T^{-1}\boldsymbol{c}$ とおけば

$$\begin{aligned}(T\boldsymbol{a}\times T\boldsymbol{b})\cdot\boldsymbol{c}&=(T\boldsymbol{a}\times T\boldsymbol{b})\cdot T\tilde{\boldsymbol{c}}=\det(T\boldsymbol{a}, T\boldsymbol{b}, T\tilde{\boldsymbol{c}})=\det(T(\boldsymbol{a}, \boldsymbol{b}, \tilde{\boldsymbol{c}}))\\ &=(\det T)\det(\boldsymbol{a}, \boldsymbol{b}, \tilde{\boldsymbol{c}})=(\det T)(\boldsymbol{a}\times\boldsymbol{b}\cdot\tilde{\boldsymbol{c}})\\ &=(\det T)(T(\boldsymbol{a}\times\boldsymbol{b})\cdot T\tilde{\boldsymbol{c}})=(\det T)(T(\boldsymbol{a}\times\boldsymbol{b}))\cdot\boldsymbol{c}\end{aligned}$$

であるが，$\boldsymbol{c}$ は任意のベクトルなので結論が得られる． □

系 A-3.2 は，曲面の単位法線ベクトルがパラメータのとり方によらないこと（§6 の問題 **4** 参照）を示すのに用いられる．

また，3 つのベクトルのベクトル積について，次の公式がある．

命題 A-3.3（ベクトル三重積の公式） 任意のベクトル $\boldsymbol{a}, \boldsymbol{b}, \boldsymbol{c}\in\boldsymbol{R}^3$ に対して，

$$\boldsymbol{a}\times(\boldsymbol{b}\times\boldsymbol{c})=(\boldsymbol{a}\cdot\boldsymbol{c})\,\boldsymbol{b}-(\boldsymbol{a}\cdot\boldsymbol{b})\,\boldsymbol{c}$$

が成り立つ．

[証明] まず，任意のベクトル $\boldsymbol{p}, \boldsymbol{q} \in \boldsymbol{R}^3$ に対して

(A-3.10) $$\boldsymbol{p} \times (\boldsymbol{p} \times \boldsymbol{q}) = (\boldsymbol{p} \cdot \boldsymbol{q})\boldsymbol{p} - |\boldsymbol{p}|^2\boldsymbol{q}$$

が成り立つことを示そう．実際，もし $\boldsymbol{p}$ と $\boldsymbol{q}$ が一次従属ならば式 (A-3.10) の両辺はともに $\boldsymbol{0}$ となり，等式が成り立つ．

一方 $\boldsymbol{p}, \boldsymbol{q}$ が一次独立のとき，$\boldsymbol{r} := \boldsymbol{p} \times (\boldsymbol{p} \times \boldsymbol{q})$ は $\boldsymbol{p} \times \boldsymbol{q}$ に直交するが，$\boldsymbol{p} \times \boldsymbol{q}$ は $\boldsymbol{p}$ と $\boldsymbol{q}$ が張る平面に直交するので，$\boldsymbol{r}$ は $\boldsymbol{p}$ と $\boldsymbol{q}$ の一次結合で表される．そこで

(A-3.11) $$\boldsymbol{p} \times (\boldsymbol{p} \times \boldsymbol{q}) = \alpha \boldsymbol{p} + \beta \boldsymbol{q} \qquad (\alpha, \beta \text{ は実数})$$

と書き，この両辺に $\boldsymbol{p}$ を内積すると $(\boldsymbol{p} \times (\boldsymbol{p} \times \boldsymbol{q})) \cdot \boldsymbol{p} = \alpha |\boldsymbol{p}|^2 + \beta (\boldsymbol{p} \cdot \boldsymbol{q})$ となるが，この左辺はスカラー三重積の公式（命題 A-3.1 の (A-3.8)）より

$$\boldsymbol{p} \times (\boldsymbol{p} \times \boldsymbol{q}) \cdot \boldsymbol{p} = (\boldsymbol{p} \times \boldsymbol{p}) \cdot (\boldsymbol{p} \times \boldsymbol{q}) = 0$$

なので $\alpha |\boldsymbol{p}|^2 + \beta (\boldsymbol{p} \cdot \boldsymbol{q}) = 0$ を得る．同様に (A-3.11) の両辺に $\boldsymbol{q}$ を内積すると，スカラー三重積の公式とラグランジュの恒等式 (A-3.5) から

$$\alpha(\boldsymbol{p} \cdot \boldsymbol{q}) + \beta |\boldsymbol{p}|^2 = |\boldsymbol{p} \times \boldsymbol{q}|^2 = |\boldsymbol{p}|^2 |\boldsymbol{q}|^2 - (\boldsymbol{p} \cdot \boldsymbol{q})^2$$

となる．これらから $\alpha = \boldsymbol{p} \cdot \boldsymbol{q}$，$\beta = -|\boldsymbol{p}|^2$ を得るから，(A-3.10) が成り立つことがわかる．

このことを用いて結論を導こう．$\boldsymbol{b}$ と $\boldsymbol{c}$ が一次従属のときは結論は明らかだから，$\boldsymbol{b}$ と $\boldsymbol{c}$ は一次独立とする．このとき，上と同様にして $\boldsymbol{a} \times (\boldsymbol{b} \times \boldsymbol{c})$ は $\boldsymbol{b}$ と $\boldsymbol{c}$ の一次結合で表される．

(A-3.12) $$\boldsymbol{a} \times (\boldsymbol{b} \times \boldsymbol{c}) = \gamma \boldsymbol{b} + \delta \boldsymbol{c} \qquad (\gamma, \delta \in \boldsymbol{R})$$

ここで，(A-3.10) とスカラー三重積の公式から

$$\begin{aligned}(\boldsymbol{a} \times (\boldsymbol{b} \times \boldsymbol{c})) \cdot \boldsymbol{b} &= (\boldsymbol{b} \times \boldsymbol{a}) \cdot (\boldsymbol{b} \times \boldsymbol{c}) = -(\boldsymbol{b} \times (\boldsymbol{b} \times \boldsymbol{a})) \cdot \boldsymbol{c} \\ &= (-(\boldsymbol{b} \cdot \boldsymbol{a})\boldsymbol{b} + |\boldsymbol{b}|^2\boldsymbol{a}) \cdot \boldsymbol{c} = -(\boldsymbol{b} \cdot \boldsymbol{a})(\boldsymbol{b} \cdot \boldsymbol{c}) + |\boldsymbol{b}|^2(\boldsymbol{a} \cdot \boldsymbol{c}), \\ (\boldsymbol{a} \times (\boldsymbol{b} \times \boldsymbol{c})) \cdot \boldsymbol{c} &= (\boldsymbol{b} \times \boldsymbol{c}) \cdot (\boldsymbol{c} \times \boldsymbol{a}) = (\boldsymbol{c} \times (\boldsymbol{c} \times \boldsymbol{a})) \cdot \boldsymbol{b} \\ &= ((\boldsymbol{c} \cdot \boldsymbol{a})\boldsymbol{c} - |\boldsymbol{c}|^2\boldsymbol{a}) \cdot \boldsymbol{b} = (\boldsymbol{c} \cdot \boldsymbol{a})(\boldsymbol{c} \cdot \boldsymbol{b}) - |\boldsymbol{c}|^2(\boldsymbol{a} \cdot \boldsymbol{b})\end{aligned}$$

が成り立つので，(A-3.12) の両辺に $\boldsymbol{b}$，$\boldsymbol{c}$ を内積すると

$$\begin{aligned}|\boldsymbol{b}|^2\gamma + (\boldsymbol{b} \cdot \boldsymbol{c})\delta &= -(\boldsymbol{b} \cdot \boldsymbol{a})(\boldsymbol{b} \cdot \boldsymbol{c}) + |\boldsymbol{b}|^2(\boldsymbol{a} \cdot \boldsymbol{c}), \\ (\boldsymbol{b} \cdot \boldsymbol{c})\gamma + |\boldsymbol{c}|^2\delta &= (\boldsymbol{c} \cdot \boldsymbol{a})(\boldsymbol{c} \cdot \boldsymbol{b}) - |\boldsymbol{c}|^2(\boldsymbol{a} \cdot \boldsymbol{b})\end{aligned}$$

となるので，$\gamma = \boldsymbol{a} \cdot \boldsymbol{c}$，$\delta = -\boldsymbol{a} \cdot \boldsymbol{b}$ となり，結論を得る． □

ベクトル三重積の公式から，次が容易に導かれる．

系 A-3.4（**ヤコビの恒等式**）　任意のベクトル $\boldsymbol{a}, \boldsymbol{b}, \boldsymbol{c} \in \boldsymbol{R}^3$ に対して

$$\boldsymbol{a} \times (\boldsymbol{b} \times \boldsymbol{c}) + \boldsymbol{b} \times (\boldsymbol{c} \times \boldsymbol{a}) + \boldsymbol{c} \times (\boldsymbol{a} \times \boldsymbol{b}) = \boldsymbol{0}$$

が成り立つ.

系 A-3.4 から，$\boldsymbol{R}^3$ は**リー代数**（参考文献[14]参照）となる．また，**ベクトル積に対しては結合法則が成立しない**ことがわかる．実際，$\boldsymbol{a} \times (\boldsymbol{b} \times \boldsymbol{c}) = (\boldsymbol{a} \times \boldsymbol{b}) \times \boldsymbol{c} + \boldsymbol{b} \times (\boldsymbol{a} \times \boldsymbol{c})$ であるから，$\boldsymbol{b}$ が $\boldsymbol{a} \times \boldsymbol{c}$ に平行にならないようにとれば，$\boldsymbol{a} \times (\boldsymbol{b} \times \boldsymbol{c}) \neq (\boldsymbol{a} \times \boldsymbol{b}) \times \boldsymbol{c}$ となる.

行列値関数の微分　各成分が t の微分可能な関数 $a_{ij}(t)\,(1 \leqq i \leqq m, 1 \leqq j \leqq n)$ からなる $m \times n$ 行列

$$A(t) = \begin{pmatrix} a_{11}(t) & \cdots & a_{1n}(t) \\ \vdots & \ddots & \vdots \\ a_{m1}(t) & \cdots & a_{mn}(t) \end{pmatrix}$$

に対して，各成分の導関数を並べてできる行列を

$$\dot{A}(t) = \frac{d}{dt} A(t) = \begin{pmatrix} \dot{a}_{11}(t) & \cdots & \dot{a}_{1n}(t) \\ \vdots & \ddots & \vdots \\ \dot{a}_{m1}(t) & \cdots & \dot{a}_{mn}(t) \end{pmatrix} \qquad \left(\dot{} = \frac{d}{dt}\right)$$

と書き，$A(t)$ の**導関数** あるいは **微分**とよぶ.

命題 A-3.5（**行列値関数の積の微分公式**）　微分可能な関数を成分とする $m \times k$ 行列 $A(t) = (a_{ij}(t))$ と $k \times n$ 行列 $B(t) = (b_{ij}(t))$ に対して，次が成り立つ.

$$\frac{d}{dt}(A(t)\,B(t)) = \dot{A}(t)\,B(t) + A(t)\,\dot{B}(t).$$

[証明]　$C(t) := A(t)\,B(t)$ は $m \times n$ 行列で，$c_{ij}(t) := \sum_{s=1}^{k} a_{is}(t)\,b_{sj}(t)$ が，その (i, j) 成分となる．したがって

$$\dot{c}_{ij}(t) = \left(\sum_{s=1}^{k} \dot{a}_{is}(t)\,b_{sj}(t)\right) + \left(\sum_{s=1}^{k} a_{is}(t)\,\dot{b}_{sj}(t)\right)$$

となるが，右辺の第1項は $\dot{A}(t)\,B(t)$ の (i, j) 成分，第2項は $A(t)\,\dot{B}(t)$ の (i, j) 成分なので結論が得られる.　□

ベクトルの内積は (A-3.1) のように行列の積を用いて表されるので，命題 A-3.5 から次が成り立つことがわかる．

系 A-3.6（**ベクトルの内積の微分公式**）　各成分が t の微分可能な関数であるようなベクトル値関数 $\boldsymbol{a}(t)$, $\boldsymbol{b}(t)$ に対して，それらの内積の微分は

$$\frac{d}{dt}(\boldsymbol{a}(t)\cdot\boldsymbol{b}(t)) = \dot{\boldsymbol{a}}(t)\cdot\boldsymbol{b}(t) + \boldsymbol{a}(t)\cdot\dot{\boldsymbol{b}}(t)$$

で与えられる．

さらに，行列値関数の行列式に対して，次の微分公式が成り立つ．

命題 A-3.7　n 次正方行列に値をもつ微分可能な関数 $A(t)$ を n 個の列ベクトル $\boldsymbol{a}_1(t), \cdots, \boldsymbol{a}_n(t)$ を並べて

$$A(t) = (\boldsymbol{a}_1(t), \cdots, \boldsymbol{a}_n(t))$$

と表すとき，次が成り立つ：

$$\begin{aligned}\frac{d}{dt}(\det A(t)) = \det(\dot{\boldsymbol{a}}_1(t), \boldsymbol{a}_2(t), \cdots, \boldsymbol{a}_n(t))&\\ + \det(\boldsymbol{a}_1(t), \dot{\boldsymbol{a}}_2(t), \cdots, \boldsymbol{a}_n(t))&\\ + \cdots + \det(\boldsymbol{a}_1(t), \boldsymbol{a}_2(t), \cdots, \dot{\boldsymbol{a}}_n(t))&.\end{aligned}$$

［**証明**］　行列式の列ベクトルに関する多重線形性から十分小さい h に対して，

$$\begin{aligned}&\frac{1}{h}(\det A(t+h) - \det A(t))\\ &= \frac{1}{h}\left\{\det(\boldsymbol{a}_1(t+h), \boldsymbol{a}_2(t+h), \cdots, \boldsymbol{a}_n(t+h)) - \det(\boldsymbol{a}_1(t), \boldsymbol{a}_2(t), \cdots, \boldsymbol{a}_n(t))\right\}\\ &= \det\left(\frac{\boldsymbol{a}_1(t+h) - \boldsymbol{a}_1(t)}{h}, \boldsymbol{a}_2(t+h), \cdots, \boldsymbol{a}_n(t+h)\right)\\ &\qquad + \det\left(\boldsymbol{a}_1(t), \frac{\boldsymbol{a}_2(t+h) - \boldsymbol{a}_2(t)}{h}, \cdots, \boldsymbol{a}_n(t+h)\right)\\ &\qquad\qquad + \cdots + \det\left(\boldsymbol{a}_1(t), \boldsymbol{a}_2(t), \cdots, \frac{\boldsymbol{a}_n(t+h) - \boldsymbol{a}_n(t)}{h}\right)\end{aligned}$$

となるので，$h \to 0$ とすれば結論が得られる．　□

付録 B： 曲線・曲面からの進んだ話題

B-1　縮閉線とサイクロイド振り子

包絡線　パラメータ t がある区間 $[a, b]$ 上を動くとき，各 t に対して 1 つずつ曲線 C_t が対応している，すなわち曲線の族 $\{C_t\}_{t \in [a, b]}$ を考える．この各々の曲線 C_t すべてに 1 点で接するような曲線 σ が存在するとき，σ を曲線族 $\{C_t\}$ の**包絡線**という．たとえば xy 平面上の点 $(t, 0)$ と $(0, 1-t)\,(0 \leqq t \leqq 1)$ を結ぶ線分を C_t として，これを図に描くと，包絡線 σ が浮かび上がってくる（図 B-1.1 左）．

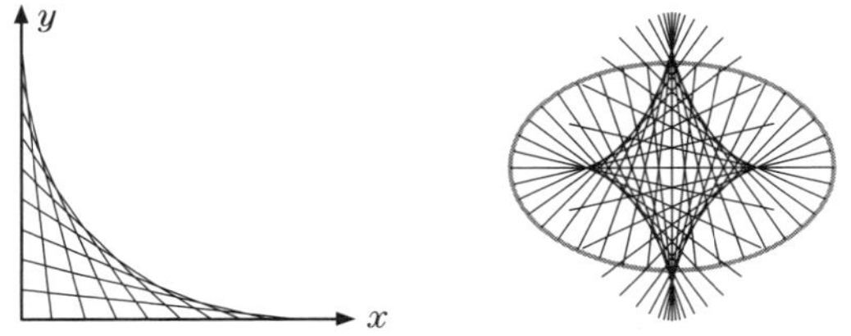

線分の族の包絡線　楕円の法線の包絡線

図 B-1.1　包絡線

曲線族 $\{C_t\}$ が陰関数 $F(x, y, t) = 0$ で与えられているなら，方程式

$$F(x, y, t) = 0, \qquad F_t(x, y, t) = \frac{\partial F}{\partial t}(x, y, t) = 0$$

が包絡線を与える．実際に包絡線の方程式を求めるには，これら 2 式から t を消去したり，あるいは x, y を t について解けばよい．

実際，曲線 $\sigma(t) = (x(t), y(t))$ が各 t で C_t に接しているとする．このとき $\sigma(t)$ は C_t 上にあるので $F(x(t), y(t), t) = 0$ となり，さらにその点で C_t に接しているので，陰関数の微分公式（付録 A-1 の (A-1.4)）から $\dfrac{dy}{dx} = -\dfrac{F_x}{F_y}$ となる．$F(x(t), y(t), t) = 0$ はすべての t について成り立つから，これを t で微分すると $F_t + F_x\dot{x} + F_y\dot{y} = 0$ となるが，$\dfrac{dy}{dx} = -\dfrac{F_x}{F_y}$ より $F_x\dot{x} + F_y\dot{y} = 0$ なので $F_t = 0$ である．

逆に$F(x(t), y(t), t) = F_t(x(t), y(t), t) = 0$をみたす曲線$(x(t), y(t))$は$F_x\dot{x} + F_y\dot{y} = 0$となるので，各$t$で$C_t$に接し，包絡線になる．

最初の図 B-1.1 左の例では$F(x, y, t) = ty + (1-t)x - t(1-t)$であるから，包絡線の方程式は

$$(F =)\ ty + (1-t)x - t(1-t) = 0, \qquad (F_t =)\ y - x - 1 + 2t = 0.$$

これよりtを消去して

$$(x-y)^2 - 2(x+y) + 1 = 0$$

となる．したがって，図 B-1.1 左の包絡線は放物線であることがわかる．

縮閉線　与えられた曲線の法線がつくる包絡線を考えよう．たとえば，楕円の法線を描くと，図 B-1.1 右のような包絡線が得られる．この曲線は楕円の曲率円の中心（曲率中心）の軌跡に一致し，一般に次の定理が成り立つ．

定理 B-1.1　曲線$\gamma(s)$の法線の包絡線$\sigma(s)$は，その曲線の曲率円の中心の軌跡

$$\sigma(s) := \gamma(s) + \frac{1}{\kappa(s)}\boldsymbol{n}(s) \tag{B-1.1}$$

（κはγの曲率，$\boldsymbol{n}$はγの単位法線ベクトル）

に一致する．この曲線$\sigma(s)$を$\gamma(s)$の**縮閉線**という．

[証明]　弧長sをパラメータとする曲線$\gamma(s) = (x(s), y(s))$のsにおける法線の方程式は

$$F(X, Y, s) := x'(s)(X - x(s)) + y'(s)(Y - y(s)) = 0$$

である．ここでsは曲線γの弧長パラメータであるから

$$\frac{\partial F}{\partial s} = x''(s)(X - x(s)) + y''(s)(Y - y(s)) - 1$$

となるので，$F = \partial F/\partial s = 0$を$X, Y$について解くと

$$X = x - \frac{y'}{x'y'' - x''y'} = x - \frac{y'}{\kappa},$$

$$Y = y + \frac{x'}{x'y'' - x''y'} = y + \frac{x'}{\kappa}$$

を得る．したがって，包絡線$\sigma(s) = (X(s), Y(s))$は曲率中心の軌跡である．　□

式 (B-1.1) を微分すると $\sigma' = (1/\kappa)'\boldsymbol{n}$ となるので，元の曲線の頂点に対応する点で縮閉線の速度ベクトルは消えて，一般には，とがった点（3/2 -カスプ点，248 ページ参照）になる．とくに円でない楕円の場合には，図 B-1.1 右のように 4 個のカスプ点が現れる．

縮閉線が曲線の法線の包絡線として得られるという事実を用いて，逆に，与えられた曲線を縮閉線にもつ曲線を描くことができる．曲線 $\sigma(s)$ をボール紙の縁と思って $\sigma(0)$ と $\sigma(\delta)$ の間に糸を巻きつける．一方の端 $\sigma(0)$ を固定したままで糸をたわませずに徐々にほぐすことを考える（図 B-1.2 左）．糸が $\sigma(s)\,(0 \leqq s \leqq \delta)$ までほぐれたときの，糸のほぐしていった側の先端の位置を $\gamma(s)$ とする．このとき，助変数 s を曲線 σ の弧長とすれば

(B-1.2)　$$\gamma(s) = \sigma(s) + (\delta - s)\,\sigma'(s) \qquad (0 \leqq s \leqq \delta)$$

と表すことができる．すると $\gamma'(s) = (\delta - s)\sigma''(s)$ となるが，s が σ の弧長であることから $\sigma'(s)$ と $\gamma'(s)$ は直交することがわかる．すなわち，糸の直線部分は γ の法線となっているので，定理 B-1.1 より $\sigma(s)$ は新しい曲線 $\gamma(s)$ の縮閉線になっていることがわかる（節末の問題 **2** 参照）．

このようにして得られた曲線 $\gamma(s)$ を $\sigma(s)$ の**伸開線**とよぶ．伸開線 $\gamma(s)$ の曲率半径は伸ばした糸の長さ $\delta - s$ で与えられる．「伸開」という言葉の意味は，この作図法による．また，ほぐれた糸を元のボール紙に収めると $\sigma(s)$ になることに着目すれば，「縮閉線」という言葉の意味も理解できるだろう．ここで δ は任意に選ぶことができるから，与えられた曲線に対してその伸開線は一意には決まらない．

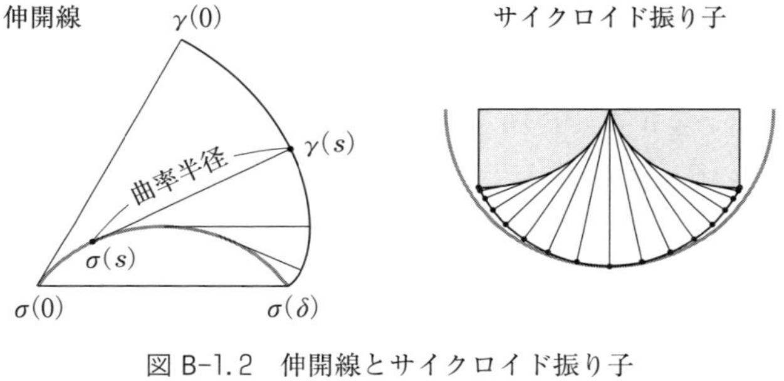

図 B-1.2　伸開線とサイクロイド振り子

サイクロイド振り子への応用　ガリレイ[1]は，振幅が小さい振り子の周期は振り子の重さや振幅によらず，糸の長さだけによって定まることを発見した（振り子の等時性）．実際，周期 T は，糸の長さ l と重力加速度 g を用いて $T \approx 2\pi\sqrt{l/g}$ と表される．ただし，"≈" はおよそ等しいことを表す．この法則は振幅が小さいときは近似的に成立するが，厳密には，振り子を高い位置で離すと低い位置の場合より周期が長くなることが知られている．それでは，どの位置で手を離しても周期が変わらない振り子をつくるには一体どうしたらよいのだろうか．

ガリレイの振り子の周期を与える式が不正確であることに気づいたホイヘンス[2]は，サイクロイド（§1 の問題 **4** 参照）に関して次の 2 つのことを発見した．

（1）　逆さにしたサイクロイドに玉を置いて手を離すと，玉が転がって真下に到達する時間は玉を置いた場所によらず一定になる（節末の問題 **4** 参照）．

（2）　サイクロイドの縮閉線は元の曲線と合同なサイクロイドになる．とくに，位置をうまく選べば，サイクロイドの伸開線は元の曲線と合同なサイクロイドになる（節末の問題 **3** 参照）．

そこで，図 B-1.2 右のような装置を考えよう．左右のあて板はサイクロイドの半分である．性質(2)から，左側のあて板に巻きついたおもりは，ほぐれるにしたがって右側のあて板と同じサイクロイドの左半分を描く．糸が完全にほどけたときに振り子は真下を向くが，次に右側のあて板に巻きついていき，おもりは左側のあて板とまったく同じサイクロイドの半分を描く．このようにして，振り子はなめらかにサイクロイドの 1 周期を描くので，性質(1)からこのサイクロイド振り子の周期 T は振幅によらず，正確に $T = 2\pi\sqrt{l/g}$ となる（節末の問題 **4** 参照）．ここで，l は図 B-1.2 右に薄く描かれている円の半径である．

長さ l の普通の振り子（円振り子）はこの円に沿って動くから，円軌道とサイクロイド振り子の描く軌道は，ほとんど一致することがわかるだろう．実際，振り子の最下点でサイクロイドと円は 3 次の接触（16 ページ参照）をする．このことはガリレイの「円振り子の等時性」が非常に良い近似であることを示している．サイクロイド振り子の発見の経緯については参考文献 [24] をみよ．

---

1)　Galilei, Galileo (1564 – 1642).

2)　Huygens, Christiaan (1629 – 1695).

サイクロイドは，また最速降下線としての性質をもつ．すなわち，点 A を出発した物体が重力のみによってある曲線上をすべりながら A より低い位置にある点 B に到達するとき（図 B-1.3），その所要時間が最小になる経路が，A を通る水平線を底線とするサイクロイドになることが知られている．このことの証明は §18 で与えてある．

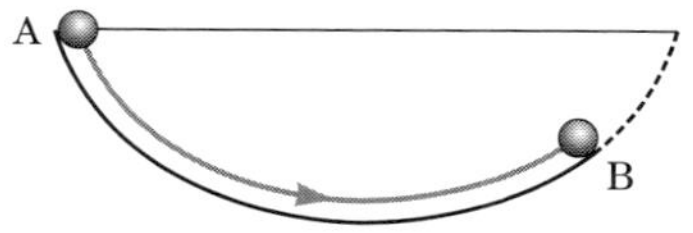

図 B-1.3　最速降下線

問題 B-1

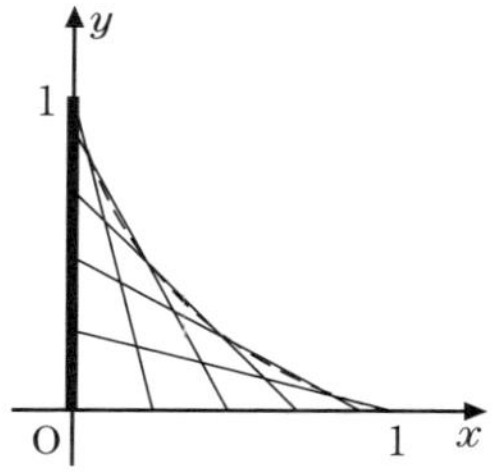

1.　xy 平面の点 $(0, 0)$ と $(0, 1)$ を結ぶ y 軸上の線分を，x 軸を床，y 軸を壁と思って，そこに立てかけられた棒とみなす．棒が壁から滑り落ちるとき，棒の包絡線はアステロイド（§1 の 例 1.3 の $0 \leqq t \leqq \pi/2$ の部分）になることを示せ．

2.　弧長によってパラメータづけられた曲線 $\sigma(s)$ （$0 \leqq s \leqq l$）に対して，$0 < \delta \leqq l$ なる δ を 1 つ固定して

$$\gamma(s) := \sigma(s) + (\delta - s)\,\sigma'(s) \qquad (0 \leqq s \leqq \delta)$$

と定めると $\sigma(s)$ は $\gamma(s)$ の縮閉線となっていることを，直接計算によって示せ．

3.　サイクロイドの縮閉線は元の曲線と合同なサイクロイドであることを示せ．これを用いて，下のようにして得られるサイクロイドの伸開線は元のサイクロイドと合同な曲線であることを示せ．

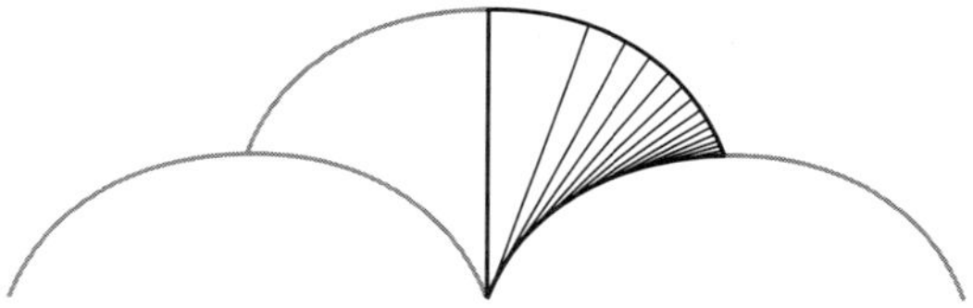

4.　（1）　uv 平面上で始点が u 軸上にあり，それ以外の点が下半平面 $\{(u, v) \in \boldsymbol{R}^2 \mid v < 0\}$ にあるような曲線 $\gamma(w) := (u(w), v(w))$ $(b \leqq w \leqq c)$ を考え

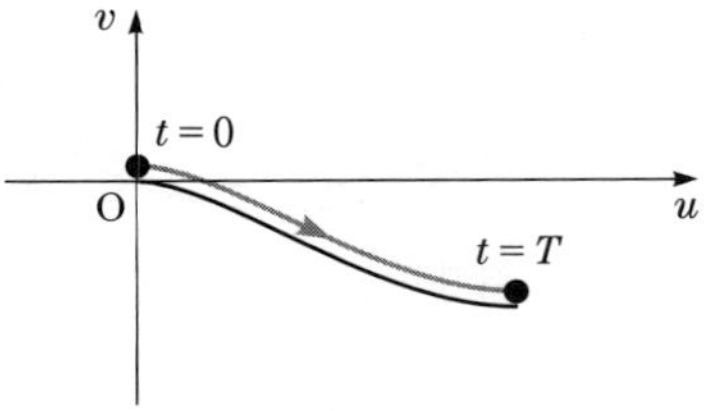

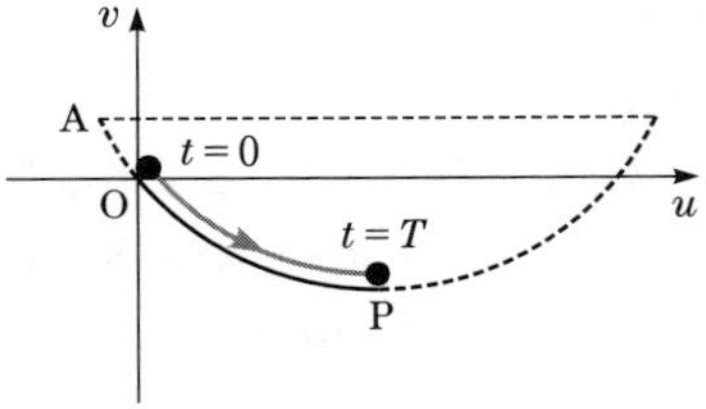

る．時刻 $t=0$ で点 $\gamma(b)$ を速度 0 で出発した質量 m の物体（質点）が，重力 $(0,\ -mg)$（g は重力加速度）のみによって曲線 $\gamma(w)$ の形をした斜面を滑り落ちるとき（上の左図参照），物体が γ の終点 $\gamma(c)$ に到着するまでの時間 T は

$$T = \frac{1}{\sqrt{2g}}\int_b^c \frac{1}{\sqrt{|v|}}\sqrt{\left(\frac{du}{dw}\right)^2+\left(\frac{dv}{dw}\right)^2}\,dw = \frac{1}{\sqrt{2g}}\int_b^c \sqrt{\frac{\dot{u}^2+\dot{v}^2}{|v|}}\,dw$$

で与えられることを示せ．（ヒント：力学的エネルギー保存の法則を用いよ．）

（2） §1 の問題 **4** で与えられたサイクロイドの上下を反転させた形をした斜面の，最も低い点 P 以外のところに物体（質点）をおき，初速度 0 で転がすとき，物体が点 P に到達するまでの時間は，物体を置く位置によらず $\pi\sqrt{a/g}$ で与えられることを示せ．（ヒント：上の右図のように座標軸を設定し，AO 間のサイクロイドの弧長を b として，A を始点とする弧長パラメータでサイクロイドを表示せよ．）

（3） 東京と大阪の間の距離は約 403 km である．2 つの都市を，地中を通るサイクロイドで結んで玉を転がしたとき，玉が東京から大阪に到達するまでの時間を計算せよ．

B-2　卵形線と定幅曲線

卵形線の特徴づけ　ここでは卵形線の特徴づけとして，次の定理 B-2.1 を証明する．これは §4 で（卵形線とは限らない）単純閉曲線に関する 4 頂点定理（§4 の定理 4.4）を証明する際に用いられる．

定理 B-2.1　$\gamma(s)$（$0 \leqq s \leqq l$）を単純閉曲線とし，この曲線によって囲まれる（境界を含まない）開領域を D とするとき，次の5つは同値である．

（1）　曲率関数は符号を変えない．

（2）　d を向きのついた直線とすると，曲線 γ の接線 $\tilde{d}$ で，d と向きを込めて平行なものがただ1つ存在する．この接線 $\tilde{d}$ と曲線の接点は，点か線分のいずれかである．

（3）　D は曲線の各点における接線と共有点をもたない．とくに，D は接線の一方の側にある．

（4）　D 内の任意の2点を結ぶ線分は D に含まれる．

（5）　D に境界を加えた閉領域を $\overline{D}$ で表すと，$\overline{D}$ 内の任意の2点を結ぶ線分は $\overline{D}$ に含まれる．とくに，$\gamma(s)$ は§2で定義した卵形線である．

［証明］　曲線は領域 D を左手にみるものと仮定しても一般性を失わない．

（1）⇒（2）：　§3の定理3.2と定理3.3より，単純閉曲線は連続的に円に変形できる．曲線は領域 D を左手にみるものと仮定しているので，この円は反時計回りである．よって，回転数が変形で変わらないことから，元の曲線の回転数も1であることがわかる．仮定（1）より曲率関数 $\kappa(s)$ は符号を変えないから，$\kappa \geqq 0$ でなければならない．ここで γ は曲率 κ を用いて§2の (2.18) のように表されているとしてよい．すると30ページの式 (3.1) より

$$\theta(s) = \int_0^s \kappa(u)\, du$$

は，$\gamma'(s)$ が $\gamma'(0)$ となす角度となる．$\kappa \geqq 0$ なので，角度 $\theta(s)$ は $0 \leqq s \leqq l$ の変化にしたがって単調に0から 2π まで増加する．したがって，中間値の定理より（2）のような $\tilde{d}$ が存在する．

一方，曲線の $\gamma(s_1)$ における接線と $\gamma(s_2)$ における接線が，ともに与えられた直線 d に平行とすると閉区間 $[s_1, s_2]$ で $\theta(s)$ は増加しなかったことになり，2つの接線は一致する．よって，$\gamma([s_1, s_2])$ はこの接線上の線分であることがわかる．これで（2）が示された．

（2）⇒（3）：　曲線 γ 上の点Pをとり，$\tilde{d}$ をPにおける曲線の接線とする．$\tilde{d}$ と平行な直線 d を遠方から原点に向かって平行移動して，初めて曲線とぶつかる点Qを考える．このとき d はQにおける接線でなければならず，D と d は共有点を

もたない．（2）により d と平行な γ の接線は d に一致しなければならないから $d = \tilde{d}$ となり，$\tilde{d}$ は D と共有点をもたないことが示された．

(3) ⇒ (4)：　D 内の 2 点 P, Q に対して，線分 $\overline{\mathrm{PQ}}$ が D からはみ出ているとすると，線分 $\overline{\mathrm{PQ}}$ 上に，曲線 γ との交点 R が存在する．P, Q $\in D$ であるから R $\neq$ P, Q である．R における曲線の接線を d_{R} としよう．仮に $\overline{\mathrm{PQ}}$ が d_{R} 上にあるとすると，P, Q は D と d_{R} との共有点となり（3）に矛盾する．よって，$\overline{\mathrm{PQ}}$ は R において d_{R} と交わり，P, Q は d_{R} によって分断されなければならない．ところが，これは D 上の点が曲線の一方の側にあることに反する．

(4) ⇒ (5)：　P, Q $\in \overline{D}$ とすると，D における点列 $\{\mathrm{P}_n\}, \{\mathrm{Q}_n\}$ で

$$\lim_{n\to\infty} \mathrm{P}_n = \mathrm{P}, \qquad \lim_{n\to\infty} \mathrm{Q}_n = \mathrm{Q}$$

となるものが存在する．線分 $\overline{\mathrm{P}_n\mathrm{Q}_n}$ は D 内にあるから，その極限である線分 $\overline{\mathrm{PQ}}$ は $\overline{D}$ 内にある．

(5) ⇒ (1)：　もし $\kappa(s) < 0$ とすると，曲率円は曲線の 2 次近似である（16 ページ）から，時計回りの円と同様，この付近で曲線の任意の 2 点を結ぶと，その線分は曲線の右側の領域に入る．これは $\overline{D}$ が左側の領域であることに矛盾する．よって，$\kappa(s) \geqq 0$ が示された．□

さらに次が成り立つ．

定理 B-2.2　回転数が ± 1 かつ 曲率が符号を変えない閉曲線は卵形線である．

［証明］　必要ならば曲線の向きを変えることにより，曲率は非負で回転数が 1 であるとしてよい．定理 B-2.1 より，このような閉曲線が単純閉曲線であることを示せば十分である．そこで，弧長によりパラメータづけられた閉曲線 $\gamma(s)$ $(0 \leqq s \leqq l)$ が自己交叉をもつとして矛盾を導こう．一般性を失うことなく $\gamma(0)$ が自己交叉であるとしてよい．

曲率関数が負でない値をとることから，ガウス写像 $\gamma'(s)$ (31 ページ）は単位円 S^1 を反時計回りに 1 回転する．必要なら回転と平行移動をほどこして

(B-2.1)　　$\gamma(0) = \mathrm{O} = (0, 0), \qquad \gamma'(0) = (\pm 1, 0)$　　（x 軸の向き）

としてよい．このとき，$\gamma(0)$ を出発して自己交点（原点）に戻ってくるまでの間に曲線は上半平面 $y > 0$ を通るとしてよい．（もしそうでなければ，γ を $-\gamma$ で置

き換えればよい.）この部分を γ_1 とおく.

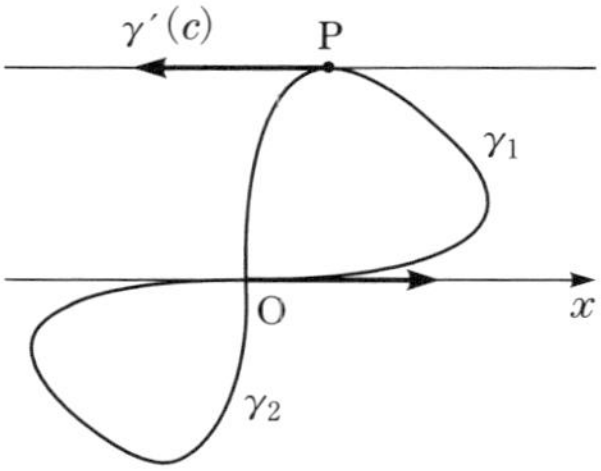

図 B-2.1　定理 B-2.2 の証明

はるか上方に x 軸に平行な直線をおいて，それを下方に平行移動して，γ_1 と初めてぶつかるとき，その共有点の 1 つを $\mathrm{P} = \gamma(c)$ $(0 < c < l)$ とする（図 B-2.1）. P における曲線の接ベクトルは x 軸の正または負の方向を向くが，それが $\gamma'(0)$ の方向と一致していたとするとOからPまでの間に γ' が変化しなかったことになり，この区間で γ が直線となる．とくに (B-2.1) より曲線は x 軸に重なるが，これはPが上半平面にあることに矛盾する．したがって，Pにおける接ベクトルは $\gamma'(0)$ と反対の方向を向くから，OからPまでの間の γ' の回転角の変化は π である．さらにPからOに戻るまでに回転角は増加するから，γ_1 のガウス写像の回転角は π より大きくなる．γ_1 の反対側の部分についても同様の議論を行えば，回転角は π より大きくなるので，それらの和をとって γ のガウス写像の回転角は 2π を超える．これは回転数が 1 であることに矛盾する．□

卵形線の中で，とくに興味深い性質をもつ定幅曲線を紹介しよう．

定幅曲線とは　卵形線 γ 上の点Pにおける接線を地面と思って測った曲線の高さを，この接線に直交する方向に関する γ の**幅**という[3]．円は「すべての方向に対して幅が一定である」という重要な性質がある．ところが，円以外にもこのような性質をもつ卵形線（**定幅曲線**（ていふくきょくせん）という）が無数に存在するのである．例として，有名なリューロー[4]の三角形を紹介する．1 辺の長さが a の正三角形の各頂点を中心として半径 a の円弧を描き，3 つのとがった点をもつ閉曲線をつくる（図 B-2.2 (a)）．この曲線はなめらかではないが，幅 a の平行曲線の間を転がりながら進むことができる．

さらに正三角形の各頂点を中心として，半径 $a + \varepsilon$ の円弧を描き，頂点のとこ

3)　なめらかとは限らない曲線も考えたいので，その場合の接線とは，Pを通る直線で γ がその一方の側にあるものとする．

4)　Reauleaux, Franz（1829 – 1905）.

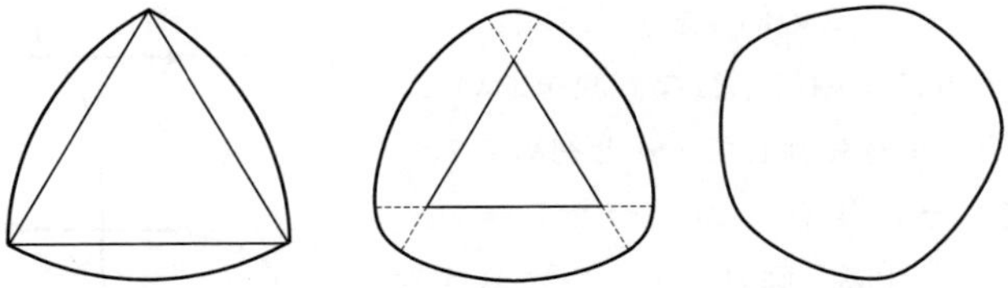

(a) リューローの三角形　　(b)　　(c)

図 B-2.2 定幅曲線の例

ろには半径 ε の円を補って図 B-2.2(b) のような卵形線をつくれば，とがった点のない定幅曲線をつくることができる．この曲線は C^1 級であるが C^2 級ではない．この考え方を進めれば，一般に n を奇数として，正 n 角形の各頂点を中心として，反対側にある 2 つの頂点を円弧で結ぶことで，n 個の角をもつ定幅曲線と，それを膨らませた C^1 級の定幅曲線をつくることができる．

定幅曲線の構成法　C^1 級だけでなく，C^∞ 級の定幅曲線が無数に構成できることを示そう．

$$\boldsymbol{e}(\theta) = (\cos\theta, \sin\theta), \qquad \boldsymbol{n}(\theta) = (-\sin\theta, \cos\theta) \qquad (\theta \in \boldsymbol{R})$$

とおくと $\boldsymbol{e}(\theta)$ は x 軸の正の方向と角 θ をなす単位ベクトルであり，$\boldsymbol{n}(\theta)$ は $\boldsymbol{e}(\theta)$ に向かって左向きに直交する単位ベクトルである．周期 2π のなめらかな関数 $h(\theta)$ が $\ddot{h} + h > 0$ ($\dot{} = d/d\theta$) をみたしているとすると，曲線

$$\gamma(\theta) := \dot{h}(\theta)\, \boldsymbol{e}(\theta) - h(\theta)\, \boldsymbol{n}(\theta) \qquad (0 \leqq \theta \leqq 2\pi)$$

を考えれば $\dot{\gamma} = (\ddot{h} + h)\, \boldsymbol{e}$ は零ベクトルではない．とくに $\gamma(\theta)$ における接ベクトルは $\boldsymbol{e}(\theta)$ に平行である．さらに s を曲線 γ の弧長パラメータとすれば，$ds/d\theta = \ddot{h} + h > 0$，曲率は $\kappa = 1/(\ddot{h} + h)$ なので全曲率は

$$\int_\gamma \kappa(\theta)\, ds = \int_0^{2\pi} d\theta = 2\pi$$

となり，γ の回転数は 1 であることがわかる．また，曲率が正であるから定理 B-2.2 より γ は卵形線となっている．ここで $\boldsymbol{e}(\theta + \pi) = -\boldsymbol{e}(\theta)$ であるから，θ と $\theta + \pi$ における γ の接線は平行である．さらに関数 h を $h(\theta) + h(\theta + \pi) = a$ (a は正の定数) となるようにとれば，$\gamma(\theta)$ と $\gamma(\theta + \pi)$ を結ぶ線分は θ と $\theta + \pi$

における γ の接線に直交し，その長さは a となることがわかる．すなわち，曲線 γ は幅 a の定幅曲線となる．定幅曲線をつくるには，関数 $h(\theta)$ のフーリエ級数展開が，初項を除き，すべて奇数次の項だけからなるようにとればよい．つまり

$$h(\theta) = \frac{a}{2} + \sum_{n=0}^{\infty} \{ a_n \cos(2n+1)\theta + b_n \sin(2n+1)\theta \}$$

という形であれば，定幅曲線となる．ただし，このままでは無限級数なので，収束性が問題になってしまう．そこで，ある自然数 N を与えて

$$h(\theta) = \frac{a}{2} + \sum_{n=0}^{N} \{ a_n \cos(2n+1)\theta + b_n \sin(2n+1)\theta \}$$

とおき，$\ddot{h} + h > 0$ となるように係数（とくに a）を調節すれば，たくさんの定幅曲線が構成できる．図 B-2.2(c) の曲線は，次の式に対応する定幅曲線である．

$$h(\theta) = 35 + \cos 3\theta + \sin 5\theta.$$

B-3　第一基本形式と地図

§7 で述べたように，曲面上の点を uv 平面上で表現することは，uv 平面上に与えられた曲面の地図を描くことと考えられる．以下，具体的に世界地図を例にしよう．地球は，ほぼ球形をしており，世界地図を描こうとすると，ある程度高度な技術が要求される．円柱や円錐は適当に切り開くと伸び縮みなしに平面の上に重ね合わせることができるが，球面はどのように切り開いても伸び縮みなしに平面に重ね合わせることはできない．すなわち，§7 の命題 7.4 の条件の意味での正確な地図を描くことはできない．そのために，ある性質を犠牲にすることで，目的に応じて，さまざまな地図がつくられた．ここではその地図のうち，いくつかを紹介しよう．簡単のため，地球は原点を中心とする半径 1 の球面とする[5)]．

5)　地球は，半径約 6400 km の球と考えることができる（§1 の問題 **3**-(2)参照）．この値は，本来，長さの単位「メートル」を定義する際に，北極から赤道までの子午線の長さの 1 千万分の 1 を用いたことによる．（現在では，メートルは真空中の光の速さを用いて定義されている．）

円柱への展開　世界地図をつくるとき，緯線・経線が互いに直交するような地図をつくるのにはどうしたらよいか．自然な方法の１つは，赤道で球面に外接する半径１の円柱を考え，球面の経線を，赤道でこの経線に接する円柱の母線に対応させる方法である．球面上の点 (x, y, z) の経度を u，緯度を v とすると

(B-3.1)　$$x = \cos u \cos v, \quad y = \sin u \cos v, \quad z = \sin v$$

$$\left(-\pi < u < \pi,\ -\frac{\pi}{2} < v < \frac{\pi}{2}\right)$$

で表されるが，この uv 平面上に球面上の点を対応させてできる地図は，ちょうど経線の長さが保たれるように球面上の点を円柱に展開し，そのあとで円柱を縦に切り開いてできる地図にほかならない（図 B-3.1）．この地図では，緯線の長さは極に近づくにつれて長くなってしまう．この座標系で，球面の第一基本形式は

(B-3.2)　$$ds^2 = (\cos^2 v)\,du^2 + dv^2$$

と表される．dv^2 の係数（つまり第一基本量 G）が１であることは，この地図が経線の長さを正確に表していることを意味している．

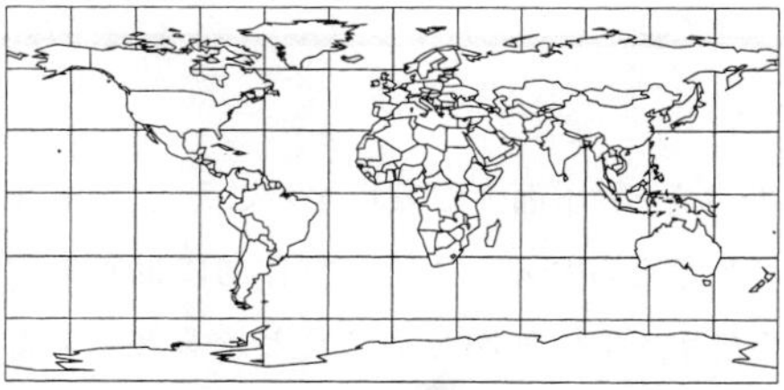

図 B-3.1　円柱への展開

メルカトルの地図　上述の円柱地図の欠点は，赤道から離れるにつれて縦横の長さの比が違ってしまう点にある．もし，

(B-3.3)　$$dv = \cos v\,d\eta$$

となるような関数 $\eta = \eta(v)$ があれば，新しい座標系 (ξ, η) を

$$\xi = u, \quad \eta = \eta(v)$$

ととれば，第一基本形式は

$$ds^2 = (\cos^2 v)\,(d\xi^2 + d\eta^2)$$

となり，縦横の比が一致する．関係式 (B-3.3) をみたす η は

$$\eta = \int_0^v \frac{dt}{\cos t} = \log\left(\frac{\cos v}{1 - \sin v}\right) = \log\left\{\tan\left(\frac{v}{2} + \frac{\pi}{4}\right)\right\}$$

と求められる．これより

$$ds^2 = \frac{1}{\cosh^2 \eta}(d\xi^2 + d\eta^2)$$

が得られる（節末の問題 **1** 参照）．$\xi\eta$ 平面を地図と思うとき，これを**メルカトル**[6]**の地図**とよぶ（図 B-3.2）．このとき，地図上の点 (ξ, η) に対応する球面上の点の座標は

$$\left(\frac{\cos \xi}{\cosh \eta}, \frac{\sin \xi}{\cosh \eta}, \tanh \eta\right) \qquad (-\pi < \xi < \pi,\ -\infty < \eta < \infty)$$

となる．この地図（座標系）に関する第一基本量は $E = G$，$F = 0$ をみたしている（すなわち等温座標系．77 ページおよび§15 参照）ので，§7 の (7.14) より地図上の角度は実際の角度と一致することがわかる．すなわち，航海中の船上で羅針盤の北極の向きと進路がなす角度は，メルカトルの地図上で航路が経線となす角の大きさと一致する．一方，$\lim_{v \to \pm\pi/2} \eta = \pm\infty$ なので，この地図では北極と南極は限りなく遠い所へいってしまう．メルカトルの地図は大航海時代以来，海図として広く用いられている．

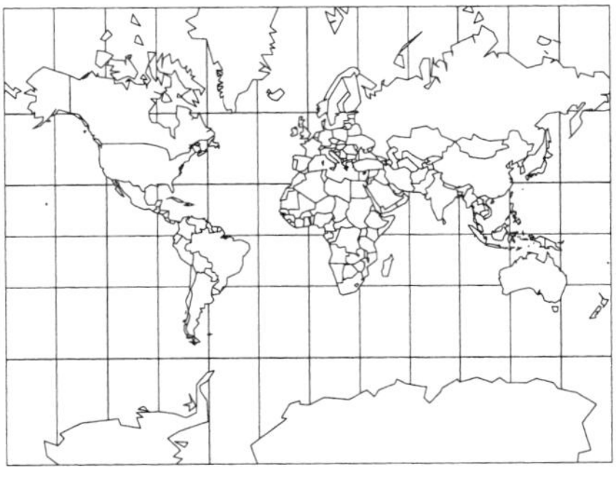

図 B-3.2　メルカトルの地図

6) Mercator, Gerardus (1512 – 1594).

正積地図　球から円柱への対応において，やはり球面の経線は円柱の母線に，緯線は円柱の緯線に対応させるのだが，その際，式 (B-3.1) の座標系 (u, v) に対して，メルカトルの地図と同様に $\xi = u$，対応する円柱上の緯線の赤道面からの高さ ζ を球面の緯線の高さ $\sin v$ に等しくする．すなわち

$$\xi = u, \qquad \zeta = \sin v$$

なる座標変換が得られるが，この座標変換を行うと $d\zeta = (\cos v)\, dv$ となるから

$$ds^2 = (\cos^2 v)\, du^2 + dv^2 = (\cos^2 v)\, d\xi^2 + \frac{1}{\cos^2 v}\, d\zeta^2$$

$$= (1 - \zeta^2)\, d\xi^2 + \frac{1}{1 - \zeta^2}\, d\zeta^2$$

が成立する．このとき，(ξ, ζ) に対応する球面上の点の座標は

$$\left(\sqrt{1-\zeta^2}\cos\xi, \sqrt{1-\zeta^2}\sin\xi, \zeta\right) \qquad (-\pi < \xi < \pi,\ -1 < \zeta < 1)$$

となる．とくに，地球に赤道で接するような円筒をおき，北極と南極を結ぶ直線（地軸）に細長い光源をおいて地球の表面を円筒に投影した後に円筒を切り開いて得られる地図がこれである．このとき，第一基本量は $\sqrt{EG - F^2} = 1$ をみたすので，§7 の (7.10) により，この地図では球面上の領域の面積と対応する $\xi\zeta$ 平面上の領域の面積は一致する（図 B-3.3）．一方，極付近では縦横の比率が大きく異なるという欠点をもつ．このように，面積を正確に表す地図を**正積地図**という．このような地図を描くには $EG - F^2 = 1$ であればよいので，正積地図にはこのほかにもいろいろな描き方がある．

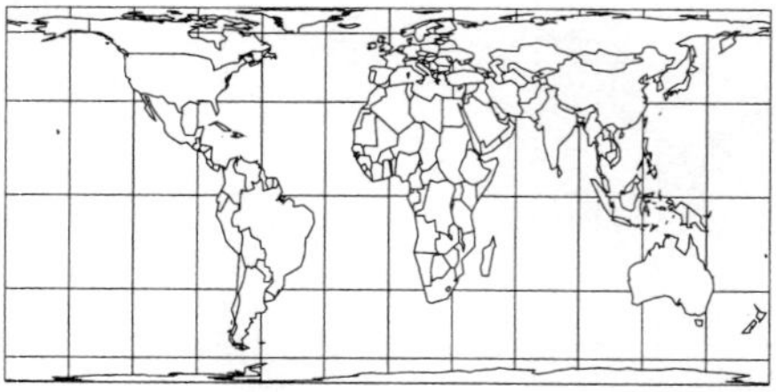

図 B-3.3　正積地図

立体射影　原点を中心とする単位球面上の北極以外の点を P とする．北極から P へ引いた半直線と xy 平面との交点を Q とするとき，点 P を Q に対応させる写像 $\pi : \mathrm{P} \longmapsto \mathrm{Q}$ を**立体射影**という（図 B-3.4 左）．立体射影によって球面上の点

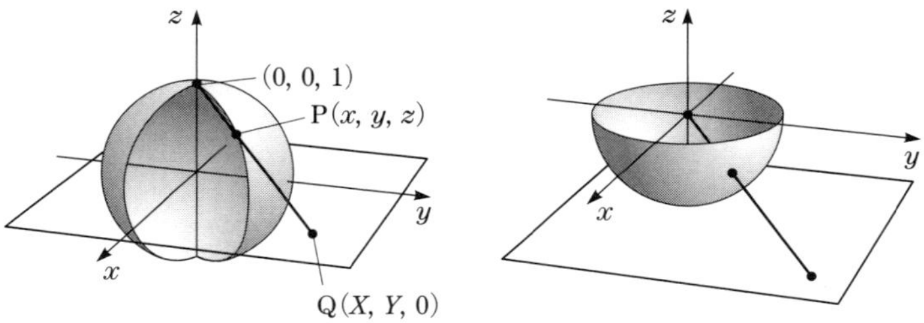

立体射影　　中心射影

図 B-3.4　立体射影と中心射影

(x, y, z) が $(X, Y, 0)$ に写るとすると，定義より

$$X = \frac{x}{1-z}, \qquad Y = \frac{y}{1-z}$$

となる．ここで，$x^2 + y^2 + z^2 = 1$ に注意すれば，

$$x = \frac{2X}{1 + X^2 + Y^2}, \qquad y = \frac{2Y}{1 + X^2 + Y^2}, \qquad z = \frac{X^2 + Y^2 - 1}{X^2 + Y^2 + 1}$$

を得るから，$p(X, Y) = (x, y, z)$ の第一基本量を計算して

$$ds^2 = \frac{4}{(1 + X^2 + Y^2)^2}(dX^2 + dY^2)$$

となる．この XY 平面を地図と思うと，第一基本量は $E = G$，$F = 0$ をみたすので，これはメルカトルの地図と同様に角度を正確に表す．また，この対応で球面の円は平面上の円，または直線に写される．この対応は複素平面に無限遠点を付け加えた $\boldsymbol{C} \cup \{\infty\}$ を球面と同一視するときに用いられる．

中心射影　原点を中心とする単位球面上の南半球の点を，原点から射影して南極における球の接平面上の点に対応させる写像を**中心射影**という（図 B-3.4 右）．このようにしてつくった地図は，角度も面積も保存しないが，大円（単位球面と，球面の中心を通る平面の共通部分として得られる曲線）を直線に写す（節末の問題 **4** 参照）．とくに地図上の 2 点を結ぶ直線は，球面上の最短線になっているので，最短航路を見いだすのに便利である．

また，中心射影は射影平面の現実的モデルを提供している．このとき，直線は赤道以外の大円の南半球に含まれる部分に対応し，赤道を対蹠点(たいせきてん)（119 ページ参照）

で同一視したものが無限遠直線となる．

問題 B-3

1. メルカトルの地図に対応する第一基本形式は，ξ，η のみを用いて

$$ds^2 = \frac{1}{\cosh^2 \eta}(d\xi^2 + d\eta^2)$$

と書けることを示せ．

2. 輪環面（§6 の問題 **1**）の正積地図をつくれ．

3. 錐面 $z = \sqrt{x^2 + y^2}$ の助変数を変更し，長さと角度が正確な地図をつくれ．

4. 中心射影によって大円が直線に写ることを示せ．

B-4　$K = 0$ となる曲面

ガウス曲率 K が恒等的に 0 となる曲面のことを**平坦な曲面**とよぶ．平坦な曲面は，局所的に正確な地図がつくれる．つまり，$E = G = 1$，$F = 0$ となる曲面の助変数表示が存在する（補題 15.2）．一方，§10（111 ページ）で述べたように，球面のようなガウス曲率が 0 でない曲面については正確な地図をつくることはできない．それでは $K = 0$ となる曲面には，平面，円錐面，円柱面以外に，どのようなものがあるだろうか．

線織面　たとえば，下敷きを手でたわませると伸び縮みしないで曲面ができる．これは平坦な曲面のもっとも単純な例である．このように直線の運動によってつくられる曲面を**線織面**（せんしょくめん）[7] といい，曲面を形づくる直線の族を**母線**という．以下に示すように，線織面の中に平坦な曲面の大部分を見いだすことができる．

空間曲線 $\gamma(u)$ が与えられたとき，その曲線の各点 $\gamma(u)$ を始点とし，変数 u になめらかに依存する $\mathbf{0}$ でないベクトル $\xi(u)$ ともう 1 つのパラメータ v を与えて

7）「せんしきめん」と読む場合もある．

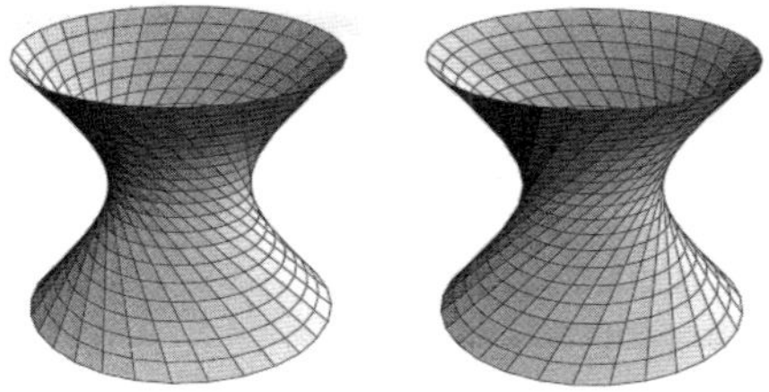

図 B-4.1　線織面としての一葉双曲面

(B-4.1)
$$p(u,v) := \gamma(u) + v\,\xi(u)$$

という形で表される曲面が線織面である．たとえば，双曲放物面 $z = \dfrac{x^2}{a^2} - \dfrac{y^2}{b^2}$ は 2 通りの方法で以下のように線織面として表される．

$$p(u,v) = (au, 0, u^2) + v(a, \pm b, 2u).$$

また，一葉双曲面 $\dfrac{x^2}{a^2} + \dfrac{y^2}{b^2} - \dfrac{z^2}{c^2} = 1$ も以下のように 2 通りの方法で線織面として表される（図 B-4.1）．

$$p(u,v) = (a\cos u, b\sin u, 0) + v(-a\sin u, b\cos u, \pm c).$$

可展面　線織面のうち，ガウス曲率 K が恒等的に 0 となるものを**可展面**という．線織面が可展面になるための必要十分条件を求めよう．式 (B-4.1) で与えられる線織面を考える．まず，

(B-4.2)
$$p_u = \dot{\gamma} + v\dot{\xi}, \qquad p_v = \xi \qquad \left(\dot{} = \frac{d}{du}\right)$$

となり，さらに

$$p_{uu} = \ddot{\gamma} + v\ddot{\xi}, \qquad p_{uv} = \dot{\xi}, \qquad p_{vv} = 0$$

を得る．曲面の単位法線ベクトルを $\nu(u,v)$ とすると，第二基本量は，

$$L = p_{uu}\cdot\nu, \qquad M = p_{uv}\cdot\nu = \dot{\xi}\cdot\nu, \qquad N = p_{vv}\cdot\nu = 0$$

と表されるので，(8.6) より

$$(EG - F^2)K = LN - M^2 = -M^2 = -(\dot{\xi}\cdot\nu)^2$$

となる．この式は，線織面のガウス曲率が 0 以下であることを表している．

一方，

$$\dot{\xi}\cdot\nu = \frac{\dot{\xi}\cdot(p_u \times p_v)}{|p_u \times p_v|} = \frac{\det(\dot{\xi}, p_u, p_v)}{|p_u \times p_v|} = \frac{\det(\dot{\gamma}, \xi, \dot{\xi})}{|p_u \times p_v|}$$

なので，線織面が可展面になるための必要十分条件は $\dot{\xi}\cdot\nu=0$，すなわち

(B-4.3) $$\det(\dot{\gamma},\xi,\dot{\xi})=0$$

で与えられる．この条件を用いて次の定理を示すことができる．

定理 B-4.1 以下の3つの線織面は可展面である．逆に一般の可展面は，これらをなめらかに継ぎ合わせた形をしている[8]．

錐面： 1定点を通る直線によってつくられる曲面．代表例として円錐がある．

柱面： 平行な直線によってつくられる曲面．代表例として平面，円柱面がある．

接線曲面： 空間曲線 $\gamma(t)$ に対し，$p(u,v)=\gamma(u)+v\dot{\gamma}(u)$ で表される曲面[9]．

［証明］ 式 (B-4.1) で表された線織面を考える．一般性を失うことなく $|\xi(u)|=1$ としてよい．必要十分条件 (B-4.2) と，同時には0にならない u にのみ依存した関数 $a(u), b(u), c(u)$ が存在して

(B-4.4) $$a(u)\dot{\gamma}(u)+b(u)\xi(u)+c(u)\dot{\xi}(u)=\mathbf{0}$$

が成り立つこととは同値である．

まず，ある開区間で $a(u)=0$ となる場合を考えると，この区間上で

$$b\xi+c\dot{\xi}=\mathbf{0}$$

が成り立つ．ξ は単位ベクトルだから，$\dot{\xi}\cdot\xi=0$ なので，上の式の両辺に ξ を内積すると $b=0$ を得る．よって $c\dot{\xi}=\mathbf{0}$ となるが，b, c は同時には0にならないので $c\neq 0$，とくに $\dot{\xi}=\mathbf{0}$ を得る．すなわち，ξ は定ベクトルであり，この場合は柱面になる．逆に柱面なら $\dot{\xi}=\mathbf{0}$ だから，(B-4.3) が自動的にみたされる．

次に，ある開区間で $a(u)\neq 0$ となる場合を考える．このとき $\xi(u)$ と $\dot{\xi}(u)$ が一次独立であることを背理法で示す．もしも一次従属ならば (B-4.4) により $\dot{\gamma}(u)$ は $\xi(u)$ に比例する．すると (B-4.2) により $p_u(u,v)$，$p_v(u,v)$ は一次従属となり，p が（正則）曲面であることに反する．よって，$\xi(u)$ と $\dot{\xi}(u)$ は一次独立なので

---

8)　厳密にいうなら，曲面上の稠密な開部分集合が存在して，その各連結成分はこれら3つのいずれかになる．

9)　この形の曲面は $v=0$ で正則曲面の条件（§6の (6.7)）をみたさない．すなわち，曲線 $\gamma(u)$ 上の点では曲面を与えないが，$v\neq 0$ ならば (6.7) が成り立つ．

$$\dot{\gamma}(u) = -\frac{b(u)}{a(u)}\,\xi(u) - \frac{c(u)}{a(u)}\,\dot{\xi}(u)$$

という表示において，係数 $b(u)/a(u)$ と $c(u)/a(u)$ は各 u に対して一意的に定まり，とくに変数 u に関してなめらかになる．天下り的ではあるが

$$\sigma(u) := \gamma(u) + \frac{c(u)}{a(u)}\,\xi(u)$$

とおくと，$\xi, \dot{\xi}$ の一次独立性より $b/a, c/a$ はともに C^∞ 級関数になり，

$$p(u, v) = \sigma(u) + r\,\xi(u) \qquad \left(r := v - \frac{c(u)}{a(u)}\right) \tag{B-4.5}$$

と書き直すことができる．このとき，

$$\dot{\sigma} = \frac{d}{du}\left(\frac{c}{a}\right)\xi + \frac{1}{a}(\,a\,\dot{\gamma} + c\,\dot{\xi}\,)$$

であるから，(B-4.4) より

$$\dot{\sigma} = e\,\xi \qquad \left(e := \frac{d}{du}\left(\frac{c}{a}\right) - \frac{b}{a}\right) \tag{B-4.6}$$

となる．(B-4.6) において恒等的に $e(u) = 0$ となる開区間が存在するならば，その区間で $\sigma(u)$ は一定である．したがって (B-4.4) は

$$p(u, v) = \mathrm{P} + r\,\xi(u) \qquad \left(\mathrm{P} = \sigma(u),\, r = v - \frac{c(u)}{a(u)}\right)$$

と書けるが，これは点 P を頂点とする錐面となる．

一方，$e(u)$ に零点をもたない開区間があれば，そこで $\sigma(u)$ は正則曲線となり，ξ が曲線 $\sigma(u)$ の接ベクトルに比例していることがわかる．よって u, r をパラメータにとり直すことにより，曲面は接線曲面であることがわかる．

逆に錐面ならば $\gamma(u)$ をその頂点（定点）とすれば $\dot{\gamma} = \mathbf{0}$ であるし，接線曲面については，ξ と $\dot{\gamma}$ が一次従属であるから (B-4.3) をみたすことは明らかである．□

一般の平坦な曲面　一般の平坦な（ガウス曲率が 0 であるような）曲面も，錐面，柱面，接線曲面の断片をなめらかに継ぎ合わせた形をしていることが知られている．しかし，平坦な曲面で線織面でないものが存在する（たとえば，参考文献 [3] の 63 ページ参照）．

B-5　曲率線座標と漸近線座標

曲率線　各点で速度ベクトルが主方向（97 ページ参照）を向くような曲面上の曲線を**曲率線**という．曲率線は曲面のもっとも曲がり方が際立った方向を走る曲線だから，その線で曲面に網を張りめぐらせると，曲面の曲がり具合をもっともよく表現する曲面の助変数表示が得られる．

定理 B-5.1　曲面上の臍点でない点の近くでは，u 曲線，v 曲線が曲率線であるような助変数がとれる．この助変数を**曲率線座標**という．この助変数表示では

$$F = M = 0 \tag{B-5.1}$$

が成り立つ．逆に，曲面の助変数表示 $p(u, v)$ が (B-5.1) をみたせば，(u, v) は曲率線座標である．

［**証明**］　曲率線座標の存在は 237 ページで示す．まず，曲率線座標 (u, v) による助変数表示 $p(u, v)$ について $F = M = 0$ が成り立つことを示そう．§9 の定理 9.7 より p_u と p_v は直交するから，$F = p_u \cdot p_v = 0$ である．曲率線座標による助変数表示では，u 方向と v 方向が主方向に対応するので，§9 の命題 9.2 で $\theta = 0$, $\pi/2$ として

$$\lambda_1 = \frac{L}{E}, \qquad \lambda_2 = \frac{N}{G}$$

が主曲率である．ガウス曲率の定義 (8.6) と主曲率との関係式 (9.10) を合わせて

$$\frac{LN}{EG} = \lambda_1\lambda_2 = K = \frac{LN - M^2}{EG - F^2} = \frac{LN - M^2}{EG}$$

が成り立つから，$M = 0$ が示された．

次に，逆を示す．いま $F = M = 0$ とすると，§8 の (8.6) より

$$\lambda_1 = \frac{L}{E}, \qquad \lambda_2 = \frac{N}{G}$$

となる．また，§9 の命題 9.2 から，uv 平面で u 軸と角度 θ をなす方向の法曲率は，

$$\kappa_n = \frac{L\cos^2\theta + N\sin^2\theta}{E\cos^2\theta + G\sin^2\theta}$$

となるので，ちょうど u, v 軸の方向 ($\theta = 0, \pi/2$の方向) の法曲率が λ_1，λ_2 に一致することがわかり，この助変数表示が曲率線座標を与えていることが示された．□

曲率線について次の定理が成り立つ．

定理 B-5.2 曲面 $p(u, v)$ 上の，正則曲線 $\gamma(t)$ が曲率線であるための必要十分条件は，この曲線に沿う曲面 p の法線がつくる線織面

$$q(t, w) := \gamma(t) + w\,\nu(t)$$

のガウス曲率が 0，つまり可展面になることである．ただし，$\nu = \nu(t)$ は，曲面上の点 $\gamma(t)$ における曲面の単位法線ベクトルである．

［証明］ ガウス曲率が 0 であるという性質は助変数のとり方によらないから，曲線 γ のパラメータ t を弧長 s にとりかえて，$q(s, w) = \gamma(s) + w\,\nu(s)$ を考えても一般性を失わない．230 ページで与えた条件 (B-4.3) より，この曲面のガウス曲率が 0 となるための必要十分条件は

$$\det(\gamma', \nu, \nu') = 0 \qquad \left({}' = \frac{d}{ds} \right)$$

が成り立つことである．これは

(B-5.2) $\qquad a\,\gamma' + b\,\nu + c\,\nu' = 0 \qquad ((a, b, c) \neq (0, 0, 0))$

となる関数 $(a(s), b(s), c(s))$ が存在することと同値である．

(B-5.2) に ν を内積すると，$b = 0$ であることがわかる．もしも $c = 0$ とすると $\gamma' = \mathbf{0}$ となり，弧長がパラメータであることに反するから $c \neq 0$ となる．また $\gamma(s) = p(u(s), v(s))$ とおいて (B-5.2) に p_u を内積すると，$b = 0$ であるから，

$$\begin{aligned} 0 &= p_u \cdot (a\gamma' + c\nu') \\ &= a\,p_u \cdot (p_u\,u' + p_v\,v') + c\,p_u(\nu_u\,u' + \nu_v\,v') \\ &= (aE - cL)u' + (aF - cM)v'. \end{aligned}$$

同様に p_v と内積をとると $(aF - cM)u' + (aG - cN)v' = 0$ となるから，$c \neq 0$ に注意して線織面 $q(s, w)$ のガウス曲率が 0 となるための必要十分条件は

$$\left(L - \frac{a}{c}E\right)u' + \left(M - \frac{a}{c}F\right)v' = 0, \qquad \left(M - \frac{a}{c}F\right)u' + \left(N - \frac{a}{c}G\right)v' = 0$$

で与えられる．§9 の (9.8) より，この式は a/c が主曲率で，曲面の主方向が (u', v') に対応することと同値である． □

このことと B-4 で述べた，線織面が可展面となるための条件 (B-4.2) を合わせて，次を得る．

系 B-5.3 曲面上の曲線 $\gamma(t)$ が曲率線となるための必要十分条件は

$$\det(\dot{\gamma}, \nu, \dot{\nu}) = 0 \tag{B-5.3}$$

が曲線上の各点で成り立つことである．ただし，$\nu = \nu(t)$ は，曲面上の点 $\gamma(t)$ における曲面の単位法線ベクトルである．

式 (B-5.3) は**曲率線の微分方程式**とよばれる．

漸近線 すべての点で速度ベクトルが漸近方向（99 ページ参照）を向くような曲面上の曲線を**漸近線**という．とくに，曲面が直線を含むと，その法曲率と測地的曲率はともに 0 だから，この直線は漸近線である．漸近線で曲面に網をめぐらせる助変数表示を考えよう．

定理 B-5.4 曲面上の双曲点，すなわち $K < 0$ となる点の近くでは，u 曲線，v 曲線が漸近線であるような助変数をとることができる．これを**漸近線座標**という．この助変数表示では

$$L = N = 0 \tag{B-5.4}$$

が成り立つ．逆に (B-5.4) をみたす曲面の助変数表示は漸近線座標になる．

［証明］ 漸近線座標の存在は，曲率線座標の存在と一緒にすぐあとで示す．曲面の助変数表示 $p(u, v)$ が与えられたとき，§9 の命題 9.2 において $\theta = 0, \pi/2$ とすることにより，u 方向，v 方向の法曲率をそれぞれ κ_1，κ_2 とすると，

$$\kappa_1 = \frac{L}{E}, \qquad \kappa_2 = \frac{N}{G}$$

が得られる．u, v 方向が漸近方向であることは，定義より $\kappa_1 = \kappa_2 = 0$ を意味するが，$EG \neq 0$ だから，これは $L = N = 0$ であることと同値である． □

図 B-5.1 は同じ一葉双曲面に，左図は曲率線，右図は漸近線で網を張りめぐらせたものである．2 つの座標系の表示から受ける印象の違いを読者自ら感じとってほしい．

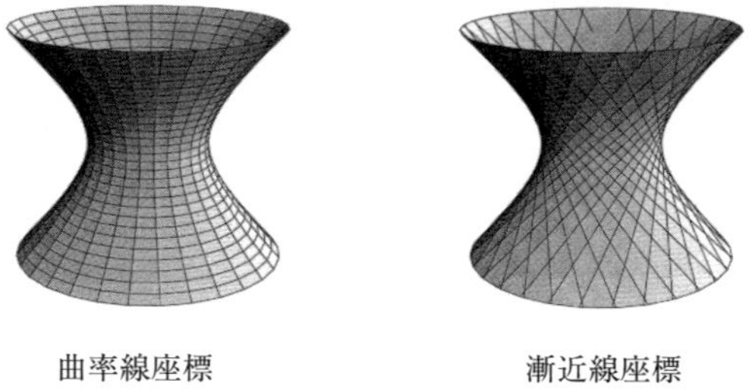

図 B-5.1　曲率線座標と漸近線座標

曲率線座標・漸近線座標の存在　ここでは定理 B-5.1, B-5.4 における曲率線座標・漸近線座標の存在証明を与える．曲面上の各点に曲面に接するベクトルが与えられているとき，これを曲面上の**ベクトル場**という．曲面の助変数表示 $p(u, v)$ が与えられたとき，点 $p(u, v)$ における曲面の接ベクトルは $p_u(u, v)$ と $p_v(u, v)$ の一次結合で表されるから，曲面上のベクトル場 X は

(B-5.5)　$X = X(u, v) = U(u, v)\,p_u(u, v) + V(u, v)\,p_v(u, v)$

の形に表すことができる．ここで，U, V は (u, v) の関数である．U, V が C^∞ 級関数のとき，X はなめらかであるという．

補題 B-5.5　曲面上の零点をもたないなめらかなベクトル場 X と曲面上の任意に与えられた点 P を通る（正則）曲線 $\gamma(t) = p(u(t), v(t))$ が与えられ，$\mathrm{P} = \gamma(0)$ とする．もしも P において X と $\dot{\gamma}(0)$ が一次独立ならば，P を原点とする新しい座標系 (ξ, η) で，ξ 曲線が各点で X に接し，η 軸の像が γ に一致するものが存在する．

［証明］　曲面が $p = p(u, v)$ と助変数表示されているとして $\mathrm{P} = p(u_0, v_0)$ とおく．また，ベクトル場 X は (B-5.5) のように表されているとする．このとき，各 η を固定するごとに，常微分方程式の初期値問題

$$\begin{cases} \dfrac{da}{d\xi} = U(a(\xi, \eta), b(\xi, \eta)), \qquad \dfrac{db}{d\xi} = V(a(\xi, \eta), b(\xi, \eta)), \\ (a(0, \eta), b(0, \eta)) = (u(\eta), v(\eta)) \end{cases}$$

を考えると，十分小さい正の数 δ, ε が存在して，$|\eta| < \delta$ なる η に対して，この方

程式の解 $a(\xi, \eta)$, $b(\xi, \eta)$ が $|\xi| < \varepsilon$ の範囲で一意的に存在し，これらは ξ と η に関して微分可能である（付録 A-2 の定理 A-2.1）．さらに，(B-5.5) で表される X と

$$\dot{\gamma}(0) = \dot{u}(0)\, p_u(u_0, v_0) + \dot{v}(0)\, p_v(u_0, v_0)$$

が点 P で一次独立であるから

$$\left(\frac{\partial a}{\partial \xi}(0, 0), \frac{\partial b}{\partial \xi}(0, 0)\right) = (U(u_0, v_0), V(u_0, v_0)),$$

$$\left(\frac{\partial a}{\partial \eta}(0, 0), \frac{\partial b}{\partial \eta}(0, 0)\right) = (\dot{u}(0), \dot{v}(0))$$

は 2 次元ベクトルとして一次独立となる．すると逆関数定理（付録 A-1 の定理 A-1.5）から，写像 $(\xi, \eta) \longmapsto (a(\xi, \eta), b(\xi, \eta))$ は $(a, b) = (u_0, v_0)$ の近傍で微分同相となる．したがって

$$u := a(\xi, \eta), \qquad v = b(\xi, \eta)$$

によって，(ξ, η) は点 P の近傍での曲面の新しい座標系を定める．また $a(0, 0) = u_0$, $b(0, 0) = v_0$ であるから，原点が点 P に対応することがわかる．

さらに，

$$\text{(B-5.6)} \quad \begin{cases} \dfrac{\partial p}{\partial \xi} = \dfrac{\partial u}{\partial \xi}\dfrac{\partial p}{\partial u} + \dfrac{\partial v}{\partial \xi}\dfrac{\partial p}{\partial v} = U\, p_u + V\, p_v = X, \\[2ex] \dfrac{\partial p}{\partial \eta}(0, \eta) = \dfrac{\partial u}{\partial \eta}\dfrac{\partial p}{\partial u} + \dfrac{\partial v}{\partial \eta}\dfrac{\partial p}{\partial v} = \dot{u}(\eta)\, p_u + \dot{v}(\eta)\, p_v = \dot{\gamma}(\eta) \end{cases}$$

であるから，ξ 曲線は X に接する．また，$p(0, 0) = \gamma(0) = \mathrm{P}$ と (B-5.6) の第 2 式より $p(0, \eta) = \gamma(\eta)$ となる． □

この補題 B-5.5 から次がわかる．

補題 B-5.6 曲面上の 2 つのなめらかなベクトル場 X, Y が各点で一次独立であるとする．このとき，曲面上の任意の点 P の近傍の新しい座標系 (ξ, η) で ξ 曲線が X に接し，η 曲線が Y に接するものが存在する．

[証明] 曲線 $\gamma_1(t)$, $\gamma_2(t)$ を，$\gamma_1(0) = \gamma_2(0) = \mathrm{P}$ かつ $\dot{\gamma}_1(0) = Y_{\mathrm{P}}$, $\dot{\gamma}_2(0) = X_{\mathrm{P}}$ となるようにとる．ここで X_{P}, Y_{P} は，ベクトル場 X, Y の点 P における値とする．補題 B-5.5 をベクトル場 X と曲面 γ_1 に適用すると，P の近傍の座標系

(ξ_1, η_1) で ξ_1 曲線が X に接して，原点を通る η_1 曲線が γ_1 となるものが存在する．同様に補題 B-5.5 をベクトル場 Y と曲線 γ_2 に適用すると，P の近傍の座標系 (ξ_2, η_2) で ξ_2 曲線が Y に接して，原点を通る η_2 曲線が γ_2 となるものが存在する．座標系 (ξ_1, η_1) を (ξ_2, η_2) に変換すると，ξ_1，η_1 を ξ_2，η_2 の関数で表すことができる．いま，(η_1, η_2) が点 P の近傍における新しい座標系を定めることを示したい．そのためには，写像 $(\xi_2, \eta_2) \longmapsto (\eta_1(\xi_2, \eta_2), \eta_2)$ の原点におけるヤコビ行列の行列式が 0 でないことを示せばよいが，それは $\partial\eta_1/\partial\xi_2$ が原点で 0 でないことと同値である．ここで (B-5.6) で $\xi = \xi_1$，$\eta = \eta_1$ とした式より

$$
\begin{aligned}
Y_{\mathrm{P}} = p_{\xi_2}(0,0) &= \frac{\partial\xi_1}{\partial\xi_2}(0,0)\; p_{\xi_1}(0,0) + \frac{\partial\eta_1}{\partial\xi_2}(0,0)\; p_{\eta_1}(0,0) \\
&= \frac{\partial\xi_1}{\partial\xi_2}(0,0)\; X_{\mathrm{P}} + \frac{\partial\eta_1}{\partial\xi_2}(0,0)\; Y_{\mathrm{P}}
\end{aligned}
$$

となる．ここで $\dot{\gamma}_1(0) = Y_{\mathrm{P}}$ を用いた．両辺を比較すると

$$
\frac{\partial\xi_1}{\partial\xi_2}(0,0) = 0, \qquad \frac{\partial\eta_1}{\partial\xi_2}(0,0) = 1
$$

であることがわかり，とくに (η_1, η_2) が点 P の近傍で座標系を定めることが示された．この座標系の η_2 曲線は $\eta_1 =$ 一定 で与えられる曲線であるが，これは座標系 (ξ_1, η_1) の ξ_1 曲線であるから X に接する．同様に η_1 曲線は Y に接するので，$(\xi, \eta) = (\eta_2, \eta_1)$ が求める座標系である．　□

[曲率線座標の存在の証明]　臍点以外の点では 2 つの主曲率 λ_1, λ_2 の値は異なるから，96 ページに登場する行列

$$
\begin{pmatrix} L - \lambda_j E & M - \lambda_j F \\ M - \lambda_j F & N - \lambda_j G \end{pmatrix} \qquad (j = 1, 2)
$$

の階数は 1 となる．したがって，$(L - \lambda_j E, M - \lambda_j F)$ または $(M - \lambda_j F, N - \lambda_j G)$ のいずれかは零ベクトルではない．ここで，2 つのベクトル場

$$
\begin{aligned}
X_1 &= (-M + \lambda_1 F)\,p_u + (L - \lambda_1 E)\,p_v, \\
X_2 &= (-N + \lambda_1 G)\,p_u + (M - \lambda_1 F)\,p_v
\end{aligned}
$$

を考えると，点 P において X_1 と X_2 の少なくとも一方は零ベクトルではない．そこで 0 でない方を X とすると，§9 の (9.8) より，これは P の近傍で主曲率 λ_1 に対応する主方向を与える．同様に

$$Y_1 = (-M + \lambda_2 F)\, p_u + (L - \lambda_2 E)\, p_v,$$
$$Y_2 = (-N + \lambda_2 G)\, p_u + (M - \lambda_2 F)\, p_v$$

のうち零ベクトルでない方を Y とすれば，これは λ_2 に対応する主方向を与える．この X, Y に対して補題 B-5.6 を適用して得られる座標系が曲率線座標である．□

［漸近線座標の存在の証明］ 曲率が負であるような曲面上の点 P において，必要なら座標系をとりかえることによって，$L \neq 0$ とすることができる．実際，$L = 0$ かつ $N \neq 0$ なら (u, v) の代わりに $(v, -u)$ をとればよい．また，$L = N = 0$ ならば，(u, v) の代わりに $(u - v, u + v)$ をとれば $L \neq 0$ とすることができる．このとき，漸近方向 (α, β) は

$$L\alpha^2 + 2M\alpha\beta + N\beta^2 = \frac{1}{L}\{(L\alpha + M\beta)^2 + (LN - M^2)\beta^2\} = 0$$

をみたすから，$LN - M^2 = -k^2$ とおけば $(-M \pm k, L)$ が漸近方向となる．これに対して

$$X = -(M + k)\, p_u + L\, p_v, \qquad Y = -(M - k)\, p_u + L\, p_v$$

とおいて，曲率線座標と同様のことを行えば漸近線座標の存在が示せる．□

補題 B-5.6 のもう 1 つの応用として，§3 の定理 3.4 で用いられた，角(かど)のある曲線をなめらかに丸めることができるという事実を示そう．

命題 B-5.7 2 つの平面曲線 $\gamma_1(t)$, $\gamma_2(t)$ が点 $\mathrm{P} = \gamma_1(0) = \gamma_2(0)$ で接することなく交わっているとする．このとき，角をなめらかに（C^∞ 級曲線として）丸めることができる．

［証明］ 曲線 $\gamma_1(t)$ を $\dot{\gamma}_2(0)$ 方向に平行移動した曲線族を考え，この曲線族の単位接ベクトルがつくる P の近傍で定義されたベクトル場を X とする．同様に曲線 $\gamma_2(t)$ を $\dot{\gamma}_1(0)$ の方向に平行移動した曲線族を考え，この単位接ベクトル場がつくるベクトル場を Y とする．この X, Y に補題 B-5.6 を適用してできる座標系 (ξ, η) を考えると，この座標系においては原点が P で，ξ 軸が γ_1 に，η 軸が γ_2 に対応する．よって，この 2 つの直交座標軸を原点のところで丸めることができれば，それを元の座標系で表すことにより，求める曲線が得られたことになる．

直交する 2 つの半直線の角を丸める方法を示そう（図 B-5.2 右）．まず

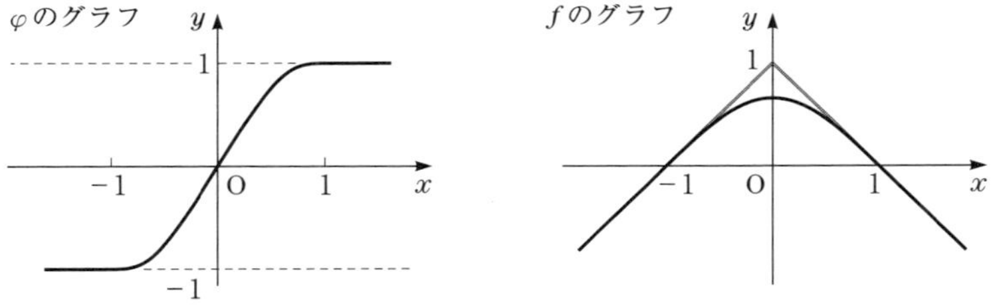

図 B-5.2

$$\varphi(x) := \begin{cases} \left(\int_0^x e^{\frac{1}{u^2-1}}\,du\right) \Big/ \left(\int_0^1 e^{\frac{1}{u^2-1}}\,du\right) & (|x|<1), \\ x\,/\,|x| & (|x| \geqq 1) \end{cases}$$

とおく（図 B-5.2 左）．$|x|<1$ の場合の被積分関数は§10 の定理 10.5 の証明で用いた関数 ρ（式 (10.5)）の $c=0$，$\delta=1$ としたものである．さらに

$$f(x) = -\int_{-1}^{x} \varphi(u)\,du$$

とすれば $f(x)$ は直交する線分の角を丸めた曲線を与える（図 B-5.2 右 の太線）．

実際 $-\varphi(u)$ は $x \leqq -1$ では恒等的に 1 なので，$f(x)$ のグラフは傾き 1 の直線であり，$x=-1$ でちょうど 0 になる．開区間 $(-1,0)$ では $-\varphi(u)>0$ なので $f(x)$ は単調増加となり，開区間 $(0,1)$ では $-\varphi(u)<0$ なので $f(x)$ は単調減少となる．$f(1)=0$ になることは $\varphi(x)$ が奇関数であることからの帰結である．$-\varphi(u)$ は $x \geqq 1$ では恒等的に -1 なので，$f(x)$ は傾きが -1 の直線となり，$f(x)$ のグラフは図 B-5.2 右の太線のようになる．さらに，この図形に相似変換をほどこすことにより，いくらでも角に近い部分を丸めることができる．　□

問題 B-5

1. $\boldsymbol{R}^3$ の原点 O とは異なる点 P に対して $\overrightarrow{\mathrm{OQ}} = \overrightarrow{\mathrm{OP}} / |\overrightarrow{\mathrm{OP}}|^2$ で定まる点 Q を対応させる写像 $T : \boldsymbol{R}^3 \setminus \{\mathrm{O}\} \longrightarrow \boldsymbol{R}^3$ を**反転**（正確には，原点を中心とする半径 1 の球面に関する反転）という．原点を通らない曲面 $p=p(u,v)$ にこの反転を合成してできる曲面 $T \circ p$ は，元の曲面と同じ曲率線をもつことを示せ．（ヒント：曲率線座標が反転に関して不変であることを示す．）

B-6　K が一定の曲面と H が一定の曲面との関係

ここでは，ガウス曲率が正で一定である曲面から平均曲率が一定の曲面が得られることを示したい．まず，準備として平面曲線の性質をあげる．弧長によってパラメータづけられた平面曲線 $\gamma(s)$ の左向き単位法線ベクトルを $\boldsymbol{n}(s)$，曲率を $\kappa(s)$ とおく．このとき，ある定まった実数 t（パラメータとは考えない）に対して，次のようにおき，これを $\gamma(s)$ の**平行曲線**とよぶ．

(B-6.1)
$$\widetilde{\gamma}(s) := \gamma(s) + t\boldsymbol{n}(s).$$

補題 B-6.1　式 (B-6.1) で与えられる平行曲線 $\widetilde{\gamma}$ の曲率 $\widetilde{\kappa}$ と γ の曲率 κ は，次の関係式をみたす．

(B-6.2)
$$\frac{1}{\widetilde{\kappa}} = \frac{1}{\kappa} - t.$$

[証明]　曲線 $\widetilde{\gamma}(s)$ の単位法線ベクトルは $\boldsymbol{n}(s)$ となり，$\gamma(s)$ の法線ベクトルと一致するから，2 つの曲線の法線がつくる包絡線は一致する．この包絡線は曲線 γ, $\widetilde{\gamma}$ の縮閉線，すなわち曲率円の中心の軌跡と一致する（付録 B-1 を参照）．ここで γ と $\widetilde{\gamma}$ の曲率円の半径の差は t であるから，(B-6.2) が成り立つ[10]．　□

同様に曲面 $p(u, v)$ に対して，その法線方向に一定の距離 t だけ移動した曲面

(B-6.3)
$$\widetilde{p}(u, v) := p(u, v) + t\nu(u, v)$$

を $p(u, v)$ の**平行曲面**という．ただし，ν は曲面の単位法線ベクトル場である．平行曲面は，特異点，すなわち§6 の (6.7) をみたさない点を含む場合がある．曲面の場合，(B-6.2) に相当する次のことが成り立つ．

定理 B-6.2　曲面 p に対して (B-6.3) で与えられる曲面 $\widetilde{p}$ の主曲率 $\widetilde{\lambda}_1, \widetilde{\lambda}_2$ は，p の主曲率 λ_1, λ_2 を用いて次のように表される．

10)　ただし，$\widetilde{\gamma}$ に特異点があると，ここでの $\boldsymbol{n}$ は $\widetilde{\gamma}$ の左側から右側に変化する可能性があるので，$\widetilde{\kappa}$ は $\widetilde{\gamma}$ の通常の曲率と符号が異なることがある．

$$\frac{1}{\widetilde{\lambda}_j} = \frac{1}{\lambda_j} - t \qquad (j = 1, 2). \tag{B-6.4}$$

とくに $\widetilde{p}$ のガウス曲率 $\widetilde{K}$ と平均曲率 $\widetilde{H}$ は，p のガウス曲率 K と平均曲率 H を用いて次のように表される．

$$\widetilde{K} = \frac{K}{1 - 2tH + t^2K}, \qquad \widetilde{H} = \frac{H - tK}{1 - 2tH + t^2K}.$$

［証明］　まず，$\widetilde{p}$ の単位法線ベクトルは ν（を平行移動したもの）に一致する．いま，$p(u, v)$ 上の点 P を通る曲率線 $\gamma(s) = p(u(s), v(s))$ を考える．ただし，s は弧長パラメータで $\gamma(0) = \mathrm{P}$ とする（図 B-6.1）．付録 B-5 の定理 B-5.2 より，この曲線に沿った線織面

$$q(s, w) := \gamma(s) + w\,\nu(u(s), v(s))$$

はガウス曲率が 0（可展面）となる．ここで w をある値 t とおけば

$$\widetilde{\gamma}(s) := q(s, t)$$

は曲面 $\widetilde{p}$ 上の曲線で，この曲線から法線 ν 方向に伸ばした線織面は q で表される曲面と重なり，これは可展面であるから，再び定理 B-5.2 より $\widetilde{\gamma}(s)$ は $\widetilde{p}$ の曲率線である．

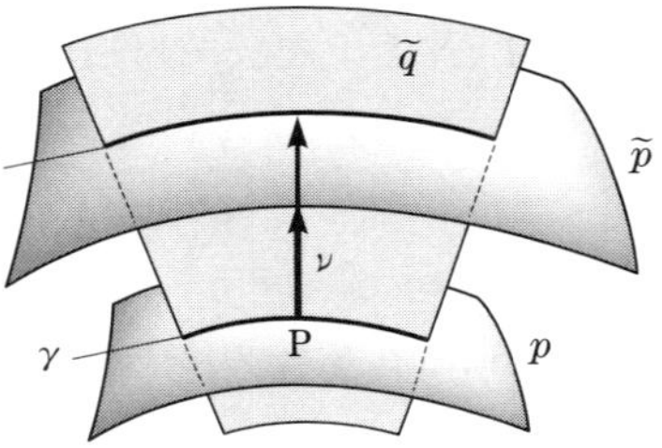

図 B-6.1　定理 B-6.2 の証明

いま，線織面 $q(s, w)$ は可展面であるから曲面 $q(s, w)$ から平面への長さを保つ対応が存在する（§15 の補題 15.2 参照．ここで ds^2 を q の第一基本形式にとる）．この対応で，曲線 γ，$\widetilde{\gamma}$ が平面曲線 σ，$\widetilde{\sigma}$ にそれぞれ対応しているとすると，直線 $w \longmapsto q(s, w)$ が，この平面上の $\sigma(s)$ に直交する直線に対応し，σ と $\widetilde{\sigma}$ は t だけ離れた平行曲線となる．曲面 p 上の曲線とみなしたときの $\gamma(s)$ の法曲率 κ_n は

$$\kappa_n = \gamma'' \cdot \nu = -\gamma' \cdot \nu'$$

となるが，これは可展面 q の曲線とみたときの γ の測地的曲率である．さらに，測地的曲率は第一基本量によって定まるから（§13 参照），κ_n は σ の平面曲線としての曲率に一致する．同様に $\widetilde{\gamma}$ の法曲率は $\widetilde{\sigma}$ の曲率に一致するから，平行曲線の曲率の関係 (B-6.2) を用いれば，$\widetilde{p}$ の主曲率 $\widetilde{\lambda}_j$ と p の主曲率 λ_j との間には (B-6.4) の関係が成り立っていることがわかる．このことより結論を得る．　□

この定理の証明は，厳密な意味では少々不完全である．元の曲面の臍点では，その点を通る曲率線を考えることができないから，このような点においては定理の公式は示せたことにならないからである．しかし，たとえ点Pが臍点でも，臍点でない点列の極限になっていれば，H, K の連続性より公式が成り立つ．また，Pのまわりの半径 ε の球と曲面の共通部分がすべて臍点なら，その部分は平面か球面の一部になる（§9の命題9.6）．その場合には公式はもっと簡単に示せるから，一応これで，定理の厳密な証明が得られることになる．

定理B-6.2は，次のように直接的な計算によっても証明できる．

［定理 B-6.2 の別証明］ 曲面の臍点でない点のまわりで曲率線座標 (u, v) によって $p = p(u, v)$ と表されているとする．第一基本量を E, F, G, 第二基本量を L, M, N とすると，付録B-5の定理B-5.1より $F = M = 0$ となる．このとき，単位法線ベクトル ν の微分は

$$\nu_u = -(L/E)\,p_u, \qquad \nu_v = -(N/G)\,p_v$$

となる．（§8の命題8.5（ワインガルテンの公式）の特別な場合である．）これを用いれば曲面 $p + t\nu$ の第一基本量，第二基本量を直接求めることができる． □

上の別証明において $p + t\nu$ の第一基本行列と第二基本行列はともに対角行列であり，(u, v) は p だけでなく $p + t\nu$ の曲率線座標であることもわかる．つまり，以下の系が得られる．

系 B-6.3 曲面の助変数表示 $p(u, v)$ が曲率線座標を与えているならば，その平行曲面 $p(u, v) + t\,\nu(u, v)$ に対しても (u, v) は曲率線座標となる．とくに uv 平面において，曲率線は平行曲面をとる操作で保存される．

定理B-6.2から，もし曲面 p のガウス曲率 K が正の定数ならば，(B-6.3)で $t = 1/\sqrt{K}$ とおくことにより，$\tilde{p}$ は平均曲率一定の曲面となる．また，平均曲率 $H \neq 0$ が定数ならば，$t = 1/(2H)$ とおくことで，ガウス曲率一定の曲面を得ることができる．

本文で求めた，ガウス曲率一定の回転面（87ページ参照）から，このようにして平均曲率一定の回転面をつくることができる（図B-6.2）．図B-6.2の左側の曲面を**アンデュロイド**，右側の曲面を**ノドイド**とよび，これらの回転面を**デロネイ**[11)]

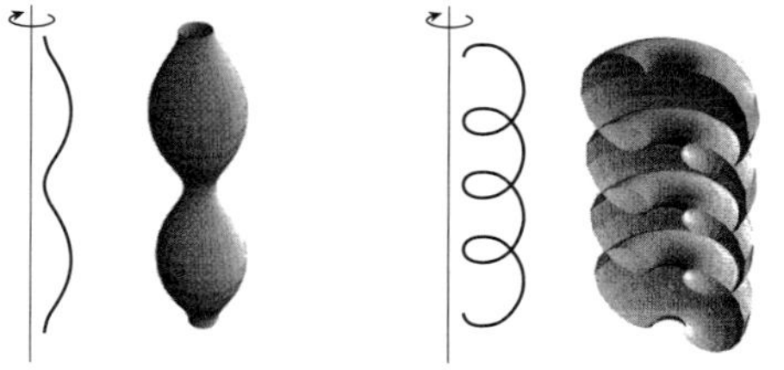

図 B-6.2 平均曲率一定の回転面

曲面とよぶことがある.

デロネイ曲面の作図　デロネイは，平均曲率が一定の回転面の母線は，次のようにして2次曲線を回転させることによって作図ができることを発見した.

楕円を定直線上で滑らないように転がしたとき，楕円の1つの焦点の軌跡がアンデュロイドの母線となる．実際，この曲線を定直線のまわりに回転させて得られる回転面の平均曲率が一定であることを示そう.

まず，準備として xy 平面の極座標 (r, θ) を用いて

$$(\text{B-6.5}) \qquad r = r(\theta) = \frac{a}{1 + \varepsilon\cos\theta} \qquad (a > 0,\ 0 < \varepsilon < 1)$$

で表される曲線は原点 O を1つの焦点とする楕円で，ε はその離心率[12]となる．この楕円は $\gamma(\theta) := r(\theta)(\cos\theta, \sin\theta)$ と助変数表示されるから，その点 $\mathrm{P} = \gamma(\theta)$ における接ベクトルは

$$\dot{\gamma}(\theta) = \left(\frac{-a\sin\theta}{(1+\varepsilon\cos\theta)^2},\ \frac{a(\varepsilon+\cos\theta)}{(1+\varepsilon\cos\theta)^2}\right) \qquad \left(\cdot = \frac{d}{d\theta}\right)$$

となるので，ベクトル $\overrightarrow{\mathrm{PO}}$ と P における楕円の接線とのなす角を ξ とすれば

$$\cos\xi = \frac{-\varepsilon\sin\theta}{\sqrt{1+2\varepsilon\cos\theta+\varepsilon^2}}, \qquad \sin\xi = \frac{1+\varepsilon\cos\theta}{\sqrt{1+2\varepsilon\cos\theta+\varepsilon^2}}$$

が成り立つことがわかる（図 B-6.3 左）．この楕円を図 B-6.3 右のように x 軸上で回転させよう．楕円が1つの焦点のまわりに角度 θ だけ回転したとき，x 軸との

11） Delauney, Charles Eugène (1816 - 1872).

12） §1の問題 **3** 参照.

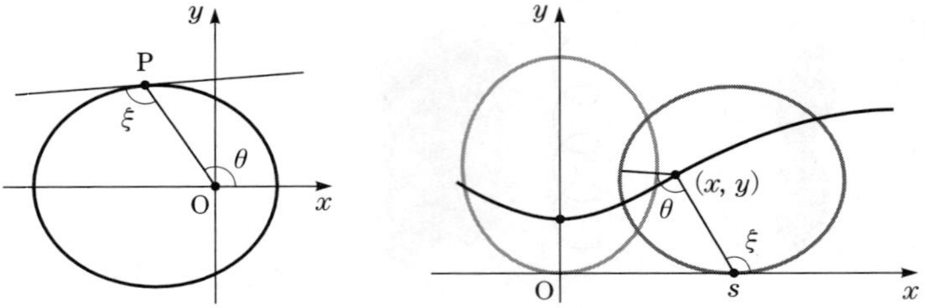

図 B-6.3　アンデュロイドの母線の作図

接点の移動距離 $s(\theta)$ は曲線 $\gamma(\theta)$ の弧長であるから

$$s(\theta)=\int_0^\theta \frac{a\sqrt{1+2\varepsilon\cos t+\varepsilon^2}}{(1+\varepsilon\cos t)^2}\,dt$$

となる．このとき楕円の焦点の座標は

$$(x,y)=(x(\theta),y(\theta))=(s(\theta)+r(\theta)\cos\xi(\theta),\,r(\theta)\sin\xi(\theta))$$

となる．ここで，曲線 $(x(\theta),y(\theta))$ を x 軸のまわりに回転させてできる回転面の平均曲率は，たとえばムーニエの定理（§9 の問題 **1**）より，

$$H=\frac{\dot{y}\ddot{x}-\ddot{y}\dot{x}}{2\left(\sqrt{\dot{x}^2+\dot{y}^2}\right)^3}+\frac{\dot{x}}{2y\sqrt{\dot{x}^2+\dot{y}^2}}\qquad\left(\cdot=\frac{d}{d\theta}\right)$$

であり，$\varDelta=\sqrt{1+2\varepsilon\cos\theta+\varepsilon^2}$ とおくと，

$$\dot{x}=a(1+\varepsilon\cos\theta)/\varDelta^3,\qquad \dot{y}=a\varepsilon\sin\theta/\varDelta^3,\qquad \sqrt{\dot{x}^2+\dot{y}^2}=a/\varDelta^2$$

となるので，$H=(1-\varepsilon^2)/(2a)$ と，一定になる．

また，双曲線を定直線上に滑らないように回転させることを考える（図 B-6.4）．回転を続けると直線との接点は無限遠に行き，定直線は双曲線の漸近線に近づく．この極限の状態から，双曲線のもう一方の側を定直線に沿って回転させる．これを続けると，双曲線の 1 つの焦点の軌跡が描く曲線がノドイドの母線となる．実際，アンデュロイドの母線の作図で用いた楕円の極表示 (B-6.5) で $\varepsilon>1$ とする

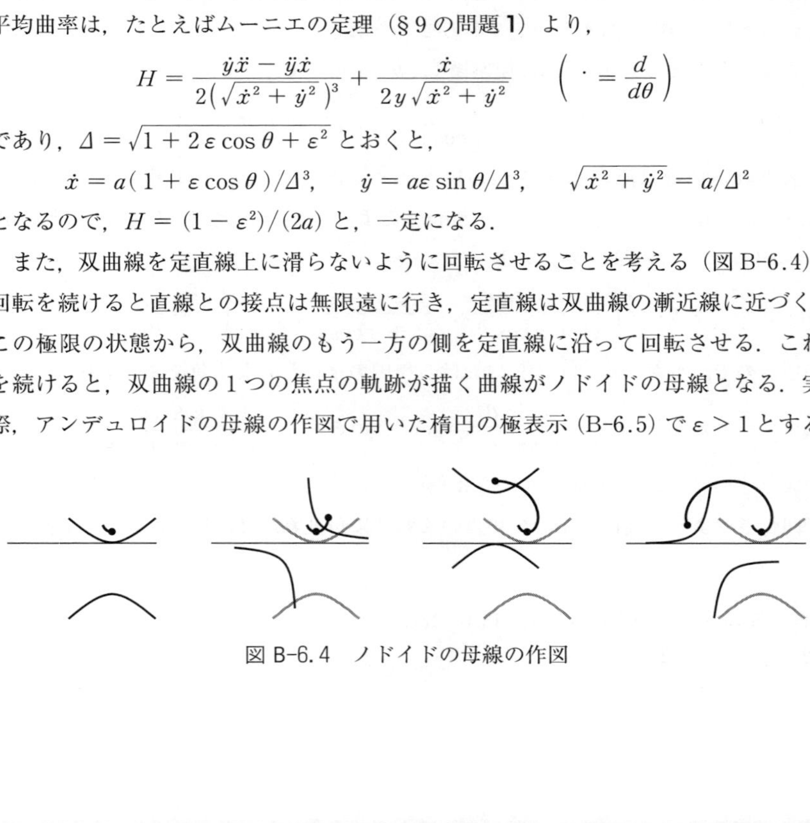

図 B-6.4　ノドイドの母線の作図

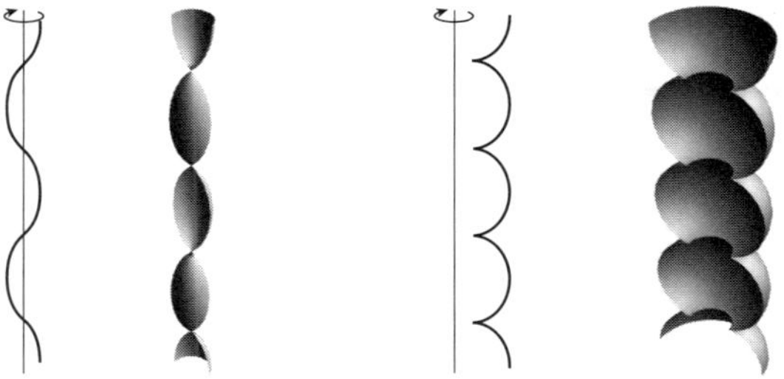

図 B-6.5 ガウス曲率が正で一定な回転面の拡張

と双曲線の表示となるから，同様の計算によって回転面の平均曲率が一定であることがわかる．なお，(B-6.5) で $\varepsilon = 1$ とすると放物線の表示が得られるが，放物線を定直線上に回転させたときの焦点の軌跡は懸垂線（§1 の例 1.4）となり，得られる回転面は懸垂面（§8 の問題 **7**），すなわち極小曲面になる．

定理 B-6.2 から，平均曲率一定の回転面の適当な平行曲面をとると，ガウス曲率が正で一定の値をもつ回転面を得ることができる．それは，§8 で分類した（図 8.2 参照）ガウス曲率が一定な回転面のなめらかな拡張となっている[13]．図 B-6.5 左は（右は）アンデュロイド（ノドイド）の平行曲面として得られるガウス曲率が一定な回転面である．アンデュロイドから得られる曲面は円錐的な特異点をもち，ノドイドから得られる曲面に現れる特異点はカスプ辺になる（付録 B-8 の命題 B-8.4 を参照せよ）．

13）実際，§8 で得られた $x(u) = a\cos u$ と (8.15) でつくられる回転面について，$a < 1$ のときは (8.15) から図 B-6.5 左が描ける．$a > 1$ のときは，$a = 1/\sin\theta_0$ $(0 < \theta < \pi/2)$ となる θ_0 をとれば，座標変換 $\sin\dfrac{w}{2} = \sin\dfrac{\theta_0}{2}\cdot\sin u$ により

$$x(w) = a\left(1 - 2\sin^2\frac{\theta_0}{2}\cdot\sin^2 w\right), \qquad z(w) = 2\sin\frac{\theta_0}{2}\int_0^w \cos^2 t\sqrt{\frac{1-\tan^2\dfrac{\theta_0}{2}\cdot\sin^2 t}{2-\sin^2\dfrac{\theta_0}{2}\cdot\sin^2 t}}\,dt$$

と書き直すと，これは任意の実数 w に対して意味をもち，曲面は図 B-6.5 右のように周期的に拡張される．

B-7　ガウス曲率 K が負で一定の回転面

ガウス曲率 K が 0 以上で一定となる回転面は§8で分類した．ここでは，ガウス曲率が負で一定な回転面を分類しよう．相似拡大・縮小によって $K=-1$ の場合を考えれば十分である．

§8（88ページ）でみたように，xz 平面上の，弧長をパラメータとする曲線 $\gamma(s)=(x(s),z(s))$ $(x(s)>0)$ を z 軸のまわりに回転してできる曲面のガウス曲率が -1 であるための必要十分条件は，(8.12) より $x''=x$ が成り立つことである．よく知られるように，この微分方程式の一般解は

$$x(u)=\alpha e^{u}+\beta e^{-u}\qquad(\alpha,\beta\text{ は定数})\tag{B-7.1}$$

と書ける．この α,β の積の符号によって，次の3つの場合に分けられる．

(i) $\alpha\beta=0$ のとき：　条件 $x>0$ より α,β が同時に 0 となることはない．そこで，必要なら u を $-u$ にとりかえることにより $\alpha=0$ として一般性を失わない．このとき $x=\beta e^{-u}$ なので $\beta>0$ に注意して，$u-\log\beta$ を新たに u と書き換えれば $x=e^{-u}$ となる．式 (8.10) より $z'=\sqrt{1-(x')^2}$ としてよい．すると

$$\begin{cases} x(u)=e^{-u}, \\ z(u)=\displaystyle\int_0^u\sqrt{1-e^{-2t}}\,dt \\ \qquad\;=u-\sqrt{1-e^{-2u}}+\log\left(1+\sqrt{1-e^{-2u}}\right) \end{cases}\qquad(u>0)\tag{B-7.2}$$

を得る[14]．この曲線から得られる回転面を**擬球面**という（図 B-7.1 左）．

(ii) $\alpha\beta>0$ のとき：　条件 $x>0$ から α と β は正でなければならない．このとき，

$$x(u)=\alpha e^{u}+\beta e^{-u}=\sqrt{\alpha\beta}\left(e^{u}\sqrt{\frac{\alpha}{\beta}}+e^{-u}\sqrt{\frac{\beta}{\alpha}}\right)$$

と変形できるので，$u+(1/2)\log(\alpha/\beta)$ を新たに u とおき，$a=2\sqrt{\alpha\beta}$ とすれば $x=a\cosh u$ としてよい．(i) と同様にして

$$x(u)=a\cosh u,\qquad z(u)=\int_0^u\sqrt{1-a^2\sinh^2 t}\,dt\tag{B-7.3}$$

---

14)　式 (B-7.2) で与えられる xz 平面の曲線は**犬跡線**（けんせきせん）（トラクトリクス）とよばれる．xz 平面において，曲線上の各点から z 軸におろした接線の長さ（犬と飼い主の距離）が 1 で一定という性質をもつ．犬跡線という名は，この性質に由来する．

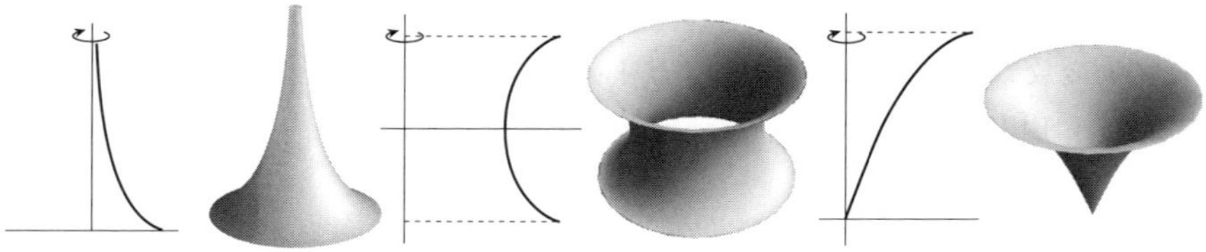

図 B-7.1　ガウス曲率 -1 の回転面

を得る（図 B-7.1 中央）.

(iii) $\boldsymbol{\alpha\beta<0}$ のとき：　必要なら u を $-u$ にとりかえることにより，$\alpha>0$, $\beta<0$ と仮定してよい．すると，

$$x(u)=\alpha e^{u}-|\beta|e^{-u}=\sqrt{|\alpha\beta|}\left(e^{u}\sqrt{\left|\frac{\alpha}{\beta}\right|}-e^{-u}\sqrt{\left|\frac{\beta}{\alpha}\right|}\right)$$

であるから，$u+(1/2)\log(|\alpha/\beta|)$ を新たに u とおき，$a=2\sqrt{|\alpha\beta|}$ とすれば $x=a\sinh u$ となる．条件 $x>0$ より $u>0$ となり，また u は γ の弧長パラメータであるから，$|x'|=a\cosh u\leqq 1$ となる u が存在するためには $0<a<1$ でなければならない．したがって，

$$x(u)=a\sinh u,\qquad z(u)=\int_0^u\sqrt{1-a^2\cosh^2 t}\,dt\qquad(0<a<1)\tag{B-7.4}$$

とすることができる（図 B-7.1 右）.

B-8　曲線と曲面に現れる代表的な特異点の判定法

この節では，曲線や曲面に現れる特異点の判定条件をいくつか紹介しよう．

平面曲線に現れる特異点　平面曲線

$$\gamma_0(t):=(t^2,t^3)\qquad(t\in\boldsymbol{R})$$

は，$t=0$ のとき特異点となる．ここに現れる特異点を**標準的な 3/2-カスプ**[15] と

15）曲線のとがっている部分を cusp（尖点(せんてん)）という．グラフで表すと $y=\pm|x|^{3/2}$ と表されるので 3/2-カスプ（にぶんのさんカスプ）という．

よぶ（図 B-8.1）．曲線 $\gamma(t)$（$a < t < b$）が $t = c$ に **3/2-カスプ**をもつとは，曲線の助変数 t の変換 $t = t(u)$，および平面 $\boldsymbol{R}^2$ の点 $\gamma(c)$ の近傍を $\boldsymbol{R}^2$ の原点の近傍に写す座標変換[16] $x = x(\xi, \eta)$, $y = y(\xi, \eta)$ をほどこすと

$$\gamma(t(u)) = \Phi \circ \gamma_0(u)$$

という形に表されるときをいう．ただし，$\Phi(\xi, \eta) := (x(\xi, \eta), y(\xi, \eta))$ とする．3/2-カスプは，助変数表示された平面曲線にもっとも頻繁に現れる特異点である．

与えられた平面曲線の特異点が 3/2-カスプであるかどうかを，定義に従って確かめることは難しい．しかし，以下の便利な判定条件が知られている（参考文献 [40] の定理 1.17 と 4.2 節を参照）．

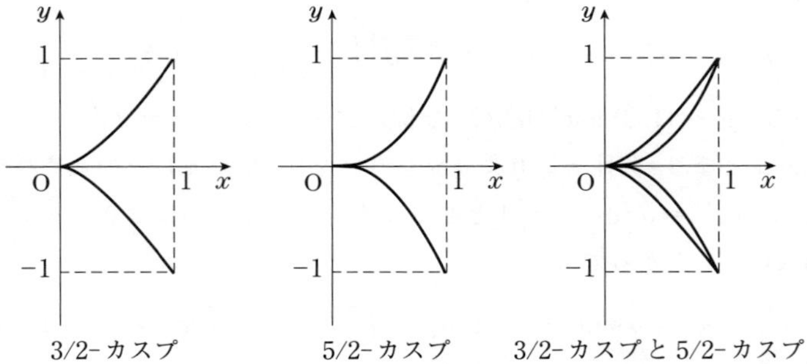

図 B-8.1　3/2-カスプと 5/2-カスプ

定理 B-8.1（**3/2-カスプの判定条件**）　曲線 $\gamma(t)$ が $t = c$ に 3/2-カスプをもつための必要十分条件は，$t = c$ が特異点，つまり $\dot{\gamma}(c) = 0$ をみたし，かつ $\ddot{\gamma}(c)$ と $\dddot{\gamma}(c)$ が一次独立となることである．

標準的な 3/2-カスプ $\gamma_0(t)$ が，$t = 0$ でこの判定条件をみたしていることは容易に確かめることができる．§1 で紹介したアステロイドの助変数表示 (1.4) により，区間 $(-\pi, \pi]$ に現れる特異点は $t = -\pi/2, 0, \pi/2, \pi$ である．この場合に，曲線の 2 階と 3 階の微分を求めると，これらはすべて 3/2-カスプになることが

16)　座標変換の定義は，§2（19 ページ）を参照．

わかる．

3/2-カスプ以外の特異点が平面曲線に現れる場合もある．たとえば，曲線 $\sigma(t)=(t^2,\ t^5)$ には，$t=0$ において，5/2-カスプとよばれる特異点が現れるが，これは定理 B-8.1 の 3/2-カスプの判定条件をみたさない．実際，図 B-8.1 からも，5/2-カスプの方が 3/2-カスプより鋭くとがっており，性質の異なる特異点であることが直観的に理解できるだろう．

曲面に現れる特異点　§6（68 ページ）では，曲面に現れる 4 種類の特異点の標準形

$$\text{(B-8.1)}\qquad \begin{aligned} &p_0(u,v):=(u^2,\ uv,\ v) && (\text{交叉帽子}),\\ &p_1(u,v):=(u,\ v^2,\ v^3) && (\text{カスプ辺}),\\ &p_2(u,v):=(3u^4+u^2v,\ -4u^3-2uv,\ v) && (\text{ツバメの尾}),\\ &p_3(u,v):=(u,\ v^2,\ uv^3) && (\text{カスプ状交叉帽子}) \end{aligned}$$

を紹介した．いま，曲面 $p(u,v)$ が $(u_0,\ v_0)$ に特異点をもつとき，もしも，座標平面 $\boldsymbol{R}^2$ の原点の近傍 U_0 から (u_0,v_0) の近傍 U への微分同相写像 $\varphi: U_0 \longrightarrow U$ と，$\boldsymbol{R}^3$ の原点の近傍 V_0 から $p(u_0,v_0)$ の近傍 V への微分同相写像 $\Phi: V_0 \longrightarrow V$ があって

$$\Phi^{-1}\circ p\circ\varphi$$

を，ちょうど (B-8.1) の標準形の 1 つ（たとえば交叉帽子）に一致させることができるとき，その特異点を，その一致した特異点の名（たとえば交叉帽子）でよぶことにする．

与えられた特異点が，交叉帽子，カスプ辺，ツバメの尾となるための判定条件とその応用を紹介しよう[17]．

交叉帽子の判定条件　交叉帽子については，以下の判定条件が知られている（参考文献 [41] の 4.4 節あるいは [40] の定理 3.14 参照）．

17）カスプ状交叉帽子の判定条件については，次の論文を参照されたい：S. Fujimori, K. Saji, M. Umehara and K. Yamada: "Singularities of maximal surfaces", Mathematische Zeitschrift, vol. 259 (2008), 827-848.

命題 B-8.2（**ホイットニーの判定条件**）　曲面 $p(u, v)$ は $(u, v) = (u_0, v_0)$ に特異点をもち，しかも $p_u(u_0, v_0) = \mathbf{0}$ をみたしているとする．このとき (u_0, v_0) が交叉帽子であるための必要十分条件は，$\det(p_v, p_{uu}, p_{uv})$ が (u_0, v_0) で 0 にならないことである．

実際，交叉帽子特異点では，uv 座標系の適当な回転で $p_u = \mathbf{0}$ とすることができるので，この判定条件の仮定をみたすように座標をとるのは容易である．

例 B-8.3　標準的な交叉帽子 $p(u, v) = (u^2, uv, v)$ では $p_u(0, 0) = \mathbf{0}$ であり，

$$p_v = (0, u, 1), \qquad p_{uu} = (2, 0, 0), \qquad p_{uv} = (0, 1, 0)$$

となる．とくに $u = 0$ のとき 3 つのベクトルは一次独立であるから，命題 B-8.2 の条件をみたしていることがわかる．

カスプ辺・ツバメの尾の判定条件　　まず，記号を準備しておく．2 変数関数 $f(u, v)$ に対して，その勾配ベクトル場を $\nabla f := (f_u, f_v)$ と記す．さらに，平面ベクトル $\boldsymbol{w} = (\alpha, \beta)$ に対して

$$f_w := \alpha f_u + \beta f_v \ (= \nabla f \cdot \boldsymbol{w})$$

とおく．これは，f の $\boldsymbol{w}$ 方向の**方向微分**を表す．同様にして，曲面 $p(u, v)$ と平面ベクトル $\boldsymbol{w} = (\alpha, \beta)$ に対しても

$$p_w := \alpha p_u + \beta p_v$$

と定める．カスプ辺とツバメの尾に共通の特徴として以下が成り立つ（参考文献 [40] 参照）．

(B-8.2)　p_u と p_v の両方に直交する大きさ 1 のベクトルを**単位法線ベクトル**とよぶことにすると，曲面の単位法線ベクトル場 ν は，特異点上にまで，なめらかなベクトル場として拡張される[18]．

(B-8.3)　関数 $\lambda := \det(p_u, p_v, \nu)$ は特異点で 0 になるが，勾配ベクトル $\nabla\lambda$ は特異点上で 0 にならない．

ここで，曲面 $p(u, v)$ の定義域を $U (\subset \boldsymbol{R}^2)$ とし，点 $(u_0, v_0) \in U$ が条件 (B-8.2),

18)　交叉帽子は，特異点集合への近づき方によって単位法線ベクトルが異なるベクトルに近づくので，この性質をみたしていない．

(B-8.3) をみたしているとする．このとき，(B-8.3) の関数 λ を用いると，U 上における p の特異点の集合（特異点集合）は

$$\{(u, v) \in U \mid \lambda(u, v) = 0\}$$

となり，陰関数 $\lambda(u, v) = 0$ によって表される．$\nabla\lambda \neq 0$ なので，陰関数定理（付録 A-1，定理 A-1.6，§1 参照）より，特異点集合は uv 平面上の正則曲線（6 ページ参照）となる．この曲線を**特異曲線**という．いま $\gamma(t) = (u(t), v(t))$ によって特異曲線を助変数表示しておく．条件 (B-8.3) から，特異点（特異曲線上の点）$\gamma(t)$ において p_u, p_v は一次従属 かつ 同時に $\mathbf{0}$ にならないことがわかる．

実際，行列式の微分公式（付録 A-3 の命題 A-3.7）によって

$$\lambda_u = \det(p_u, p_v, \nu)_u = \det(p_{uu}, p_v, \nu) + \det(p_u, p_{vu}, \nu) + \det(p_u, p_v, \nu_u)$$

となるが，右辺は $p_u = p_v = \mathbf{0}$ であるならば 0 になる．λ_v についても同様であるから，$p_u = p_v = \mathbf{0}$ であるならば $\lambda_u = \lambda_v = 0$ となり，条件 (B-8.3) に反する．よって，p_u, p_v は同時に $\mathbf{0}$ にならない．

したがって，各 t に対してベクトル $\eta(t) = (a(t), b(t))\,(\neq (0, 0))$ が，スカラー倍を除いて一意に定まり

(B-8.4) $$p_{\eta(t)} = a(t)\, p_u(\gamma(t)) + b(t)\, p_v(\gamma(t)) = \mathbf{0}$$

となる．このベクトル $\eta(t)$ を特異点 $\gamma(t)$ における**退化ベクトル**とよぶ．さらに $\eta(t)$ を t に関してなめらかに選んだとき，$\eta(t)$ を**退化ベクトル場**という．

すると，カスプ辺やツバメの尾は

(B-8.5) 特異点において単位法線ベクトル場 ν の退化ベクトル方向の微分が消えない，つまり $\nu_{\eta(t)} \neq \mathbf{0}$

という性質をもつ．以上の状況のもと，

(B-8.6) $$\mu(t) := \det(\dot{\gamma}(t), \eta(t)) = \dot{u}(t)\, b(t) - \dot{v}(t)\, a(t)$$

と定める．ただし，“ $\dot{}$ ” は t に関する微分を表す．

命題 B-8.4（**カスプ辺・ツバメの尾の判定条件**[19]） 曲面 $p(u, v)$ は $(u, v) =$

---

19) M. Kokubu, W. Rossman, K. Saji, M. Umehara and K. Yamada : “Singularities of flat fronts in hyperbolic 3-space”, Pacific Journal of Mathematics, vol. 221 (2005), 303 - 351.

(u_0, v_0) に特異点をもち，その近傍で (B-8.2), (B-8.3), (B-8.5) をみたしているとする．このとき，曲面 $p(u, v)$ が

（1） (u_0, v_0) $(=\gamma(t_0))$ がカスプ辺に対応することと，$\mu(t_0) \neq 0$，すなわち $\dot{\gamma}$ と η が一次独立であることは同値である．

（2） (u_0, v_0) がツバメの尾に対応することと，$t = t_0$ で $\mu(t_0) = 0$，かつ $\dot{\mu}(t_0) \neq 0$ となることが同値である．

式 (B-8.1) で与えた標準的なカスプ辺 p_1 と標準的なツバメの尾 p_2 が，命題 B-8.4 の判定条件をみたしていることは，簡単に確かめられる（節末の問題 **3**, **4** 参照）．ここでは，もう少し非自明な例を紹介する．

例 B-8.5（**$K = -1$ の回転面に現れる特異点**） 付録 B-7 の擬球面の母線 (B-7.2) は，$u = \log\cosh\tilde{u}$ $(\tilde{u} > 0)$ なる助変数変換を行うと，$(x(\tilde{u}), z(\tilde{u})) = (1/\cosh\tilde{u}, \tilde{u} - \tanh\tilde{u})$ と表すことができる．この $x(\tilde{u}), z(\tilde{u})$ は $\tilde{u} \leqq 0$ の範囲までなめらかな関数として拡張できるので，この曲線を回転させることで，図 B-7.1 左に描かれた擬球面は，これを xy 平面に関して折り返して拡張した曲面にまで，C^∞ 級写像として拡張することができる．

$$p(\tilde{u}, v) = \left(\frac{\cos v}{\cosh\tilde{u}}, \frac{\sin v}{\cosh\tilde{u}}, \tilde{u} - \tanh\tilde{u}\right). \qquad \text{(B-8.7)}$$

この曲面は $\tilde{u} = 0$ なる点に特異点をもち，これはカスプ辺となる（図 B-8.2 左）．以下で，このことを示そう．

$$p_{\tilde{u}} = \tanh\tilde{u}\left(-\frac{\cos v}{\cosh\tilde{u}}, -\frac{\sin v}{\cosh\tilde{u}}, \tanh\tilde{u}\right), \qquad p_v = \frac{1}{\cosh\tilde{u}}(-\sin v, \cos v, 0)$$

となり

$$p_{\tilde{u}} \times p_v = -\frac{\tanh\tilde{u}}{\cosh\tilde{u}}\left(\tanh\tilde{u}\cos v, \tanh\tilde{u}\sin v, \frac{1}{\cosh\tilde{u}}\right)$$

となるので，

$$\nu := \left(\tanh\tilde{u}\cos v, \tanh\tilde{u}\sin v, \frac{1}{\cosh\tilde{u}}\right)$$

とすると，ν はすべての $(\tilde{u}, v)$ に対してなめらかに定義される単位法線ベクトルとなり，(B-8.2) が成り立つ．さらに

$$\lambda := \det(p_{\tilde{u}}, p_v, \nu) = -\frac{\tanh\tilde{u}}{\cosh\tilde{u}}$$

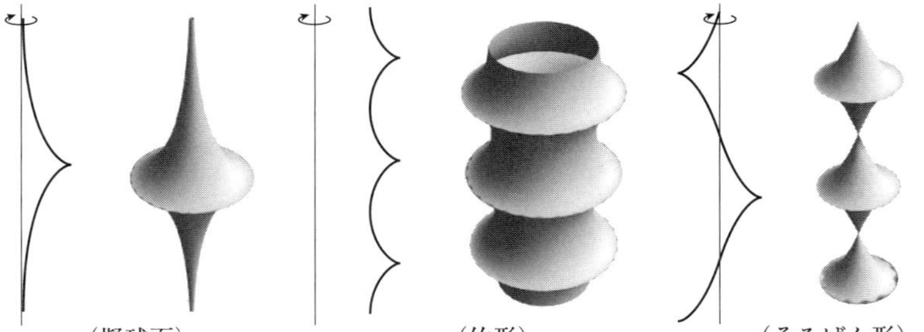

図 B-8.2　ガウス曲率 -1 の 3 種類の回転面の拡張

なので，特異点集合は $\tilde{u}=0$ で表され，その各点で (B-8.3) が成り立つことがわかる．また $\tilde{u}=0$ のとき $p_{\tilde{u}}=0$ なので，$\tilde{u}v$ 平面上で退化ベクトル場は $\eta=(1,0)$ と表され，$\tilde{u}=0$ で $\nu_\eta=\nu_{\tilde{u}}\neq\mathbf{0}$，すなわち (B-8.5) が成り立つ．特異曲線は $\gamma(t)=(0,t)$ と表されるので $\dot{\gamma}$ と η は一次独立となり，命題 B-8.4 から，特異点はすべてカスプ辺であることがわかる．

付録 B-7 で与えた残りの 2 種類の回転面も，特異点をもつ曲面に拡張することができる（図 B-8.2 中央・右）．

例 B-8.6　曲面 $p:\boldsymbol{R}^2\to\boldsymbol{R}^3$ を

$$p(u,v)=$$

$$\left(\frac{2(\cos u+u\sin u)\cosh v}{u^2+\cosh^2 v},\ \frac{2(\sin u-u\cos u)\cosh v}{u^2+\cosh^2 v},\ v-\frac{2\sinh v\cosh v}{u^2+\cosh^2 v}\right)$$

で定める．これは**クエン**[20]**曲面**とよばれる曲面である（図 B-8.3）．この曲面は正則点で定ガウス曲率 -1 をもつ（節末の問題 **6** 参照）．この曲面が 2 つのツバメの尾とカスプ辺をもつことを確かめよう．この曲面に対して

$$\alpha:=u^2+\cosh^2 v,\qquad \beta:=u^2-\cosh^2 v \tag{B-8.8}$$

とおくと，

20)　Kuen, Theodor : " Flächen von constantem Krümmungsmaass ", Sitsungsbar. d. Königl. Akad. Bayer. Wiss. Math - phys. Klasse, Heft II, (1884), 193 - 206.

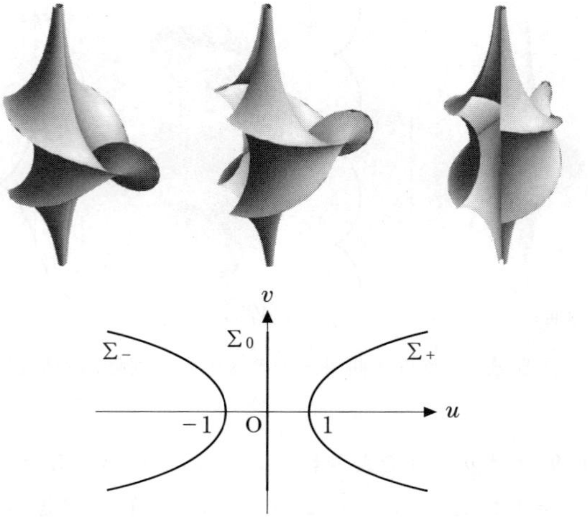

図 B-8.3 クエン曲面と特異点集合

$$p_u = \frac{2u\cosh v}{\alpha^2}\bigl(\,(\alpha-2)\cos u - 2u\sin u,\ (\alpha-2)\sin u + 2u\cos u,\ 2\sinh v\,\bigr),$$

$$p_v = \frac{2\beta}{\alpha^2}\bigl(\,\sinh v(\cos u + u\sin u),\ \sinh v\,(\sin u - u\cos u),\ (\beta+2)/2\,\bigr)$$

となるので,

$$\text{(B-8.9)}\qquad \nu := \frac{1}{\alpha}\bigl(\,2u\cos u + \beta\sin u,\ 2u\sin u - \beta\cos u,\ -2u\sinh v\,\bigr)$$

とおくと $\nu\cdot\nu = 1$, $\nu\cdot p_u = \nu\cdot p_v = 0$ であることが確かめられるので, ν は単位法線ベクトル場を与える. したがって (B-8.2) が成り立っていることがわかる. さらに, (B-8.3) の λ は

$$\lambda = \det(p_u, p_v, \nu) = \frac{2u\beta\cosh v}{\alpha^2} = \frac{2u(u^2-\cosh^2 v)\cosh v}{(u^2+\cosh^2 v)^2}$$

となるので, 特異点集合は uv 平面上の 3 つの曲線

$$\Sigma_0 := \{u = 0\},\qquad \Sigma_+ := \{u = \cosh v\},\qquad \Sigma_- := \{u = -\cosh v\}$$

の合併集合 $\Sigma_0 \cup \Sigma_+ \cup \Sigma_-$ である (図 B-8.3 下). とくに, 特異点集合上で $\lambda_u \neq 0$ が成り立つので, (B-8.3) が確かめられる.

これらの特異点のうち $(u, v) = (\pm 1, 0)$ の 2 点はツバメの尾となることを確かめよう．

以下，特異曲線Σ_+に注目する．Σ_+では$u = \cosh v$となるから(B-8.8)の$\beta = 0$となり，$p_v = \mathbf{0}$を得る．したがって，退化ベクトル場は$\eta = (0, 1)$である．すると，方向微分ν_ηは

$$\nu_\eta = \nu_v = -\frac{2}{\alpha^2}\big(2u(\cos u + u\sin u)\sinh v\cosh v,\ 2u(\sin u - u\cos u)\sinh v\cosh v,\ 2u\cosh v(2-\beta)\big),$$

したがって

$$|\nu_\eta|^2 = \frac{4u^2\cosh^2 v}{\alpha^2} = \frac{4u^2\cosh^2 v}{(u^2+\cosh^2 v)^2}$$

なので，Σ_+上でν_ηは$\mathbf{0}$にならない．すなわち，(B-8.5)が確かめられた．特異曲線Σ_+は$\gamma(t) = (\cosh t, t)$とパラメータ表示できるので，$\eta = (0, 1)$と合わせて(B-8.6)の関数μは$\mu(t) = \sinh t$となる．とくに$\mu(0) = 0$，$\dot{\mu}(0) \neq 0$だから，命題B-8.4の（2）より，$\gamma(0) = (1, 0)$はツバメの尾である．同様にして，Σ_-上の点$(-1, 0)$もツバメの尾であることが確かめられる．

また，命題B-8.4を用いれば，$(u, v) = (\pm 1, 0)$以外のすべての特異点はカスプ辺であることもわかる．

問題 B-8

1. §1の問題**4**のサイクロイドに現れる特異点が3/2-カスプであることを示せ．
2. 曲線$\gamma(s) = (1 - \sin s)(\cos s, \sin s)$は$s = \pi/2$に特異点をもつが，これは3/2-カスプであることを示せ．（γは§3の図3.2（iii）の曲線$\sigma_{1/2}$で，**カージオイド**（心臓形）とよばれる．）
3. 標準的なカスプ辺（式(B-8.1)のp_1）の特異点はカスプ辺であることを，命題B-8.4を用いて確かめよ．
4. 標準的なツバメの尾（式(B-8.1)のp_2）の特異点集合は，uv平面の放物線$v = -6u^2$であり，とくに$(0, 0)$はツバメの尾，それ以外の特異点はカスプ辺になることを，命題B-8.4を用いて確かめよ．

5. つるまき線

$\gamma(t) = (a\cos t, a\sin t, bt)$ $(a, b \neq 0)$（§5 の例 5.1 参照）

に対して，その接線曲面（付録 B-4 の定理 B-4.1 参照）

$$p(u, v) := \gamma(u) + v\,\dot{\gamma}(u)$$

の特異点はカスプ辺であることを示せ（右図）．

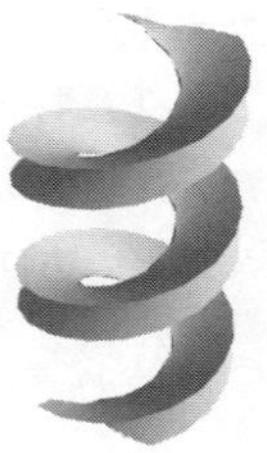

6. 例 B-8.6 のクエン曲面は，正則点でガウス曲率が -1 となることを示せ．

B-9 曲面論の基本定理の証明

この節では，第 III 章の§16 で紹介した曲面論の基本定理 16.2 の証明を行う．

準備　以下の記号を用意しておく．実数を成分とする n 次正方行列全体の集合を $\mathrm{M}_n(\boldsymbol{R})$ と書く[21]．$\boldsymbol{R}^2$ の領域 D から $\mathrm{M}_n(\boldsymbol{R})$ への写像 $\mathcal{F}: D \longrightarrow \mathrm{M}_n(\boldsymbol{R})$（行列値関数）が C^∞ 級であるとは，$\mathcal{F}$ の n^2 個の各成分が D 上で定義された C^∞ 級関数となることである．また，実数を成分とする n 次正則行列全体の集合を $\mathrm{GL}_n(\boldsymbol{R})$ と書く．つまり

$$\mathrm{GL}_n(\boldsymbol{R}) := \{A \in \mathrm{M}_n(\boldsymbol{R}) \mid \det A \neq 0\}$$

とおく[22]．以下，$n \geqq 1$ を正の整数とする．uv 平面 $\boldsymbol{R}^2$ の領域 D 上で定義された 2 つの C^∞ 級写像

$$\Omega: D \longrightarrow \mathrm{M}_n(\boldsymbol{R}), \qquad \Lambda: D \longrightarrow \mathrm{M}_n(\boldsymbol{R})$$

に対して，行列値の未知関数 $\mathcal{F}: D \longrightarrow \mathrm{M}_n(\boldsymbol{R})$ に関する微分方程式

$$\text{(B-9.1)} \qquad \begin{cases} \mathcal{F}_u = \mathcal{F}\Omega, \\ \mathcal{F}_v = \mathcal{F}\Lambda \end{cases}$$

21）M は行列 matrix の頭文字である．

22）$\mathrm{GL}_n(\boldsymbol{R})$ は行列の積に関して群をなし，一般線形群（general linear group）とよばれる．“GL” は general linear の頭文字である．

を考える．§16 の微分方程式 (16.3) は，$n=3$ の場合になっている．まず，以下の補題を示そう．

補題 B-9.1 もし $\mathcal{F}: D \longrightarrow \mathrm{GL}_n(\boldsymbol{R})$ が (B-9.1) をみたしているならば，Ω と Λ は以下の関係式をみたす．

(B-9.2)
$$\Lambda\,\Omega + \Omega_v = \Omega\,\Lambda + \Lambda_u.$$

条件 (B-9.2) を微分方程式 (B-9.1) の**可積分条件**[23]または**適合条件**という．

［**証明**］ (B-9.1) の第 1 式を v で微分することにより

$$\mathcal{F}_{uv} = (\mathcal{F}_u)_v = (\mathcal{F}\Omega)_v = \mathcal{F}_v\,\Omega + \mathcal{F}\Omega_v = (\mathcal{F}\Lambda)\Omega + \mathcal{F}\Omega_v = \mathcal{F}(\,\Lambda\Omega + \Omega_v\,)$$

となる．同様に第 2 式を u で微分することにより

$$\mathcal{F}_{vu} = (\mathcal{F}_v)_u = (\mathcal{F}\Lambda)_u = \mathcal{F}_u\Lambda + \mathcal{F}\Lambda_u = \mathcal{F}(\,\Omega\,\Lambda + \Lambda_u\,)$$

を得る．ここで，行列値関数の積の微分公式（付録 A-3 の命題 A-3.5）を用いた．$\mathcal{F}$ は C^∞ 級なので $\mathcal{F}_{uv} = \mathcal{F}_{vu}$ が成り立つから，$\mathcal{F}$ が正則であることに注意すれば，

$$\Lambda\,\Omega + \Omega_v = \mathcal{F}^{-1}\mathcal{F}_{uv} = \mathcal{F}^{-1}\mathcal{F}_{vu} = \Omega\,\Lambda + \Lambda_u$$

が得られる． □

補題 B-9.1 より，微分方程式 (B-9.1) が解 $\mathcal{F}: D \longrightarrow \mathrm{GL}_n(\boldsymbol{R})$ をもつためには，可積分条件 (B-9.2) が必要であることがわかったが，以下に紹介する定理 B-9.4 のように，その逆が成り立つ．まず，特別な場合として次を示そう．

命題 B-9.2 $D := \{\,(u,v) \in \boldsymbol{R}^2 \,|\, |u| < a, |v| < b\,\}$ $(a, b > 0)$ を uv 平面上の長方形領域とする．行列 $P \in \mathrm{M}_n(\boldsymbol{R})$ を 1 つとる．もしも，C^∞ 級の行列値関数 $\Omega, \Lambda : D \longrightarrow \mathrm{M}_n(\boldsymbol{R})$ が可積分条件 (B-9.2) をみたせば，微分方程式 (B-9.1) をみたす行列値関数 $\mathcal{F}: D \longrightarrow \mathrm{M}_n(\boldsymbol{R})$ で，初期条件

(B-9.3)
$$\mathcal{F}(0,0) = P$$

をみたすものが一意的に存在する[24]．

23） 定理 B-9.4 で示すように，この条件がみたされれば，(B-9.1) をみたす $\mathcal{F}$ が存在する．これが可積分条件という言葉の由来である．

24） もし P が正則行列ならば，定理 B-9.4 で定まる $\mathcal{F}$ は $\mathrm{GL}_n(\boldsymbol{R})$ に値をもつことが知られている（参考文献 [29] 参照）．本書では，この事実の代わりに系 B-9.3 を用いる．

[証明] まず，解の一意性を示す．もし，結論のような $\mathcal{F}$ が存在したと仮定すると，$\mathcal{F}$ の u 軸への制限 $f(u) := \mathcal{F}(u, 0)$ は，線形常微分方程式の初期値問題

$$\text{(B-9.4)} \qquad \frac{df}{du}(u) = f(u)\,\Omega(u, 0), \qquad f(0) = P$$

の解であるから，付録 A-2 の定理 A-2.2 の一意性の部分により，$f(u)$ はただ 1 つに定まる．次に，u を固定して，$\mathcal{F}(u, v)$ を v の関数と考えると，これは線形常微分方程式の初期値問題

$$\text{(B-9.5)} \qquad \frac{d\mathcal{F}}{dv}(u, v) = \mathcal{F}(u, v)\Lambda(u, v), \qquad \mathcal{F}(u, 0) = f(u)$$

をみたすから，再び定理 A-2.2 の一意性より，$\mathcal{F}(u, v)$ はただ 1 つに定まる．これで解の一意性が示された．

次に，解 $\mathcal{F}$ の存在を示す．線形常微分方程式の解の存在定理（定理 A-2.2）により (B-9.4) をみたす $f(u)\,(|u| < a)$ が存在する．さらに，再び定理 A-2.2 を適用すると (B-9.5) をみたす $\mathcal{F}(u, v)$ $(|u| < a, |v| < b)$ が存在する．微分方程式 (B-9.5) の係数行列 Λ はパラメータ u を含んでいるが，線形常微分方程式の解のパラメータに関する微分可能性（定理 A-2.2 後半の主張）から，$\mathcal{F}(u, v)$ は (u, v) の関数として C^∞ 級である．このようにして得られた $\mathcal{F}$ は，その構成法により初期条件 (B-9.3) と (B-9.1) の第 2 式をみたす．したがって，(B-9.1) の第 1 式がみたされることを示せばよい．そこで

$$\mathcal{G} := \mathcal{F}_u - \mathcal{F}\Omega$$

とおく．$\mathcal{F}$ が (B-9.1) の第 2 式をみたすので

$$\mathcal{G}_v = \mathcal{F}_{uv} - \mathcal{F}_v\,\Omega - \mathcal{F}\Omega_v = (\mathcal{F}_v)_u - \mathcal{F}\Lambda\Omega - \mathcal{F}\Omega_v = (\mathcal{F}\Lambda)_u - \mathcal{F}(\Lambda\Omega + \Omega_v)$$

であるが，可積分条件 (B-9.2) を用いると

$$\mathcal{G}_v = \mathcal{F}_u\Lambda + \mathcal{F}\Lambda_u - \mathcal{F}(\Omega\Lambda + \Lambda_u) = \mathcal{F}_u\Lambda - \mathcal{F}\Omega\Lambda = \mathcal{G}\Lambda$$

となる．ここで $\mathcal{F}$ の構成法から

$$\mathcal{G}(u, 0) = \mathcal{F}_u(u, 0) - \mathcal{F}(u, 0)\,\Omega(u, 0) = \frac{df(u)}{du} - f(u)\,\Omega(u, 0) = O$$

であるから，各 u を固定するごとに，$\mathcal{G}$ は線形常微分方程式の初期値問題

$$\text{(B-9.6)} \qquad \frac{d\mathcal{G}}{dv}(u, v) = \mathcal{G}(u, v)\,\Lambda(u, v), \qquad \mathcal{G}(u, 0) = O$$

の解となる．ところが線形常微分方程式 (B-9.6) は，自明な解として恒等的に O

となるものをもつので，解の一意性により $\mathcal{F}_u - \mathcal{F}\Omega = \mathcal{G} = O$ であることがわかり，(B-9.1) の第 1 式が成り立つことが示された． □

系 B-9.3 命題 B-9.2 において Ω, Λ が交代行列であるとし，初期値の行列 P が直交行列ならば，各 $(u, v) \in D$ に対して $\mathcal{F}(u, v)$ は直交行列となる．

［**証明**］ 命題 B-9.2 の証明の中の (B-9.4) を用いて，

$$\begin{aligned}\frac{d}{du}\left(f(u)\,{}^t f(u)\right) &= \frac{df(u)}{du}\,{}^t f(u) + f(u)\,\frac{d\,{}^t f(u)}{du}\\ &= f(u)\,\Omega(u,0)\,{}^t f(u) + f(u)\,{}^t\Omega(u,0)\,{}^t f(u)\\ &= f(u)\,\Omega(u,0)\,{}^t f(u) - f(u)\,\Omega(u,0)\,{}^t f(u) = O\end{aligned}$$

であるから，とくに $f(u)\,{}^t f(u)$ は u によらないので，

$$f(u)\,{}^t f(u) = f(0)\,{}^t f(0) = P\,{}^t P = I$$

となる．ここで I は n 次単位行列である．よって，$f(u)$ は直交行列である．

次に (B-9.5) により

$$\begin{aligned}\left(\mathcal{F}(u,v)\,{}^t\mathcal{F}(u,v)\right)_v &= \mathcal{F}_v(u,v)\,{}^t\mathcal{F}(u,v) + \mathcal{F}(u,v)\,{}^t\mathcal{F}_v(u,v)\\ &= \mathcal{F}(u,v)\,\Lambda(u,v)\,{}^t\mathcal{F}(u,v) + \mathcal{F}(u,v)\,{}^t\Lambda(u,v)\,{}^t\mathcal{F}(u,v)\\ &= \mathcal{F}(u,v)\,\Lambda(u,v)\,{}^t\mathcal{F}(u,v) - \mathcal{F}(u,v)\,\Lambda(u,v)\,{}^t\mathcal{F}(u,v) = O\end{aligned}$$

であるから，とくに $\mathcal{F}(u,v)\,{}^t\mathcal{F}(u,v)$ は v によらないので，$v=0$ として，$f(u) = \mathcal{F}(u, 0)$ が直交行列であることに注意すると

$$\mathcal{F}(u,v)\,{}^t\mathcal{F}(u,v) = f(u)\,{}^t f(u) = I$$

となる．よって，$\mathcal{F}(u, v)$ が直交行列であることがわかった． □

命題 B-9.2 は，以下のように，一般の単連結領域に拡張することができる．

定理 B-9.4 (u_0, v_0) を uv 平面上の単連結領域 $D \subset \boldsymbol{R}^2$ の固定点とし，n 次の正則行列 P をとる．もしも，2 つの C^∞ 級行列値関数 $\Omega,\ \Lambda : D \longrightarrow \mathrm{M}_n(\boldsymbol{R})$ が，可積分条件 (B-9.2) をみたせば，C^∞ 級行列値関数 $\mathcal{F} : D \longrightarrow \mathrm{M}_n(\boldsymbol{R})$ で初期条件 $\mathcal{F}(u_0, v_0) = P$ かつ 微分方程式 (B-9.1) をみたすものが一意的に存在する．

さらに，Ω, Λ が交代行列に値をとる行列値関数で，P が直交行列ならば，$\mathcal{F}$ は直交行列に値をとる．

この定理を証明する準備として，以下の補題を用意する．

補題 B-9.5　(u_0, v_0) を uv 平面上の単連結領域 $D \subset \boldsymbol{R}^2$ の固定点とすると，この点 (u_0, v_0) を st 平面上の原点 $(0, 0)$ へ写す微分同相写像 $\Phi : D \longrightarrow D_0$ が存在する．ただし，$D_0 = \{(s, t) \in \boldsymbol{R}^2 \mid s^2 + t^2 < 1\}$ である．

[証明]　uv 平面と st 平面をともに複素平面 $\boldsymbol{C}$ と同一視すると，単位円板は $D_0 = \{z \in \boldsymbol{C} \mid |z| < 1\}$ と書ける．もし D が $\boldsymbol{R}^2$ と一致しなければ，リーマンの写像定理[25)]より，D を D_0 に写す双正則写像 Ψ が存在する．すなわち $\Psi : D \longrightarrow D_0$ は全単射で逆写像も正則である．とくに，Ψ は D から D_0 への微分同相写像である．また，$D = \boldsymbol{R}^2$ のときは，

$$\Psi(u, v) = \frac{1}{\sqrt{1 + u^2 + v^2}}(u, v)$$

とすれば，$\Psi : \boldsymbol{R}^2 \longrightarrow D_0$ は微分同相写像である．

次に，複素数 $\alpha := \Psi(u_0, v_0) \in D_0$ に対して

$$T(z) = \frac{z - \alpha}{1 - \bar{\alpha} z}$$

なるメビウス変換（§4 参照）を考えると，T は D_0 から D_0 への微分同相写像で $T(\alpha) = 0$ となる．したがって，$\Phi := T \circ \Psi$ が目的の微分同相写像を与える．　□

以上の準備のもと，定理 B-9.4 を示す．

[定理 B-9.4 の証明]　補題 B-9.5 により，微分同相写像 $\Phi_1 : D \longrightarrow D_0$ で $\Phi_1(u_0, v_0) = (0, 0)$ をみたすものが存在する．補題 B-9.5 をもう 1 回適用すると，正方形領域 $D_1 := \{(\xi, \eta) \in \boldsymbol{R}^2 \mid |\xi| < 1, |\eta| < 1\}$ を単位円板 D_0 へ写す微分同相写像 $\Phi_2 : D_1 \longrightarrow D_0$ で $\Phi_2(0, 0) = (0, 0)$ をみたすものが存在する．そこで

(B-9.7)　$$(u(\xi, \eta), v(\xi, \eta)) := \Phi_2^{-1} \circ \Phi_1(\xi, \eta)$$

とおくと，この座標変換によって，uv 平面上の領域 D は，$\xi\eta$ 平面上の正方形領域 D_1 に対応し，しかも点 (u_0, v_0) は $\xi\eta$ 平面上の原点に対応する．このとき方程式 (B-9.1) の変数を (ξ, η) にとりかえると，

---

25)　これは，複素関数論の重要な結果である．たとえば，参考文献 [33] 第 II 巻 IX 章 §13，[22] の第 6 章を参照．

(B-9.8) $$\mathcal{F}_\xi = \mathcal{F}\widetilde{\Omega}, \qquad \mathcal{F}_\eta = \mathcal{F}\widetilde{\Lambda}$$

と同値になる．ただし，

(B-9.9) $$\widetilde{\Omega} = u_\xi \Omega + v_\xi \Lambda, \qquad \widetilde{\Lambda} = u_\eta \Omega + v_\eta \Lambda$$

である．実際，$\mathcal{F}$ が (B-9.1) をみたすならば，

$$\mathcal{F}_\xi = u_\xi \mathcal{F}_u + v_\xi \mathcal{F}_v = \mathcal{F}(u_\xi \Omega + v_\xi \Lambda) = \mathcal{F}\widetilde{\Omega},$$
$$\mathcal{F}_\eta = u_\eta \mathcal{F}_u + v_\eta \mathcal{F}_v = \mathcal{F}(u_\eta \Omega + v_\eta \Lambda) = \mathcal{F}\widetilde{\Lambda}$$

となるので，(B-9.8) が成り立つ．逆に，(B-9.8) が成立しているならば，座標変換 $(\xi, \eta) \longmapsto (u, v)$ のヤコビ行列が正則であることに注意すると (B-9.1) が成り立つことがわかる（節末の問題 **1**）．

ここで (B-9.9) の $\widetilde{\Omega}$, $\widetilde{\Lambda}$ に対して

$$\begin{aligned}\widetilde{\Omega}\widetilde{\Lambda} + \widetilde{\Lambda}_\xi &= (u_\xi \Omega + v_\xi \Lambda)(u_\eta \Omega + v_\eta \Lambda) + (u_\eta \Omega + v_\eta \Lambda)_\xi \\ &= u_\xi u_\eta \Omega^2 + v_\xi v_\eta \Lambda^2 + u_\xi v_\eta (\Omega\Lambda + \Lambda_u) + v_\xi u_\eta (\Lambda\Omega + \Omega_v) \\ &\qquad + u_\xi u_\eta \Omega_u + v_\xi v_\eta \Lambda_v + u_{\xi\eta} \Omega + v_{\xi\eta} \Lambda\end{aligned}$$

となり，また同様の式変形で

$$\begin{aligned}\widetilde{\Lambda}\widetilde{\Omega} + \widetilde{\Omega}_\eta = u_\xi u_\eta \Omega^2 + v_\xi v_\eta \Lambda^2 + u_\xi v_\eta (\Lambda\Omega + \Omega_v) + v_\xi u_\eta (\Omega\Lambda + \Lambda_u) \\ + u_\xi u_\eta \Omega_u + v_\xi v_\eta \Lambda_v + u_{\xi\eta} \Omega + v_{\xi\eta} \Lambda\end{aligned}$$

が得られるが，仮定から (B-9.1) の可積分条件 (B-9.2) が成立しているので，(B-9.8) の可積分条件もみたされる．したがって，命題 B-9.2 により，行列値関数 $\mathcal{F} : D_1 \longrightarrow \mathrm{M}_n(\boldsymbol{R})$ で (B-9.8) と初期条件 $\mathcal{F}(0, 0) = P$ をみたすものがただ 1 つ存在する．とくに系 B-9.3 より，Ω と Λ が交代行列で，初期値行列 P が直交行列ならば，$\mathcal{F}$ は直交行列に値をとる． □

さらに，次の補題を用意する．

補題 B-9.6 領域 $D \subset \boldsymbol{R}^2$ 上で定義された，正則行列に値をもつ C^∞ 級関数 $\zeta : D \longrightarrow \mathrm{GL}_n(\boldsymbol{R})$ を考える．このとき $\mathcal{F} : D \longrightarrow \mathrm{M}_n(\boldsymbol{R})$ が方程式 (B-9.1) をみたすことと，$\widehat{\mathcal{F}} := \mathcal{F}\zeta$ が次をみたすことは同値である．

(B-9.10) $$\widehat{\mathcal{F}}_u = \widehat{\mathcal{F}}\widehat{\Omega}, \qquad \widehat{\mathcal{F}}_v = \widehat{\mathcal{F}}\widehat{\Lambda}.$$

ただし，

(B-9.11) $$\widehat{\Omega} = \zeta^{-1}\Omega\zeta + \zeta^{-1}\zeta_u, \qquad \widehat{\Lambda} = \zeta^{-1}\Lambda\zeta + \zeta^{-1}\zeta_v,$$

とする．さらに，以下の条件は (B-9.2) に同値である．

(B-9.12) $$\widehat{\Lambda}\,\widehat{\Omega}+\widehat{\Omega}_v=\widehat{\Omega}\,\widehat{\Lambda}+\widehat{\Lambda}_u$$

この補題は直接計算で確かめられるので証明は省略する（節末の問題**2**).

曲面論の基本定理の証明　曲面論の基本定理16.2の仮定のように，uv平面上の単連結領域D上で定義されたC^∞級関数E, F, G, L, M, Nから行列値関数Ω, Λを定める．以下，単連結領域D上の点(u_0, v_0)を固定しておく．

[曲面論の基本定理16.2の証明（一意性）]　2つの曲面$p, \widetilde{p}$の第一基本量，第二基本量がともにE, F, G, L, M, Nであるとする．このとき，pと$\widetilde{p}$が合同であることを示せばよい．平行移動により$p(u_0, v_0)=\widetilde{p}(u_0, v_0)=\mathbf{0}$としてよい．さらに，空間の回転により$p, \widetilde{p}$の単位法線ベクトル$\nu$, $\widetilde{\nu}$は(u_0, v_0)でともに$(0, 0, 1)$となり，$p_u(u_0, v_0)$，$\widetilde{p}_u(u_0, v_0)$がともに$(1, 0, 0)$の正の定数倍になるとしてよい．このとき，$p_v$，$\widetilde{p}_v$がそれぞれ$\nu$，$\widetilde{\nu}$に直交するので，$\mathcal{F}=(p_u, p_v, \nu)$と$\widetilde{\mathcal{F}}=(\widetilde{p}_u, \widetilde{p}_v, \widetilde{\nu})$は，第一基本量の定義より

(B-9.13) $$\mathcal{F}(u_0, v_0)=\frac{1}{\sqrt{E_0}}\begin{pmatrix} E_0 & F_0 & 0 \\ 0 & \delta_0 & 0 \\ 0 & 0 & \sqrt{E_0} \end{pmatrix}=\widetilde{\mathcal{F}}(u_0, v_0)$$

をみたす（節末の問題**3**）．ただし，E_0, F_0, δ_0はそれぞれE, F, $\delta:=\sqrt{EG-F^2}$の(u_0, v_0)の値である．

いま$\mathcal{F}$と$\widetilde{\mathcal{F}}$は同じ微分方程式(B-9.1)の初期条件(B-9.13)をみたす解であるから，定理B-9.4の一意性から$\mathcal{F}=\widetilde{\mathcal{F}}$．したがって，$p_u=\widetilde{p}_u$，$p_v=\widetilde{p}_v$が成り立ち，$p(u_0, v_0)=\widetilde{p}(u_0, v_0)=\mathbf{0}$なので$p=\widetilde{p}$を得る． □

[曲面論の基本定理16.2の証明（存在）]　条件をみたす曲面の存在を示す[26]．

まず，(16.4)に現れるa_{ij}は(16.2)で与えられるから，

---

26)　微分方程式(16.3)の初期条件(B-9.13)をみたす解$\mathcal{F}=(\varphi(u, v), \psi(u, v), \nu(u, v))$の存在から，$p_u=\varphi$，$p_v=\psi$となる曲面$p$の存在を示そうとすると，$\varphi$と$\psi$がともに$\nu$に直交することを示す際に困難が生じる．そこで，補題B-9.6を用い，以下のように微分方程式の解が直交行列になるような行列値関数ξを$\mathcal{F}$に掛けることで，この難点を乗り越えることにする．

(B-9.14)
$$L = E\,a_{11} + F\,a_{21}, \qquad N = F\,a_{12} + G\,a_{22},$$
$$M = F\,a_{11} + G\,a_{21} = E\,a_{12} + F\,a_{22}$$

が成り立っている．さらに次の補題が成り立つ．

補題 B-9.7　関数 E, F, G から (10.6) で定まる C^∞ 級関数 Γ_{ij}^k は次をみたす．

$$E_u = 2(E\,\Gamma_{11}^1 + F\,\Gamma_{11}^2), \qquad E_v = 2(E\,\Gamma_{12}^1 + F\,\Gamma_{12}^2),$$
$$F_u = E\,\Gamma_{12}^1 + F\,\Gamma_{12}^2 + F\,\Gamma_{11}^1 + G\,\Gamma_{11}^2,$$
$$F_v = E\,\Gamma_{22}^1 + F\,\Gamma_{22}^2 + F\,\Gamma_{12}^1 + G\,\Gamma_{12}^2,$$
$$G_u = 2(F\,\Gamma_{12}^1 + G\,\Gamma_{12}^2), \qquad G_v = 2(F\,\Gamma_{22}^1 + G\,\Gamma_{22}^2).$$

［証明］　式 (10.6) は
$$\begin{pmatrix} E & F \\ F & G \end{pmatrix}\begin{pmatrix} \Gamma_{11}^1 & \Gamma_{12}^1 & \Gamma_{22}^1 \\ \Gamma_{11}^2 & \Gamma_{12}^2 & \Gamma_{22}^2 \end{pmatrix} = \frac{1}{2}\begin{pmatrix} E_u & E_v & 2F_v - G_u \\ 2F_u - E_v & G_u & G_v \end{pmatrix}$$
と同値である（§ 11 の式 (11.2) 参照）から結論が得られる．　□

定理 16.2 の仮定から $EG - F^2 > 0$ が D 上で成り立つ（75 ページ参照）ので，

(B-9.15)
$$\delta := \sqrt{EG - F^2}$$

は D 上の C^∞ 級関数である．さらに，天下り式だが，$\zeta : D \longrightarrow \mathrm{M}_3(\boldsymbol{R})$ を

(B-9.16)
$$\zeta := \frac{1}{\delta\sqrt{E}}\begin{pmatrix} \delta & -F & 0 \\ 0 & E & 0 \\ 0 & 0 & \delta\sqrt{E} \end{pmatrix}$$

とおくと $\det\zeta = 1/\delta > 0$ だから，ζ は正則行列に値をもつ．

補題 B-9.8　$\mathcal{F} : D \longrightarrow \mathrm{M}_3(\boldsymbol{R})$ が (16.3) をみたすことと $\widehat{\mathcal{F}} := \mathcal{F}\zeta$ が

(B-9.17)
$$\widehat{\mathcal{F}}_u = \widehat{\mathcal{F}}\widehat{\Omega}, \qquad \widehat{\mathcal{F}}_v = \widehat{\mathcal{F}}\widehat{\Lambda}$$

をみたすことは同値である．ただし，

(B-9.18)
$$\begin{cases} \widehat{\Omega} := \dfrac{1}{E}\begin{pmatrix} 0 & -\delta\Gamma_{11}^2 & -L\sqrt{E} \\ \delta\Gamma_{11}^2 & 0 & -\delta\,a_{21}\sqrt{E} \\ L\sqrt{E} & \delta a_{21}\sqrt{E} & 0 \end{pmatrix}, \\ \widehat{\Lambda} := \dfrac{1}{E}\begin{pmatrix} 0 & -\delta\Gamma_{12}^2 & -M\sqrt{E} \\ \delta\Gamma_{12}^2 & 0 & -\delta\,a_{22}\sqrt{E} \\ M\sqrt{E} & \delta\,a_{22}\sqrt{E} & 0 \end{pmatrix} \end{cases}$$

である．とくに，$\widehat{\Omega}, \widehat{\Lambda}$ は交代行列に値をもつ．

［証明］ 補題 B-9.6 から，(16.4) の行列 Ω, Λ に対して，$\widehat{\Omega}$, $\widehat{\Lambda}$ を (B-9.11) のように定めれば，(16.3) と (B-9.17) が同値であることがわかるので，あとは $\widehat{\Omega}$ と $\widehat{\Lambda}$ が (B-9.18) の形に書けることを示せばよい．実際，

$$\zeta^{-1} = \frac{1}{\sqrt{E}}\begin{pmatrix} E & F & 0 \\ 0 & \delta & 0 \\ 0 & 0 & \sqrt{E} \end{pmatrix} \tag{B-9.19}$$

なので，(16.4) の形から

$$\zeta^{-1}\Omega\,\zeta =$$
$$\frac{1}{\delta E}\begin{pmatrix} \delta(E\,\Gamma_{11}^1 + F\,\Gamma_{11}^2) & -EF\,\Gamma_{11}^1 + E^2\,\Gamma_{12}^1 - F^2\,\Gamma_{11}^2 + EF\,\Gamma_{12}^2 & -\delta L\sqrt{E} \\ \delta^2\Gamma_{11}^2 & -\delta(F\,\Gamma_{11}^2 - E\,\Gamma_{12}^2) & -\delta^2 a_{21}\sqrt{E} \\ \delta L\sqrt{E} & \delta^2 a_{21}\sqrt{E} & 0 \end{pmatrix}$$

$$\zeta^{-1}\Lambda\,\zeta =$$
$$\frac{1}{\delta E}\begin{pmatrix} \delta(E\,\Gamma_{12}^1 + F\,\Gamma_{12}^2) & -EF\,\Gamma_{12}^1 + E^2\,\Gamma_{22}^1 - F^2\,\Gamma_{12}^2 + EF\,\Gamma_{22}^2 & -\delta M\sqrt{E} \\ \delta^2\Gamma_{12}^2 & -\delta(F\,\Gamma_{12}^2 - E\,\Gamma_{22}^2) & -\delta^2 a_{22}\sqrt{E} \\ \delta M\sqrt{E} & \delta^2 a_{22}\sqrt{E} & 0 \end{pmatrix}$$

が成り立つ．ここで，(1, 3)-成分には (B-9.14) を，(3, 2)-成分には (16.2) を適用した．一方，$\delta = \sqrt{EG - F^2}$ と補題 B-9.7 を用いれば

$$\zeta^{-1}\zeta_u = \begin{pmatrix} -\dfrac{E_u}{2E} & \dfrac{-E\,F_u + F\,E_u}{E} & 0 \\ 0 & \dfrac{-F^2\,E_u - E^2\,G_u + 2EF\,F_u}{2E\delta^2} & 0 \\ 0 & 0 & 0 \end{pmatrix}$$
$$= \frac{1}{\delta E}\begin{pmatrix} -\delta(E\,\Gamma_{11}^1 + F\,\Gamma_{11}^2) & EF\,\Gamma_{11}^1 - E^2\,\Gamma_{12}^1 + EF\,\Gamma_{12}^2 - (\delta^2 - F^2)\,\Gamma_{11}^2 & 0 \\ 0 & \delta(F\,\Gamma_{11}^2 - E\,\Gamma_{12}^2) & 0 \\ 0 & 0 & 0 \end{pmatrix}$$

$$\zeta^{-1}\zeta_v$$
$$= \frac{1}{\delta E}\begin{pmatrix} -\delta(E\,\Gamma_{12}^1 + F\,\Gamma_{12}^2) & EF\,\Gamma_{12}^1 - E^2\,\Gamma_{22}^1 + EF\,\Gamma_{22}^2 - (\delta^2 - F^2)\,\Gamma_{12}^2 & 0 \\ 0 & \delta(F\,\Gamma_{12}^2 - E\,\Gamma_{22}^2) & 0 \\ 0 & 0 & 0 \end{pmatrix}$$

となるので結論を得る． □

以上を用いて，曲面論の基本定理 16.2 に証明を与える．

曲面論の基本定理の証明（続き） 与えられた E, F, G, L, M, N に対して $\widehat{\Omega}$, $\widehat{\Lambda}$ を (B-9.18) のように定めると，定理 B-9.4 より微分方程式 (B-9.17) の解 $\widehat{\mathcal{F}}: D \longrightarrow \mathrm{M}_3(\boldsymbol{R})$ で，初期条件 $\widehat{\mathcal{F}}(u_0, v_0) = I$（$I$ は 3 次の単位行列）をみたすものがただ 1 つ存在する．とくに，$\widehat{\Omega}$, $\widehat{\Lambda}$ が交代行列なので，$\widehat{\mathcal{F}}$ は直交行列に値をとる．$\widehat{\mathcal{F}}$ の行列式の値は (u, v) に関して連続的に変化し，$\widehat{\mathcal{F}}(u_0, v_0) = I$ であるから，各 (u, v) について $\det(\widehat{\mathcal{F}}(u, v)) = 1$ である．そこで

$$\text{(B-9.20)} \qquad \mathcal{F} := \widehat{\mathcal{F}}\,\zeta^{-1}$$

とおくと，補題 B-9.8 から $\mathcal{F}$ は方程式 $n = 3$ の場合の (B-9.1) をみたす．いま，$\mathcal{F}(u, v)$ を列ベクトルに分解して

$$\text{(B-9.21)} \quad \mathcal{F}(u, v) = (\varphi(u, v), \psi(u, v), \nu(u, v)) = \begin{pmatrix} \varphi_1 & \psi_1 & \nu_1 \\ \varphi_2 & \psi_2 & \nu_2 \\ \varphi_3 & \psi_3 & \nu_3 \end{pmatrix}$$

と表しておく．ただし，φ_j, ψ_j, $\nu_j\,(j = 1, 2, 3)$ は D 上で定義された実数値関数である．方程式 (16.3) の第 1 式の第 2 列，第 2 式の第 1 列に注目すると

$$\psi_u = \Gamma_{21}^1\,\varphi + \Gamma_{21}^2\,\psi + M\,\nu, \qquad \varphi_v = \Gamma_{12}^1\,\varphi + \Gamma_{12}^2\,\psi + M\,\nu$$

となるが，Γ_{ij}^k の定義より $\Gamma_{12}^k = \Gamma_{21}^k\ (k = 1, 2)$ が成り立つので $\psi_u = \varphi_v$，すなわち

$$(\psi_j)_u = (\varphi_j)_v \qquad (j = 1, 2, 3)$$

が成り立つ．これは $\alpha_j := \varphi_j\,du + \psi_j\,dv\ (j = 1, 2, 3)$ が $d\alpha_j = 0$ をみたすことと同値であるから，ポアンカレの補題（定理 12.2）より $dp_j = \alpha_j$ をみたす $p_j: D \longrightarrow \boldsymbol{R}\ (j = 1, 2, 3)$ が存在する．これを用いて $p := (p_1, p_2, p_3)$ と定める．とくに (B-9.21) から次を得る．

$$\text{(B-9.22)} \qquad p_u = \varphi, \qquad p_v = \psi.$$

以下，この p が求める曲面であることを示す．$\widehat{\mathcal{F}}$ は行列式が 1 の直交行列であるから，列ベクトルに分解して $\widehat{\mathcal{F}} = (\widehat{\varphi}, \widehat{\psi}, \widehat{\nu})$ とおくと，D の各点で $\{\widehat{\varphi}, \widehat{\psi}, \widehat{\nu}\}$ は正規直交系をなす．ここで，行列 $\mathcal{F}$ の定義 (B-9.20) と (B-9.19) から，

$$p_u = \varphi = \sqrt{E}\,\widehat{\varphi}, \qquad p_v = \psi = \frac{F}{\sqrt{E}}\,\widehat{\varphi} + \frac{\delta}{\sqrt{E}}\,\widehat{\psi}, \qquad \nu = \widehat{\nu}$$

となる．$\{\widehat{\varphi}, \widehat{\psi}, \widehat{\nu}\}$ が正規直交系をなすことと，$\delta = \sqrt{EG - F^2}$ を用いれば，

$$p_u \cdot p_u = E(\widehat{\varphi} \cdot \widehat{\varphi}) = E, \qquad p_u \cdot p_v = \widehat{\varphi} \cdot (F\widehat{\varphi} + \delta\widehat{\psi}) = F,$$

$$p_v \cdot p_v = \frac{1}{E}(F\widehat{\varphi} + \delta\widehat{\psi}) \cdot (F\widehat{\varphi} + \delta\widehat{\psi}) = G,$$

$$p_u \cdot \nu = p_v \cdot \nu = 0, \qquad \nu \cdot \nu = 1$$

となるので，p の第一基本量は E, F, G で，ν は単位法線ベクトル場となる．さらに，(16.3) の第 1 式の第 1 列と (B–9.22) から $p_{uu} = \Gamma_{11}^1 p_u + \Gamma_{11}^2 p_v + L\nu$ となるので $p_{uu} \cdot \nu = L$ となる．同様にして，p の第二基本量が L，M，N となることがわかる． □

問題 B–9

1. 定理B–9.4 の証明（260 ページ）において，座標変換 $(\xi, \eta) \longmapsto (u, v)$ により (B–9.8)，(B–9.9) から (B–9.1) を導け．

2. 補題 B–9.6 を証明せよ．

3. (B–9.3) を示せ．

問題の解答とヒント

ここでは，本文中の問題に対する解答の概略あるいはヒントを与える．これらは完全なものではないので，行間を埋めて完全な解答をつくることを試みてほしい．

§1

1. $\displaystyle\int\sqrt{1+4x^2}\,dx = \frac{1}{2}\left(x\sqrt{1+4x^2}\right) + \frac{1}{4}\log\left(2x+\sqrt{1+4x^2}\right)$ を用いよ．

2. パラメータ変換 $t = t(u)$ は単調増加であるから $dt/du > 0$ であることに注意して，合成関数の微分公式を用いれば，

$$\int_c^d \sqrt{\left(\frac{dx}{du}\right)^2 + \left(\frac{dy}{du}\right)^2}\,du = \int_c^d \sqrt{\left(\frac{dx}{dt}\right)^2 + \left(\frac{dy}{dt}\right)^2}\,\frac{dt}{du}\,du$$

となるので，置換積分法の公式から結論を得る．

3. （2） 関数 $f(x) = \sqrt{1-x}$ にテイラーの定理（付録 A の定理 A-1.1）を適用すると，

$$\sqrt{1-x} = 1 - \frac{1}{2}x - \frac{1}{8}x^2(1-\theta x)^{-3/2} \qquad (0 < \theta < 1)$$

となる θ が存在する．$x = \varepsilon^2\cos^2 t$ とおくと，$\varepsilon < 1/3$ のとき $2\sqrt{2}/3 < \sqrt{1-\varepsilon^2} < \sqrt{1-\theta\,\varepsilon^2\cos^2 t}$ に注意すれば，

$$\pi\left(2 - \frac{1}{2}\varepsilon^2 - \frac{27\sqrt{2}}{256}\varepsilon^4\right) < \int_0^{2\pi}\sqrt{1-\varepsilon^2\cos^2 t}\,dt < \pi\left(2 - \frac{1}{2}\varepsilon^2\right)$$

となる．ここに a と b の値を代入すると，周の長さ l は $40003.4 < l < 40003.6$ をみたすことがわかるので，周の長さはおよそ $40003.5 \pm 0.1\,\mathrm{km}$ となる．

4. $|\dot{\gamma}(t)| = 2a\sin(t/2)$ に注意すればよい．

§2

1. （1） 積の行列式の公式を用いよ．

（2） （1）と ${}^tA = A^{-1}$ を用いて行列 A の成分がみたすべき関係式を求める．

2. 単位ベクトル $\boldsymbol{e}=\begin{pmatrix}\cos\theta\\ \sin\theta\end{pmatrix}$ に直交する単位ベクトルは $\pm\begin{pmatrix}-\sin\theta\\ \cos\theta\end{pmatrix}$ である.

3. ハンドルの角度を固定すれば，前輪と後輪の軌跡は同心円を描く．したがって，円の中心は前輪と後輪の車軸を延長した直線上の交点にあり，これらの直線がなす角は θ であることがわかる．たとえば内側の後輪の回転半径は $\varDelta/\tan\theta-\varepsilon/2$ となり，曲率はその逆数となる．また，内側の前輪の回転半径は $\varDelta/\sin\theta-\varepsilon/2$ となる．この 2 つの回転半径の違いは「内輪差」とよばれている.

4. x 軸に関して折り返すとして一般性を失わない．2 曲線 $\gamma(s)=(x(s),y(s))$ と $\tilde{\gamma}(s)=(x(s),\ -y(s))$ の曲率を比較せよ.

5. （1） $\kappa(t)=-1/\{4a\sin(t/2)\}$.

（2） $s(t)=4a\left(1-\cos\dfrac{t}{2}\right),\qquad t(s)=2\arccos\left(1-\dfrac{s}{4a}\right)\qquad(0<s<8a)$.

（3） $\gamma(s)=\left(2a\arccos\left(1-\dfrac{s}{4a}\right)+\dfrac{(s-4a)\sqrt{s(8a-s)}}{8a},\ \dfrac{s(8a-s)}{8a}\right)$ なので $\kappa(s)=-1/\sqrt{s(8a-s)}$．これに（2）の $s(t)$ を代入すれば $\kappa(t)=-1/\{4a\sin(t/2)\}$ となり，（1）の結果と一致する.

6. $\gamma_1(s)$ を，弧長をパラメータとする曲線とし，

$$\gamma_2(s)=A\gamma_1(s)+\boldsymbol{q}\qquad\left(A=\begin{pmatrix}\cos\theta & -\sin\theta\\ \sin\theta & \cos\theta\end{pmatrix},\ \boldsymbol{q}\text{ は定ベクトル}\right)$$

とすると，s は γ_2 の弧長パラメータで，$\det(\gamma_2',\gamma_2'')=\det(\gamma_1',\gamma_1'')$.

7. $\theta(s)=\displaystyle\int_0^s\kappa(u)\,du$ とおくと，

$$\gamma'(s)=(\cos\theta(s),\sin\theta(s)),$$
$$\gamma''(s)=\theta'(s)(-\sin\theta(s),\cos\theta(s))=\kappa(s)(-\sin\theta(s),\cos\theta(s))$$

であるから $|\gamma'(s)|=1$ であり，曲率が $\kappa(s)$ である.

8. s は弧長なので $\gamma'(0)=\boldsymbol{e}(0)$，$\gamma''(0)=\kappa(0)\,\boldsymbol{n}(0)$ である．さらに，曲率の定義式を微分してフルネの公式を用いれば $\gamma'''(0)=-\kappa(0)^2\,\boldsymbol{e}(0)+\kappa'(0)\,\boldsymbol{n}(0)$ であるから，テイラーの定理（付録 A-1 の定理 A-1.1）より結論を得る.

9. （1） 命題 2.5 の記号のもとで $\dfrac{d^3f}{dx^3}(0)=\dfrac{\dddot{y}\,\dot{x}^2-\dddot{x}\,\dot{x}\,\dot{y}-3\,\dot{x}\,\ddot{x}\,\ddot{y}+3\,\ddot{x}^2\,\dot{y}}{\dot{x}^5}$ となり，x と y の 3 階までの微分係数で表される.

（2） 命題 2.6 の証明と同様.

（3） $\gamma(s_0)$ において定義 2.3 のような xy 座標軸をとり，曲線を $y=f(x)$ のグラフ

で表すと，$f(0)=\dot{f}(0)=0$（$\dot{}=d/dx$）．さらに$\kappa(0)=\ddot{f}(0)$，$\dot{\kappa}(0)=\dddot{f}(0)$となり，

$$f(x)=\frac{1}{2}\kappa(0)\,x^2+\frac{1}{6}\dot{\kappa}(0)\,x^3+o(x^3)$$

となる．一方，$y=f(x)$のグラフの原点における曲率円を$y=g(x)$のグラフで表せば

$$g(x)=\frac{1}{2}\kappa(0)\,x^2+o(x^3)$$

となるので，これらが3次の接触をするための必要十分条件は$\dot{\kappa}(0)=0$となることがわかり，$\dot{\kappa}=d\kappa/dx=\kappa'/x'$なので結論を得る．

§3

1.　一般のパラメータtで表された曲線の全曲率は$\int\kappa(s)\,ds=\int\kappa(t)\frac{ds}{dt}\,dt$である．

2.　与えられた関数$f(x)$が$x=c$の近傍のc以外の点で導関数$f'(x)$が存在し，$\lim_{x\to c}f'(x)$が存在すれば，$f(x)$は$x=c$においてC^1級となる（参考文献[33]の第Ⅰ巻第Ⅱ章の定理2.7参照）．この事実とロピタルの定理（付録A-1の定理A-1.3）を反復して用い，数学的帰納法により示す．あるいは，置換積分法（$u=ts$とおく）を用いて，次のように示すこともできる．

$$\varphi(t)=\varphi(t)-\varphi(0)=\int_0^t\dot{\varphi}(u)\,du=\int_0^1\dot{\varphi}(ts)\,t\,ds=t\int_0^1\dot{\varphi}(ts)\,ds.$$

この右辺の積分はtに関してC^∞級なので，それを$\psi(t)$とおけばよい．

3.　（1）　$\varphi(t):=f(t+s)-f(s)$に問題**2**を適用し，変数変換$t\mapsto t-s$をほどこす．

（2）　ベクトル値関数$\gamma(t)$の各成分に（1）を適用する．

4.　（1）　$\boldsymbol{e}=(\xi,\eta)$とおき，$\boldsymbol{n}=(-\eta,\xi)$とすると，$\boldsymbol{e}\cdot\boldsymbol{e}=1$であるから$\boldsymbol{e}'=f\,\boldsymbol{n}$をみたす関数$f$が存在する．ここで

$$A_1:=\begin{pmatrix}\cos\theta & -\sin\theta\\ \sin\theta & \cos\theta\end{pmatrix},\qquad A_2:=(\boldsymbol{e},\boldsymbol{n})=\begin{pmatrix}\xi & -\eta\\ \eta & \xi\end{pmatrix}$$

によって2つの直交行列を定めると，$\theta'=f$であることに注意すれば

$$\frac{d}{ds}(A_2\,{}^tA_1)=A_2\begin{pmatrix}0 & -f\\ f & 0\end{pmatrix}{}^tA_1+A_2\begin{pmatrix}0 & f\\ -f & 0\end{pmatrix}{}^tA_1=O$$

となるので$A_2\,{}^tA_1$は定数行列になるが，初期条件からこれは単位行列にならなければならず，$A_2=A_1$がいえる．この等式の第1列が結論の式である．

（2） $\boldsymbol{e}(t) = w(0, t)$，$\alpha = 0$ として，（1）の結果を適用する．

（3） t を 1 つ固定して，$\boldsymbol{e}(s) = w(s, t), \alpha = \theta(t)$ とし，（2）の結果を適用する．

§4

1. 一般に極座標で表された曲線 $r = r(\theta)$ の，$\alpha \leqq \theta \leqq \beta$ に対応する扇形の面積は $\dfrac{1}{2}\displaystyle\int_\alpha^\beta r^2(\theta)\, d\theta$ で与えられる．

2. k 倍 $(k > 0)$ に拡大すると $r = k\,a^\theta$ と表される．$b = \log_a k$ とおけば $k\,a^\theta = a^b a^\theta = a^{\theta + b}$ となり，元のうずまき線のパラメータを θ から $\theta + b$ にとりかえたものである．

4. $r = a\theta$ は $\gamma(\theta) = (a\theta\cos\theta, a\theta\sin\theta)$ と表すことができるので，§2 の (2.7) より，曲率は $(\theta^2 + 2)/\{a(\theta^2 + 1)^{3/2}\}$．同様に，$r = a^\theta$ の曲率は $a^{-\theta}/\sqrt{1 + (\log a)^2}$．

5. （1） 点 $(1/a, 0), (-1/a, 0)$ に頂点をもつ．

（2） $w = \xi + i\eta = 1/z = 1/(x + iy)$ とおくと，$x = \xi/(\xi^2 + \eta^2)$，$y = -\eta/(\xi^2 + \eta^2)$ となるので，例 1.1 のレムニスケートの式に代入すると $\xi^2 - \eta^2 = 1/a^2$ を得る．

（3） 頂点は，曲線が正のうずまき線から負のうずまき線に変わる点だから，定理 4.2 よりメビウス変換によって保たれる．レムニスケートの原点以外の点は双曲線上の点と 1 対 1 に対応するから，双曲線上の頂点 $(\pm 1/a, 0)$ に対応する 2 点 $(\pm a, 0)$ が原点以外のレムニスケートの頂点となる．一方，原点は例 1.2 の表示で $t = \pi/2, 3\pi/2$ に対応する点だが，そこで曲率は符号を変えることがわかるので頂点ではない．

6. メビウス変換 $w = (az + b)/(cz + d)$ $(ad - bc \neq 0)$ を考える．$c = 0$ のときは，$w = pz + q$ $(p \neq 0)$ と書けるから，$p = re^{i\theta}$ $(r > 0)$ とおいて

$$w = re^{i\theta}\left(z + \frac{q}{p}\right)$$

となるので，この変換は，平行移動，回転，拡大・縮小の合成で書けたことになる．また，$c \neq 0$ のときは，分母，分子を適当に定数倍して $ad - bc = 1$ として一般性を失わない．このとき，

$$w = \frac{a}{c} + \frac{-1/c}{cz + d}.$$

7. 対数うずまき線を $\gamma(\theta) = (a^\theta\cos\theta, a^\theta\sin\theta)$ と助変数表示すれば，その縮閉線は $(\log a)a^\theta(-\sin\theta, \cos\theta)$ となる．これは元のうずまき線を左に 90° 回転させてから相似拡大したもので，問題 **2** より元のうずまき線と合同になる．

§5

1. $\gamma(s)$ を，弧長パラメータで表された空間曲線，$\tilde{\gamma}(s) = T\gamma(s) + \boldsymbol{a}$ とする．ただし，T は行列式の値が 1 であるような直交行列で，$\boldsymbol{a} \in \boldsymbol{R}^3$ は定ベクトルである．$\gamma(s)$ の単位接ベクトル，主法線ベクトル，従法線ベクトルをそれぞれ $\boldsymbol{e}, \boldsymbol{n}, \boldsymbol{b}$ とすると，$\tilde{\gamma}(s)$ の単位接ベクトル $\tilde{\boldsymbol{e}}$, 主法線ベクトル $\tilde{\boldsymbol{n}}$, 従法線ベクトル $\tilde{\boldsymbol{b}}$ はそれぞれ $\tilde{\boldsymbol{e}} = T\boldsymbol{e}$, $\tilde{\boldsymbol{n}} = T\boldsymbol{n}$, $\tilde{\boldsymbol{b}} = T\boldsymbol{b}$ と書ける．最後の関係式は付録 A-3 の系 A-3.2 を用いた．このことから結論が得られる．

2. $\gamma' \times \gamma'' = (\dot{\gamma} \times \ddot{\gamma})/|\dot{\gamma}|^3$ が以下の式の最初の 2 つから得られる．

$$\gamma' = \frac{\dot{\gamma}}{|\dot{\gamma}|},$$

$$\gamma'' = \left(\frac{1}{|\dot{\gamma}|}\right)'\dot{\gamma} + \frac{\ddot{\gamma}}{|\dot{\gamma}|^2},$$

$$\gamma''' = (\,\dot{\gamma}, \ddot{\gamma}\text{ の一次結合}\,) + \frac{\dddot{\gamma}}{|\dot{\gamma}|^3}.$$

これより次を得る．

$$\kappa = |\,\kappa\boldsymbol{b}\,| = |\gamma' \times (\kappa\boldsymbol{n})\,| = |\gamma' \times \gamma''| = \frac{|\dot{\gamma} \times \ddot{\gamma}|}{|\dot{\gamma}|^3}.$$

一方，$\boldsymbol{b}$ は $\gamma' \times \gamma''$ に比例するので $\dot{\gamma} \times \ddot{\gamma}$ にも比例し，$\boldsymbol{b} = (\dot{\gamma} \times \ddot{\gamma})/|\dot{\gamma} \times \ddot{\gamma}|$ を得る．

さて，フルネ－セレの公式から $\tau\kappa^2 = \det(\gamma', \gamma'', \gamma''')$ であるが，この式に κ^2 の公式を代入し，$\gamma', \gamma'', \gamma'''$ を上の関係により $\dot{\gamma}, \ddot{\gamma}, \dddot{\gamma}$ で置き換えれば τ の公式が得られる．

4. 平面曲線の場合と同様に (5.4) とテイラーの定理から結論を得る．

5. 曲率を κ, 捩率を τ とすると, 例 5.1 のつるまき線で $a = \kappa/(\kappa^2 + \tau^2)$, $b = \tau/(\kappa^2 + \tau^2)$ とおいたものと与えられた曲線は同じ曲率・捩率をもつので，曲線論の基本定理 5.2 から結論が得られる．

6. 問題 **3** と曲線論の基本定理 5.2 の一意性から結論が得られる．

7. γ を原点中心，半径 r の球面上の曲線とする．$\gamma \cdot \gamma = r^2$ なので，弧長パラメータをとり微分すると $\gamma' \cdot \gamma = 0$, $\gamma'' \cdot \gamma = -1$. これより $\gamma = (-1/\kappa)\,\boldsymbol{n} + a\boldsymbol{b}$ と書ける．とくに $a^2 = r^2 - \kappa^2$ となり定数だから，$\boldsymbol{e} = \gamma' = -(1/\kappa)\,\boldsymbol{n}' + a\boldsymbol{b}'$. これにフルネ・セレの公式を適用すると捩率が 0 となることがわかる．

8. γ_2 は直線 d に関して γ_1 を折り返して得られるものとする．空間で直線 d を軸とする 180° の回転を考えれば，γ_1 を γ_2 に重ね合わせることができる．

§6

1. $p(u, v) = (\cos u(a + b\cos v), \sin u(a + b\cos v), b\sin v)$，ただし，$0 \leqq u, v \leqq 2\pi$.

2. たとえば

$$p(u, v) = (2\cos u, 2\sin u, 0) + v\{\cos(u/2)\ (0, 0, 1) - \sin(u/2)\,(\cos u, \sin u, 0)\},$$

ただし，$-\pi \leqq u \leqq \pi$，$-1 \leqq v \leqq 1$.

3. $f(x, y)$ のグラフが $p(u, v) = (u, v, f(u, v))$ と助変数表示されることを用いよ.

4. 合成関数の微分公式より

$$p_\xi \times p_\eta = (u_\xi\, p_u + v_\xi\, p_v) \times (u_\eta\, p_u + v_\eta\, p_v) = (u_\xi\, v_\eta - v_\xi\, u_\eta)(p_u \times p_v).$$

5. 前の問題 **4** より $|p_\xi \times p_\eta| = |J|\,|p_u \times p_v|$, $J = \det\begin{pmatrix} u_\xi & u_\eta \\ v_\xi & v_\eta \end{pmatrix}$ が成り立つ．これと重積分の変数変換の公式を用いよ.

6. $\tilde{p} = Tp + b$ とおけば，$\tilde{p}_u = T\,p_u$, $\tilde{p}_v = T\,p_v$ だから，

$$|\tilde{p}_u \times \tilde{p}_v| = |(T\,p_u) \times (T\,p_v)| = |\det T\ (p_u \times p_v)| = |p_u \times p_v|.$$

7. 対応 φ が全単射であることは定義から明らか．86 ページの定理 8.7 の証明で述べるように，曲面は各点のまわりで（必要なら座標軸の順番を入れ替えれば）$z = f(x, y)$ のグラフで表され，座標変換 $\phi: (u, v) \longmapsto (x(u, v),\ y(u, v))$ は微分同相写像となる．その逆写像を ϕ^{-1} を用いて $\varphi(\xi, \eta) = \phi^{-1}(x(\xi, \eta),\ y(\xi, \eta))$ と表せる．この表示は P の近傍でしか有効でないが，P は任意に固定できるので，この表示から φ が D 上のすべての点の近傍で C^∞ 級であることがわかる．(u, v) と (ξ, η) の役割を入れ替えれば φ^{-1} も C^∞ 級であることがわかり，φ が微分同相写像であることがわかる.

§7

1. 一般に n 次実対称行列の固有値は実数で，直交行列により対角化できることが知られている．この問題では，とくに $n = 2$ の場合に，この事実に直接的な証明を与える.

（1） 行列 A の固有方程式 $\lambda^2 - (a + c)\lambda + (ac - b^2) = 0$ の判別式は $(a + c)^2 - 4(ac - b^2) = (a - c)^2 + b^2 \geqq 0$ である.

（2） $A\boldsymbol{e} = \lambda\boldsymbol{e}$ から $ax + by = \lambda x$, $bx + cy = \lambda y$ となる．したがって，$A\boldsymbol{n}$ の第 1 成分は

$$a(-y) + bx = bx + cy - (a + c)y = \{\lambda - (a + c)\}y = \mu(-y),$$

同様に第 2 成分は μx となる.

（3）§2の問題**2**からPが行列式1の直交行列になる．さらに，$AP = (A\boldsymbol{e}, A\boldsymbol{n}) = (\lambda\boldsymbol{e}, \mu\boldsymbol{n})$となることから結論が得られる．

2. 2次方程式$\lambda^2 - (a+c)\lambda + (ac - b^2) = 0$が2つの正の実数解をもつためには$a + c > 0, ac - b^2 > 0$となることが必要十分である．この第2式から$a$と$c$は同符号である．

3. (7.4) のみを示す．

$$d(\varphi(f)) = \frac{\partial}{\partial u}(\varphi(f(u, v)))\,du + \frac{\partial}{\partial v}(\varphi(f(u, v)))\,dv$$
$$= \dot{\varphi}(f(u, v))\,f_u\,du + \dot{\varphi}(f(u, v))\,f_v\,dv = \dot{\varphi}(f)\,df.$$

4. 曲面$p(u, v)$に座標変換$u = u(\xi, \eta)$, $v = v(\xi, \eta)$をほどこしてできる助変数表示$p(\xi, \eta)$の第一基本量を$\widetilde{E}, \widetilde{F}, \widetilde{G}$とする．このとき，合成関数の微分公式から

$$\begin{aligned}\widetilde{E} &= p_\xi \cdot p_\xi \\ &= (p_u u_\xi + p_v v_\xi) \cdot (p_u u_\xi + p_v v_\xi) \\ &= (u_\xi)^2 (p_u \cdot p_u) + 2(u_\xi v_\xi)(p_u \cdot p_v)(v_\xi)^2 (p_v \cdot p_v) \\ &= u_\xi^2 E + 2\,u_\xi v_\xi F + v_\xi^2 G\end{aligned}$$

を得る．他の成分も同様．

5. $E = 1 + f_x^2$，$F = f_x f_y$，$G = 1 + f_y^2$.

6. 61ページ，63ページの表示を用いる．

（1）楕円放物面：　$E = 1 + 4x^2/a^4$，$F = 4xy/(a^2b^2)$，$G = 1 + 4y^2/b^4$.

（2）双曲放物面：　$E = 1 + 4x^2/a^4$，$F = -4xy/(a^2b^2)$，$G = 1 + 4y^2/b^4$.

（3）楕円面：　$E = a^2 \sin^2 u \cos^2 v + b^2 \sin^2 u \sin^2 v + c^2 \cos^2 u$,
$F = (a^2 - b^2) \cos u \cos v \sin u \sin v$，$G = a^2 \cos^2 u \sin^2 v + b^2 \cos^2 u \cos^2 v$.

（4）一葉双曲面：　$E = a^2 \sinh^2 u \cos^2 v + b^2 \sinh^2 u \sin^2 v + c^2 \cosh^2 u$,
$F = (b^2 - a^2) \cosh u \cos v \sinh u \sin v$，$G = a^2 \cosh^2 u \sin^2 v + b^2 \cosh^2 u \cos^2 v$.

（5）二葉双曲面：　$E = a^2 \cosh^2 u \cos^2 v + b^2 \cosh^2 u \sin^2 v + c^2 \sinh^2 u$,
$F = (b^2 - a^2) \cosh u \cos v \sinh u \sin v$，$G = a^2 \sinh^2 u \sin^2 v + b^2 \sinh^2 u \cos^2 v$.

7. $E = \dot{x}^2 + \dot{z}^2$，$F = 0$，$G = x^2$.

§8

1. 行列Aは対称行列だから，直交行列Pを用いて対角化することができる（§7の問題**1**）：

$$P^{-1}AP = {}^tPAP = \begin{pmatrix} \lambda & 0 \\ 0 & \mu \end{pmatrix} \qquad (\lambda, \mu > 0).$$

この P を用いて $C := P^{-1}(AB)P$ とすると，C の固有値は AB の固有値と一致する．ここで $\widetilde{B} := {}^tPBP$ は対称行列なので，$\widetilde{B} = \begin{pmatrix} a & b \\ b & c \end{pmatrix}$ とおくと，

$$C = ({}^tP\,AP)\widetilde{B} = \begin{pmatrix} \lambda & 0 \\ 0 & \mu \end{pmatrix}\begin{pmatrix} a & b \\ b & c \end{pmatrix} = \begin{pmatrix} \lambda a & \lambda b \\ \mu b & \mu c \end{pmatrix}$$

となり，C の固有多項式の判別式は負にならない．

上の証明は2次行列に限るが，以下の議論は2次に限らず一般の次数の対称行列に適用できる．上の状況で $R = P\begin{pmatrix} \sqrt{\lambda} & 0 \\ 0 & \sqrt{\mu} \end{pmatrix}{}^tP$ とおくと，R は正則な対称行列で $R^2 = A$ となる．いま $R^{-1}(AB)R = R^{-1}R^2BR = RBR$ であるが，R も B も対称行列なので右辺は対称行列．したがって その固有値は実数であるが，それらは AB の固有値と一致する．

2.　右に凸の部分では正，左に凸の部分では負．

3.　$L = f_{xx}/\sqrt{1+f_x^2+f_y^2}$，$M = f_{xy}/\sqrt{1+f_x^2+f_y^2}$，$N = f_{yy}/\sqrt{1+f_x^2+f_y^2}$，

$$K = (f_{xx}f_{yy} - f_{xy}^2)/(1+f_x^2+f_y^2)^2,$$

$$H = \frac{1}{2}\{f_{xx}(1+f_y^2) - 2f_{xy}f_xf_y + f_{yy}(1+f_x^2)\}/(1+f_x^2+f_y^2)^{3/2}.$$

4.　61ページ，63ページの表示を用いる．

（1）　楕円放物面：

$$K = \frac{4}{a^2b^2(1+4x^2/a^4+4y^2/b^4)^2}, \qquad H = \frac{a^2b^2(a^2+b^2)+4b^2x^2+4a^2y^2}{a^4b^4(1+4x^2/a^4+4y^2/b^4)^{3/2}}.$$

（2）　双曲放物面：

$$K = -\frac{4}{a^2b^2(1+4x^2/a^4+4y^2/b^4)}, \qquad H = \frac{a^2b^2(b^2-a^2)-4b^2x^2+4a^2y^2}{a^4b^4(1+4x^2/a^4+4y^2/b^4)^{3/2}}.$$

（3）　楕円面：　$\varDelta = \sqrt{b^2c^2\cos^2 u\cos^2 v + c^2a^2\cos^2 u\sin^2 v + a^2b^2\sin^2 u}$ とおいて

$$K = a^2b^2c^2/\varDelta^4,$$

$$H = \frac{abc}{2\varDelta^3}\{a^2(\sin^2 v + \sin^2 u\cos^2 v) + b^2(\cos^2 v + \sin^2 u\sin^2 v) + c^2\cos^2 u)\}.$$

とくに，$a = b = c$（球面）の場合は $K = 1/a^2, H = 1/a$ となる．

（4）　一葉双曲面：　$\varDelta = \sqrt{b^2c^2\cosh^2 u\cos^2 v + c^2a^2\cosh^2 u\sin^2 v + a^2b^2\sinh^2 u}$

とおいて $K = -a^2b^2c^2/\Delta^4$,

$$H = \frac{abc}{2\Delta^3}\{a^2(\sinh^2 u\cos^2 v - \sin^2 v) + b^2(\sinh^2 u\sin^2 v - \cos^2 v) + c^2\cosh^2 u\}.$$

（5） 二葉双曲面： $\Delta = \sqrt{b^2c^2\sinh^2 u\cos^2 v + c^2a^2\sinh^2 u\sin^2 v + a^2b^2\cosh^2 u}$

とおいて $K = a^2b^2c^2/\Delta^4$,

$$H = \frac{abc}{2\Delta^3}\{a^2(\cosh^2 u\cos^2 v + \sin^2 v) + b^2(\cosh^2 u\sin^2 v + \cos^2 v) + c^2\sinh^2 u\}.$$

5. $\tilde{p}(u, v) = c\,p(u, v)$ とすると $\tilde{p}_u = c\,p_u$, $\tilde{p}_v = c\,p_v$ なので，$\tilde{p}$ の第一基本量は p の第一基本量の c^2 倍になる．また，p と $\tilde{p}$ の (u, v) における単位法線ベクトルは一致し，$\tilde{p}_{uu} = cp_{uu}$ などが成り立つから，$\tilde{p}$ の第二基本量は p の第二基本量の c 倍になる．

6. 曲面上の点 P を 1 つ固定し，定理 8.7 の証明のように，曲面を P を原点とする $z = f(x, y)$ のグラフで表し (x, y) を助変数とみなすと，P におけるワインガルテン行列 $A = \widehat{I}^{-1}\widehat{II}$ は対称行列となる．この行列式，トレースがともに 0 なので A は零行列となり，この座標系において第二基本量はすべて 0 となる．さらに，変換公式 (8.3) からどのような座標系でも第二基本量はすべて 0 となる．ここで，P は任意だから，L, M, N は恒等的に 0 となる．すると，ワインガルテンの公式 (8.7) より単位法線ベクトル ν は定ベクトルなので，曲面は平面となる．

7. $(xx')' = 1$ であるから $xx' = u + \alpha$（α は定数）となるが，必要ならパラメータをとりかえることによって $\alpha = 0$ としてよい．ここで $2xx' = (x^2)'$ だから $x^2 = u^2 + c$（c は定数）と書けるので $x = \pm\sqrt{u^2 + c}$ となる．とくに，$u^2 + c$ は正でなければならない．したがって $(z')^2 = 1 - (x')^2 = c/(u^2 + c)$ となるが，この式が正の値をとらなければならないので $c > 0$．したがって，$c = a^2$（a は実数の定数）とおけば

$$z(u) = \int\frac{a}{\sqrt{u^2 + a^2}}\,du = a\log\left(u + \sqrt{u^2 + a^2}\right) + b \qquad (b\text{ は定数})$$

である．適当に平行移動して $b = 0$ とすることができるから，$u^2 = x^2 - a^2$ に注意すれば，求める曲線の方程式は $z = a\log\left(x + \sqrt{x^2 - a^2}\right)$ となる．これを x について解けばよい．

8. 第一基本形式，第二基本形式は，それぞれ $ds^2 = du^2 + (1 + u^2)\,dv^2$, $II = -(2/\sqrt{1 + u^2})\,du\,dv$ である．

9. 第一基本形式，第二基本形式は，それぞれ $ds^2 = (1 + u^2 + v^2)^2(du^2 + dv^2)$, $II = -2(du^2 - dv^2)$ である．

10. 問題 **3** から，$z = f(x, y)$ のグラフが極小曲面になるための必要十分条件は

$$(1+f_y^2)\,f_{xx}-2f_xf_yf_{xy}+(1+f_x^2)\,f_{yy}=0$$

となることである．性質 $f(x+\pi,y+\pi)=f(x+2\pi,y)=f(x,y+2\pi)=f(x,y)$ に着目すれば，領域 $D:=\{(x,y)\in\boldsymbol{R}^2\mid |x|<\pi/2, |y|<\pi/2\}$ について調べればよいことがわかる（92 ページの左側の図は，この領域に対応する曲面を表している）．領域 D 上では $\cos x>0$，$\cos y>0$ であるから，$f(x,y)=\log(\cos y)-\log(\cos x)$ と書ける．これが最初の式をみたすことを確かめればよい．

11. $(x,y,z)\longmapsto(x,y,z+2n\pi)$ （n は整数）なる平行移動は曲面を保つので $0\leqq z\leqq 2\pi$ の範囲で考えればよいが，xy 平面に関して対称なので $0\leqq z\leqq 2\pi$ としてよい．さらに $(x,y,z)\longmapsto(x,y,\pi-z)$ でも曲面は対称なので $0\leqq z\leqq\pi/2$ の範囲に制限してよい．すると，陰関数表示された曲面は

$$f(x,y)=\arcsin\left((\sinh x)(\sinh y)\right)$$

のグラフになっているが，これが極小曲面を定めることを示せばよい．

§9

1. 曲線 $\gamma(s)$ は弧長 s で助変数表示されているとすると，曲率の定義から $\gamma''(s)=\kappa(s)\,\boldsymbol{n}(s)$．点 $\gamma(s)$ における曲面の単位法線ベクトルを $\nu(s)$ と書けば，$\kappa_n(s)=\gamma''(s)\cdot\nu(s)=\kappa(s)\,\boldsymbol{n}(s)\cdot\nu(s)=\kappa(s)\cos\theta$．

2. 回転面を §7 の問題 **7** のように表すと，行列 $A=\widehat{I}^{-1}\widehat{II}$ は対角行列となるから u 方向と v 方向が主方向になる．これらはそれぞれ母線方向と回転方向である．

3. （1） $A=\lambda I$ （I は単位行列）となるので，ワインガルテンの公式（命題 8.5）から結論が得られる．

（2） （1）を用いれば，$\nu_{uv}=\nu_{vu}$ より $\lambda_u\,p_v-\lambda_v\,p_u=0$ が成り立つ．p_u と p_v は一次独立だから，$\lambda_u=\lambda_v=0$ である．

（3） $p+(1/\lambda)\nu$ を u,v で微分すると 0 になることを示せばよい．

4. 2 つの漸近方向が x 軸の正の部分となす角を φ_1,φ_2 $(-\pi/2\leqq\varphi_j\leqq\pi/2, \varphi_1<\varphi_2)$ とすれば，定理 9.7 より $\tan\varphi_1=-\sqrt{|\lambda_1/\lambda_2|}$, $\tan\varphi_2=\sqrt{|\lambda_1/\lambda_2|}$ が成り立つ．したがって $|\varphi_1|=|\varphi_2|$ となり，x 軸は 2 つの漸近方向を 2 等分する．漸近方向のなす角を μ とすれば $\varphi_2=\mu/2$ だから結論が得られる．

5. 極小曲面ならば主曲率は $\lambda_1+\lambda_2=0$ をみたしているから問題 **4** より明らか．

§10

1. 弧長パラメータで表された直線 $\gamma(s)$ は $\gamma''(s)=\mathbf{0}$ をみたす.

2. 円柱を $p(u,v)=(R\cos v, R\sin v, u)$（$R$ は正の定数）と表すと，その単位法線ベクトルは $\nu=(-\cos v, -\sin v, 0)$ となる．円柱上の弧長をパラメータとする曲線 $\gamma(s)=p(u(s), v(s))$ に対して

$$\gamma'(s)=u'(s)\,p_u+v'(s)\,p_v, \qquad \gamma''(s)=u''(s)\,p_u+v''(s)\,p_v+R\,v'(s)^2\nu.$$

とくに，s が弧長であるから $(u')^2+R^2(v')^2=1$ が成り立つ．したがって，γ が測地線であるための必要十分条件は $u''=v''=0$ となることである．これより $u=as+b$, $v=cs+d$ となる．とくに，$c=0$ のときは母線，$c\neq 0$ のときはつるまき線である.

3. 原点を中心とする半径 R の球面上の，弧長をパラメータとする曲線 $\gamma(s)$ が測地線であるためには，γ'' が法線方向を向いていなければならない．ここで $\gamma(s)$ における球面の法線ベクトルは γ と平行であるから，測地線ならば $\gamma''\times\gamma=0$ となる．さらに，$(\gamma\times\gamma')'=\gamma\times\gamma''$ を用いれば，測地線 γ に対して $\boldsymbol{v}:=\gamma\times\gamma'$ が s に無関係に一定となる．このとき $\boldsymbol{v}$ は γ に直交するから，$\gamma(s)$ は原点（中心）を通り $\boldsymbol{v}$ に垂直な平面に含まれる.

4. 弧長をパラメータとする xz 平面の曲線 $(x(s), z(s))$ に対して $p(u,v)=(x(u)\cos v, x(u)\sin v, z(u))$ とおくとき，母線は $p(s,a)$（a は定数）に対応する曲線である．この加速度ベクトルが曲面の法線方向を向いていることを示せばよい.

5. 回転と平行移動をほどこして，曲面は xy 平面について対称としてよい．すると xy 平面と曲面の共通部分において，上向きのベクトル $(0,0,1)$ は曲面に接する．いま xy 平面による曲面の切り口を弧長パラメータ s を用いて $\gamma(s)$ と表すと，$\gamma(s)$ において曲面に接するベクトルは $\gamma'(s)$ と $(0,0,1)$ の一次結合で表される．さらに $\gamma''(s)$ も xy 平面上のベクトルで $\gamma'(s)\cdot\gamma''(s)=0$ をみたすから，曲面の法線ベクトルの方向を向いていることがわかる.

7. §9の問題**1**の結果と (10.14) を用いればよい.

8. 曲線 $\gamma(t)$ の弧長を s とすると $ds/dt=|\dot\gamma|$（$\dot{}=d/dt$）だから $\gamma'=\dot\gamma/|\dot\gamma|$, $\gamma''=\dfrac{d}{ds}\left(\dfrac{1}{|\dot\gamma|}\right)\dot\gamma+\dfrac{\ddot\gamma}{|\dot\gamma|}$ となる．単位法線ベクトル ν, 単位余法線ベクトル $\boldsymbol{n}_g$ はパラメータのとり方によらないので，これらを (10.13) の右辺に代入すればよい.

9. 曲線を弧長 s により $\gamma(s)$ と表し，$\gamma(s)$ における曲面の単位法線ベクトルを $\nu(s)$ と書くと，$\{\gamma'(s), \boldsymbol{n}_g(s), \nu(s)\}$ は $\boldsymbol{R}^3$ の正規直交基底を与える．ここで，s が弧長だから

$\gamma''(s)\cdot\gamma'(s)=0$，また，$\kappa_g(s)=0$ から $\gamma''(s)\cdot\boldsymbol{n}_g(s)=0$ なので $\gamma''(s)$ は $\nu(s)$ と平行，すなわち $[\gamma''(s)]^{\mathrm{T}}=0$ となる．

10. (10.13), (2.7) より，

$$\kappa_g=\frac{\det(\dot\gamma,\ddot\gamma,\nu)}{|\dot\gamma|^3}=\frac{1}{|\dot\gamma|^3}\det\begin{pmatrix}\dot x & \ddot x & 0\\ \dot y & \ddot y & 0\\ 0 & 0 & 1\end{pmatrix}=\frac{1}{|\dot\gamma|^3}\det\begin{pmatrix}\dot x & \ddot x\\ \dot y & \ddot y\end{pmatrix}=\kappa.$$

11. $\gamma_\theta(t)$ における球面の外向き単位法線ベクトルは $\nu(t)=\gamma_\theta(t)$ なので，公式 (10.13) から $\kappa_g=\tan\theta$ となる．

12. 球面曲線 $\boldsymbol{e}(s)$ に対して $\boldsymbol{e}'(s)=\kappa(s)\boldsymbol{n}(s)$ だから，その単位接ベクトルは γ の主法線ベクトル $\boldsymbol{n}$ となる．一方，$\boldsymbol{e}(s)$ における球面の外向き単位法線ベクトル $\nu(s)$ は $\boldsymbol{e}(s)$ と一致するから，$\boldsymbol{e}(s)$ の測地的曲率は

$$\frac{\det(\boldsymbol{e}',\boldsymbol{e}'',\boldsymbol{e})}{|\boldsymbol{e}'|^3}=\frac{\det(\kappa\boldsymbol{n},(\kappa\boldsymbol{n})',\boldsymbol{e})}{\kappa^3}=\frac{\det(\boldsymbol{n},\kappa'\boldsymbol{n}+\kappa\boldsymbol{n}',\boldsymbol{e})}{\kappa^2}$$
$$=\frac{\det(\boldsymbol{n},\kappa(-\kappa\boldsymbol{e}+\tau\boldsymbol{b}),\boldsymbol{e})}{\kappa^2}=\frac{\tau}{\kappa}.$$

13. 曲線 γ は弧長 s によりパラメータづけられているとし，$\boldsymbol{e}(s),\boldsymbol{n}(s),\boldsymbol{b}(s)$ を§5のようにとる．球面曲線だから $\gamma\cdot\gamma=1$ なので，γ は $\boldsymbol{e}=\gamma'$ と直交する単位ベクトルである．したがって，$\gamma(s)=\alpha(s)\,\boldsymbol{n}(s)+\beta(s)\,\boldsymbol{b}(s)$ をみたす関数 α,β ($\alpha^2+\beta^2=1$) が存在する．ここで $\gamma\cdot\gamma'=0$ を微分すると

$$0=\gamma\cdot\gamma+\gamma\cdot\gamma''=1+(\alpha\boldsymbol{n}+\beta\boldsymbol{b})\cdot(\kappa\boldsymbol{n})=1+\alpha\kappa$$

なので，$\alpha=-1/\kappa,\ \beta^2=1-1/\kappa^2$ であることがわかる．また，点 $\gamma(s)$ における球面の単位法線ベクトル $\nu(s)$ は $\gamma(s)$ と一致するので，単位余法線ベクトルは

$$\boldsymbol{n}_g=\nu\times\gamma'=\gamma\times\gamma'=(\alpha\boldsymbol{n}+\beta\boldsymbol{b})\times\boldsymbol{e}=-\alpha\boldsymbol{b}+\beta\boldsymbol{n}$$

となり，$\kappa_g=\gamma''\cdot\boldsymbol{n}_g=\kappa\boldsymbol{n}\cdot(-\alpha\boldsymbol{b}+\beta\boldsymbol{n})=\kappa\beta$．とくに $\kappa>0$ だから

$$|\kappa_g|=\kappa\sqrt{1-\frac{1}{\kappa^2}}=\sqrt{\kappa^2-1}.$$

さらに，$\gamma=\alpha\boldsymbol{n}+\beta\boldsymbol{b}$ を微分して $\boldsymbol{n}$ と内積をとると，フルネの公式から

$$0=\gamma'\cdot\boldsymbol{n}=(\alpha\boldsymbol{n}+\beta\boldsymbol{b})'\cdot\boldsymbol{n}=\alpha'(\boldsymbol{n}\cdot\boldsymbol{n})+\alpha(\boldsymbol{n}'\cdot\boldsymbol{n})+\beta'(\boldsymbol{b}\cdot\boldsymbol{n})+\beta(\boldsymbol{b}'\cdot\boldsymbol{n})$$
$$=\alpha'-\tau\beta.$$

$\alpha=-1/\kappa$ だから $\kappa'=\tau\kappa^2\beta$．これを用いると

$$\kappa_g'=\pm(\sqrt{\kappa^2-1})'=\frac{\pm\kappa\kappa'}{\sqrt{\kappa^2-1}}=\frac{\pm\kappa'}{\sqrt{1-1/\kappa^2}}=\frac{\kappa'}{\beta}=\tau\kappa^2.$$

このことから，球面曲線の $\kappa_g' = 0$ となる点はその曲線を空間曲線としてみたときの捩率が消える点と対応する．球面から 1 点を除いた部分を立体射影により平面と同一視すると，球面閉曲線の頂点，すなわち κ_g が極値をとる点は，平面曲線の頂点と対応することがわかる．したがって 4 頂点定理（§4 の定理 4.4）より，球面上の単純閉曲線では少なくとも 4 回，捩率の符号が変わる．

§11

1. （1） $f_s = \{1 + t(\tau/\kappa)'\}\boldsymbol{e},\ f_t = (\tau/\kappa)\boldsymbol{e} + \boldsymbol{b}$ なので，$f_s \times f_t = -\{1 + t(\tau/\kappa)'\}\boldsymbol{n}$. とくに，$|t|$ が十分小さければ $f_s \times f_t \neq \boldsymbol{0}$ となるので，$f(s, t)$ は正則曲面を与え，$\nu(s, t) = -\boldsymbol{n}(s)$ は単位法線ベクトルとなる．

（2） $\gamma''(s) = \kappa(s)\,\boldsymbol{n}(s)$ は法線方向を向いている．

§12

1. (12.1), (12.2) から (12.3) を導くのはそれほど難しくない．ただし，$d\alpha$ が性質

$$d\alpha(fX, Y) = f\alpha(X, Y)$$

をみたすことも確かめる必要がある．そのためには，ベクトル場の交換子積の性質

$$[fX, Y] = f[X, Y] - df(Y)\,X$$

を用いる．

2. 1 次微分形式 $\omega = \alpha du + \beta dv$ に対して $d\omega = (\beta_u - \alpha_v)du \wedge dv$ であることを用いよ．

5. 2 次微分形式 ω を座標系 (u, v) を用いて $\omega = \lambda du \wedge dv$ と表すとき，別の座標系 (ξ, η) に関して $\omega = \lambda(u_\xi v_\eta - u_\eta v_\xi)d\xi \wedge d\eta$ となることを用いる．

6. (12.5) から $\tilde{\omega}_1 \wedge \tilde{\omega}_2 = (\cos\theta\,\omega_1 + \sin\theta\,\omega_2) \wedge (-\sin\theta\,\omega_1 + \cos\theta\,\omega_2) = \omega_1 \wedge \omega_2$. ここで $\omega_1 \wedge \omega_1 = \omega_2 \wedge \omega_2 = 0,\ \omega_1 \wedge \omega_2 = -\omega_2 \wedge \omega_1$ を用いた．

7. 問題 **3** の形で $\omega_1 \wedge \omega_2$ を計算すればよい．

8. （1） P_0 と P を結ぶ 2 つの曲線 $\gamma_1(t), \gamma_2(t)\ (0 \leqq t \leqq 1)$ をとり，γ_1 に γ_2 の逆向きの曲線をつないだ閉曲線 γ を考える．もし γ_1 と γ_2 が交叉しなければ γ は単純閉曲線となり，D が単連結であることより円板と同相な領域 Ω を囲む．したがって，ストークスの定理より

$$\int_{\gamma_1}\alpha-\int_{\gamma_2}\alpha=\int_{\gamma}\alpha=\int_{\Omega}d\alpha=0$$

となる．すなわち，積分は終点 P のみにより，経路にはよらない．γ_1 と γ_2 が交叉するときは，問題の右図のように，γ_1，γ_2 を迂回した経路 γ_3 をとり，γ_1 と γ_3，γ_2 と γ_3 に対して同様にストークスの定理を適用する．

（2） $\alpha=\alpha_1\,du+\alpha_2\,dv$ と局所座標 (u, v) を用いて表しておく．P_0 の座標を (u_0, v_0)，P の座標を (u, v) とすると

$$f(u+\varDelta u, v)-f(u, v)=\int_u^{u+\varDelta u}\alpha_1\,du$$

であるから $f_u=\alpha_1$ である．同様に，$f_v=\alpha_2$ だから $df=\alpha$ となる．

§ 13

2. $\hat{\boldsymbol{e}}_1\cdot\hat{\boldsymbol{e}}_1=\hat{\boldsymbol{e}}_2\cdot\hat{\boldsymbol{e}}_2=1$ と $\hat{\boldsymbol{e}}_1\cdot\hat{\boldsymbol{e}}_2=0$ を微分して $d\hat{\boldsymbol{e}}_1(X)\cdot\hat{\boldsymbol{e}}_1=d\hat{\boldsymbol{e}}_2(X)\cdot\hat{\boldsymbol{e}}_2=0$ および $d\hat{\boldsymbol{e}}_2(X)\cdot\hat{\boldsymbol{e}}_1=-d\hat{\boldsymbol{e}}_1(X)\cdot\hat{\boldsymbol{e}}_2$ を得る．ここで，$\{\boldsymbol{e}_1, \boldsymbol{e}_2\}$ の双対基底の場 $\{\omega_1, \omega_2\}$ をとると $dp(X)=\omega_1(X)\,\hat{\boldsymbol{e}}_1+\omega_2(X)\,\hat{\boldsymbol{e}}_2$，すなわち $dp=\omega_1\,\hat{\boldsymbol{e}}_1+\omega_2\,\hat{\boldsymbol{e}}_2$ となるので，さらに外微分すると

$$0=d(dp)=d\omega_1\,\hat{\boldsymbol{e}}_1+d\omega_2\,\hat{\boldsymbol{e}}_2+\omega_1\wedge d\hat{\boldsymbol{e}}_1+\omega_2\wedge d\hat{\boldsymbol{e}}_2.$$

この両辺に $\hat{\boldsymbol{e}}_1, \hat{\boldsymbol{e}}_2$ を内積し，問題に与えたように μ をとると，$d\omega_1=\omega_2\wedge\mu$, $d\omega_2=-\omega_1\wedge\mu$ となる．

3. 問題のように $\nabla_{\partial/\partial u}\dfrac{\partial}{\partial u}$ などを定義し，一般のベクトル場に対しては共変微分の性質 (13.6) ～ (13.9) をみたすように $\nabla:\mathfrak{X}^\infty(S)\times\mathfrak{X}^\infty(S)\to\mathfrak{X}^\infty(S)$ を定義する．これが (13.10), (13.11) をみたす共変微分であることを示せば，定理 13.3 より ∇ がレビ・チビタ共変微分であることがわかる．(13.10), (13.11) を示すためにはクリストッフェル記号の性質 $\varGamma_{ij}^k=\varGamma_{ji}^k$ と 123 ページに述べた $\varGamma_{11}^1\,E+\varGamma_{11}^2\,F=\dfrac{1}{2}E_u$ などを用いればよい．

4. $\boldsymbol{e}_1=\partial/\partial r$，$\boldsymbol{e}_2=h^{-1}\,\partial/\partial\theta$ は正規直交基底の場で，その双対基底の場は $\omega_1=dr$, $\omega_2=h\,d\theta$ である．

5. 曲面上の点 P における零ベクトルでない接ベクトル $\boldsymbol{a}$ に対して，$\boldsymbol{a}, \nu\times\boldsymbol{a}$ が正の向きである，としておく．このとき，曲面上の曲線 $\gamma(s)$（s は弧長）に対して (10.3) で与えられる単位余法線ベクトル $\boldsymbol{n}_g$ は，曲線の左向き単位法線ベクトルを与えている．ここで，$\boldsymbol{n}_g$ は曲面に接するベクトルだから，定理 13.6 より

$$\gamma'' \cdot \boldsymbol{n}_g = [\,\gamma''\,]^{\mathrm{T}} \cdot \boldsymbol{n}_g = \langle\, \nabla_{\gamma'}\gamma', \boldsymbol{n}_g \,\rangle = \langle\, \kappa_g, \boldsymbol{n}_g \,\rangle$$

である.

§ 14

1.　(1)　このベクトル場 X の零点は原点に限る．原点のまわりを1周する曲線 $\gamma(t) = e^{it} = (\cos t, \sin t)$ $(0 \leqq t \leqq 2\pi)$ を考えると，ベクトル場の点 $\gamma(t)$ における値は $X(\gamma(t)) = e^{ikt} = (\cos kt, \sin kt)$ なので，$\dot{\gamma}$ と X のなす角 ϕ は

$$\cos\phi(t) = (-\sin t, \cos t)\cdot(\cos kt, \sin kt) = \sin(k-1)t$$

となる．とくに，$\phi(0) = \pi/2$ としてよいので，$\phi(t) = (k-1)t + \pi/2$．したがって，$\phi(2\pi) - \phi(0) = 2(k-1)\pi$.

(2)　同様にして，考えているベクトル場 Y は $(\cos kt, -\sin kt)$ となるので，$\dot{\gamma}$ と Y のなす角は $-(k+1)t + \pi/2$ となる.

§ 15

3.　(1)　問題 **2** の結果を用いればよい.

(2)　曲線を $\gamma(t) = (u_0, t)$ $(a \leqq t \leqq b)$ とおく．この助変数 t は計量 ds_{H}^2 に関して弧長となっていないので，弧長パラメータ $s = \int_a^t \frac{1}{\tau}\,d\tau = \log\frac{t}{a}$ にとり直して $\nabla_{\gamma'}\gamma'$ を計算する.

(6)　z, w を虚軸上に写すメビウス変換を考えよ.

4.　(1)　サイクロイドの場合，§1の問題 **4** のようなパラメータが弧長に比例する.

§ 16

1.　等温座標系を用いよ.

2.　$\boldsymbol{H} := H\nu$ とおくと，これは曲面全体で定義された零点をもたない法ベクトル場である．いま，S の局所座標系 (u, v) をとる．$p_u \times p_v$ は $\boldsymbol{H}$ と同じ向きか逆向きを向くが，もし逆向きなら (u, v) を (v, u) とおくことで，常に曲面上で $p_u \times p_v$ が $\boldsymbol{H}$ と同じ向きを向くような座標系で曲面を覆うことができる．座標変換のヤコビ行列式は正であるから，これらの座標系は向きが同調している．すなわち，S は向きづけ可能である.

3. 第一基本形式，単位法線ベクトル，第二基本形式はそれぞれ

$$ds^2 = \{1 + (u^2 + v^2)^2\}^2(du^2 + dv^2),$$

$$\nu = \frac{1}{1 + (u^2 + v^2)^2}(2(u^2 - v^2), 4uv, (u^2 + v^2)^2 - 1),$$

$$II = 4(-u\,du^2 + 2v\,du\,dv + u\,dv^2)$$

となる．したがって，ホップ微分は $-2(u + iv)\,dz^2 = -2z\,dz^2$ となる．式 (16.17) から p は原点に指数 $-1/2$ の臍点をもつ．

4. クリストッフェル記号が

$$\Gamma_{11}^1 = \frac{\theta_u}{\tan\theta},\quad \Gamma_{11}^2 = -\frac{\theta_u}{\sin\theta},\quad \Gamma_{12}^1 = \Gamma_{12}^2 = 0,\quad \Gamma_{22}^1 = -\frac{\theta_v}{\sin\theta},\quad \Gamma_{22}^2 = \frac{\theta_v}{\tan\theta}$$

となることから，式 (16.5) が成り立つための必要十分条件は $\theta_{uv} = \sin\theta$ であることがわかる．さらに，ガウス曲率は $\det\widehat{II}/\det\widehat{I} = -1$ となる．

5. クリストッフェル記号が

$$\Gamma_{11}^1 = \frac{\theta_u}{2}\tanh\frac{\theta}{2},\quad \Gamma_{12}^1 = \frac{\theta_v}{2}\tanh\frac{\theta}{2},\quad \Gamma_{22}^1 = -\frac{\theta_u}{2}\tanh\frac{\theta}{2},$$

$$\Gamma_{11}^2 = -\frac{\theta_v}{2}\coth\frac{\theta}{2}.\quad \Gamma_{12}^2 = \frac{\theta_u}{2}\coth\frac{\theta}{2},\quad \Gamma_{22}^2 = \frac{\theta_v}{2}\coth\frac{\theta}{2}\qquad \left(\coth\frac{\theta}{2} := \frac{1}{\tanh\frac{\theta}{2}}\right)$$

となるので，(16.5) のための必要十分条件がわかる．ガウス曲率は $\det\widehat{II}/\det\widehat{I} = 1$．

付録 B-1

1. 線分が x 軸，y 軸とぶつかる点をそれぞれ $(u, 0)$, $(0, v)$, $(u, v \geqq 0)$ とすると，棒の長さが 1 であることから $u^2 + v^2 = 1$ なので，$u = \cos t$，$v = \sin t$ $(0 \leqq t \leqq \pi/2)$ と表すことができる．このとき，線分の方程式は

$$F(x, y, t) = x\sin t + y\cos t - \sin t\cos t$$

となるので，包絡線の方程式 $F(x, y, t) = F_t(x, y, t) = 0$ は

$$\begin{cases} x\sin t + y\cos t = \sin t\cos t, \\ x\cos t - y\sin t = \cos^2 t - \sin^2 t \end{cases}\qquad \left(0 \leqq t \leqq \frac{\pi}{2}\right)$$

となる．これを x, y について解くと，$(x, y) = (\cos^3 t, \sin^3 t)$ となり，アステロイドのパラメータ表示（§1 の例 1.3 の $a = 1$ の場合）が得られる．

2. $\boldsymbol{n}(s)$ を $\sigma(s)$ の左向き単位法線ベクトルとして $\gamma'(s) = (\delta - s)\kappa(s)\boldsymbol{n}(s)$，$\gamma''(s) = \{(\delta - s)\kappa(s)\}'\boldsymbol{n}(s) - (\delta - s)\kappa(s)^2\sigma'(s)$ となるから，$\gamma(s)$ の曲率は

$$\frac{\det(\gamma', \gamma'')}{|\gamma'(s)|^3} = \frac{\kappa^3(\delta - s)^2}{|\kappa^3(\delta - s)|^3} = \frac{\mathrm{sign}(\kappa)}{\delta - s} \qquad \left(\mathrm{sign}(\kappa) = \frac{\kappa}{|\kappa|}\right)$$

となる．

3. サイクロイド $\gamma(t) = (a(t - \sin t), a(1 - \cos t))$ の縮閉線は

$$\begin{aligned}\sigma(t) &= (a(t + \sin t), a(\cos t - 1)) \\ &= (a(\pi + t - \sin(\pi + t)), a(1 - \cos(\pi + t))) - (\pi a, 2a).\end{aligned}$$

4. （1） 時刻 $t = 0$ で $\gamma(b)$ を出発した物体の時刻 t における位置を $\gamma(w(t)) = (u(w(t)), v(w(t)))$ とし，速さを $V(t)$ とすると，力学的エネルギーの保存則から $mV^2/2 + mgv =$ 一定となる．とくに $t = 0$ のときは $V = 0, v = 0$ であるから，この定数は 0 となり，$V = \sqrt{2g|v|}$ となる．一方，

$$V = \sqrt{\left(\frac{du}{dt}\right)^2 + \left(\frac{dv}{dt}\right)^2} = \sqrt{\left(\frac{du}{dw}\right)^2 + \left(\frac{dv}{dw}\right)^2}\frac{dw}{dt}$$

だから

$$\frac{dt}{dw} = \frac{1}{\sqrt{2g|v|}}\sqrt{\left(\frac{du}{dw}\right)^2 + \left(\frac{dv}{dw}\right)^2}$$

となる．この両辺を $w = b$ から $w = c$ まで積分すればよい．

（2） 問題の図のようなサイクロイドを $\gamma(s) = (u(s), v(s))$ と弧長パラメータで表すと，§2 の問題 **5** より $v(s) = \{b(8a - b) - s(8a - s)\}/8a$ となる．とくに，物体は $s = b$ から $s = 4a$ まで移動するから（1）の積分を行えばよい．この値の 4 倍がサイクロイド振り子の周期 $2\pi\sqrt{l/g}$ である．

（3） $2\pi a = 403 \times 10^3\,\mathrm{m}$ となるようなサイクロイドを考えればよい．玉が最下点まで到達する時間は $\pi\sqrt{a/g}$ なので，この 2 倍が求める時間である．重力加速度を $g = 9.8\,\mathrm{m/s^2}$ とすれば約 8 分半であることがわかる．

付録 B-3

1. 関係式 $\eta = \log(\tan(v/2 + \pi/4))$ から $\cos^2 v = 1/\cosh^2\eta$ を導けばよい．

2. §6 の問題 **1** の解答のような助変数表示 $p(u, v)$ をとると，$E = b^2, F = 0, G = (b\cos u + a)^2$ となる．そこで $\xi = b\sin u + au, \eta = v$ とすれば，逆関数定理より $(u, v) \longmapsto (\xi, \eta)$ は局所的に逆写像をもつので，これは座標変換となる．このとき (ξ, η) に関する第一基本形式は

$$ds^2 = \frac{1}{(b\cos u + a)^2}d\xi^2 + (b\cos u + a)^2 d\eta^2$$

となり，これが正積地図を与えていることがわかる．(正積地図のつくり方は1通りではないので，ここにあげた以外にも解答はありうる．)

3.　xy 平面の極座標 (r, θ) をとり，$\xi = \sqrt{2}\,r\cos(\theta/\sqrt{2})$, $\eta = \sqrt{2}\,r\sin(\theta/\sqrt{2})$ とおくと，座標系 (ξ, η) が求めるものである．

4.　南極における球面の接平面を Π とする．大円は，球面とその中心を通る平面 Γ の共通部分であるから，大円の平面 Π への中心射影の像は Γ と Π の共通部分，すなわち直線である．

付録 B-5

1.　曲面 $p(u, v)$ が曲率線座標 (u, v) でパラメータづけられているとする．このとき，座標系 (u, v) は $\tilde{p}(u, v) := T\circ p(u, v)$ の曲率線座標であることを示せばよい．

任意の空間ベクトル $\boldsymbol{a}$ $(\neq \mathbf{0})$ に対して

$$U_{\boldsymbol{a}}(\boldsymbol{x}) := \boldsymbol{x} - \frac{2(\boldsymbol{a}\cdot\boldsymbol{x})}{|\boldsymbol{a}|^2}\boldsymbol{a} \qquad (\boldsymbol{x}\in\boldsymbol{R}^3)$$

で与えられる写像 $U_{\boldsymbol{a}} : \boldsymbol{R}^3 \longrightarrow \boldsymbol{R}^3$ は内積を保つ線形写像であることがわかる．さらに $U_{\boldsymbol{a}}(\boldsymbol{a}) = -\boldsymbol{a}$，また $\boldsymbol{a}$ に直交する任意のベクトル $\boldsymbol{x}$ に対して $U_{\boldsymbol{a}}(\boldsymbol{x}) = \boldsymbol{x}$ となるので，$U_{\boldsymbol{a}}$ は原点を通り $\boldsymbol{a}$ に直交する平面に関する折り返しを与えている．とくに，$U_{\boldsymbol{a}}(\boldsymbol{x}) = A_{\boldsymbol{a}}\boldsymbol{x}$ となる，行列式が -1 の直交行列 $A_{\boldsymbol{a}}$ が存在する．

定義から $\tilde{p} = p/|p|^2$ であるから，計算により $\tilde{p}_u = A_p p_u/|p|^2$, $\tilde{p}_v = A_p p_v/|p|^2$ となることがわかる．したがって，(u, v) が曲率線座標であることと定理 B-5.1 から

$$\tilde{p}_u\cdot\tilde{p}_v = \frac{1}{|p|^4}(A_p p_u\cdot A_p p_v) = \frac{1}{|p|^4}(p_u\cdot p_v) = 0.$$

また，付録 A-3 の系 A-3.2 を用いれば，

$$\tilde{p}_u\times\tilde{p}_v = \frac{1}{|p|^4}(A_p p_u\times A_p p_v) = -\frac{1}{|p|^4}A_p(p_u\times p_v)$$

となるので，$\tilde{p}$ の単位法線ベクトル $\tilde{\nu}$ は p の単位法線ベクトル ν を用いて

$$\tilde{\nu} = -A_p\nu = -\nu + \frac{2(\nu\cdot p)}{|p|^2}$$

と書ける．したがって

$$\tilde{\nu}_v = -\left\{\nu - \frac{2(\nu\cdot p)}{|p|^2}\right\}_v = -A_p\nu_v + \frac{2(\nu\cdot p)}{|p|^2}F_p(p_v)$$

となるが，(u, v) が曲率線座標であることから，$p_u\cdot p_v = 0$, $p_u\cdot\nu_v = 0$ となるので

$\widetilde{p}_u \cdot \widetilde{\nu}_v = 0$ となることがわかる．以上と定理 B-5.1 より，(u, v) は $\widetilde{p}$ の曲率線座標であることが示された．

付録 B-8

1. 特異点は $t = 2n\pi$（n は整数）なので，その点における $\ddot{\gamma}(t)$，$\dddot{\gamma}(t)$ を求め，定理 B-8.1 を適用する．

3. 式 (B-8.1) の p_1 に対して $(p_1)_u = (1, 0, 0)$，$(p_1)_v = v(0, 2, 3v)$ から $(p_1)_u \times (p_1)_v = v(0, -3v, 2)$ となる．したがって

$$\nu := \frac{1}{\sqrt{4 + 9v^2}}(0, -3v, 2)$$

は単位法線ベクトルを与えるので，(B-8.2) の条件は成り立っている．このとき (B-8.3) の λ は $\det((p_1)_u, (p_1)_v, \nu) = v\sqrt{4 + 9v^2}$ なので，特異点集合は u 軸 $\{(u, v) \in \boldsymbol{R}^2 \mid v = 0\}$ となる．また，u 軸上で $\lambda_v = 2 \neq 0$ なので (B-8.3) は成り立つ．特異曲線（u 軸）上で $(p_1)_v = \mathbf{0}$ となるから，$\eta = (0, 1)$ は (B-8.4) の退化ベクトルとなっている．以上の状況で，特異点集合 $\{v = 0\}$ 上 $\nu_\eta = \nu_v = (0, -3/2, 0) \neq \mathbf{0}$ となり，(B-8.5) が成り立つ．特異曲線を $\gamma(t) = (t, 0)$ と助変数表示すると，$\dot{\gamma}(t) = (1, 0)$ である．$\eta = (0, 1)$ なので (B-8.6) の μ は恒等的に 1 となり，命題 B-8.4 より特異点はカスプ辺である．

4. 式 (B-8.1) の p_2 に対して $(p_2)_u = 2(6u^2 + v)(u, -1, 0)$，$(p_2)_v = v(u^2, -2u, 1)$ から，$(p_2)_u \times (p_2)_v = -2(6u^2 + v)(1, u, u^2)$．したがって，単位法線ベクトル

$$\nu := \frac{1}{\sqrt{1 + u^2 + u^4}}(1, u, u^2)$$

がなめらかに定義されるので，(B-8.2) が成り立つ．このとき (B-8.3) の λ は $-2(6u^2 + v)\sqrt{1 + u^2 + u^4}$ なので，特異点は放物線 $v = -6u^2$ 上にある．この放物線上では $\lambda_v \neq 0$ なので，(B-8.3) が成り立つ．また，特異点曲線で $(p_2)_u = \mathbf{0}$ なので退化方向は $\eta = (1, 0)$．このとき

$$\nu_\eta = \nu_u = \frac{1}{\sqrt{1 + u^2 + u^4}^3}(-u(1 + 2u^2), 1 - u^4, u(2 + u^2)) \neq \mathbf{0}$$

なので (B-8.5) が成り立つ．特異点集合を $\gamma(t) = (t, -6t^2)$ と助変数表示すれば，$\dot{\gamma}(t) = (1, -12t)$ と $\eta = (1, 0)$ なので (B-8.6) の μ は $\mu(t) = 12t$ となり，$t = 0$ すなわち $(0, 0)$ でツバメの尾，それ以外の特異点はカスプ辺である．

5. 命題 B-8.4 の記号で，

$$\nu = \frac{1}{\sqrt{a^2+b^2}}(-b\sin u,\ b\cos u,\ -a), \qquad \lambda = a\sqrt{a^2+b^2}\,v,$$

特異点集合は $\{(u,v)\in \boldsymbol{R}^2 \mid v=0\}$ となる．とくに，$v=0$ のとき $\lambda_v \neq 0$．さらに，$p_u - p_v = \mathbf{0}$ となるので，$\eta = (1,\ -1)$ が退化方向となる．特異曲線 $\gamma(t) = (t, 0)$ と合わせて $\mu(t) = -1$ となるので，特異点はカスプ辺である．したがって，$\nu(t) = -1$ となる．

6. 式 (B-8.9) の単位法線ベクトルをとる．第一基本形式，第二基本形式は以下のようになる．

$$ds^2 = \frac{1}{(u^2+\cosh^2 v)^2}\{4u^2\cosh^2 v\,du^2 + (u^2-\cosh^2 v)^2\,dv^2\},$$

$$II = \frac{2u(u^2-\cosh^2 v)\cosh v}{(u^2+\cosh^2 v)^2}(-du^2+dv^2).$$

付録 B-9

1. 座標変換 $(\xi,\eta)\longmapsto(u,v)$ の逆変換 $(u,v)\longmapsto(\xi,\eta)$ のヤコビ行列が

$$\begin{pmatrix}\xi_u & \xi_v\\ \eta_u & \eta_v\end{pmatrix} = \begin{pmatrix}u_\xi & u_\eta\\ v_\xi & v_\eta\end{pmatrix}^{-1}$$

となることを用いれば，$\Omega = \xi_u\widetilde{\Omega} + \eta_u\widetilde{\Lambda}$，$\Lambda = \xi_v\widetilde{\Omega} + \eta_v\widetilde{\Lambda}$ が成り立つので，(B-9.1) から (B-9.8) を導く過程の (u,v) と (ξ,η) の役割を入れ替えればよい．

2. $\mathcal{F}$ が (B-9.1) をみたしているならば，$\widehat{\mathcal{F}} = \mathcal{F}\zeta$ を微分して

$$\begin{aligned}\widehat{\mathcal{F}}_u &= (\mathcal{F}\zeta)_u = \mathcal{F}_u\zeta + \mathcal{F}\zeta_u = \mathcal{F}\Omega\zeta + \mathcal{F}\zeta_u = \widehat{\mathcal{F}}\zeta^{-1}\Omega\zeta + \widehat{\mathcal{F}}\zeta^{-1}\zeta_u\\ &= \widehat{\mathcal{F}}(\zeta^{-1}\Omega\zeta + \zeta^{-1}\zeta_u) = \widehat{\mathcal{F}}\widehat{\Omega},\end{aligned}$$

$\widehat{\mathcal{F}}_v = \widehat{\mathcal{F}}\widehat{\Lambda}$ も同様に示され，(B-9.10) が成り立つことがわかる．逆に $\widehat{\mathcal{F}}$ が (B-9.10) をみたしているとする．ここで $I = \zeta^{-1}\zeta$（I は単位行列）の両辺を u で微分すると $O = (\zeta^{-1})_u\zeta + \zeta^{-1}\zeta_u$ だから，$(\zeta^{-1})_u = -\zeta^{-1}\zeta_u\zeta^{-1}$ なので，$\mathcal{F} = \widehat{\mathcal{F}}\zeta^{-1}$ を微分すると

$$\begin{aligned}\mathcal{F}_u &= (\widehat{\mathcal{F}})_u\zeta^{-1} - \widehat{\mathcal{F}}(\zeta^{-1}\zeta_u\zeta^{-1}) = \widehat{\mathcal{F}}\widehat{\Omega}\zeta^{-1} - \widehat{\mathcal{F}}\zeta^{-1}\zeta_u\zeta^{-1}\\ &= \mathcal{F}(\zeta\widehat{\Omega}\zeta^{-1} - \zeta_u\zeta^{-1}) = \mathcal{F}\{\zeta(\zeta^{-1}\Omega\zeta + \zeta^{-1}\zeta_u)\zeta^{-1} - \zeta_u\zeta^{-1}\} = \mathcal{F}\Omega,\\ \mathcal{F}_v &= \mathcal{F}\Lambda\end{aligned}$$

となるので，$\mathcal{F}$ は (B-9.1) をみたす．

(16.5) と (B-9.12) の同値性は直接計算で示すことができる．

3. $\boldsymbol{a} := p_u(u_0, v_0)$，$\boldsymbol{b} := p_v(u_0, v_0)$，$\boldsymbol{c} := \nu(u_0, v_0)$ をそれぞれ列ベクトルとみなして，$\mathcal{F}(u_0, v_0) = (\boldsymbol{a}, \boldsymbol{b}, \boldsymbol{c})$ と表す．$\boldsymbol{c} = \nu(u_0, v_0) = {}^t(0, 0, 1)$ としたので，(B-9.13) の第3列が得られる．また，$p_u(u_0, v_0)$ は ${}^t(1, 0, 0)$ の正の定数倍だが，$E_0 = E(u_0, u_0) = |\boldsymbol{a}|^2$ だから (B-9.13) の第1列を得る．さらに $\boldsymbol{b}$ は ν に直交するから $\boldsymbol{b} = {}^t(\alpha, \beta, 0)$ と表される．ここで $\boldsymbol{a} \cdot \boldsymbol{b} = F_0$ から $\alpha = F_0/\sqrt{E_0}$ となるので，$\boldsymbol{b} \cdot \boldsymbol{b} = G_0$ から $\beta^2 = (E_0G_0 - F_0^2)/E_0$ となる．とくに $\boldsymbol{c} = (\boldsymbol{a} \times \boldsymbol{b})/|\boldsymbol{a} \times \boldsymbol{b}|$ となり，$\mathcal{F}(u_0, v_0)$ の行列式は正であるから，$\beta = \delta_0/\sqrt{E_0}$ を得る．

参考文献

曲線・曲面に関するもの

[1] 安達忠次：「微分幾何学概説」（培風館，1976）．

[2] 劔持勝衛：「曲面論講義－平均曲率一定曲面入門」（培風館，2000）．

[3] クリンゲンバーグ（小畠 訳）：「海外数学シリーズ No.1　微分幾何学」（海外出版貿易，1975）．（W. Klingenberg: *Eine Vorlesung über Differentialgeometrie* (Springer-Verlag, 1973)）．

[4] 小林昭七：「曲線と曲面の微分幾何（改訂版）」（裳華房，1995）．

[5] 西川青季：「幾何学」（朝倉書店，2002）．

[6] 佐々木重夫：「岩波基礎数学選書　微分幾何学－曲面論－」（岩波書店，1991）．

[7] 丹野修吉：「空間図形の幾何学」（培風館，1994）．

[8] 伊藤光弘：「曲面の幾何学」（遊星社，2013）．

[9] 中内伸光：「じっくり学ぶ曲線と曲面－微分幾何学初歩－」（共立出版，2005）．

[10] 中内伸光：「幾何学は微分しないと～微分幾何学入門～」（現代数学社，2011）．

[11] 古畑 仁：「テキスト理系の数学 8　曲面－幾何学基礎講義」（数学書房，2013）．

[12] 井ノ口順一：「開かれた数学 4　曲線とソリトン」（朝倉書店，2010）．

多様体に関するもの

[13] 松本幸夫：「基礎数学 5　多様体の基礎」（東京大学出版会，1988）．

[14] 松島与三：「数学選書 5　多様体入門」（裳華房，1970）．

[15] 志賀浩二：「岩波基礎数学選書　多様体論」（岩波書店，2002）．

[16] ミルナー（志賀 訳）：「モース理論」（吉岡書店，1968）．（J. Milnor: *Morse Theory* (Princeton University Press, 1963)）．

[17] 酒井 隆：「数学選書 11　リーマン幾何学」（裳華房，1992）．

[18]　シンガー・ソープ（赤 他訳）:「トポロジーと幾何学入門」（培風館，1976）.（I. M. Singer and J. A. Thorpe: *Lecture Notes on Elementary Topology and Geometry* (Springer-Verlag, 1976)).

[19]　丹野修吉:「多様体の微分幾何学」（実教出版，1976）.

[20]　F. W. Warner: *Foundations of Differential Manifolds and Lie Groups* (Springer-Verlag, 1983).

その他

[21]　足立正久:「復刊　微分位相幾何学」（共立出版，1999）.

[22]　アールフォルス（笠原 訳）:「複素解析」（現代数学社，1982）.（L. V. Ahlfors: *Complex Analysis*, 3rd edition (McGraw - Hill, 1980)).

[23]　中村幸四郎，寺阪英孝，伊東俊太郎，池田美恵（訳・解説）:「ユークリッド原論」（共立出版，1971）.

[24]　ギンディキン（三浦 訳）:「ガリレイの 17 世紀」（シュプリンガー・フェアラーク東京，1996）.

[25]　加藤十吉:「数学シリーズ　位相幾何学」（裳華房，1977）.

[26]　小林 治:「山辺の問題について」（Seminar on Mathematical Sciences No. 16，慶應義塾大学 理工学部 数理科学科，1990）.

[27]　水野克彦:「基礎課程　解析学」（学術図書出版社，1999）.

[28]　森田茂之:「岩波講座　現代数学の基礎　微分形式の幾何学 1·2」（岩波書店，1996）.

[29]　野水克己:「基礎数学選書 25　現代微分幾何学入門」（裳華房，1981）.

[30]　ポントリャーギン（千葉 訳）:「常微分方程式（新版）」（共立出版，1963）.

[31]　佐武一郎:「数学選書 1　線型代数学」（裳華房，1974）.

[32]　白岩謙一:「力学系の理論」（岩波書店，1974）.

[33]　杉浦光夫:「基礎数学 2·3　解析入門 I・II」（東京大学出版会，I：1980，II：1985）.

[34]　高野恭一:「新数学講座 6　常微分方程式」（朝倉書店，1994）.

[35]　田村一郎:「岩波全書 276　トポロジー」（岩波書店，1972）.

[36] 戸田盛和：「物理学30講シリーズ　一般力学30講」(朝倉書店，1994).

[37] 内田伏一：「位相入門」(裳華房，1997).

[38] 梅原雅顕：「4頂点定理について」数学 50巻4号 (日本数学会，1998)，p. 420 - 427.

[39] 梅原雅顕：「うずまきの幾何」，現代数学序説 (I) 川久保・宮西 編，(大阪大学出版会，1996).

[40] 梅原雅顕：「特異点を持つ曲線と曲面の幾何学」(Seminar on Mathematical Sciences No. 38，慶應義塾大学 理工学部 数理科学科，2009).

[41] 泉屋周一・石川剛郎：「応用特異点論」(共立出版，1998).

[42] 泉屋周一・竹内伸子：「切って，見て，触れてよくわかる「かたち」の数学」(日科技連出版社，2005).

[43] M. Spivak : *A Comprehensive Introduction to Differential Geometry*, 3rd edition, Vol. 5 (Publish or Perish, 1999).

最後に，本書で紹介した懸垂線，アルキメデスのうずまき線，対数うずまき線，第一基本形式と地図については，名著

[44] 遠山 啓：「岩波新書　数学入門 上・下」(岩波書店，上：1959，下：1960)

を参考にさせていただいた.

索　　引

あ　行

アステロイド　astroid　3
アンデュロイド　unduloid　242
1次分数変換　linear fractional transformation　→　メビウス変換
一葉双曲面　hyperboloid of one sheet　61
陰関数定理　implicit function theorem　200
陰関数表示　implicitly defined curve　3, 61
ウェッジ積　wedge product　136
ウェンテトーラス　Wente torus　68
うずまき線　spiral　42
　アルキメデスの——　Archimedean —— 41
　対数——　logarithmic ——　41
　正の——　42
　負の——　42
円錐面　circular cone　89
円柱面　circular cylinder　89
エンネパー曲面　Enneper surface　92
オイラー数　Euler number　112
オイラーの公式　Euler's formula　98

か　行

外積　cross product　136
回転指数　index　157, 166
回転数　rotation index　29
回転楕円面　ellipsoid of revolution　61
回転放物面　paraboloid of revolution　60
外微分　exterior derivative　71, 136
開領域　open domain　197
ガウス曲率　Gaussian curvature　82, 146
ガウス写像　Gauss map　31
ガウス方程式　Gauss equation　123, 180
ガウス－ボンネの定理　Gauss-Bonnet theorem　148
　大域版——　150
　閉曲面の——　112
角度　angle　118
カージオイド　cardioid　255
カスプ状交叉帽子　cuspidal cross cap　69
カスプ辺　cuspidal edge　68
可積分条件　integrability condition　257
カテノイド　→　懸垂面
可展面　developable surface　229
管状近傍　tubular neighborhood　189
完備　complete　193
擬球面　pseudosphere　246
逆関数定理　inverse function theorem　199
驚異の定理　Theorema egregium　111
共変微分　covariant derivative　144
　レビ・チビタ——　144
極座標　polar coordinates　8, 19

——表示 8
極小曲面 minimal surface 83
局所座標系 local coordinate system 66
曲面論の基本定理 fundamental theorem of surface theory 179,256
曲率 curvature
空間曲線の—— 52
平面曲線の—— 13
曲率円 osculating circle 15
曲率関数 → 曲率
曲率線 line of curvature 99,232
——座標 99,232
——の微分方程式 234
曲率中心 center of curvature 15
曲率半径 radius of curvature 15
近似 approximation
1次—— 17
2次—— 17
近傍 neighborhood 200
空間曲線の基本定理 fundamental theorem of space curves 56
クエン曲面 Kuen's surface 253
区分的になめらかな曲線 piecewise smooth curve 2
グラフ graph 2,60
クラインの壺 Klein bottle 67
クリストッフェルの記号 Christoffel's symbol 108,154
径数 → 助変数
懸垂線 catenary 8
懸垂面 catenoid 91
犬跡線 tractrix 246
交換子積 commutator 137
交叉帽子 crass cap 68
合同変換 motion 70,204
向きを保つ—— 205
コダッチ方程式 Codazzi equation 180
弧長 arc length 7
——パラメータ length parameter 12
孤立零点 isolated zero 156
孤立特異点 isolated singular point 156

さ 行

サイクロイド cycloid 10,192
——振り子 215
最速降下線 brachistochrone 192
座標変換 coordinate transformation 19,66
正の—— 19,81
負の—— 19,81
向きを保つ—— 19
向きを反転する—— 19
三角形 triangle 110
——分割 triangulation 188
ジェネリック generic 35
自己交叉 self intersection 2,35
自己交点 → 自己交叉
指数写像 exponential map 132
射影的に同値 projective equivalence 159,160
射影的ベクトル場 projective vector field 160
シャーク曲面 Scherk surface 92
従法線ベクトル binormal vector 52
主曲率 principal curvature 82
縮閉線 evolute 15,214

種数　genus　114
主方向　principal direction　97
主法線ベクトル　principal normal vector　52
常微分方程式　ordinary differential equation　201
——の基本定理　202
常螺旋　→　つるまき線
常螺旋面　helicoid　91
初等関数　elementary function　8
助変数　parameter　4,63
助変数表示　parametrization　4
——が定める領域　64
ジョルダンの曲線定理　Jordan curve theorem　9
伸開線　involute　215
錐面　cone　75,230
スカラ三重積　scalar triple product　208
＊作用素（スター作用素）　＊-operator　170
ストークスの定理　Stokes' theorem　139
正規座標系　normal coordinates　132
正規直交基底　orthonormal basis　27
正交点　positive crossing　36
正積地図　equiareal map　226
正則曲線　regular curve　6,51
正則点　regular point　6,64
正則ホモトピー同値　regularly homotopic　29
臍点　umbilic point　97
正の基底　positively oriented basis　137,204
積分の三角不等式　198
接触　contact　16
1次の——　16
2次の——　16
3次の——　16
高次の——　19
接線曲面　tangential developable　230
接触平面　osculating plane　52
接続形式　connection form　142
接平面　tangent plane　65
全曲率　total curvature　29
漸近線　asymptotic curve　101,234
——座標　101,234
線形常微分方程式　linear ordinary differential equation　202
線形接続　→　共変微分
線織面　ruled surface　228
全臍的　totally umbilic　182
全微分　→　外微分
双曲幾何　hyperbolic geometry　118
双曲線　hyperbola　3
——関数　hyperbolic function　198
双曲的正弦　hyperbolic sine　198
双曲的正接　hyperbolic tangent　198
双曲的余弦　hyperbolic cosine　198
双曲点　hyperbolic point　85
双曲平面　hyperbolic plane　118
双曲放物面　hyperbolic paraboloid　61
双対基底　dual basis　137,141
測地円　geodesic circle　133
測地三角形　geodesic triangle　110,188
測地線　geodesic　103,146
——の方程式　109
測地的極座標　geodesic polar coordinates

125,133
測地的曲率　geodesic curvature　116, 148
——ベクトル　—— vector　93,148
速度ベクトル　velocity vector　6

た　行

第一基本行列　first fundamental matrix　73
第一基本形式　first fundamental form　73,152
第一基本量　coefficients of the first fundamental form　73
大円　great circle　104
退化ベクトル　null vector　251
——場　null vector field　251
対蹠点　antipodal point　119
第二基本行列　second fundamental matrix　81
第二基本形式　second fundamental form　80
第二基本量　coefficients of the second fundamental form　80
第二シャーク曲面　Scherk surface of the second kind　92
楕円　ellipse　3
楕円点　elliptic point　86
楕円放物面　elliptic paraboloid　60
楕円面　ellipsoid　61
単位接ベクトル　unit tangent vector　12,51
単位法線ベクトル　unit normal vector　12,65,250
単位余法線ベクトル　unit conormal vector　116
単純閉曲線　simple closed curve　9,24
地図　atlas, map　78,223
正確な——　78
中心射影　central projection　227
柱面　cylinder　230
頂点　vertex　25,110
曲線の——　25
三角形の——　110
直截口　normal section　94
直交行列　orthogonal matrix　204
ツバメの尾　swallowtail　68
つるまき線　helix　53
定幅曲線　curve of constant width　221
テイラーの定理　Taylor's theorem
1変数関数に関する——　196
2変数関数に関する——　197
適合条件　→　可積分条件
デロネイ曲面　Delauney's surface　242
展直平面　rectifying plane　52
等温座標系　isothermal coordinates　77, 171
等温直交網　→　等温座標系
等周不等式　isoperimetric inequality　9
特異曲線　singular curve　251
特異点　singular point
曲線の——　4,6
曲面の——　62,64
凸　convex　189
—近傍　189
トラクトリクス　→　犬跡線
トーラス　→　輪環面

な　行

内積　inner product　203

なめらかな曲線　smooth curve　2

3/2 - カスプ　3/2 - cusp　248

二葉双曲面　hyperboloid of two sheets　61

熱伝導の方程式　heat equation　171

ノドイド　nodoid　242

は　行

媒介変数　→　助変数

ハイパボリック・コサイン　→　双曲的余弦

ハイパボリック・サイン　→　双曲的正弦

ハイパボリック・タンジェント　→双曲的正接

はめ込み　immersion　151

パラメータ　→助変数

パラメータ変換　parameter change　5

反転　inversion　239

左手系　left-handed basis　204

微分形式　differential form　136

　1次——　136

　2次——　136

微分同相写像　diffeomorphism　19

v 曲線　v-curve　64

ブーケの公式　Bouquet's formula　57

負交点　negatively crossing　36

負の基底　negatively oriented basis　204

フルネ - セレの公式　Frenet-Serret formula　55

フルネの公式　Frenet's formula　21

閉曲線　closed curve　2,24,29

閉曲面　closed surface　112

平均曲率　mean curvature　82

平行曲線　parallel curve　240

平行曲面　parallel surface　240

平面　plane　89

平面曲線の基本定理　fundamental theorem of plane curves　22

ベクトル三重積　vector triple product　209

ベクトル積　vector product　207

ベクトル場　vector field　235

ヘリコイド　→　常螺旋面

辺　side　110

変数変換（重積分の）　201

変分　variation　105

　——ベクトル場　105

ポアンカレの補題　Poincaré's lemma　140

ポアンカレ - ホップの指数定理　Poincaré-Hopf's index theorem　158

　射影的ベクトル場に対する——　165

ホイットニーの公式　Whitney's formula　37

ホイットニーの定理　Whitney's theorem　33

法曲率　normal curvature　94

　——ベクトル　93

方向場　directional field　160

放物点　parabolic point　86

法平面　normal plane　52

包絡線　envelope　213

ホッジのスター作用素　→　*作用素

母線　meridian, generating curve　228
ホップの定理　Hopf's theorem　181
ホップ微分　Hopf differential　181

ま　行

右手系　right-handed basis　204
向きづけ可能　orientable　114, 137
向きを保つ合同変換　205
向きを保つ座標変換　19
結び目　knot　57
ムーニエの定理　Meusnier's theorem　101
メビウスの帯　Möbius strip　69
メビウス変換　Möbius transformation　44
メルカトルの地図　Mercator's atlas　225
面積　area　66, 75
面積要素　area element　66, 138
　向きによらない——　138

や　行

ヤコビの恒等式　Jacobi identity　211
u 曲線　u-curve　64
有理点　rational point　5
ユークリッド空間　Euclidean space　203
4 頂点定理　four vertex theorem
　一般の閉曲線の——　47
　卵形線の——　25

ら　行

ラグランジュの恒等式　Lagrange identity　207
ラプラシアン　Laplacian　170
卵形線　convex curve　24, 218
ランダウの記号　Landau's symbol　197
リー代数　Lie algebra　211
離心率　eccentricity　10
立体射影　stereographic projection　226
リーマン面　Riemann surface　174
リューローの三角形　Reauleaux triangle　222
輪環面　torus　69, 75
捩率　torsion　52
レムニスケート　lemuniscate　3
連結　connected　197
連結和　connected sum　188
ロピタルの定理　l'Hospital's theorem　197

わ　行

ワインガルテン行列　Weingarten's matrix　82
ワインガルテンの公式　Weingarten's formula　85

著者略歴

うめはら まさあき
梅原 雅顕　1984年　慶應義塾大学工学部数理工学科卒，
筑波大学大学院にて理学修士取得後，
筑波大学助手，大阪大学助教授，広島大学教授，大阪大学教授を経て，現在　東京工業大学教授，博士(理学).

やまだ こうたろう
山田光太郎　1984年　慶應義塾大学工学部数理工学科卒，
同大学院工学研究科修士課程修了.
慶應義塾高等学校教諭，熊本大学講師・助教授，九州大学教授を経て，現在　東京工業大学教授，博士(理学).

曲 線 と 曲 面 — 微分幾何的アプローチ —　(改訂版)

2002年 6月15日　第1版発行
2013年 6月25日　第8版3刷発行
2015年 2月25日　改訂第1版1刷発行
2021年 2月25日　改訂第4版1刷発行
2022年 5月10日　改訂第4版2刷発行

検印
省略

定価はカバーに表示してあります.

増刷表示について
2009年4月より「増刷」表示を『版』から『刷』に変更いたしました. 詳しい表示基準は弊社ホームページ
http://www.shokabo.co.jp/
をご覧ください.

著作者　梅原雅顕
　　　　山田光太郎
発行者　吉野和浩
発行所　〒102-0081
　　　　東京都千代田区四番町 8-1
　　　　電話 03-3262-9166（代）
　　　　株式会社 裳華房
印刷所　横山印刷株式会社
製本所　牧製本印刷株式会社

一般社団法人
自然科学書協会会員

ISBN 978-4-7853-1563-4